김치영의
손자병법
강해

국립중앙도서관 출판예정도서목록(CIP)

(김치영의) 손자병법 강해 : 경쟁에서 이기는 비책 / 김치영
. -- 서울 : 마인드북스, 2017
    p. ;   cm. -- (무경십서 시리즈 ; 1)

ISBN 978-89-97508-39-6 04390 : ₩18000
ISBN 978-89-97508-38-9 (세트) 04390

손자 병법[孫子兵法]
중국 고대 병법[中國古代兵法]

152.27-KDC6
181.11-DDC23   CIP2017003201

무경십서 시리즈 ①

| 경쟁에서 이기는 비책 |

김치영의
손자병법
강해

김치영 지음

마인드북스

머리말

전쟁이란 서로 대립하는 두 국가나 집단이 군사력을 비롯한 각종 수단을 동원해 상대의 의지를 강제적으로 꺾는 행위를 말한다. 서양 『전쟁론』의 저자 클라우제비츠(Clausewitz, K)는 "전쟁은 다른 수단에 의한 정치의 계속이다."라고 하였다. 이는 정치적 목적을 달성하기 위한 수단이 바로 전쟁이라는 것이다.

그러면 인류에 전쟁이 끊임없이 발발하는 이유는 무엇인가? 그것은 한정된 이익을 상대보다 먼저 많이 얻고자 하는 인간의 욕망 때문이다. 이익(利益)이란 인간이 정신적으로 평온하게 살고 물질적으로 부유하게 사는 데 보탬이 되는 생존 조건이다. 넉넉한 생존을 위하여 인간은 많은 이익을 얻으려 하는데 그 한 방편이 바로 전쟁인 것이다. 전쟁에서 이긴 자는 풍요롭게 자신의 생활을 영위할 수 있지만, 전쟁에서 패한 자는 나라와 재산과 목숨을 잃으니 망하고 마는 것이다. 이는 세상살이에서 흔히 경험하는 경쟁이나 싸움의 경우와도 크게 다르지 않다.

그러면 전쟁에서 반드시 이겨 이익을 얻는 '승리의 법칙'이란 것이 과연 인류에 존재하는 것일까? 2,500년 전, 주(周)나라 황실이 쇠락하자 천자의 권위는 땅에 떨어지고 각 지방 제후들은 권력을 쌓아 득세하기 시작했다. 이때부터 천하는 온통 뺏고 빼앗는 치열한 전쟁터로 변하고 말았다. 약육강식(弱肉强食)의 이 시기를 가리켜 '전국시대(戰國時代)'라고 부른다.

패권을 다투는 전쟁이 점차 확대되면서 동원되는 병력 수만 해도 수십만이 넘었다. 대규모 전쟁 상황에 이르자 왕과 제후들은 효율적이고 합리적인 전략과 전술을 고민하게 되었다. 인류 최초로 이기는 싸움에 대한 해법을 찾기 시작한 것이었다.

그 무렵 등장한 노자(老子)의 무위(無爲)사상과 공자(孔子)의 인의(仁義)의 정치는 피를 부르는 전쟁 상황 앞에서 아무런 역할도 하지 못했다. 전쟁 반대를 외치던 묵자(墨子)와 전쟁보다는 백성을 돌보아야 한다는 많은 지식인의 외침도 주목받지 못했다. 그런 가운데 오(吳)나라의 손무(孫武)가 『손자병법』을 저술하여 전쟁에서 이기는 비결을 역설하기 시작했다. 이는 실용적이고 실증적인 사상으로 단숨에 그 시대 최고의 통치 관념으로 자리 잡았다.

그 논조의 핵심은 이기는 싸움이란 싸우기 전에 자신과 상대의 정황을 명확히 계산해서 유리하다고 판단이 되면 죽기를 각오하고 싸우면 되는 것이었다. 손무는 이런 상황을 다음과 같이 말했다.

"知彼知己 百戰不殆, 不知彼而知己 一勝一負, 不知彼不知己 每戰必敗.(지피지기 백전불태 부지피이지기 일승일부 부지피부지기 매전필패.)"

이는 적을 알고 나를 알면 백번 싸워도 위태로울 것이 없으나, 나를 알고 적을 모르면 승과 패를 각각 주고받을 것이며, 적을 모르는 상황에서 나조차도 모르면 매번 싸움에서 반드시 패배한다는 뜻이다.

또한 손무는 전쟁에서 유리한 국면을 갖도록 하는 전략을 언급하였다. 그 전략이란 자신의 장점을 살리고 약점을 극복하며, 적의 장점을 피하고 약점을 공격하는 것이다. 이를 '능동적 전략'이라 한다. 예를 들자면 분명한 목적 의식을 가진 군대는 그렇지 않은 군대보다 두 배 이상의 추진력을 발휘한다. 쉽게 말하자면 인생의 분명한 목적을 가진 자는 그렇지 않은 자보다 성공할 확률이 두 배는 높다는 것이다. 만약 지구별에 태어난 인간이 사회에 진입하여 인생에 대한 아무런 전략을 갖지 못한다면 그는 앉아서 죽음을 기다리는 것과 다를 바 없다는 뜻이다.

『손자병법』은 현존하는 고대의 병서 가운데 가장 뛰어난 비책(秘策)이다. 병법의 이치와 활용을 체계적으로 서술하였고 전략과 전술을 심도 있게 기록하여 오래도록 인간행동의 실용적 경전(經典)으로 삼아 왔다. 따라서 경쟁 시대를 살아가는 개인과 조직, 크게는 기업과 국가의 성공 지침이 되기에 조금도 부족함이 없는 인류 최고의 경제 고전이라고도 할 수 있다.

이 책 『손자병법 강해』는 고대 중국의 10대 병법서인 『무경십서(武經十書)』 출간 시리즈 가운데 그 첫 번째로 발행한 책이다. 여기서 기술한 내용들은 단순히 원문만을 풀이한 것이 아니다. 독자의 읽는 재미와 이해를 쉽게 하기 위해 고대와 현대의 전쟁 사례와 기업의 경쟁 실화를 첨가하여 저술하였다. 이는 사회 각 방면에 적용되는 보편적인 원리로 내용을 곱씹으면 우리 생활에 필요한 지혜의 원천이고, 운영과 활용은 기업과 국가에 도움이 되는 것들이다. 또한 기존의 일부 학자들이 번역한 애매하고 난해한 문장들을 바르게 서술하여 그 내용을 분명하게 하였다.

특별히 이 책은 겁이 많아 현실을 외면하며 사는 이들과, 싸움에서 늘 지고 사는 이들과, 당장에 먹고 사는 것에 쫓겨 자신의 미래를 돌보지 못하는 청춘들과, 성공의 문 앞에서 늘 뒤쳐져 불안에 떨고 있는 샐러리맨을 위해 조금이라도 도움이 되고자 해서 출간하였다. 이 책이 나오기까지 많은 성원과 후원을 아끼지 않은 마인드북스 정영석 대표님께 이 자리를 빌려 깊은 감사를 드리는 바이다.

산다는 것은 결국 투쟁의 연속이다. 이기기 위해서는 우선 자신의 처지와 상황을 냉정하게 살필 줄 알아야 한다. 그런 다음에 자신이 무얼 해야 하는지 깨닫게 되는 것이다. 무작정 혈기만 내세우고 객기만 부린다고 인생의 해답이 얻어지는 것이 아니다. 그것은 도리어 더 큰 후회만이 찾아올 뿐이다.

세상을 살아가기 위해서는 스스로 강해져야 한다. 강해진다는 것은 자신이 해야 할 일이 무엇인지 분명히 알고 있다는 것이다. 꿈과 희망은 자신이 해야 할 일을 하는 인간에게만 찾아오는 법이다. 그런 면에서 고대로부터 전해져 온 신묘한 책인 『손자병법』을 만난다는 것은 여러분의 인생에서 소중하고 뜻깊은 경험이 될 것이다. 부디 이 책을 통해서 세상을 지혜롭게 사는 혜안을 갖기 바라는 바이다. 끝으로 이 책은 사랑하는 딸, 청림이를 열렬히 응원하기 위해 저술하였음을 밝혀둔다.

2016. 12.
국립중앙도서관에서
팔봉 김치영

|차 례|

해 제
解題

一. 손자(孫子)는 누구인가

손자의 이름은 무(武)이며, 자는 장경(長卿)이다. 춘추시대 말기인 기원전 530년경에 태어나 기원전 480년경에 세상을 떠난 것으로 알려졌다. 지금의 소주(蘇州) 근처에 터전을 마련한 오(吳)나라 왕 합려(闔閭)의 재위 기간부터 그 아들 부차(夫差)의 재위 전반기까지 군사 전략가로 활동하다 은퇴하였다. 일반적으로 손자라는 호칭은 존칭의 의미로 쓰인다.

손무의 집안은 본래 제(齊)나라 사람이며 그의 조상은 대대로 제나라의 장수로 활약하였다. 그러던 중 기원전 532년 제나라에 반란이 일어났다. 이때 손무의 집안이 정치적으로 위협을 받아 남쪽 오(吳)나라로 모두 망명하였다. 손무는 그곳에서 자라며 집안 가풍의 영향으로 검술을 좋아했고 청년이 되어서는 병법에 큰 관심을 보였다. 이후 『손자병법』의 전쟁 이론과 용병에 대한 전략을 저술하기 시작했다.

기원전 515년 오나라에도 정치 변혁이 일어났다. 공자 광(光)이 쿠데타를 일으켜 왕인 요(僚)를 살해하고 정권을 잡은 것이다. 공자 광의 부친은 오나라 왕 제번(諸樊)이다. 제번에게는 동생이 셋 있는데 여채(餘祭), 이말(夷

昧), 계자찰(季子札)이다. 제번은 태자를 세우지 않고 동생들이 차례대로 왕위를 이어 가장 현명한 계자찰에게 나라를 맡기고자 했다. 제번이 죽자 여채가 왕위를 이었고, 여채가 죽자 이말이 왕위를 이었다. 이말이 죽자 마땅히 계자찰이 왕위를 이어야 함에도 그는 거절하고 변경으로 도망갔다. 할 수 없이 신하들이 이말의 아들 요(僚)를 왕으로 세웠다. 이 일에 대해 공자 광은 크게 불만을 갖게 되었다.

"형제의 순서대로 한다면 당연히 계자찰이 왕위를 이어야 한다. 그러나 형제의 아들을 왕으로 세워야 한다면 나야말로 적자이니 당연히 내가 임금이 되어야 한다."

쿠데타가 있기 전에 초나라 사람 오자서(伍子胥)가 망명해 와 공자 광의 식객으로 머물렀다. 오자서가 망명해 온 이유는 참으로 파란만장했다.

오자서의 아버지 오사(伍奢)는 초나라 태자의 태부(太傅)로 일했다. 성격이 아주 강직한 자였다. 같이 태자를 모시던 비무기(費無忌)는 소부(少傅)로 일했다. 언변이 좋고 술책이 뛰어난 자였다.

어느 날 초나라 평왕이 진(秦)나라에 가서 태자비를 맞이해 오는 일을 비무기에게 맡겼다. 비무기가 가서 태자비인 진나라 공주를 보니 참으로 절세미인이었다. 태자비를 정성껏 모시고 국경을 넘을 즈음에 비무기는 먼저 급히 말을 타고 궁궐로 돌아와 평왕에게 아뢰었다.

"태자비가 천하에 둘도 없는 미인이옵니다. 하오니 대왕께서 그녀를 왕비로 맞이하시고 태자에게는 이후 따로 태자비를 얻어 주도록 하시옵소서."

본래 평왕은 음모를 꾸미며 형인 영왕(靈王)을 살해하고 왕위에 오른 인물로서 잔인하고 흉폭하며 지나치게 여색을 밝히는 군주였다. 이에 평왕은 거절하지 않고 진나라 공주를 차지해 끔찍이 좋아하게 되었다. 이후 그

녀로부터 아들 진(軫)을 낳았다. 그리고 나중에 태자에게는 따로 비(妃)를 구해 주었다.

이 일로 인해 평왕으로부터 환심을 사게 된 비무기는 태자를 떠나 평왕을 섬기게 되었다. 그러나 그는 언제나 두려웠다. 태자가 왕위에 오르게 되면 언젠가 자신을 죽일 것 같았기 때문이었다. 그런 까닭에 비무기는 태자를 먼저 없애 버리기로 하고 중상모략을 일삼았다.

마침 태자의 모친은 평왕의 총애를 받지 못하고 있었다. 이를 이용해 비무기는 태자에 대한 좋지 못한 소문을 수차례 평왕에게 간언하였다. 평왕은 처음에는 그런가 보다 하다가 나중에는 그 말을 믿게 되었다. 결국 태자를 멀리하고 변경 지역인 성보(城父)의 수장(守將)으로 내보냈다. 그리고 얼마 후 비무기는 또다시 평왕에게 태자에 관한 중상모략을 늘어놓았다.

"태자는 이전 진나라 공주의 일로 원한을 품고 있습니다. 더구나 지금 성보에 머문 이후로 병사를 거느리고 밖으로 나돌며 여러 제후들과 교제하고 있다고 하옵니다. 이는 그 의도가 있는 것으로 장차 도성으로 침입해 반란을 일으키려는 징후이오니 대왕께서는 단단히 경계하셔야겠습니다."

이에 평왕이 크게 노하여 태자의 태부인 오사를 불러 사실을 캐물었다. 오사는 비무기가 태자를 모략하고 있다는 것을 이전부터 알고 있었다.

"대왕께서는 어찌 간교한 소인배의 말 때문에 친자식을 멀리하십니까?"

그러자 비무기가 나서서 말했다.

"지금 태자를 제지하지 못하시면 나중에 후회하셔도 소용없습니다. 앞선 자가 제압하고 뒤진 자는 제압당하는 법입니다. 대왕께서는 지금 결단을 내리시기 바랍니다."

평왕은 결국 비무기의 말을 믿고 오사를 괘씸하게 여겼다.

"당장에 오사를 옥에 처넣어라!"

그리고 군정(軍政)을 맡아보는 신하를 불러 명했다.

"너는 지금 바로 성보로 가서 태자를 죽이도록 하라!"

신하가 성보로 출발하기 전에 먼저 태자에게 사람을 보내 이 사실을 몰래 알렸다.

"태자께서는 빨리 도망치십시오. 그렇지 않으면 죽게 될 것입니다."

소식을 들은 태자는 황급히 송(宋)나라로 달아나 목숨을 건졌다. 오사가 옥에 갇히자 비무기가 평왕에게 아뢰었다.

"오사에게는 두 아들이 있는데 모두 재능이 뛰어납니다. 지금 그 일족을 죽이지 않으면 장차 초나라의 걱정거리가 될 것입니다. 그러니 오사를 인질로 삼아 두 아들을 불러들이십시오."

평왕은 그 말대로 오사에게 사람을 보내 말했다.

"너의 두 아들을 불러오면 살려 주겠지만, 그렇지 못하면 너는 죽을 것이다."

그러자 오사가 말했다.

"장남 오상은 성품이 온유하고 어진 자라 제가 부르면 틀림없이 올 것입니다. 그러나 오자서는 고집이 세고 주관이 강해 제가 부르면 부자가 함께 사로잡힐 것을 알고 틀림없이 따르지 않을 것입니다."

왕은 이 말을 믿지 않고 두 아들에게 군사를 보내 말했다.

"너희들이 오면 너희 아비를 살려 줄 것이지만, 오지 않으면 너희 아비를 당장 죽이겠다."

형인 오상이 가려고 하자 오자서가 말했다.

"왕이 우리 형제를 부르는 것은 우리 아버지를 살려 주려는 것이 아닙니다. 우리 형제 중에 도망하는 자가 생기면 나중에 후환이 될 것을 두려워하기 때문입니다. 우리가 가면 부자가 함께 죽을 것입니다. 그것이 아버지의 죽음을 구하는 데 무슨 도움이 되겠습니까? 간다면 아버지의 복수조차 할 수 없게 될 것이니 차라리 다른 나라로 도망쳤다가 후에 힘을 빌려 아버지의 원수를 갚는 것이 나을 것입니다. 다 같이 죽는 것은 아무런 의미가 없습니다."

그러자 형 오상이 말했다.

"내가 부름에 따라 간다고 해도 아버지의 목숨을 구할 수 없다는 것을 나는 알고 있다. 그러나 아버지께서 나를 부르셨는데, 내가 가지 않았다가 나중에 원수를 갚지 못하면, 결국 세상 사람들의 웃음거리가 될 것이 아니겠느냐? 너는 도망가거라. 너라면 아버지의 원수를 갚을 수 있을 것이다. 나는 아버지 계신 곳으로 가서 함께 죽을 것이다."

오상이 걸어 나오자 군사들이 포박하고 이어 오자서마저 붙잡으려 했다. 그러나 오자서가 활을 당겨 겨냥하니 감히 접근하지 못했다. 그렇게 시간을 끌며 밤을 틈타 오자서는 송나라로 도망쳤다. 아들 오자서가 도망쳤다는 말을 들은 오사가 말했다.

"이제 초나라는 내 아들 오자서로 인해 앞으로 전란에 시달릴 것이다."

평왕은 오상이 잡혀 오자 즉시 아비인 오사와 함께 사형에 처하고 말았다. 이런 배경으로 오자서는 오나라로 망명해 온 것이었다.

그런데 막상 오나라 공자 광을 만나 사귀고 보니 그 인품과 실력이 대단한 자였다. 오자서는 그의 야망을 알아보고 마음은 당장에 오나라의 도움을 받아 초나라를 치고 싶었지만 참을 수밖에 없었다. 대신에 자신이 오나라에 와서 만난 무술의 달인 전제(專諸)를 공자 광에게 추천하였다.

"언제고 중요한 일에 쓰일 검객 한 명을 소개해 드리겠습니다."

전제는 오나라 당읍(堂邑) 사람이다. 검술이 뛰어나고 성품이 온유하며 부모 섬기기에 지극정성을 다하는 자였다. 그 무렵 공자 광은 쿠데타의 행동대장을 구하고 있었는데 전제를 얻게 되자 크게 기뻐하였다.

얼마 후 초나라 평왕이 죽었다. 장례를 틈타 오나라 왕 요가 자신의 두 아우 갑여(蓋餘)와 촉용(屬庸)을 장군으로 삼아 초나라를 공격하게 하였다. 이는 초나라의 혼란을 틈탄 기습 공격이었다. 그런데 뜻밖에도 초나라 군대가 전략을 써서 오나라 군대의 퇴로를 차단하였다. 두 아우는 단단히 포위되어 돌아갈 수 없는 처지가 되었다. 이 상황을 보고 받은 공자 광이 급히 자신의 심복들을 불러 모았다.

"드디어 때가 왔도다. 기회가 왔는데 구하지 않으면 무엇을 얻을 수 있겠는가? 이제 내가 왕위에 오를 차례이다. 만약 계자찰이 오더라도 나를 폐하지 못할 것이다."

그날 공자 광이 왕을 위해 연회를 열었다. 자신의 병사들을 무장시켜 집 주변과 지하에 숨겨 놓았다. 왕은 미리 호위 병사들을 공자 광의 집에 보내 진을 치게 한 후에 나타났다. 연회석 좌우에는 모두 왕의 친척들이 칼을 차고 왕을 호위하였다. 누구라도 함부로 왕께 가까이 갔다가는 당장에 목이 베이고 말 것 같은 분위기였다. 술자리가 무르익자 공자 광은 잠시 화장실에 다녀오겠다며 자리에서 일어섰다. 그리고 요리사로 분장한 전제에게 신호를 보냈다.

"왕께 맛있는 생선 요리를 올리도록 하라!"

전제가 생선 요리를 들고 연회석으로 조심스럽게 들어갔다. 호위무사들과 왕의 친척들이 무서운 눈빛으로 노려보고 있었다. 전제가 생선 요리를 왕 앞에 천천히 내려놓았다. 요리가 상에 닿는 순간, 전제는 재빨리 생선을 찢어 그 속에 숨긴 비수를 꺼내 들고 일격에 왕을 찔렀다. 왕은 소리 한번 질러보지 못하고 그 자리에서 바로 숨지고 말았다. 그러자 좌우에 있던 왕의 수행원들이 모두 칼을 뽑아 들고 전제를 내리쳐 죽였다. 연회장은 한순간 혼란에 휩싸였다. 곧이어 숨어 있던 공자 광의 군사들이 뛰쳐나와 왕의 추종자들을 모조리 쳐 죽였다.

이로써 공자 광이 왕위에 오르니 그가 바로 합려(闔閭)이다. 합려는 가장 먼저 전제의 아들에게 벼슬을 내렸다. 그리고 정권을 튼튼히 유지하고자 널리 인재 모집에 심혈을 기울였다. 망명객 오자서(伍子胥)를 정치 및 외교 고문으로 삼고, 백비(伯嚭)를 행정수반으로 삼았다. 그리고 이때 오자서가 변방의 숨은 전략가 손무를 추천하였다.

합려는 손무가 저술한 13편의 병법서를 읽어 본 후에 크게 감동을 받아 입궐을 허락하였다. 비로소 손무가 역사에 등장하는 순간이었다. 이때 손무는 궁중 여인 180명을 대상으로 군사 능력을 선보여 합려로부터 군사(軍師)인 전략가로 임명되었다. 이후 오나라는 내정이 안정되어 농업과 상업이 번창하였다. 그러자 나라의 재정이 증대되고 이를 통해 군비를 확충하였다. 손무가 이를 계기로 병사들의 장비와 처우를 개선하였고 군사 훈련을 체계화하였다. 얼마 지나지 않아 오나라 군대는 최고의 전투력을 보유하게 되었다.

오나라는 이전에 초나라와 전투를 벌인 적이 있었다. 그건 아주 사소한 일이 발단이 되었다. 오나라의 비량지 지역과 초나라의 종리 지역은 서로 맞대고 있는 국경 마을이었다. 국경 마을에는 뽕나무가 많이 자랐다. 그 무렵은 양잠이 유행이라 누에 먹이가 되는 뽕잎이 많이 필요했다.

이 뽕나무 잎을 두고 오나라 여자와 초나라 여자가 우연히 다투게 되었다. 급기야 다툼은 양쪽 부모의 싸움으로 이어졌다. 그런데 오나라 여자의 부모가 늘씬 두들겨 맞은 것이었다. 오나라 국경 마을의 군수가 이 소식을 듣고 병사들을 보내 초나라 여자 부모를 두들겨 팼다. 이 소식을 들은 초나라 왕이 분노하여 군대를 보내 오나라 마을을 초토화시켰다. 오나라 왕 요가 이 소식을 듣고는 공자 광에게 군대를 출병시켜 초나라를 공격하라 명했다. 공자 광이 초나라 내부로 진격하여 크게 이겼다. 이로써 초나라의 종리 지역을 점령하였다.

기원전 512년 합려는 군대가 강성해지자 손무를 장군으로 하여 초나라의 종오(鍾吾)와 서(徐) 지역을 공격하도록 했다. 종오 지역은 방비가 허술하여 손무는 일격에 무너뜨렸다. 하지만 서 지역은 초나라의 구원병이 오고 있는 중이라 쉽게 무너지지 않았다. 이때 손무는 밀어붙이는 강공을 중지하고 지리적 여건을 이용한 전략을 구사했다.

마침 서의 도성 근처에 강물이 흘렀다. 손무가 이를 보고 성 위에 제방을 쌓아 강물을 막았다. 이어 물이 높이 쌓이자 일시에 제방을 터뜨렸다. 그러자 서의 도성은 한순간에 물바다가 되어 함락되고 말았다. 이때 초나라의 장수 심윤술이 구원병을 이끌고 당도했으나 수공에 놀라 물러섰다. 합려가 이 여세를 몰아 초나라의 수도인 영(郢)까지 진격하려고 했다. 그러자 손무가 만류하였다.

"안 됩니다! 지금은 군사들이 지쳐 있습니다. 나아가고 물러서는 것도 때가 있는 법입니다. 더구나 초나라는 오나라보다 영토도 넓고 인구도 많습니다. 아무리 국력이 쇠약해졌다고 해도 군사력은 여전히 막강합니다. 그러니 직접 대결을 피하고 교란 작전으로 적을 피로하게 만들면 나중에 충분히 공격할 수 있습니다. 조금 더 기다리십시오."

합려가 그 말대로 군사를 되돌렸다.

기원전 511년 오나라는 손무의 지휘로 군대를 셋으로 나누어 초나라 교란 작전을 펼쳤다. 먼저 오나라의 한 부대가 초나라 국경 성보 지역을 습격하였다. 초나라에서 심윤술(沈尹戌)이 즉각 군대를 이끌고 섬멸하러 나왔다. 그러자 오나라 부대는 겁먹은 듯이 재빨리 철수하였다. 이에 초나라 군대는 허탈하게 그냥 돌아와야 했다. 진지에 와서 병사들이 군장을 풀고 쉬려고 하면, 다시 오나라의 두 번째 부대가 출동하여 초나라의 또 다른 국경 지역을 습격하였다. 이런 식으로 3년 동안 초나라를 괴롭혔다. 이로 인해 초나라 군대는 지쳤고 물자만 대량으로 소비하고 말았다. 이듬해 오나라는 다시 초나라를 공격해 이번에는 물러서지 않고 육(六)과 잠(灊)을 점령했다.

기원전 508년 초나라의 장군 낭와(囊瓦)가 군대를 이끌고 예장 지역에 주둔하고 있었다. 이때 손무는 선제공격을 위한 전략을 세웠다. 밤중에 예장 강변에서 몰래 군사들을 배에 태워 한 바퀴를 돌아 초나라의 방비가 허술한 후미를 공격하였다. 초나라는 기습 공격에 놀라 제대로 싸워보지도 못하고 서둘러 퇴각했다. 그 과정에서 많은 병사와 장수를 잃었다. 오나라는 손쉽게 거소(居巢) 지역을 빼앗았다. 이때 합려가 기세를 몰아 당장에 초나라의 도읍 영으로 쳐들어가자고 주장하였다. 하지만 손무가 또 반대하였다.

"지금은 때가 아닙니다. 영을 점령하려면 한수를 건너야 합니다. 그러려면 수군을 양성하지 않으면 불가능한 일입니다."

이에 합려가 고집하지 않고 손무의 말에 따랐다. 이때 오나라는 손무의 지휘로 수군 육성에 힘을 기울였다. 얼마 후 합려가 손무에게 물었다.

"당초 그대는 우리 군대가 초나라 수도 영을 진격할 수 없다고 했는데 지금은 과연 어떠한가?"

이에 손무가 대답했다.

"초나라를 이끄는 장군 낭와(囊瓦)는 재물에 욕심이 많고 지극히 잔인한 자입니다. 이웃 동맹국인 당(唐)나라와 채(蔡)나라가 모두 그를 원망하고 있습니다. 대왕께서 초나라를 공격하시려면 우선 당나라와 채나라를 우리 편으로 만들어야 가능합니다."

합려가 그 말을 받아들이고 당, 채와 동맹을 맺는 일에 주력하였다.

한편 그 무렵 채(蔡)의 소후(昭侯)가 귀한 구슬 패옥(佩玉) 2개와 아름다운 가죽옷 미구(美裘) 두 벌을 가지고 있었다. 그중 하나씩을 초나라 소왕(昭王)에게 바쳤다. 그리고 돌아가려고 하자 장군 낭와가 소후를 불렀다.

"내게도 미구와 패옥을 주시오."

하지만 소후가 거절했다. 이에 낭와가 앙심을 품고 소후에게 지난 죄를 물어 성에 억류하였다. 또 이웃 나라 당(唐)의 성공(成公)은 천하의 명마를 두 마리 소유하고 있었다. 예의상 한 마리는 초나라 소왕에게 바치고 돌아가려 하자 낭와가 불렀다.

"내게도 그 명마를 한 마리 주시오."

하지만 성공이 거절하였다. 그러자 그 역시 이전의 죄를 물어 억류하였다. 두 나라의 신하들이 자신의 주군이 돌아오지 않자 무슨 까닭인지 알아보았다. 결국 낭와가 요구하는 것을 바치고서야 자신의 주군을 모셔 갈 수 있었다. 소후와 성공은 돌아온 직후 이를 갈았다. 오나라에 사신을 보내 초나라를 함께 칠 것을 건의하였다. 합려가 이를 받아들였다.

기원전 507년 오나라는 드디어 초나라 공격에 나섰다. 출전에 앞서 손무가 말했다.

"이제 초나라는 고립되어 혼자입니다. 그러나 여전히 병력에 있어 우리

오나라보다 우세합니다. 그러니 이번 전쟁은 속전속결로 끝내야 합니다."

오나라 군대는 즉각 대별산을 넘어 한수(漢水) 지역으로 향했다. 오나라의 침공 소식에 초나라 낭와가 심윤술을 만나 전략을 논의했다. 심윤술이 말했다.

"장군께서는 오나라 군대가 한수를 건너는 것을 막기만 하십시오. 그 틈에 제가 오나라의 후방을 치면 우리가 분명 크게 이길 것입니다."

낭와가 그 말에 따라 한수를 굳게 지키기로 하였다. 심윤술이 떠나고 나자 낭와의 부하 사황이 말했다.

"심윤술이 오나라 군대를 격파하면 공은 모두 그에게 돌아갈 것입니다. 그때에 장군께서는 무슨 면목으로 군주를 대하시겠습니까? 먼저 공을 세우고자 하면 한수에서 결판내야 합니다."

그 말에 낭와는 심윤술에게 공을 빼앗기기 싫어서 백거 지역으로 이동하여 오나라 군대와 대치하였다. 한수를 사이에 두고 두 나라가 서로 진을 쳤다. 마침 오나라 왕 합려의 동생인 부개(夫槪)가 이른 새벽에 찾아와 초나라와 싸우기를 청했다. 하지만 합려가 너무 조급하다며 허락해 주지 않았다. 그러자 부개는 자기 임의로 휘하의 병사 5천 명을 이끌고 초나라 장군 낭와를 공격했다. 낭와는 제대로 싸워 보지도 못하고 패하여 달아났다. 이는 낭와가 평소 어질지 못하여 군대를 제대로 통솔하지 못했고, 군사들 역시 싸울 의지가 없었기 때문이었다.

낭와는 부개에게 패한 것을 만회하려고 다시 군대를 정비해 대별산으로 향했다. 이에 손무가 지형을 고려하여 대별산 좌우에 병사들을 매복시켜 두었다. 그리고 오자서에게는 초나라가 대별산을 넘으면 바로 초나라 영채가 있는 소별산으로 진격하도록 했다. 초나라 군대가 드디어 대별산을 넘어 왔다. 그러자 매복하고 있던 오나라 군대가 일제히 함성을 지르며 공격하였다. 초나라 군대는 크게 패하여 도망가기 바빴다. 낭와는 혼비백산하여 정(鄭)나라로 도망하였다. 그 틈에 오자서가 초나라의 영채를 점령하였다.

합려가 이 틈을 놓치지 않고 도망가는 적을 추격하였다. 초나라 군사들이 청발수(清發水)에 이르자 더는 도망갈 곳이 없었다. 합려가 최후의 공격을 가하려 하자 손무가 나서며 말했다.

"짐승도 곤경에 처하면 죽기로 싸우기 마련인데, 사람이야 더 말할 것이 무엇이겠습니까? 적들이 죽기로 싸우면 반드시 아군에게도 피해가 클 것입니다. 그러나 적들이 강을 건너 도망갈 수 있다는 것을 알면 뒤에 처진 자들도 앞다투어 강을 건널 것입니다. 그래서 적들이 강을 반쯤 건넜을 때 공격하면 유리합니다."

합려가 이 말을 따랐다. 정말로 적이 강을 반쯤 건널 때 공격하자 대승을 거두었다. 이때 초나라 장수 원사와 사황이 끝까지 분전했으나 목숨을 잃고 말았다.

원사의 아들 원연이 강을 건너 잔여 병력을 이끌고 오서 지역에 이르렀다. 몸은 지칠 대로 지쳤고 배는 허기져 다들 금방이라도 쓰러질 것만 같았다. 구석진 마을에서 다행히 쌀을 얻어 밥을 지어 허기를 채우려 했다. 수저로 밥을 퍼먹으려는 순간, 몰래 뒤쫓아 온 오나라 군대가 기습 공격해 왔다. 초나라 병사들은 밥을 입에 문 채로 모두 몰살하고 말았다. 초나라의 심윤술이 이 패전 소식을 듣고 급히 달려왔으나 이미 상황은 끝난 후였다.

이어 손무는 초나라 도읍 영으로 진격 작전을 펼쳤다. 정예병사 3천 명을 전투용 배에 탑승시켜 강을 따라 초나라로 올려 보냈다. 이 소식에 초나라 수군이 강변 방어를 견고히 하였다. 그런데 뜻밖에도 진격하던 손무의 군대가 갑자기 노선을 바꾸었다. 배를 버리고 육지로 상륙하여 초나라 도읍 후방을 기습하였다. 마침 초나라는 후방에 아무런 병력도 없었기에 속전속결로 쳐들어오는 손무의 군대에 무참하게 무너졌다. 초나라 군사들은 추풍낙엽처럼 떨어져 나갔고 장수 심윤술이 죽었다.

이렇게 오나라는 초나라와 다섯 번 싸워 다섯 번 다 이겼다. 드디어 초나라의 수도 영을 점령하였다. 기묘일(己卯日)에 초나라 소왕이 달아나자 오자서는 원수를 갚았고, 경진일(庚辰日)에 오나라 왕 합려가 입성했다. 이후 오나라는 북으로 제(齊)나라와 진(晉)나라를 제압하여 천하의 패권자로 떠올랐다. 물론 손무의 명성 역시 널리 알려졌다.

이 이야기는 노나라의 좌구명(左丘明)이 편찬한 『춘추좌전(春秋左傳)』과 사마천(司馬遷)의 『사기열전(史記列傳)』(김치영 완역본)을 바탕으로 구성하였다.

합려가 죽고 그 아들 부차가 왕위를 계승한 후에 손무에 대한 기록은 거의 알려진 것이 없다. 아마도 권력에서 멀어졌거나, 아니면 스스로 벼슬을 그만둔 것으로 추측된다. 물러날 줄 안다는 점에서 손무의 사상적 바탕은 노자의 자연주의에 가깝다. 끝까지 권력에 남아 있던 오자서와 백비는 비참한 죽임을 당하고 말았으니 말이다. 이후 오나라는 어리석은 군주 부차로 인해 파멸의 길로 접어들었다.

二.『손자병법』은 어떤 책인가

『손자병법』은 지금으로부터 2,500년 전에 오나라 사람 손무(孫武)가 저술한 병법서이다. 이 책은 고대로부터 전해 오는 수많은 전쟁을 손무가 나름대로 분석하고 또 자신의 참전 경험을 바탕으로 전쟁 전략을 체계화한 현존하는 최고의 군사 이론서이다.

군대는 병법(兵法)이 생기기 이전에 군령(軍令)이 우선이었다. 군령이라 하면 군대를 지휘하는 제도와 규정을 말한다. 군령이 갖추어진 이후에 장군들은 좀 더 효율적인 전쟁 방법을 찾게 되었다. 그것이 바로 병법이다. 병법은 기록으로 남겨진 것이 없어 대부분 입에서 입으로 전해졌다. 하지만 소문만 무성하고 제대로 검증된 것이 없었다. 그런 와중에 손무가『손자병법』을 서술하여 실용적이고 실질적인 전략으로 오나라에서 큰 인기를 누렸다. 그 인기의 비결은 다음과 같이 요약할 수 있다.

"군령은 정해진 규율과 규칙이 있지만 병법이란 규칙이 없는 것이다. 즉, 규칙이 없는 것이 바로 병법의 규칙이다. 그래서 병법의 최상은 적을 속이는 것이다."

예를 들면, 강태공은 위수(渭水)에서 미끼도 없이 낚시를 하고 있었다. 마을 사람들이 일흔 살이 넘은 노인이 망령이 들었다고 딱한 듯이 쳐다보았다. 그런데 그 낚시에 주(周)나라 문왕(文王)이 걸려들었다. 강태공은 그냥 놓아주지 않았다. 뛰어난 지략과 언변으로 문왕을 홀리게 만들었다. 그 논조는 문왕이 이전에 전혀 들어보지 못한 천하의 큰 도리였다. 곧바로 예를 갖춰 강태공을 사부로 삼았다. 이것이 곧 속임수이자 병법이다. 강태공은 이 뛰어난 음모와 간계로 나중에 은나라를 멸하고 주나라를 세우는 데 일등공신이 되었다.

손무는 이처럼 전해 오는 고대의 모략(謀略)들과 군대 지휘에 관한 권모와 형세, 전략 전술에 관한 음모와 기교, 전쟁에 임하는 계책, 그리고 전술에서 필요한 기동력, 응용력, 신속성, 변화무쌍, 돌발적인 공격, 교활함 등을 체계적으로 서술하여 단숨에 위대한 전략가로 천하에 이름을 알리게 되었다. 그뿐 아니라 『손자병법』은 현대에 이르러서 조직과 인간관계 그리고 처세와 지략의 경전으로 추앙받기에 이르렀다. 특히 전쟁을 싸워서 이기는 방법만이 아니라, 싸우지 않고 이기는 방법을 제시하여 병법의 차원을 철학의 경지에 이르게 만들었다. 그런 까닭에 『손자병법』은 오래도록 경서(經書)로 추앙받아 왔다.

현재 전해지는 『손자병법』 금본(今本)은 위(魏)나라 조조(曹操)가 요약하고 해석을 붙인 『위무주손자(魏武註孫子)』 13편이 유일한 것이다. 조조는 그 서문에 다음과 같은 기록을 남겼다.

"내가 병서와 전쟁 계책을 많이 보았지만 그중 손무가 쓴 책이 가장 깊이가 있었다. 자세히 계획하고, 신중하게 행동하며, 깊이 꾀해야 한다고 했는데 이는 거짓말이 아니었다."

1080년 송(宋)나라 신종(神宗) 무렵 무학박사 하거비(河去非)가 고대로부터 전해 오던 중국 병법서 가운데 가장 훌륭한 7권을 가려 뽑아 『무경칠서(武經七書)』를 편찬하였다. 손무의 『손자』, 오기(吳起)의 『오자』, 사마양저(司馬穰苴)의 『사마법』, 울요(尉繚)의 『울요자』, 이정(李靖)의 『이위공문대(李衛公問對)』, 황석공(黃石公)의 『삼략(三略)』, 강태공의 『육도(六韜)』가 그것이다. 여기에 『손빈병법』, 『장원』, 『삼십육계』를 더하여 『무경십서(武經十書)』라고 한다. 이 중 『손자병법』을 최고의 병법서로 꼽았다.

『손자병법』은 전쟁을 세 가지로 논하였다. 첫째, 경제 중심의 전쟁론이다. 이는 산술에 능한 자는 승리를 획득할 수 있으며, 전쟁은 적은 비용으로 최대의 효과를 얻기 위해서는 속전속결로 끝내야 한다. 둘째, 자연 중심의 전쟁론이다. 전쟁은 주어진 사물과 자연의 이치를 유리하게 활용해야 승리할 수 있다. 셋째, 정치 중심의 전쟁론이다. 전쟁은 정치의 연속이다. 상대를 설득시키기 위해 행하는 강압적 지배 수단이다.

끝으로, 치열한 경쟁 시대를 살아가는 현대인이 왜 이 병법서를 읽어야 하는가? 이는 생존의 지혜를 담은 비책이기 때문이다. 간결한 내용 속에 인생에 대한 승패와 운명의 향방이 정해져 있으니 읽은 자는 배워 자신의 뜻을 이룰 것이고, 읽지 못한 자는 나중에 후회하며 자신의 어리석음을 탓할 것이다.

이 책에 대해서 저자로서 우려되는 점은 『손자병법』을 너무 지나치게 출세와 경쟁의 권모술수로 읽어서는 안 된다는 것이다. 부디 올바른 인생의 지침으로 삼아 자신의 내면의 깊이를 채우는 공부가 되기를 바라는 바이다.

일러두기

1. 이 책은 조조의 『위무주손자(魏武註孫子)』를 본문으로 삼아 번역과 해설을 달았다.

2. 한자어 표기는 처음 나오는 인명, 지명, 생소한 명사에 한하여 이해를 돕기 위해 표기하였다.

3. 중국 인명은 대중화되어 있는 명사는 중국 발음으로 그 외에는 한국식 한자 표기로 하였다.

4. 해설이나 주는 별도로 달지 않고 읽기 쉽게 본문에서 설명으로 대신하였다.

5. 원문에 없는 내용들은 독자의 이해를 돕기 위해 저자가 내용을 추가한 것이다.

제一편

시 계

始計

    정치는 올바른 것이고 전쟁은 기이한 것이다. 기이한 것은 올바른 것을 전제로 한다. 적을 올바른 것으로 설득하지 못하면 그때는 형편에 맞게 술수와 속임수를 써 가며 설득해야 한다. 그것도 부족하면 그때는 전쟁을 하게 되는 것이다. 설득은 말과 글로 하지만 전쟁은 칼과 총으로 하니 기이함이라 한다.

    계(計)는 계산하다, 따지다의 의미이다. 옛날에는 전쟁에 앞서 적군과 아군의 우열을 철저히 점검하는 회의를 선왕의 위패를 모신 묘당(廟堂)에서 개최하였다. 묘당에서 전쟁의 우열을 계산하고 따지는 행위를 묘산(廟算)이라 한다.

    군주가 신하들에게 전쟁을 해야 할지 말아야 할지에 대해 물으면 신하들은 자신의 의견을 피력해야 했다. 이때 대나무나 동물의 뼈로 만든 젓가락 막대인 책(策)을 찬반의 위치에 놓게 된다. 그래서 책이 많이 쌓인 곳의 의견을 따르게 된다. 「시계(始計)」편은 전체 13편 중에서 총론에 해당된다.

1-1 전쟁은 계산이 분명해야 한다

손자가 말했다. 전쟁이란 국가의 대사이다. 백성이 죽고 사는 근본이며 나라의 존립과 멸망이 갈리는 길이니 잘 살펴보지 않을 수 없다. 그러므로 전쟁 전에 우선 오사(五事), 즉 다섯 가지 원칙을 헤아리고, 다음 일곱 가지 계책인 칠계(七計)로 아군과 적군의 정황을 충분히 탐색 비교해 보아야 한다. 오사란 첫째는 정치의 도이고, 둘째는 하늘의 상황이며, 셋째는 지리적 조건이고, 넷째는 군대를 인솔하는 장수의 됨됨이고, 다섯째는 그 나라의 법이다.

孫子曰: 兵者, 國之大事, 死生之地, 存亡之道, 不可不察也. 故經之以五事, 校之以七計, 而索其情: 一曰道, 二曰天, 三曰地, 四曰將, 五曰法.

| 풀이 |

'손자왈(孫子曰)'이란 손자께서 말씀하셨다는 뜻이다. '병(兵)'은 작은 의미

로 병사, 큰 의미로 전쟁을 말한다. '국지대사(國之大事)'란 나라의 큰일이다. 나라의 큰일은 체제를 유지하고 적으로부터 나라를 지키는 것이다. 체제를 유지하기 위해서는 정통성이 뒤따라야 하고, 적으로부터 나라를 지키기 위해서는 강한 군대가 있어야 한다. '사생지지(死生之地)'는 죽느냐 사느냐 하는 곳이니 전쟁터이다. '불가불(不可不)'은 하지 않을 수 없다, 또는 반드시 해야 한다는 강조의 의미다. '찰(察)'은 전쟁에 앞서 적군과 아군의 형세를 비교하여 승산이 있는지 철저히 검증하라는 의미다. '경(經)'은 헤아리다, 경영하다의 뜻이다. '교(校)'는 비교하는 것을 말한다. '색(索)'은 탐색하다로 해석한다.

　'도(道)'는 적군과 아군의 정치 중 어느 나라가 더 안정됐느냐를 따져 보는 것이다. '천(天)'은 날씨와 기상 조건이 아군에게 얼마나 유리하냐를 따져 보는 것이다. '지(地)'는 적을 방어하거나 적을 공격할 때 지리적 위치가 얼마나 유리한지를 따져 보는 것이다. '장(將)'은 군대를 통솔하는 적군과 아군의 장수 중 누가 더 인품과 지도력이 뛰어난가를 비교해 보는 것이다. '법(法)'은 적군과 아군을 비교해서 어느 나라가 법이 더 잘 지켜지나 비교해 보는 것이다.

| 해설 |

　21세기는 첨단 과학의 시대이다. 과학의 발달은 곧 무기의 발달을 가져왔다. 그렇게 수천 년을 과학은 언제나 무기의 시녀로 성장해 왔다. 그런데 어느덧 무기는 신(神)의 영역을 넘어섰다. 인류 공멸을 초래하는 초대형 핵무기가 등장한 것이다. 도대체 인간의 탐욕은 그 끝이 어디인지 궁

금해진다. 시대가 변해도 여전히 전쟁은 신중해야 한다는 손무의 주장에 대해 이의를 제기하는 사람은 없다. 오히려 고대보다 전쟁이 더 철저해졌다고 할 수 있다.

사이먼 던스턴(Simon Dunstan)은 『욤키푸르 1973』에서 아랍의 이스라엘 보복전을 다음과 같이 기록하였다. 1973년 이집트의 사다트 대통령은 이스라엘과 한판 전쟁을 붙기로 결심했다. 먼저 이웃 나라 시리아와 협조체제를 구축하고, 사우디아라비아와는 개전과 동시에 서방세계를 위협하는 석유 금수조치를 준비했으며, 그동안 소원했던 소련에 접근하여 군사적 지원을 약속받았다. 또한 그해 10월은 이슬람 라마단(Ramadan) 기간이었는데 이집트 군대는 단식을 예외로 하였다.

10월 6일 이집트와 시리아 군대는 욤키푸르(Yom Kippur)에 탱크, 미사일, 전투기 등을 동원해 이스라엘이 점령하고 있는 구 시리아 지역과 골란 고원에 대한 대규모 공격을 단행했다. 이로써 '이집트 10월 전쟁'이 시작된 것이다.

이집트는 수에즈 운하 도하작전에 8만 병력을 투입시켜 최소 2만 명의 희생을 각오하고 기습 공격을 펼쳤다. 그때까지 난공불락의 요새로 알려진 이스라엘의 바레브(Bar-Lev) 방위선이 이집트의 공격으로 무참히 무너지고 말았다. 텔레비전에서는 수에즈 운하에 이집트 국기가 휘날리는 모습과, 포로로 잡힌 이스라엘군의 초라한 모습이 여러 번 잡혔다. 전쟁에서 이기고 있다는 것을 확인한 이집트 국민들은 열광했다. 부상당한 이집트 병사들을 위해 남녀노소 할 것 없이 누구나 헌혈의 대열에 참여할 정도였다.

이로 인해 이전까지 패배를 모르던 이스라엘군은 마침내 불패신화에 종지부를 찍게 되었다. 이집트 군대는 신속하게 진군하여 운하 동쪽

13km 지점까지 진격했다. 빼앗긴 영토 상당 부분을 되찾았고 군사 강국으로서 위신도 회복하였다.

그런데 이전까지 중동 문제를 회피하던 미국이 이스라엘을 아랍 침략의 희생자로 간주하여 이 전쟁에 뛰어들었다. 중동에 평화를 정착시킨다는 의도였다. 그러나 이집트는 미국의 개입에 대비하고 있었다. 사우디아라비아의 주도 아래 아랍 산유국들은 이스라엘의 우방과 미국에 대하여 전격적으로 석유 금수조치를 단행했다. 아랍 석유수출기구(OPEC) 6개 국가는 이스라엘이 아랍 점령 지역에서 철수하고 팔레스타인의 권리가 회복될 때까지 매월 원유 생산을 전월에 비해 5%씩 감산하기로 결정했다.

이 조치는 모든 아랍인을 일치단결시키는 커다란 구심점이 되었다. 당시 배럴당 2.9달러였던 두바이유 가격은 4달러를 돌파했고, 1974년 1월에는 11.6달러까지 올라 무려 4배나 폭등했다. 이 파동으로 주요 선진국들은 두 자릿수 물가상승과 마이너스 성장이 겹치는 전형적인 스태그플레이션을 겪어야 했다. 이 금수조치로 이전까지 아랍이 미국을 필요로 했었는데 이제는 미국이 아랍을 필요로 하는 입장으로 뒤바뀌었다. 이집트는 '10월 전쟁' 이후 더는 이스라엘을 두려워하지 않게 되었다. 이는 승리를 예측한 철저한 분석이 뒤따랐기 때문이다.

중국의 7대 병법서 중 하나인 『사마법(司馬法)』에는 전쟁을 다음과 같이 정의하였다.

"나라가 크더라도 전쟁을 좋아하면 반드시 망하고, 천하가 태평하더라도 전쟁을 잊으면 반드시 위태로워진다.(國雖大 好戰必亡 天下雖平 忘戰必危.)"

상품 전쟁

　현대사회는 경쟁의 시대이다. 특히 기업 간의 경쟁은 갈수록 치열해지고 있다. 전쟁 전에 적을 철저히 분석하듯이, 기업 역시 상품을 출시하기 전에 경쟁 상대를 철저히 분석해야 한다. 그 대표적인 사례가 아스피린과 타이레놀의 전쟁이다.

　독일 바이엘 제약의 아스피린은 전 세계 해열진통제 시장을 오래도록 석권하였다. 어느 누구도 아스피린의 독주를 막을 수 없었다. 하지만 미국 제약회사인 존슨앤존슨(Johnson & Johnson)이 아스피린과 한판 전쟁을 붙고자 타이레놀을 시장에 내놓았다. 동시에 공격적인 광고로 승부를 걸었다.

　"아스피린을 복용해서는 안 되는 수백만 명을 위해서!"

　이에 대해 아스피린도 가만히 있지 않았다. 광고로 맞섰다.

　"타이레놀은 아스피린보다 결코 안전하지 않습니다."

　하지만 소비자는 타이레놀 광고에 반응을 보이기 시작했다. 타이레놀이 이를 놓치지 않았다. 이번에는 아스피린의 부작용을 집중적으로 공략하는 광고를 내놓았다.

　"복통, 궤양, 천식, 알레르기, 빈혈이 있는 분들은 아스피린을 복용하기 전에 의사와 상담하는 것이 좋습니다. 아스피린은 위벽을 자극하고 천식이나 알레르기 반응을 유발하며 내출혈을 일으키기도 합니다. 다행히도 여기 타이레놀이 있습니다."

　광고가 나가고 얼마 후, 타이레놀은 해열진통제 시장을 재편하는 데 성공하였다. 그리고 이듬해 시장 점유율 1위 자리를 차지하였다. 이는 경쟁사에 대한 타이레놀의 철저한 분석이 가져온 승리였다.

이렇게 아스피린을 물리치고 진통제 시장을 지배하게 된 타이레놀은 이번에는 도전자로부터 공격을 받게 되었다. 브리스톨 마이어스(Bristol-Myers) 사에서 다트릴이라는 진통제를 내놓은 것이다. 회사는 시판하면서 타이레놀과 똑같은 안정성을 갖춘 진통제라고 강조했다. 그리고 가격을 낮추어서 출시했다. 당시 타이레놀은 2달러 85센트, 다트릴은 1달러가 싼 1달러 85센트였다.

마이어스의 전략은 분명했다. 타이레놀과 동일한 제품임을 강조하면서 더 저렴한 가격으로 고객을 유인하겠다는 것이었다. 상대방의 전략과 의도가 파악되었으니 이제 타이레놀의 대응만 남았다. 가격 인하에 정면으로 대응할 것인가? 아니면 다른 방법을 택할 것인가?

싸움의 기술에서 최고의 전략은 경쟁자가 다시 도전하지 못하도록 철저히 숨통을 끊어놓는 것이다. 타이레놀은 결국 가격을 내렸다. 이어 대대적인 광고 캠페인을 시작하면서 다트릴을 정면으로 공격했다. 그 결과 다트릴의 시장 진입을 철저히 봉쇄하였다. 타이레놀은 여전히 1위 자리를 고수하고 있다.

1-2 군주에 대한 믿음

첫째, 정치의 도란 백성이 군주와 뜻을 같이하여 군주를 따라 죽을 수도 있고 살 수도 있음을 말한다. 백성은 군주를 위한 일이라면 어떤 위험도 두려워하지 않는다.

道者, 令民與上同意, 可與之死, 可與之生, 而民不畏危也.

| 풀이 |

'령(令)'은 하게 하다의 뜻이다. '상(上)'은 군주를 뜻한다. 여지(與之)에서 '여'는 함께, '지'는 군주를 가리킨다. '위(危)'는 위태로운 상황을 말한다.

전쟁을 헤아리는 다섯 가지 중에 정치의 도가 가장 중요하다. 이는 바로 민심의 향방을 말한다. 민심을 얻은 군주는 천하를 얻고, 민심을 잃은 군주는 천하를 잃는다. 또 도(道)란 조직에서 충성심을 말한다. 그러니 도가 무너진 군대는 승리할 수 없는 것이다.

| 해설 |

손자가 말한 오사(五事)는 바로 적을 비교 분석하는 고대의 기준이었다. 그러면 백성의 믿음이 왜 중요하냐? 이는 『논어(論語)』에 다음과 같이 기록되어 있다.

제자인 자공(子貢)이 공자에게 물었다.

"선생님, 정치란 무엇입니까?"

공자는 다음과 같이 대답하였다.

"식량을 풍족하게 하고, 군대를 충분히 갖추고, 백성의 믿음을 얻는 일이다.

이에 자공이 물었다.

"그중에 어쩔 수 없이 한 가지를 포기한다면 무엇을 버려야 합니까?"

공자가 대답했다.

"그렇다면 군대를 포기해야 한다."

자공이 다시 물었다.

"그러면 남은 두 가지 가운데 또 하나를 포기해야 한다면 무엇을 버려야 합니까?"

공자가 대답했다.

"식량을 포기해야 한다. 예로부터 죽음은 누구나 피할 수 없지만, 백성의 믿음이 없이는 나라가 바로 서지 못한다.(自古皆有死 民無信不立.)"

여기서 바로 정치의 도를 강조하는 말로 '무신불립(無信不立)'이라는 표현이 쓰이게 되었다.

『맹자』에는 백성과 군주의 믿음을 다음과 같이 기록하였다.

"하늘이 적을 무찌르는 좋은 기회를 준다 하더라도 이는 지리적 이로

움보다 못하고, 지리적 이로움이 아무리 좋은 기회라 하더라도 군주와 백성의 일치 화합보다 못하다.(天時不如地利, 地理不如人和.)"

그러면 백성의 믿음이 없는 나라는 어떤 나라인가? 『선조실록(宣祖實錄)』에는 임진왜란 당시 경기도 양주에서 왜적을 상대로 벌인 해유령(蟹踰嶺) 전투가 기록되어 있다.

1592년 4월 13일 왜군은 20만 병력을 이끌고 조선을 공격하여 동래성을 함락한 후 20일 만에 한양을 점령하였다. 당시 조총으로 무장한 일본군의 공격에 조선군은 속수무책으로 당할 수밖에 없었다.

5월 중순 왜군이 계속 북쪽으로 진격하자 조선의 도원수 김명원(金命元)과 부원수 신각(申恪)이 한강에서 왜군과 맞섰다. 하지만 조선군은 패하여 도원수 김명원은 임진강 쪽으로 후퇴하였다. 이때 부원수 신각은 김명원을 따르지 않고 유도대장 이양원(李陽元)과 함께 양주 산속으로 도망쳤다. 그곳에서 흩어진 군사를 수습하여 전열을 정비하였다. 마침 함경병사 이혼(李渾)이 군사를 이끌고 합류하고 인천부사 이시언이 합류하여 전열이 한층 강화되었다.

그때 왜적 1개 부대가 양주의 해유령을 지난다는 소식을 들었다. 해유령은 지금의 경기도 양주 백석에서 파주 광탄으로 가는 고개이다. 신각은 해유령 부근에 조선군을 매복시켜 두고 왜군을 기다렸다. 며칠 후 왜군 1개 부대가 약탈한 식량을 싣고 한양으로 향하고자 해유령에 들어섰다. 그런데 왜군은 아주 해이한 상태였다. 하기야 마음대로 약탈을 일삼아도 조선에서 그 누구도 제지하는 자가 없으니 그럴 만도 했다. 그 틈을 놓치지 않고 신각은 지형과 지물을 이용한 기습 작전으로 왜군을 몰살시켰다. 이는 임진왜란 최초의 승리였다. 이 승전 소식을 조정에 알리려 사람을 보냈으나 길이 막혀 전달이 한참 늦어졌다.

이어 신각과 이양원은 임진강 쪽으로 가서 연천을 방어하기로 하고, 이혼은 철령으로 가서 왜군의 함경도 진출을 저지하기로 했다. 그런데 뜻밖에도 연천으로 향하는 신각에게 어명이 기다리고 있었다. 이전에 한강 방위선에서 왜군에게 패배한 김명원이 조정에 상소를 올렸던 것이다.

"신각은 군령을 어기고 도망친 자이니 그를 참수하여 주십시오!"

김명원은 한강 패전의 책임이 자신에게로 돌아오자 이를 회피하기 위해 거짓 보고를 한 것이었다. 그 무렵 조정에서는 진위를 밝힐 여유가 없었다. 하지만 전쟁 중에 군대의 기강이 해이해지는 것을 방지하고자 책임자인 김명원의 말을 믿기로 했다. 서둘러 신각을 체포하기로 결정했다. 이에 조정에서 파견된 선전관이 수소문하여 연천까지 온 것이다. 신각은 그 자리에서 왕명에 따라 바로 처형되었다.

그런데 선조가 선전관을 파견하고 얼마 후에 신각의 해유령 전투 승전보를 전해 들었다. 이에 황급히 처형을 중지하도록 다른 선전관을 연천으로 파견하였으나 이미 때는 늦었다. 신각은 이미 효수된 뒤였다. 신각의 아내 또한 남편을 장사 지낸 뒤 슬픔을 이기지 못하여 자결하고 말았다.

참으로 슬픈 조선의 역사이다. 부하를 음해하는 장수를 옳다고 하고, 적을 물리친 장수는 역적이 되는 나라가 어찌 제대로 된 나라이겠는가? 이러니 백성이 임금을 떠나고 그러니 조선은 망할 수밖에 없었던 것이다.

'강군필승(強軍必勝)'이란 군대가 강한 나라는 적이 함부로 공격하지 못하고, 군대가 강한 나라는 적과 싸우면 반드시 이긴다는 뜻이다. 군대가 약한 나라는 적의 침략을 막을 수 없다. 그러면 나라를 잃고 백성은 도탄에 빠지고 만다. 나라를 빼앗기고 슬피 울기 전에 강한 군대를 키워야 한다. 강한 군대는 백성의 믿음으로 세워진다는 것을 위정자는 반드시 명심할 일이다.

기업의 사회적 가치

군주가 백성의 믿음을 얻어야 하듯이 기업은 소비자의 신뢰를 얻어야 한다. 기업의 목적은 이윤 추구이다. 이윤을 추구하는 기업은 본질적으로 사회적 책임에 약한 것이 특성이다. 하지만 모든 기업이 다 그런 것은 아니다.

동화약품은 우리나라에서 가장 오래된 기업이다. 이 기업은 1897년 소화제 '활명수'로 사업을 시작했다. 당시 백성들은 맵고 짠 음식을 급하게 먹는 잘못된 습관으로 급체나 토사곽란으로 사망하는 사례가 많았다. 게다가 이런 소화기 질환을 치료하기 위해서 탕약을 달여 먹어야 했는데 이는 백성들에게 너무도 불편한 일이었다. 당시 궁중 선전관 직책에 있던 민병호 선생은 한의학에 조예가 깊었다. 이런 불편을 인식하고는 양약과 한약을 복합해 편리하게 마실 수 있는 소화제 활명수를 만들었다. 그리고 이를 대중화하기 위해 동화약방을 창업했다. 백성들은 이 약품이 너무도 편리하여 마치 만병통치약처럼 여겼다.

일제 강점기에 동화약방은 독립운동 자금을 조달하는 역할을 담당했다. 또한 그 무렵 역대 사장 세 명이 독립운동가로 활동하기도 했다. 이는 기업의 사회적 가치가 무엇인가 그 해답을 보여 준 사례이다. 해방 후 6·25전쟁을 겪으면서 나라가 혼란스러울 때에 회사는 이익을 위해 함부로 약값을 올리지 않았다. 이는 기업의 사회적 역할이 무엇인가 그 해답을 보여 준 사례이다. 1978년 동화약품은 국내 최초로 생산직을 포함해 전 사원 월급제를 실시하여 유명해졌다.

활명수는 100년이 훨씬 지났어도 11가지 순수 생약 성분 그대로 제조하고 있다. 오랜 전통만큼 유사제품도 수없이 등장하였다. 하지만 그 어떤 제품도 활명수의 벽을 넘지 못했다. 이는 "부채표가 없는 것은 활명수가 아닙니다."라는 브랜드 가치를 강조한 덕분이었다.

지금까지 활명수는 약 80억 병이 팔려 나갔다. 대한민국 국민 1인당 170병을 마신 꼴이다. 지금도 연간 1억 병을 생산한다. 2014년 매출은 2,130억 원, 순이익은 49억 원이다. 지금까지 소화제 시장 점유율 1위를 고수하고 있다. 사회적 가치를 실현하고 사회적 역할을 담당하는 기업은 소비자가 결코 외면하지 않는 법이다.

1-3 천지 변화 관찰

둘째, 하늘의 상황이란 낮과 밤, 추위와 더위, 사계절의 변화를 말한다. 셋째, 지리적 조건이란 땅이 높거나 낮거나, 장소가 멀거나 가깝거나, 지세가 험하거나 평탄하거나, 지형이 넓거나 좁거나, 지리가 유리하거나 불리한 것을 말한다.

天者, 陰陽, 寒暑, 時制也. 地者, 高下, 遠近, 險易, 廣狹, 死生也.

| 풀이 |

'천(天)'이란, 넓게는 삼라만상을 의미하며 좁게는 기상과 계절의 변화를 말한다. 즉, 전쟁에서 자연의 이치를 세밀히 관찰하는 것이 중요하다는 뜻이다. '시제(時制)'는 계절이 순환하는 규칙이니 사계절을 말한다. 전쟁은 지리적 특성을 파악하지 못하고는 적을 이길 수 없다. 지리적 유리함이란 이로운 지역을 먼저 얻는 편이 승리하는 것이다. '사생(死生)'은 죽고 사는 땅이니 유리하거나 불리함을 말한다.

| 해설 |

자연에서 생활하는 동물들은 각자의 생존 영역이 있다. 그것은 다른 동물보다 먼저 유리한 고지를 선점하는 것이다. 예를 들면, 아프리카에서는 나무라는 한정된 자원을 놓고 동물들이 서로 다른 영역을 차지해 영양분을 취하고 있다. 기린은 가장 높은 곳의 잎을 먹고, 가젤이나 임팔라는 중간 높이의 잎을 먹고, 얼룩말이나 버펄로는 아래 잎을 먹는다. 또한 같은 풀이라도 길고 부드러운 풀을 먹는 동물과 짧고 질긴 풀을 먹는 동물이 구분된다. 이것은 생존을 위해 자연의 유리한 곳을 차지하려는 동물들의 특성이다.

지리적 이로움이란 전략요충지를 말한다. 고대 전쟁에서 지리적 여건은 싸움에서 중요한 요소였다. 228년 제갈량은 10만 대군을 이끌고 기산을 급습하러 떠나는 길이었다. 떠나기 전에 부장 마속(馬謖)을 불러 다음과 같이 신신당부하였다.

"지금 아군이 거하는 가정(街亭)은 비록 작은 고을이지만 전략요충지이다. 이곳은 한중(漢中)으로 통하는 목구멍과 같은 곳이니 내가 자리에 없다고 해도 단단히 지켜야 한다. 만약 적에게 가정을 빼앗기면 우리 아군은 전체가 설 자리가 없어진다. 그러니 만약 적이 공격해 오면 반드시 산을 배후에 의지하고 물 가까이 군영을 세워 대항하도록 하라. 결코 불리하지 않을 것이다."

이에 마속이 결의에 찬 목소리로 대답했다.

"삼가 말씀하신 대로 따르겠습니다."

그러나 제갈량이 떠나자 마속은 적을 가볍게 여겼다. 제갈량의 지시를 따르지 않았다. 자기 마음대로 물가에서 멀리 떨어진 산 정상에 군대를 배치하였다.

위(魏)나라 대장 장합(張郃)이 부하를 통해 이 보고를 받았다. 마속이 산 위에 포진했다는 말에 크게 기뻐하고는 즉시 가정으로 진격해 들어왔다. 도착하자마자 우선 마속의 부대와 연결된 물길을 끊고 식량보급로를 차단하였다. 점점 포위하여 궁지로 몰아넣었다. 그리고 며칠 후 사방에 산 불을 놓기 시작했다. 마속의 군대는 굶주림과 목마름에 시달려 제대로 싸워 보지도 못한 채 크게 패하고 말았다. 요충지인 가정을 너무도 어이 없이 빼앗기고 만 것이었다.

제갈량이 기산에 당도하기 전에 이 패배의 소식을 들었다. 서둘러 발길을 돌려 한중으로 향했다. 돌아와서는 비통한 마음을 억누르고 총애하는 장수 마속을 잡아오라 하였다. 그리고 모든 부하들이 보는 앞에서 칼로 목을 베었다.

이는 지리적 이로움을 모르는 자는 장수의 자격이 없음을 뜻하는 것이다. 또 자격 없는 장수를 참형에 처하는 것은 군대의 기강을 바로잡기 위함이었다. 그러니 장수된 자는 지리적 이로움과 불리함을 분명히 알아야 한다. 그렇지 않고 함부로 설치는 장수는 생각 없는 우둔한 자와 같은 것이다.

기술 우위 전략

지리적 이로움을 모르는 장수는 군대를 통솔할 자격이 없듯이, 제품 기술력이 없는 기업가는 시장에서 살아남을 수 없다. 스위스는 시계 기술이 뛰어난 국가이다. 하지만 전 세계 시계 생산량은 겨우 3%에 불과하다. 그런데 이를 금액으로 따져 보면 전 세계 60%를 차지한다. 이는 곧 시계 산업이 대단한 고부가가치 상품이라는 증거이다. 2014년 기준으로 세계 브랜드별 판매 순위는 1위 롤렉스, 2위 까르띠에, 3위 오메가이다.

그런데 그 많은 시계 중에 세계 유명인들이 유독 사랑하는 시계가 있다. 스위스의 파텍 필립(Patek Philippe)사가 제작하는 기계식 시계이다. 이 회사는 1851년 귀족인 파텍이 기술사 필립을 만나 세운 회사이다. 필립은 파리 만국 박람회에서 손목시계로 금메달을 수상하여 유럽 전역에 명성을 알렸다. 운이 좋은 건지 아니면 회사 영업 수완이 뛰어난 건지 이 회사의 첫 번째 고객은 영국 빅토리아 여왕이었다. 이 때문에 유명세를 타고 아인슈타인, 차이코프스키, 로마 교황 등 전 세계 유명인들의 손목시계를 제작하게 되었다.

이 회사의 특징이라면 아주 적은 수량의 시계만을 제조한다는 것이다. 하지만 가격은 그다지 만만치가 않다. 보통 최저가 제품이 수천만 원대이다. 현재 세계에서 가장 비싼 시계를 만드는 업체로 알려졌다.

파텍 필립사가 성공할 수 있었던 것은 기술력 덕분이다. 생산되는 대부분의 시계는 기계식이라 배터리가 없고, 400여 개에 달하는 시계 전 부품에 대해 회사는 보증서를 발행한다. 무브먼트, 다이얼, 버튼, 스트랩, 시곗줄, 버클 등이 포함된다. 시계는 총 1,500단계에 이르는 제조 공정을 거쳐 1,200시간을 관찰한다. 이어 온도와 기압의 오차를 체크하고 직접 시계를 차고 생활해 본 후에 이상이 없을 때에만 출고된다. 또한 회사는 철저한 신뢰를 바탕으로 한번 판매한 시계는 평생 서비스를 책임진다.

1999년 제작된 회중시계 '더 슈퍼 컴플리케이션'은 가격이 무려 125억 원이다. 또 다른 명품 '더 칼리프89'는 제작 기간만 9년 걸렸는데 57억 원에 판매되었다. 현재 세계 3대 명품 시계라면 파텍 필립, 바쉐론 콘스탄틴, 오데마 피게를 꼽는다.

1-4 장수의 자격

넷째, 장수의 됨됨이란 지휘관의 지혜, 믿음, 어진 마음, 용맹, 위엄을 얼마나 갖추었나를 말한다.

將者, 智, 信, 仁, 勇, 嚴也.

| 풀이 |

이는 장수가 갖추어야 할 다섯 가지 인격을 말한다. 힘만 세다고 장수가 아니고 지혜를 갖추어야 한다. '지혜'란 특히 불리한 것을 유리하게 만드는 것이다. '신의'란 공정한 법 집행을 병사들에게 보이는 것이다. 이는 거짓이 없는 성실함을 말한다. '인'이란 사랑하는 마음으로 부하 병사들을 대하는 것이다. '용맹(勇猛)'이란 단순히 용감한 것만이 아니라 정신적인 용기도 포함한다. 곧 정책을 결정하고 그 결과에 대해 스스로 책임을 지는 것이다. '엄(嚴)'이란 명확한 기율을 세워 위엄을 갖는 것을 말한다.

| 해설 |

장수의 덕목 중에 지혜란 불리한 상황을 유리한 국면으로 바꿀 줄 아는 것이다. 『삼국사기』에 있는 김유신의 일화가 그 대표적이다. 647년 신라의 최고 귀족인 상대등(上大等) 비담(毗曇)이 반란을 일으켰다. 선덕여왕이 정치를 잘못한다는 이유였다. 하지만 사실은 비담 자신이 집권하고자 하는 욕심 때문이었다.

비담의 반란군은 명활성(明活城)에 주둔하고, 김유신이 지휘하는 관군은 월성(月城)에 진을 치고 있었다. 양측은 10일간이나 전투를 치렀지만 쉽게 승부가 나지 않았다. 그러던 어느 날 밤, 갑자기 하늘에서 큰 별 하나가 관군이 있는 월성에 떨어졌다. 마침 관군의 동향을 관찰하던 비담의 부하가 이 소식을 전했다. 그러자 비담이 반란군을 독려하기 위해 꾀를 내어 말했다.

"예부터 별이 떨어진 자리는 반드시 많은 피를 흘린다고 했다. 이는 바로 김유신이 패하고 여왕이 물러날 징조인 것이다."

그 말에 반란군은 기세가 올라 환호와 함성이 땅을 진동할 정도였다. 반대로 관군은 사기가 꺾이고 말았다. 그러나 김유신은 당황하지 않았다. 관군의 장수로서 그 순간 머리를 써야 했다. 우선 여왕을 안심시키기 위해 아뢰었다.

"길흉(吉凶)이란 정해져 있는 것이 아닙니다. 오직 사람이 어떻게 하느냐에 달려 있는 것입니다. 제가 생각하는 바가 있으니 여왕께선 염려하지 않으셔도 됩니다."

다음 날 저녁 김유신은 교묘히 작전을 꾸몄다. 커다란 허수아비를 만들어 불을 붙인 후 그것을 연에 실어 하늘로 날려 보냈다. 멀리서 보면 마치 별이 떠오르는 광경이었다. 이어 병사들에게 크게 소리쳤다.

"별이 다시 떠올랐다. 어젯밤 떨어졌던 별이 다시 하늘로 올라간다!"

이 광경을 본 관군은 사기가 되살아나 함성이 메아리쳤다. 그 기세를 몰아 김유신은 즉시 포고를 내었다.

"별이 다시 떠오른 이유는 반역자는 하늘이 도무지 용납하지 못한다는 뜻이다."

이어 축원을 올린 후 병사들을 이끌고 반란군을 공격하였다. 별이 떠오른 것을 본 반란군은 기세가 꺾여 제대로 싸워 보지도 못하고 항복하고 말았다. 비담은 주모자로서 즉각 참수되었다. 위기 상황에서 장수의 지혜는 이처럼 중요한 것이다.

장수에게 신의란 공정한 법 집행을 병사들에게 보이는 것이다. 이는 거짓이 없는 성실한 인격을 말한다. 230년, 제갈량은 네 번째로 기산에 출병하여 북벌을 단행하였다. 기산 전방에 20만 대군을 주둔시켰지만 물자 보급이 원활하지 못했다. 그로 인해 모든 부대가 심각한 식량 문제에 시달려야 했다. 제갈량은 고민이 이만저만 아니었다. 이때 부장인 양의(楊儀)가 묘책을 내놓았다.

"20만 병사를 두 부대로 나누어 전선에 10만 병력을 배치해 놓고, 나머지 10만 병력은 후방으로 돌려 농사를 짓게 하면서 100일에 한 차례씩 교대시키는 겁니다. 이렇게 하면 식량 문제도 해결할 수 있고 전선에 배치된 병사들의 사기도 높여 줄 수 있을 것입니다."

제갈량이 이 건의를 받아들여 곧바로 명을 내렸다.

"전군을 즉시 두 부대로 나누어 100일마다 교대시키도록 하라. 누구든지 군령을 어기는 자는 군법에 따라 엄히 처벌할 것이다."

그런데 이듬해 봄, 위(魏)나라의 대장 장합(長部)이 공격해 왔다. 마침 전선에서는 병사들이 순번에 따라 교체 중이었다. 전선에 있는 병사들은 떠나고, 후방 병사들이 업무를 인계받는 날이었다. 군영은 다소 혼란하고 어수선했다. 이때 부장 양의가 급히 제갈량의 막사로 뛰어 들어와 물었다.

"승상, 병력 교체를 잠시 중단하는 것이 좋은 듯싶습니다."

제갈량이 그 말에 좌우로 고개를 흔들었다.

"아니 되오! 군사를 부리는 데는 신의를 근본으로 삼아야 하오. 이미 군령을 포고했는데 어찌 신의를 잃을 수 있겠소? 전선을 떠나는 병사들은 부모처자를 만나기를 고대하고 있는데, 내 비록 당장 큰 어려움을 겪는다 해도 결코 그들에게 부담을 주지 않을 것이오."

제갈량은 적의 공격을 눈앞에 두고도 전선에 있는 병사들에게 휴가를 줄 것임을 강하게 주장했다. 이 소식을 들은 떠나는 병사들이 제갈량의 말에 모두 감동을 받았다. 하나둘 고향에 돌아갈 생각을 잠시 접고 전선에 남겠다고 요청하였다. 그러자 모든 병사가 눈앞에 닥친 전투를 끝내고 돌아가겠다고 아우성이었다.

힘껏 사기가 오른 병사들은 적의 대장 장합을 목문도(木門道) 전투에서 사살하는 등 큰 전과를 올렸다. 이는 장수의 신의가 전쟁에서 얼마나 중요한 것인지 보여 주는 한 예이다. 그래서 한비자는 이렇게 말했다.

"전쟁이란 신상필벌만으로도 충분히 싸울 수 있는 것이다.(信賞必罰, 其足以戰.)"

장수에게 있어 인(仁)이란 무엇인가? 공자의 제자 번지(樊遲)가 물었다.

"선생님, 인이란 무엇입니까?"

이에 공자가 대답했다.

"인이란 사람을 사랑하는 일이다."

즉, 인이란 사랑하는 마음으로 사람을 대하는 것이다. 이는 장수에게 있어 자신의 부하를 사랑하는 품성이다. 전쟁을 승리로 이끈 많은 명장들이 병사를 사랑하는 일에 모범을 보였다는 것은 익히 알고 있는 일이다.

기원전 400년, 오기(吳起)는 병법에 남달리 재주가 뛰어난 자였다. 위(魏)나라 문후(文侯)에게 신임을 받아 장군이 되어 강한 진(秦)나라를 공격해 많은 공을 세웠다. 그는 장군의 신분이었지만 언제나 병사들과 똑같은 옷을 입고 똑같은 식사를 했다. 잠을 잘 때에는 자리를 깔지 않았으며, 행군할 때도 말이나 수레를 타지 않고 자기가 먹을 식량을 친히 가지고 걸었다.

한번은 병사 중에 독창(毒瘡)이 난 자가 있었는데 장군 오기가 친히 그 고름을 입으로 빨아 주었다. 그러자 그 병사의 어머니가 이 소식을 듣고는 대성통곡하는 것이었다. 그러자 마을 사람들이 그 까닭을 물었다.

"그대의 아들은 일개 병사인데 장군께서 친히 그 독창을 빨아 주었거늘, 어찌해 통곡하는 것이오?"

병사의 어머니가 대답했다.

"그렇지 않습니다. 예전에 오기 장군이 그 애 아버지의 독창을 빨아 준 적이 있었습니다. 그이는 너무 감격한 나머지 전쟁터에서 물러설 줄 모르고 용감히 싸우다가 적에게 죽임을 당하고 말았습니다. 그런데 오기 장군이 지금 또 내 자식의 독창을 빨아 주었다니, 난 이제 그 애가 어디서 죽게 될 줄 모르게 되었습니다. 그래서 통곡하는 것입니다."

장수에게 사랑을 받는 병사는 결코 죽음을 두려워하지 않는 법이다. 물러서지 않고 싸우니 그런 군대를 어느 누가 이길 수 있겠는가? 장수된 자는 결코 잊어서는 아니 될 품성이 바로 인(仁)인 것이다.

장수에게 있어 용맹(勇猛)이란 단순히 용감한 것만이 아니라 정신적인 용기도 포함한다. 곧 정책을 결정하고 그 결과에 대해 스스로 책임을 지는 것이다. 장수가 책임감이 있어야 군대가 어지러워지지 않는다. 공자는 『논어』에서 용맹을 다음과 같이 말했다.

"덕이 있는 사람은 반드시 본받을 만한 훌륭한 말을 하지만 그런 말을 하는 사람이라고 해서 반드시 덕이 있는 것은 아니다. 어진 사람은 반드시 용기가 있지만 용기 있는 사람이라고 해서 반드시 어진 것은 아니다.(有德者必有言, 有言者不必有德. 仁者必有勇, 勇者不必有仁.)"

용(勇)이란 전쟁을 할 때 두려워하지 않고 대담하게 밀고 나가는 용감함을 말한다. 그러나 이는 반드시 지혜를 갖추어야 한다. 그렇지 않고서는 단순무식한 행동에 지나지 않는다.

진(晉)나라의 장수 이사원(李嗣源)은 군대를 이끌고 북경 방사현 서북 계곡을 따라 전진하고 있었다. 산 입구에 이르러 부장 이종가(李從珂)에게 기병 3천을 주어 선봉에 서게 했다. 이종가는 산에 들어서자마자 거란의 1만 기병과 맞닥뜨렸다. 그는 기겁하여 나아가지도 후퇴하지도 못하며 매우 당황하고 있었다.

그 순간, 뒤에 있던 이사원이 기병 일백 명을 이끌고 앞장서서 적진으로 돌진하였다. 바람처럼 달려가서 창칼이 몇 번 번뜩이더니 의기양양 돌아오는 것이었다. 이사원의 손에는 적장의 목이 들려 있었다. 이를 본 병사들이 크게 사기가 올라 일제히 진격하였다. 거란은 그 기세에 위축되어 후퇴하고 말았다. 이렇게 하여 진나라 병사들은 산 입구를 무사히 빠져나올 수 있었다.

장수는 병사들보다 앞장서야 한다. 이를 '신선사졸(身先士卒)'이라 한다. 이는 용맹하지 않으면 할 수 없는 일이다. 용맹이란 또한 큰 뜻을 품은 자들이 갖는 품성이다. 그저 평범하게 사는 자들은 큰 뜻이 없다. 세상의 큰일은 용감한 자만이 이룰 수 있는 것이다.

장수에게 엄(嚴)이란 엄정하고 명확한 기율을 세우는 것을 말한다. 사마천의 『사기열전(史記列傳)』에 다음과 같은 이야기가 있다.

손무가 자신이 지은 병법서를 들고 오(吳)나라 왕 합려(闔廬)를 만났을 때 일이다. 왕이 물었다.

"나는 그대가 지은 13편의 병서를 다 읽어 보았소. 내 앞에서 시험 삼아 군대를 한번 지휘해 볼 수 있겠소?"

손무가 대답했다.

"한번 해 보겠습니다."

그러자 왕이 다시 물었다.

"그러면 혹시 부녀자로도 시험해 볼 수 있겠소?"

손무가 대답했다.

"상관없습니다."

왕은 즉각 궁중의 미녀 180명을 불러 모아 손무에게 맡겼다. 손무는 우선 그들을 두 편으로 나누었다. 그리고 왕이 총애하는 애첩 두 명을 각각 양편의 대장으로 삼았다. 그리고 모두에게 창을 들게 하고는 군령을 설명했다.

"너희들은 가슴과 등, 왼손과 오른손을 알고 있는가?"

궁중의 미녀들이 모두 안다고 대답하자 손무가 설명을 이어나갔다.

"내가 앞으로 하면 가슴이 향하는 쪽을 보고, 좌로 하면 왼손이 있는 쪽을 보고, 우로 하면 오른손이 있는 쪽을 보고, 뒤로 하면 등 쪽을 보도록 하라."

그러자 미녀들이 힘차게 대답하였다.

"네, 알겠습니다!"

손무는 이렇게 훈련 규정을 알려 주고는, 군령을 어긴 자의 목을 벨 때 쓰는 부월(鈇鉞)이라는 칼을 앞에 갖추어 놓았다. 그리고 북을 울리며 명령을 내렸다.

"우로!"

힘차게 명령을 내렸지만 미녀들은 크게 웃기만 할 뿐 따르지 않았다. 이어 손무가 말했다.

"약속을 분명히 하지 않고 명령만 내려 따르도록 한 것은 장수의 잘못이다. 그러니 다시 한 번 설명하겠다. 분명히 알아듣도록 하라."

하고는 다시 앞뒤 좌우에 대해 설명하였다.

"모두 확실히 알아들었는가?"

"네, 알았습니다!"

그러자 다시 북이 울리고 우렁차게 명령이 떨어졌다.

"좌로!"

하지만 미녀들은 또다시 크게 웃기만 할 뿐이었다. 이에 손무가 말했다.

"약속이 분명하지 않은데 명령을 진행하려는 것은 장수의 잘못이다. 그러나 약속이 이미 분명함에도 불구하고 명령대로 따르지 않은 것은 양편 대장의 잘못이다."

하고는 왕의 애첩인 두 대장의 목을 베려 하였다. 이 광경을 보고 있던 왕이 크게 놀라서 급히 다가와 말했다.

"과인은 그대가 용병(用兵)에 능하다는 것을 이전부터 알고 있소. 그 두 명의 애첩이 없으면 나는 음식을 먹어도 맛있는 줄 모르니, 제발 죽이지 마시오."

그러자 손무가 대답했다.

"저는 이미 왕의 명을 받은 장수입니다. 장수가 군영에 있을 때에는 왕의 명이라도 받들지 않을 경우가 있는 것입니다"

하더니 두 대장의 목을 베어 미녀들에게 본보기를 보였다. 그리고 그 다음으로 왕의 총애를 받는 두 애첩을 대장으로 삼았다. 다시 북이 울리고 명령이 떨어졌다.

"좌로! 우로! 앞으로! 뒤로!"

그 어떤 명령에도 모두들 신속하고 정확하게 숨소리 하나 내지 않고 따랐다. 손무가 왕에게 아뢰었다.

"군대는 이미 정돈되었습니다. 대왕께서 내려오시어 직접 시험해 보십시오. 이들은 명령이라면 물불을 가리지 않고 뛰어들 것입니다."

장수의 위엄이란 병사들을 명령에 복종하고 따르도록 하는 것이다. 이는 장수가 스스로 엄격해야만 갖추어지는 성품인 것이다.

사업가의 기질

두 명의 사냥꾼이 사냥을 나섰다. 도중에 토끼 한 마리와 들소 한 마리를 발견했다. 토끼를 쫓는 것은 들소를 쫓는 것보다 성공할 확률이 높다. 아마 평생토록 토끼만 사냥한다면 굶어 죽지는 않을 것이다. 그러나 매일매일 사냥을 나와야 하는 불편함이 있다. 또한 토끼만을 사냥해서는 결코 풍족하고 여유로운 삶을 기대할 수 없다.

반면에 들소를 쫓는 것은 토끼를 쫓는 것보다 성공할 확률이 낮다. 들소 사냥을 나선다면 어쩌면 굶어 죽을지도 모른다. 하지만 사냥이 성공한다면 한 달 동안은 식량 걱정을 할 필요가 없다. 그 시간 동안 새로운 사냥 도구와 덫을 마련하고 여러 군데 함정을 파 놓을 수도 있다. 그래서 또 들소를 잡는다면 누구보다 풍족한 인생을 누리고 살 것이다. 당신이 사냥꾼이라면 어느 것을 쫓을 것인가?

인생은 모험적인 선택을 하게 되면 실패할 확률이 높다. 안정적인 선택은 실패할 확률이 거의 없다. 하지만 안정적인 선택은 먹고 살 뿐이다. 모험적인 선택은 성공했을 때 보상이 엄청 크다. 사람을 부리는 자와 남에게 부림을 받는 자는 바로 선택에서 비롯된다. 그렇다고 누구나 모험적인 선택을 하라고 강요하는 것은 아니다. 세상은 주도적으로 살아가는 것이 좋겠지만 그보다는 자신이 좋아하는 것을 하면서 사는 것이 가장 우선이다. 사업가가 되고자 하는 이들은 새겨들을 일이다.

1-5 합리적인 군대

　다섯째, 그 나라의 법이란 군대의 조직과 의사소통 체계인 곡제(曲制)가 얼마나 잘 갖추어져 있는가, 군대의 계급별 체계와 식량 수송로인 관도(官道)를 얼마나 잘 확보하고 있는가, 군수물자의 조달과 배급인 주용(主用)이 얼마나 잘 이루어지고 있는가에 달려 있다.

　무릇 오사는 장수된 자라면 다 알고 있겠지만 그래도 확실히 아는 장수는 전쟁에서 이길 것이고, 알지 못하는 장수는 패하고 말 것이다.

法者, 曲制, 官道, 主用也. 凡此五者, 將莫不聞, 知之者勝, 不知者不勝.

| 풀이 |

　여기서 '법'이란 구체적으로 군법을 말한다. '곡제(曲制)'는 군대의 조직인 부곡(部曲)과 부대 간의 의사소통 수단인 깃발과 징과 북의 사용을 말한

다. '관도(官道)'는 계급별 체계와 식량 수송로이다. '주용(主用)'은 군대에서 사용하는 물자의 공급과 배급이다. '장막불문(將莫不聞)'은 들어보지 않은 장수는 없다는 의미이니 다 알고 있다는 뜻이다. '범(凡)'은 무릇 범. 지지(知之)에서 '지(之)'는 앞에서 설명한 오사(五事)를 말한다.

| 해설 |

법은 합리적인 시스템 또는 조직 문화의 혁신을 말한다. 이런 일들은 어떤 사람이 맡는가가 중요하다. 흔히 말해서 인재가 있어야 가능하고, 그런 인재를 알아보는 책임자가 있어야 성공할 수 있는 것이다.

유비(劉備)는 자신을 따르는 무리들이 많아지자 자신감이 생겼다. 패기로는 금방이라도 천하를 얻을 것만 같았다. 그래서 그 무렵 세력가인 조조에게 한판 붙자고 했다. 하지만 싸움은 용감한 개가 호랑이에게 달려드는 형국이었다. 조조가 탁월한 전략가이자 조직의 명수라는 사실을 유비는 몰랐던 것이다. 결국 유비는 섣부른 모험으로 뒷방맹이를 맞아 쫓기는 신세가 되었다. 간신히 형주 지역을 관리하는 유표에게 도움을 청해 그곳에서 거주를 허락받았다.

형주에서 유비는 인생을 반성하며 살았다. 그러던 중에 생각해 보니 대권을 잡으려면 천하 인재가 필요하다는 걸 깨달았다. 그 무렵 재야의 실력자 제갈공명을 세 차례나 찾아간 끝에 드디어 만나게 되었다. 유비가 물었다.

"한(漢)나라 왕조는 쇠락하고 간신들의 전횡은 극에 달했습니다. 백성들은 힘겨운 나날을 보내고 있고, 이 부족한 몸은 대의를 펼치려 해도 지략과 계책이 모자랍니다. 내가 어찌해야 좋을지 선생께서 가르침을 주시기 바랍니다."

제갈공명이 대답했다.

"뜻을 이루고 못 이루고는 공께서 어떻게 하느냐에 달려 있습니다. 조조는 원소보다 세력이 약했지만 결국 원소를 이기고 강자가 되었습니다. 이는 천운이 아닙니다. 조조에게 지략이 있었기 때문입니다. 지금 조조는 백만 대군을 이끌고 천하를 호령하는 강자입니다. 결코 어느 누구도 대등하게 맞서 싸울 수 있는 상대가 아닙니다. 또한 강동 지역의 손권은 백성들을 잘 다스려 나라가 부강하고 뛰어난 인재가 많습니다. 그러니 함부로 대적해서는 패배만 있을 뿐입니다."

그 말에 유비는 어깨가 푹 처졌다. 실망감이 가득했던 것이다. 그런데 그 순간 제갈공명이 지도를 꺼내 보였다. 그리고 형주와 익주를 가리키며 말했다.

"공께서 뜻을 이루시려면 천시(天時)를 차지한 북쪽의 조조와, 지리(地利)를 차지한 남쪽의 손권을 인정해야 합니다. 그리고 공께서는 바로 이곳, 조조와 손권의 힘이 닿지 않는 형주와 서천을 얻어 인화(人和)로 다스린다면 분명 차후에 천하를 평정할 수 있습니다."

이것이 바로 자신의 기반을 얻어야 기존의 세력가들과 패권을 다툴 수 있다는 '천하삼분지계(天下三分之計)'이다. 유비는 이 말을 뼈저리게 받아들여 형주와 익주를 얻는 데 총력을 기울였다. 그리고 그 세력을 기반으로 이후 촉나라를 건국하고, 마침내 천하 패권을 다투는 실력자로 성장하였다.

'도광양회(韜光養晦)'란 자신의 재능과 포부를 감추고 은밀히 갈고닦아 힘을 키운다는 뜻이다. 1980년대 중국의 대외정책을 일컫는 용어이기도

하다. 약자가 모욕을 참고 견디면서 힘을 키우는 것을 비유할 때 쓰이는 말이다.

조직 혁신 전략

1990년대 말, 일본 닛산(Nissan) 자동차는 장기 불황이 이어져 실적이 악화되었다. 실적 악화로 회사는 막대한 부채가 큰 부담이 되었다. 결국 어쩔 수 없이 일본인의 자존심을 구기며 회사 지분의 37%를 프랑스의 르노에게 넘기고 말았다. 이어 닛산 집행부 전원이 퇴장하고 르노가 참여하는 새로운 집행부를 구성하였다.

이때 카를로스 곤(Carlos Ghosn)이 책임을 맡아 생산, 구매, 마케팅, 재무 등 여러 부서의 인력들이 참여하는 사업횡단팀을 결성했다. 이는 조직 혁신을 통해 사업 회생을 도모하려는 것이었다.

이 사업횡단팀은 닛산의 문제점을 분석하고 해결책을 모색해 구체적인 수치로 개선 목표를 제시했다. 물론 회사는 전체 직원의 15%인 2만 3,000명을 감원하는 충격적인 구조조정을 단행한 후였다. 회사는 사업 횡단팀의 제시대로 정확하고 공정한 규정하에 역할 분담에 따른 책임과 의무를 명확히 하였다. 그러자 계속된 적자에 허덕이던 닛산은 무려 1년 만에 V자 형의 급속한 회복을 이루어 냈다.

이는 말 그대로 커다란 혁신이었다. 혁신은 분야별로 인재가 없으면 도무지 이루어 낼 수 없는 일이다. 또 그런 인재를 하나로 묶을 수 있는 통솔자가 없으면 성공하기 힘든 일이다. 그러나 카를로스 곤은 사람을 보는 안목이 있었고, 적재적소에 배치할 줄도 알았다. 또한 사업횡단팀도 자신들이 무엇을 해야 하는지 분명히 알았다. 이것이 성공 원인이다.

　평소에 상사는 부하 직원을 보는 안목이 있어야 하고, 경영자는 임원들을 보는 안목이 있어야 회사가 위태롭지 않는 법이다.

1-6 적을 판단하는 7계(七計)

　　전쟁을 하고자 할 때는 다음 일곱 가지로 아군과 적군의 정황을 탐색 비교해 보아야 한다. 정치의 도에 있어서 어느 쪽 군주가 훌륭한가. 장수의 됨됨이에 있어 어느 쪽 장수가 더 유능한가. 하늘의 현황과 지리적 여건은 어느 쪽이 유리한가. 법은 어느 쪽이 공평하게 집행하는가. 병력과 무기는 누가 더 강한가. 병사들은 어느 쪽이 잘 훈련되어 있는가. 상과 벌은 어느 쪽이 공정한가. 이렇게 일곱 가지를 비교하면 그 승부를 알 수 있다. 장수가 나의 계책을 듣고 실천하면 반드시 이기고 살아남을 것이오, 장수가 나의 계책을 듣지 않고 함부로 군대를 쓰면 반드시 패하여 죽게 될 것이다.

故校之以七計, 而索其情, 曰: 主孰有道, 將孰有能, 天地孰得, 法令孰行, 兵衆孰強, 士卒孰練, 賞罰孰明. 吾以此知勝負矣. 將聽吾計, 用之必勝, 留之; 將不聽吾計, 用之必敗, 去之.

주숙유도(主孰有道)에서 '주'는 군주, '숙'은 어느 또는 누구를 뜻한다. 즉, 어느 군주가 더 도가 있느냐는 의미다. 다른 여섯 가지도 마찬가지로 해석한다. 용지필승(用之必勝)에서 '용'은 실천하다, '지'는 손무의 계책을 말한다. 유지(留之)에서 '유'는 살아남는 것이고, '지'는 전쟁터를 뜻한다. '거(去)'는 제거되는 것이니 곧 죽는 것이다.

| 해설 |

훌륭한 군주라면 고구려 26대 영양왕(嬰陽王, 590~618)을 꼽을 수 있다. 영양왕이 즉위하자 고구려는 주변의 말갈, 거란 등을 지배하며 동북의 강자로 군림했다. 그 무렵 수(隨)나라가 중원을 통일하고 돌궐을 굴복시켜 강대국으로 부상하였다. 수나라 문제(文帝)가 고구려에 조서를 보내왔다.

"고구려는 성의와 예절을 다해 수나라에 복종할 것을 요구하는 바이다."

영양왕은 고민스러웠다. 수나라에 굴복하고 신하의 예를 갖추느냐, 아니면 맞서 싸워 이기느냐 둘 중 하나였다. 결국 영양왕은 수나라와의 대결을 선택했다. 아무리 수나라가 신생 강자라 하더라도 힘의 우위를 확인할 필요가 있었던 것이다. 곧바로 나라 전역에 전쟁을 선포하고 군사를 훈련시키고 군량미를 비축하였다. 그리고 얼마 후 영양왕은 기병 1만 명을 이끌고 요서 지역 수나라 보급기지를 공격하고 돌아왔다.

이 일에 대해 수나라 문제가 격노하여 즉시 고구려 총공격을 명했다.

하지만 수나라 장군 양량의 군대는 중간에 역병을 만나 회군하고 말았다. 장군 왕세적의 군대는 고구려 군의 선제공격으로 영주에서 패하여 도망갔다. 장군 주라후가 이끄는 수군은 폭풍을 만나 병선 대부분이 파괴되어 열의 아홉이 죽었다. 이는 고구려를 얕잡아 보고 제대로 준비도 하지 않은 수나라 문제의 어리석은 결정 때문이었다.

604년 수나라에서 정변이 일어났다. 문제의 둘째 아들 양광이 아버지 문제와 형을 죽이고 왕위에 오르니 양제(煬帝)였다. 다시금 전쟁의 그림자가 드리워졌다. 영양왕은 즉각 주변 나라와 외교 교섭에 박차를 가하고, 말갈족에 대한 지배권과 신라에 대한 견제를 강화하여 수나라와의 전쟁에 대비했다.

612년, 수나라는 무려 113만 대군을 동원해 고구려 공격에 나섰다. 그 무렵 고구려 장수 을지문덕은 강경파였고 고건무는 유화파였다. 영양왕은 을지문덕에게는 육군을, 고건무에게는 수군을 맡겨 혹시 있을지도 모르는 두 사람 간의 갈등의 소지를 사전에 없앴다. 그러자 이 둘은 노선 다툼을 접어 두고 함께 뜻을 모았다. 결국 고구려는 철통같은 방어와 전략적 공격으로 수나라에 완승을 거두었다. 전쟁 영웅은 을지문덕과 고건무였지만, 그 뒤에는 영양왕의 역할이 컸던 것이다.

그런 반면에 수(隋)나라 양제(煬帝)는 대장군 우문술이 전략가인 우중문에게 모든 작전을 자문받도록 하였다. 하나의 군대에 장수가 둘인 터라 지휘계통이 혼란할 수밖에 없었다. 거짓 항복한 을지문덕을 놓친 뒤에 수나라 진영은 의견이 나뉘었다. 우문술은 고구려가 항복했으니 귀환하자고 주장하였고, 우중문은 고구려를 계속 추격하여 섬멸할 것을 주장하였다. 대장군이 전략가의 제안을 받아들이지 않자 우중문은 이렇게 한탄했다.

"옛날 명장들이 공을 이룬 것은 군대를 한 사람이 통솔했기 때문이다. 그런데 지금은 두 장수가 통솔하며 서로 마음이 다르니 어떻게 적을 이길 수 있겠는가?"

618년 수나라는 결국 전쟁으로 국력을 모두 소비하여 멸망하고 말았다. 고구려는 영양왕이 재위하던 시기에 영토가 가장 넓었고, 최고의 전성기를 이룬 시기였다.

유능한 장수를 꼽으라면 조선의 이순신이 당연히 첫 번째이다. 1592년 4월 왜군의 수군대장 와키사카(脇坂安治)가 73척의 함대를 이끌고 거제도 일대를 침범하였다. 수군장수 구키(九鬼嘉隆)가 42척의 함대를 거느리고 그 뒤를 따랐다. 이들은 거제도 견내량 앞바다에 머무르고 있었다.

왜군의 동향을 보고받은 이순신은 전라좌우도의 전선 48척을 여수 앞바다에 집결시켰다. 다음 날 경남 노량(露梁)에서 원균의 7척이 합류하여 모두 55척이었다. 이순신은 어떻게 싸워야 이길 것인지 고민에 빠졌다.

"견내량 주변은 좁고 암초가 많으니 아군의 판옥전선(板屋戰船)이 활동하기에는 한계가 있을 것이다. 또 왜군은 해상에서 불리해지면 육지로 도망가 조선 백성을 괴롭히기 때문에 이곳 망망대해에서 무찔러야 한다. 적을 한산섬 앞바다로 유인해서 격멸하는 것이 최상의 전략이다."

조선의 전선 6척이 왜군을 공격했다. 그러자 왜군은 바로 반격해 왔다. 조선 수군은 공격하는 척하면서 적이 눈치 채지 못하게 조금씩 한산섬 쪽으로 물러났다. 왜군은 도리어 조선군이 불리한 상황이라고 판단하여 따라가며 공격하였다. 드디어 넓은 바다로 나오자 이순신은 모든 전선에 명했다.

"모든 전함은 학익진(鶴翼陣)을 펼쳐 적함을 공격하라!"

이어 조선의 함대에서 각종 총통이 울리고 대포가 발사되었다. 그 행동이 아주 신속하고 질서 정연했다. 학익진은 적의 퇴로를 차단하고 동시에 전면과 측면 공격이 이루어지는 것으로 왜군은 이 작전에 걸려 힘 한 번 써 보지 못하고 궤멸되고 말았다. 상황이 불리해진 와키사카는 후퇴를 명했다. 그가 이끌고 간 왜선은 겨우 14척에 불과했다. 한산도대첩으로 왜군은 47척이 파괴되었고 12척이 나포되었다.

그 무렵 조선의 선조 임금은 어리석고 나약했지만 이순신이라는 장군이 유능했기에 임진왜란을 이겨낼 수 있었다. 훌륭한 장수는 자신의 불리함을 이롭게 만드는 자이다. 겁쟁이 병사들을 강하게 만드는 자이다. 나아갈 때는 앞서고 물러날 때는 가장 뒤에 오는 자이다. 너무 이상적인 이야기 같겠지만 고대의 장수들 중에서 지금까지 명성을 떨치고 있는 이들은 모두 이렇게 행동하였다.

바른 정치란 어떤 것일까? 다음의 예화가 그 해답을 줄 것이다.

춘추시대 진(晉)나라는 강대국이었다. 군주인 평공(平公)은 제(齊)나라의 정황을 파악하기 위해 신하 범소(范昭)를 사신으로 보냈다. 범소가 도착하자 제나라의 왕을 비롯한 모든 대신들이 극진히 맞이하며 성대한 연회를 베풀었다. 연회가 무르익자 범소가 제나라 왕께 예를 벗어난 요구를 하였다.

"군주께서 쓰시는 그 술잔으로 나도 한잔 마셔 보고 싶습니다!"

제나라 왕은 강대국 사신의 요청이라 거절할 수 없었다.

"이 술잔을 어서 귀빈에게 따라 올려라!"

범소는 사양하는 기색 없이 왕의 술잔을 받아 들었다. 이때 제나라의 대신 안영(晏嬰)이 일어나서 범소를 꾸짖었다.

"멈추시오! 어찌 군주께서 쓰는 잔을 손님이 예도 모르고 청한단 말이오?"

이어 시중드는 관리들에게 명했다.

"여봐라, 군주의 잔을 당장 거둬들이고 다른 잔으로 손님께 올리도록 하라."

범소는 어쩔 수 없이 술잔을 돌려줘야 했다. 그리고 이번에는 취한 척 비틀거리며 풍악을 연주하는 태사(太師)에게 다가가 말했다.

"그대는 내게 주(周)나라 천자의 곡을 연주해 주시오."

하지만 태사는 곧바로 거절하였다.

"저는 주나라 곡을 연주하는 데 익숙지 않습니다."

그 말에 범소가 더는 어찌지 못하고 취했다는 핑계로 사신의 숙소로 돌아갔다. 범소가 자리를 뜨자 제나라 경공은 걱정이 되어 안영에게 물었다.

"강대국 사신에게 실례를 범했으니 어찌해야 좋겠는가?"

그러자 안영이 대답했다.

"사신 범소는 우리 군신 간의 믿음을 떠보려고 한 것뿐입니다."

이어 경공은 풍악을 연주하던 태사를 원망하였다.

"그대는 어찌하여 사신이 요구한 음악을 연주하지 않은 것이오?"

태사가 대답하였다.

"주 황실의 곡은 천자에게만 연주하는 곡입니다. 그 곡을 연주하면 제후인 군주께서는 반드시 일어나 춤을 추셔야 합니다. 사신이 무엄하게도 천자의 곡을 듣겠다고 하니 연주하지 않은 것입니다."

다음 날 범소는 조용히 진나라로 돌아가 귀국 보고를 하였다.

"제나라는 법도가 바르고, 군신이 하나 되고, 인재가 있으니 함부로 공격해서는 아니 되옵니다."

이는 『안자춘추(晏子春秋)』에 있는 이야기이다. 법 집행이 공정하기 위해서는 신실한 인재가 많아야 한다. 그런 나라는 기강이 철저하니 함부로 공격해서는 안 될 나라인 것이다.

강한 군대는 훌륭한 장수를 통해 만들어지는 것이다. 다음은 사마천의 『사기열전』에 나오는 주아부(周亞夫) 장군의 일화이다.

주아부는 엄격한 군기를 중시한 한(漢)나라 때의 장군이다. 누구든지 허락 없이는 군영에 출입할 수 없었고, 출입을 했어도 군영 안에서 함부로 말을 타고 달리지 못했다. 하루는 황제인 문제(文帝)가 불시에 부대 시찰을 나섰다. 군문에 황제 일행이 도착했다. 그러자 군문(軍門)의 책임자인 도위(都尉)가 황제의 행차를 가로막았다. 이에 황제가 도위에게 부절을 내보이며 말했다.

"군을 위로하러 왔다고 주아부 장군에게 전해 주게."

주아부는 황제가 왕림했다는 소식에 즉각 군영 문을 열도록 명했다. 황제와 그 일행이 군영에 들어섰다. 하지만 이번에는 주아부의 병사들이 황제의 수레를 호위하며 말고삐를 단단히 부여잡고 천천히 가도록 유도했다. 황제가 본영에 다다르자 급히 말고삐를 잡아 세웠다. 주아부가 걸어 나오는데 갑옷을 걸치고 머리에는 투구를 쓴 채 두 손을 모으고 허리만 굽혔다.

"신이 전투복 차림이라 무릎 꿇지 못하고 단지 군례로 인사드리옵니다."

황제가 그를 보고 미소 지으며 말했다.

"황제가 노장군에게 경의를 표하는 바요."

황제가 그렇게 군대를 위로하고 조정으로 돌아왔다. 수행했던 신하들이 방문한 과정에서 발생한 일들에 대해 조정에 돌아와 심각하게 논의하였다.

"폐하. 당장에 주아부를 불경죄로 처벌해야 마땅하옵니다."

그러자 황제가 대답했다.

"이번에 여러 군대를 시찰하였으나 주아부 장군의 군영만이 기율이 삼엄했다. 황제인 나조차 범접하기 어려울 정도로 엄하니 감히 흉노족이 함부로 쳐들어올 수 있겠느냐? 주아부야말로 참다운 장군이로다!"

문제는 훗날 세상을 떠나기 전에 태자에게 유언을 남겼다.

"내가 죽은 후에 나라에 위급한 사태가 발생하거든 너는 주아부에게 출정의 중책을 맡기도록 하라."

훗날 오초(吳楚)7국의 반란이 일어났다. 문제의 뒤를 이어 즉위한 경제는 부친의 유언에 따라 주아부에게 중책을 맡겼다. 주아부는 군대를 이끌고 반란군을 모두 섬멸했다. 군주를 위해 충성을 다하고, 군대를 엄격히 실행하는 장수라야 강한 군대를 만들 수 있는 것이다. 그런 면에서 주아부는 가히 훌륭한 장수라 할 수 있다.

전쟁에서 공을 세운 병사나 장수에게 상(賞)을 하사하는 것은 오래된 전통이다. 위(魏)나라 무후(武侯)는 전투가 끝나면 병사들을 위해 궁정에서 성대한 연회를 베풀었다. 가장 큰 공을 세운 병사는 상을 주고 맨 앞자리에 앉혀 귀한 잔과 그릇을 사용케 하였다. 그리고 그의 부모와 처자는 고을에서 후한 대접을 받게 했다. 이어 공을 세운 병사 순서대로 상을 주고 각자의 고을에서 대접을 받도록 해 주었다.

일 년 후, 강대국 진나라가 서하 근처까지 쳐들어왔다. 이 소식을 접한 위나라 군사들은 명령이 있기도 전에 스스로 장비를 챙겨 적을 방비하러 나섰다. 그 수가 일만이 넘었으나 질서 정연하고 용맹했다. 진나라는 그 위세에 눌려 그만 돌아가고 말았다.

상을 주려 한다면 시기를 놓치지 말아야 한다. 약속대로 집행해야 상이 상다운 것이다. 이를 '상불유시(賞不逾時)'라 한다. 큰 상에 목숨을 아끼는 병사가 없는 법이다. 부하들이 왜 일을 못하나 트집만 잡지 말고, 일을 잘했을 때 상 주는 것을 잊지 마라.

벌(罰)이란 잘못하거나 죄를 지은 사람에게 주는 고통을 말한다. 아랫사람에게는 너그럽지만 윗사람에게는 엄한 것이 특징이다.

당(唐)나라 때 장군 고선지(高仙芝)에게는 절도판관(節度判官) 봉상청(封常淸)이라는 부하가 있었다. 법 집행을 엄격히 하는 자로 군령을 맡고 있었다.

고선지는 어려서 자신을 키워 준 유모에 대해 늘 존중하고 크게 우대하였다. 마침 유모에게는 정덕전(鄭德銓)이라는 아들이 하나 있었다. 군에서 중간 간부인 낭장(郞將)의 벼슬을 하고 있었는데, 고선지 장군과의 특별한 관계를 믿고 언제나 그 행동이 기세등등했다.

정덕전이 군법을 위반했을 때 다른 선임 장수들은 못 본 척 지나치기 일쑤였다. 행여 법을 운운했다가는 혹시 고선지 장군으로부터 불이익을 받지 않을까 하는 우려 때문이었다. 하지만 봉상청은 달랐다. 하루는 정덕전이 군법을 어기고 무례한 짓을 하고 있다는 보고를 받았다. 봉상청은 즉시 부하들에게 명령했다.

"당장 그놈을 잡아들여라!"

부하들이 정덕전을 체포하여 데리고 왔다. 봉상청이 말했다.

"너는 군의 낭장으로서 어찌 그리 무례할 수가 있느냐? 도대체 뭘 믿고 군령을 어겨 가며 그렇게 무엄하게 행동한단 말이냐? 오늘 모름지기 네놈을 죽여 우리 군의 기강을 바로잡으리라. 여봐라, 저놈을 사정없이 치거라!"

아들이 잡혀갔다는 소식에 고선지의 유모가 조사실에 찾아와 문밖에서 자식을 용서해 달라고 울며불며 빌었다. 하지만 봉상청은 들은 척도

하지 않았다. 이어 고선지의 아내가 달려와 용서해 달라고 말했지만 소용없었다. 결국 유모는 애가 탄 끝에 고선지 장군에게 이 사실을 알렸다.

회의 중이던 고선지가 유모의 사정을 듣고는 하던 일을 멈추고 단숨에 달려왔다. 하지만 상황은 이미 끝난 후였다. 봉상청은 조사실 문을 걸어 잠그고 군령에 의거해 정덕전을 매질하여 죽였던 것이었다. 그리고 부하들에게 명령했다.

"죽은 저놈의 얼굴을 땅에 질질 끌고 막사 주위를 몇 번이고 돌아라!"

그것은 법을 어긴 자는 지위고하를 막론하고 공정하게 법 집행을 한다는 것을 모든 군사들에게 보여 주기 위한 것이었다. 이 공정한 법 집행 앞에서 고선지 장군은 아무 말도 할 수 없었다. 유모에게는 자식을 잃어 안타까운 일이겠지만 봉상청의 법 집행으로 군령이 바로 섰으니 도리어 상을 내려 치하할 일이었다.

'주대상소(誅大賞小)'란 윗사람에게는 벌을 주고 아랫사람에게는 상을 내려 기강을 바로잡는다는 의미이다. 벼슬한 자나 재산이 많은 자나, 우리가 흔히 사회 지도층이라고 부르는 자들이 법을 위반했다면 엄하게 벌을 줘야 한다. 그 벌은 분명 무섭고 위엄이 있고 백성들이 납득할 수 있어야 한다. 국정이 혼란스럽고 백성들이 정부를 믿지 못하는 것은 벌과 상이 그러지 못하기 때문이다.

독특한 마케팅 전략

군주는 백성에게 믿음을 주어야 한다면 기업은 소비자에게 신뢰를 주어야 한다. 세계 최고의 운동화 업체인 나이키(Nike)는 상품 개발과 스타

마케팅으로 유명한 회사이다. 나이키는 자체 생산 공장을 하나도 가지고 있지 않다. 제품 생산은 나이키의 핵심역량이 아니라 아웃소싱으로 처리한다. 이에 나이키 제품은 각국에서 OEM방식으로 생산 공급받는다. 대신 나이키는 과학적인 상품 개발, 디자인, 제품 광고, 판촉 활동에 막대한 투자를 한다.

인체공학을 연구하는 과학자와 디자이너 600명으로 APE(advanced product engineering)라는 팀을 조직해서 상품 개발을 주도하고 있다. 특히 디자인의 경우 상품디자인팀, 그래픽디자인팀, 환경디자인팀, 영화 비디오사업팀으로 특색을 가미한 디자인을 추구하고 있다.

나이키의 특징이라면 전통적으로 최고의 인기 스타 한 명을 택해 화려한 스타 마케팅을 펼치는 것이다. 농구화는 마이클 조던, 골프용품은 타이거 우즈, 축구화는 호나우드 등이 대표적이다. 1996년 우즈와는 5년간 4천만 달러라는 천문학적 액수로 계약하기도 했다. 그 결과 골프공의 경우 시장점유율이 무려 4배나 높아졌으며 골프 시장에서 1위, 골프 신발에서 2위를 차지하였다. 이처럼 최고의 상품과 스타마케팅 전략으로 나이키는 소비자에게 강한 신뢰를 주었다. 그로 인해 세계적인 기업으로 도약한 것이다.

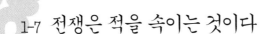

1-7 전쟁은 적을 속이는 것이다

이로운 계책을 들었다면 곧바로 군대의 형세를 갖춰야 한다. 이는 외형상 전력에 도움이 되는 것이다. 세력이란 유리한 조건으로 인해 주도권을 잡는 것이다. 전쟁이란 속임수이다. 능력이 있어도 없는 것처럼 보이고, 군대를 움직이면서도 움직이지 않는 것처럼 보이고, 가까이 있으면서도 멀리 있는 것처럼 보이고, 멀리 있으면서도 가까운 곳에 있는 것처럼 보이게 하는 것이다.

計利以聽, 乃爲之勢, 以佐其外. 勢者, 因利而制權也. 兵者, 詭道也. 故能而示之不能, 用而示之不用, 近而示之遠, 遠而示之近.

| 풀이 |

내위지세(乃爲之勢)에서 '내'는 곧, '세'는 군대의 형세를 말한다. 이좌기외(以佐其外)에서 '외'는 외형, '좌'는 도움이 되는 것을 뜻한다. 군주는 장수의 계책이 유리하다고 판단되면 즉각 집행하도록 허락해 주어야 한다. 그래야 군대가 즉각 형세를 만들어 유리함을 펼 수 있는 것이다. 궤도(詭道)에서 '궤'는 속일 궤. 즉 속임수를 말한다. 용병의 기본은 속임수이다. 능이시지불능(能而示之不能)에서 '시'는 적에게 보여 주는 것이다. 동쪽으로 군대를 향하게 하면서 실제로는 서쪽을 치는 것이다. 상대의 허를 찌르는 법은 우선 자신을 감추는 데서 시작된다.

| 해설 |

　전쟁은 속임수이다. 그중 한 가지 술책이 바로 대역 배우이다. 적을 속이기 위해 주요 인물을 다른 사람으로 가장해 놓은 것을 말한다. 스탈린은 암살의 위협을 피하기 위해 자신의 대역 배우를 여럿 둔 것으로 유명하다. 그중 전직 배우 출신인 다다예프는 스탈린을 대신해 모스크바 붉은 광장에서 퍼레이드를 사열했고, 대중연설을 했으며, 방문자 면담까지 대행했다. 하지만 아무도 그가 가짜라고 눈치 채지 못했다. 스탈린과 무려 47살이나 차이 났지만 치밀한 화장술로 전혀 손색이 없었다고 한다. 이는 스탈린과 얼굴이나 신체가 비슷했기에 가능한 일이었다. 그는 스탈린에 대해 이렇게 증언했다.

　"스탈린과 딱 한 번 직접 대면한 적이 있지만 채 5분도 안 됐다. 스탈린은 아무 말 없이 얼굴에 미소를 띤 채 그저 고개를 끄덕일 뿐이었다."

　제2차 세계대전 당시 연합군 승리에 공헌한 노르망디 상륙작전도 따지고 보면 영국군 최고사령관인 몽고메리의 대역 배우로 인해 성공한 것이었다. 노르망디 상륙작전을 불과 2주 앞둔 1944년 5월 하순, 갑자기 지브롤터와 알제리에 몽고메리 원수가 나타났다. 그즈음 독일 정보국은 연합군의 상륙지점을 알아내기 위해 혈안이 되어 있었는데 몽고메리의 출현으로 프랑스 해안이 아닌 이탈리아 남부해안이 상륙지점이라고 판단하였다. 독일은 영국과 프랑스 해안에 배치된 부대를 대거 이탈리아 남부해안으로 이동시켰다. 하지만 이것은 독일군을 속이기 위한 연합군의 작전이었다.

지브롤터에서 목격된 몽고메리는 연극배우 출신인 메이릭이었다. 그의 연기는 절묘했다. 지브롤터 해협에 있는 영국군 기지와 알제리의 영국군 부대를 방문해 대대적인 환영을 받는 등 진짜 몽고메리처럼 움직였다. 표정은 물론 음성, 웃음소리, 행동, 습관까지 모두 똑같았다. 정치인과 언론인들을 만나 자연스럽게 대화를 나누었다. 독일 스파이들이 이 사실을 급히 본국으로 타전했다. 독일군 최고사령부는 이탈리아 남부해안이 연합군의 표적이 될 것으로 판단했다. 영국군과 미군은 물론 과거 몽고메리를 만난 적이 있는 정치인과 언론인까지도 모두 속아 넘어가고 말았다. 노르망디 상륙작전을 불과 2주 앞두고 벌어졌던 일이다.

노르망디 상륙작전을 통해 알 수 있듯이 전세를 일거에 뒤집는 대규모 작전에서는 아군의 움직임을 노출시키지 않는 것이 절대 필요하다. 아군의 장교조차 모르게 해야 한다. 영국군은 이를 철저히 준수해 승리를 거두었던 것이다. 당시 영국 정보국은 대역 배우 작전을 성사시키기 위해 47명이 넘는 첩보원을 총동원했다. 이들은 상륙 장소가 노르망디 해안이 아닌 다른 해안이라는 거짓 정보를 지속적으로 흘려보냈다. 독일의 정보국이 감쪽같이 속아 넘어간 배경이다. 전쟁의 승패는 결국 속임수에 달려 있다는 손자의 말이 거짓이 아님을 알 수 있다. 결국 독일은 이 한 번의 실수로 결정적인 패배를 하게 되었다.

전쟁에서 전략전술의 기본 이치는 속임수이다. 이는 적을 혼란에 빠뜨려 쉽게 이길 수 있기 때문이다. 적이 상황 판단을 제대로 못할 때 적의 허점을 찌르고 들어가면 제압할 수 있는 것이다.

제갈량은 전쟁을 다음과 같이 말했다.

"전쟁은 속임수를 싫어하지 않는다. 서로 승패를 다투고 생과 사를 다투는 일에 어찌 계획적으로 속이는 책략을 수치로 삼아 바른 길로만 갈 수 있겠는가?"

차별화 전략

전쟁은 속임수이지만 기업 경쟁은 기술의 차별화가 우선이다. 1879년 미국 피엔지(P&G)사는 아이보리(Ivory) 비누를 출시하였다. 그 무렵 판매되는 비누는 색깔이 모두 갈색이었고 응집력이 약해 쉽게 부서졌다. 하지만 아이보리는 응집력이 단단하고 하얀 우윳빛 색깔이었다. 소비자들은 이 새로운 비누에 호감을 표시했다.

회사는 거기서 만족하지 않았다. 아이보리는 일반 비누와 달리 피부 자극 성분이 없으며 어린아이도 마음 놓고 사용할 수 있는 순수한 비누임을 강조하였다. 이를 바탕으로 제품의 우수성을 광고 전략으로 삼았다.

'순도 99.44%의 아이보리 비누!'

그해 아이보리는 제품과 기술력과 광고의 차별화로 미국에서 가장 많이 팔리는 비누 1위에 올랐다.

사실 아이보리는 제조 과정에서 실수로 열을 지나치게 가하는 바람에 밀도 높은 공기층이 생겨 물에 뜨는 비누로 탄생하였다. 지금까지도 소비자들은 아이보리 비누는 '물에 뜨는 비누'와 동의어로 여길 정도이다.

이후 경쟁 제품들이 속속 나왔다. 다이얼 비누와 도브가 대표적이다. 다이얼은 최초의 땀 냄새 제거용 비누였고, 도브는 최초의 미용 비누였다. 이들은 새로운 차별화를 들고 나와 아이보리에 도전장을 던졌다. 아이보리의 1위 자리가 흔들렸다. 새로운 차별화가 필요한 시점이었다.

피엔지는 고민에 빠졌다. 그런 가운데 아이들은 청결에 무관심하여 비누를 싫어한다는 것에 초점을 맞췄다. 여기서 힌트를 얻어 아이보리 비누로 조각을 하는 경연대회를 열기로 하였다. 즉시 조각위원회가 구성되고 대회가 개최되었다. 결과는 예상을 뛰어넘었다. 수백만 개의 아이보리 비누가 조각으로 사용될 정도로 큰 인기를 얻었다. 또한 비누라면 질색을 하던 어린이들이 아이보리와는 친근해지는 계기가 되었다. 이 비누 조각 대회는 1961년까지 35년 이상 이어졌다. 아이보리 비누는 P&G의 번영을 가져온 초석이었다. 지금까지도 그 명성이 이어져 계속 생산되고 있다.

1-8 승리의 비결

이로움으로 적을 유혹하고 혼란한 틈을 타서 적에게서 빼앗고, 적이 튼튼하면 아군은 수비하고, 적이 강하면 아군은 피해야 한다. 적이 화나면 혼란스럽게 하고, 적이 신중하면 교만하게 만들고, 적이 편안하면 힘들도록 만들고, 적의 내부가 사이좋고 친밀하면 이간질시킨다. 적이 방비하지 않는 곳을 공격하고, 적이 생각하지 못하는 곳을 찌른다. 이것이 병가에서 말하는 승리의 비결이니 결코 사전에 전략이 알려져서는 아니 된다.

利而誘之, 亂而取之, 實而備之, 強而避之, 怒而撓之, 卑而驕之, 佚而勞之, 親而離之. 攻其無備, 出其不意. 此兵家之勝, 不可先傳也.

| 풀이 |

이이유지(利而誘之)에서 친이이지(親而離之)까지의 '지(之)'는 적을 뜻한다.

실이비지(實而備之)에서 '실'은 튼튼한, 강한의 의미이다. 노이요지(怒而撓之)에서 '노'는 분노하여 기세가 대단한 것이다. '요'는 어지러울 요, 내부를 교란시켜 어지럽게 만드는 것이다. 비이교지(卑而驕之)에서 '비'는 비굴하다는 의미보다 신중하다고 해석한다. 일이노지(佚而勞之)에서 '일'은 편안할 일, '노'는 피로하게 만드는 것이다. 친이이지(親而離之)에서 '친'은 친하여 단결이 잘되는 것을 말한다. '이(離)'는 적이 서로 떨어지도록 이간질하는 것이다. 출기불의(出其不意)에서 '출'은 찌른다, 공격한다, '불의'는 적이 생각지 못하는 곳. '불가선전(不可先傳)'은 전력이 미리 알려지지 않도록 하는 것이다.

| 해설 |

전쟁은 승산이 분명해야 한다. 손자는 그 이유를 다음과 같이 말했다. "이는 망한 나라는 다시 존립할 수 없고, 죽은 자는 다시 살아날 수 없기 때문이다.(亡國不可以復存, 死者不可以復生.)"

춘추시대에 송(宋)나라는 군주인 양공(襄公)의 치세로 나라가 부강하였다. 그러자 양공은 천하제일의 자리에 오르고자 하였다. 천하제일이란 바로 패자(霸者), 모든 제후국들을 회의에 불러들이는 힘 있는 자를 말한다.

양공의 그런 희망은 그 무렵 또 다른 강대국인 초나라의 반대로 번번이 무산되고 말았다. 양공은 그런 초나라를 가만둘 수 없었다. 결국 두 나라는 전면전을 벌이게 되었다. 홍수(泓水)라는 강을 사이에 두고 두 나라 군대가 대치하였다. 드디어 초나라 군대가 강을 건너기 시작했다. 그러자 재상인 목이(目夷)가 이때를 기회로 즉시 공격할 것을 주장하였다.

그러자 양공이 말했다.

"상대가 미처 준비하기 전에 기습하는 것은 인(仁)의 군대가 할 일이 아니다."

하며 공격을 반대했다. 그 틈에 초나라 군대가 강을 다 건너와 막 진을 치기 시작했다. 다시 재상 목이가 초나라 공격을 주장했다. 그러나 이때도 양공은 같은 이유로 공격 명령을 내리지 않았다.

이윽고 초나라 군대가 전열을 다 갖추자 양공은 그때서야 공격 명령을 내렸다. 하지만 병력이 우세한 초나라에 맞서 싸운 송나라는 대패하고 말았다. 양공 또한 적의 도끼에 넓적다리가 찍혀 큰 부상을 입어 후퇴하고 말았다. 재상 목이가 양공에게 물었다.

"군주께서는 왜 그 좋은 기회일 때 초나라를 공격하지 않은 것입니까?"

양공이 대답했다.

"군자는 상처 난 사람을 거듭 해치지 않으며, 반백의 노인을 사로잡지 않는다. 옛날의 군대는 결코 적의 곤란한 상황을 이용하지 않았다. 내가 비록 망한 나라의 후손이지만 대열을 갖추지 않은 적을 공격할 수는 없는 일이다."

이 말을 들은 목이가 너무도 기가 막혀 다음과 같이 말했다.

"전쟁은 평상시의 당연하다고 여기는 것과는 전혀 다른 것입니다."

이 고사에서 유래한 말이 '송양지인(宋襄之仁)'이다. 전쟁을 모르는 어리석은 군주라는 의미이다. 원(元)나라 때 증선지(曾先之)가 편찬한 『십팔사략(十八史略)』에 있는 이야기이다. 전쟁이란 적이 방비하지 않는 곳을 공격하고, 적이 생각하지 못하는 곳을 공격하는 것이다. 적이 진영을 다 갖춘 후에 싸우는 것은 얻어맞으려고 기다리는 바보나 하는 짓이다.

전쟁은 운동경기처럼 정정당당히 싸워 승부를 가리는 것이 아니다. 아랍의 테러리스트들이 어떻게 강대국을 상대로 운동경기처럼 싸울 수 있겠는가? 그렇다고 테러범들의 인질과 납치 행위를 어떻게 겁쟁이들이나 하는 행동이라고 말할 수 있겠는가?

다윗은 거대한 덩치의 골리앗과 싸울 때 돌팔매라는 무기를 사용하여 이겼다. 약한 사람은 모든 수단과 방법을 가리지 않고 덤비는 것이 전술이며 전략이다. 어떻게 도덕을 지켜 가며 싸울 수 있겠는가? 생존을 위한 것이라면 어떤 수단이라도 부릴 줄 알아야 한다. 그러니 전쟁에서는 어떤 도덕도 관여할 수 없는 것이다.

대체품의 위협

대체품이란 기존 제품이나 서비스를 대신할 수 있는 전혀 다른 제품이나 서비스를 말한다. 전자타자기는 컴퓨터의 보급으로 자취를 감추었다. 은행에서 사용하던 주판도 전자계산기의 등장으로 사라졌다.

아시아나의 경쟁사는 대한항공이지만 이와는 별도로 고속철도인 KTX가 경쟁 상대이자 대체품이다. 항공사의 국내선을 기존의 철도가 대신하고 있으니 매출에 있어서 경쟁 상대임에 틀림없다.

실제로 서울-대구 항공 노선은 KTX가 등장한 후에 승객 수가 급감하여 3년 만인 2007년 노선이 폐지되었다. 울산, 광주, 포항, 무안 등도 KTX가 등장하면서 항공 승객 수가 급감하자 운항 편수를 줄였다. 서울-부산 항공 노선도 2003년 517만에서 2008년 232만 명으로 절반 이상 감소했으나 그나마 유일하게 KTX와 경쟁하고 있는 편이다.

이런 와중에 김포공항에 전철역이 들어섰고 김해공항에 경전철이 개

통되어 공항 접근성이 개선되었다. 항공사가 KTX에 대해 공격적 대응을 펼 수 있는 상황으로 반전되었다. 또한 저가 항공사가 등장하여 KTX의 강력한 경쟁자로 부상하였다.

KTX의 일반실은 저가 항공사보다 저렴하지만 특실은 도리어 저가 항공사가 저렴한 편이다. 만약 저가 항공사가 가격을 낮출 경우 KTX보다 유리한 상황이 될 가능성도 있다. 이처럼 대체품은 조금이라도 가격 차이를 보이면 기선을 잡을 수 있으니 그 무엇보다 강력한 경쟁 상대인 것이다.

1-9 승패의 예견

대저 전쟁 전에 묘당에서 승산이 있다고 판단한 것은 치밀하게 계산했기 때문이고, 적을 이길 수 없다고 판단한 것은 치밀하게 계산하지 못했기 때문이다. 치밀하게 계산하면 승리하고, 치밀하지 못하면 패하는 것이다. 하물며 아무 계산도 없이 전쟁을 한다면 어찌되겠는가? 그래서 오사 칠계로 판단하면 전쟁의 승부를 예견할 수 있는 것이다.

夫未戰而廟算勝者, 得算多也; 未戰而廟算不勝者, 得算少也. 多算勝, 少算不勝, 而況於無算乎? 吾以此觀之, 勝負見矣.

| 풀이 |

묘산(廟算)에서 '묘'는 왕조의 위패를 모신 사당이다. 고대에는 이 묘당에서 출정 의식을 거행했다. '산(算)'은 계산한다, 헤아린다는 뜻이다. '다(多)'는 많다는 의미보다는 치밀하다고 해석한다. '소(少)' 역시 적다는 뜻

이 아니라 치밀하지 못하다는 뜻이다. 즉, 전쟁이란 먼저 계산한 뒤에 싸우는 것이다. 우선 징집할 수 있는 병사와 수레와 말이 얼마나 되나 계산해야 한다. 그런 다음 식량과 꼴을 얼마나 충분히 준비할 수 있나 살펴야 한다. 둘째로 군대가 얼마나 잘 조직되어 있나 살펴야 한다. 이 조건이 이루어져야 적과 싸울 수 있는 것이다. 또 전쟁 전에 적과 아군을 비교해 승부를 예측할 수 있어야 한다. 고대에는 전쟁을 결행한다고 해도 최종적으로 길흉을 점쳐서 길한 징조가 나오면 출정했다.

| 해설 |

서양 『전쟁론』의 저자 클라우제비츠는 다음과 같이 전쟁을 정의하였다. "전쟁이란 규모가 커진 싸움이다. 온 힘을 다해 강제로 상대방을 자신에게 복종시키고 다시는 저항하지 못하게 굴복시키는 것이다. 따라서 전쟁은 일종의 폭력 행위이다. 만약 전쟁을 양쪽의 병력 수만 생각하고 전쟁 행동에 대해 대수학만 계산한다면 이보다 큰 잘못은 없다. 전쟁은 살아 있는 두 세력의 충돌이다. 다른 수단을 통한 정치의 계속일 뿐이다. 폭력은 끝이 없으니 철저하게 적을 제거해야 근본적인 문제를 해결할 수 있다. 그러니 탁상 논의는 실제 전투를 대체할 수 없다. 이것이 전쟁의 현실이다."

전술은 전투에서 실행하는 기술, 전략은 조직적으로 싸우는 기술이다. 적의 약점은 곧 아군에게 승리를 헌납할 조건인 것이다.

1886년 청나라 해군 주력 함대가 일본 나가사키 항에 수리를 하려고 정박했었다. 이때 일본군과 주민들이 배에 올라 참관하게 되었다. 그런데 군함 갑판에 진흙으로 빚은 관우의 신상을 모시고 그 앞에는 제물로 과일을 늘어놓았을 뿐 아니라 향까지 모락모락 피어오르고 있었다. 게다가 갑판 위나 함정 어느 곳에나 먹다 버린 음식물이 널려 있었다. 또한 중국 해군 병사들은 군함 수리를 틈타 해안 기생집에서 술을 마시고 난동을 부려 일본 경찰을 다치게까지 했다. 일본은 이 사소한 일들을 자세히 기록하여 중국 해군의 능력을 은밀히 평가하였다.

1891년 중국의 해군사령관 정여창이 이끄는 함대가 요코하마 항을 방문했다. 이때는 관우의 신상이 없었고 향도 피우지 않았다. 병사들도 놀러 나가지 않았다. 본부로부터 추태를 부리면 단단히 각오하라는 경고를 받았기 때문이었다. 하지만 일본은 중국 해군의 또 다른 약점을 발견했다. 군함은 컸지만 함포 안에 시커멓게 화약 찌꺼기가 눌러 붙고, 포신에는 옷을 빨아서 널어놓았던 것이다. 일본은 이런 사소한 문제를 간파하여 청나라 해군을 평가했다.

"중국 해군은 기율이 없고 병사들은 상관 명령에 복종하지 않는다."

일본은 이런 군대와 싸운다면 승리한다고 확신했다. 이를 계기로 얼마 후 일본은 청일전쟁을 일으켰고 중국 대륙을 침략했다. 당연히 중국은 참패할 수밖에 없었다.

제품 우위 전략

기업의 경쟁 전략은 모두가 전쟁에서 비롯되었다. 따라서 전략은 곧 이기는 싸움을 위한 연구인 것이다.

2004년까지 풀무원은 포장두부 시장의 75%를 점유하였다. 이런 시장

독점 상황에 대상의 '두부종가'와 CJ의 '백설 행복한 콩' 브랜드가 시장에 진입했다. 풀무원은 두부가 간판사업이자 수익사업이기에 경쟁에서 밀릴 경우 회사 사활이 걸린 중대한 문제였다.

그중 가장 큰 고민은 판촉 경쟁이었다. 세 회사가 모두 끼워 주기, 증정품 공세, 1+1 행사를 하게 되었다. 이때 풀무원의 판단은 적절치 못했다. 두 회사의 경쟁을 꺾기 위해 판촉행사에 적극적으로 대응했다. 그 결과 세 회사가 모두 수익성이 악화되었다. 풀무원 입장에서는 두 회사가 수익성이 악화되는 기간이 길어지면 두부 시장에서 철수할 것이라고 믿었다. 그러나 CJ는 당장 눈앞의 이익 때문에 두부 시장에 진출한 것이 아니었다. 두부를 시작으로 다른 냉장식품을 키우겠다는 야심찬 목표가 있었다.

따라서 풀무원의 방어 전략은 단기적이었고 장기적으로 이들을 이기는 전략이 필요했다. 그건 출혈 경쟁이 아니라 신제품 경쟁이었다. 자금력에서 대기업인 두 회사를 이길 수 없었고, 또한 시장점유율이 크다 보니까 판촉에 따른 비용 부담도 만만치 않았다. 이때 풀무원은 전략을 재조정하였다. 제품 경쟁으로 전환시켰다. 자신의 강점인 경험과 노하우를 활용해 신제품을 먼저 출시하였다. 시장은 역시 풀무원 쪽으로 우세해졌다. 약간의 시장점유율을 빼앗겼지만 아직까지 두부 시장은 선두를 달리고 있다.

전쟁은 상대를 정확히 판단하여 승산이 있는지를 분명히 따져 보고 해야 하는 것이다. 요행을 바라고 전쟁에 뛰어드는 자는 패망의 구렁텅이로 스스로 달려드는 것과 다를 바 없다.

제二편

작 전

作戰

작전(作戰)이란 적과 전쟁하기 위해 행하는 전투, 수색, 행군, 보급 따위의 군사적 조치나 방법을 말한다. 전쟁이 시작되기 바로 전 단계이다. 작(作)은 행동을 개시한다는 의미이고, 전(戰)은 전쟁이란 뜻이다.

작전과 비슷한 것으로 전략회의라는 것이 있다. 국가나 기업이 나아가야 할 방향을 명확하게 결정하는 중대한 회의이다. 이는 철저한 분석과 냉정한 검토가 뒤따른다. 과신이나 요행, 독선이나 미신 따위를 철저히 배격한다. 작전은 전쟁에서 조금의 실수라도 없애는 역할을 하는 것이다.

전쟁은 사람, 물자, 정치의 바탕에서 이루어지는 총체적인 무력 활동이다. 하지만 대부분이 제한된 병력과 한정된 경제력을 바탕으로 이루어진다. 그래서 전쟁은 속전속결로 끝내는 것을 귀하게 여긴다.

작전편은 다섯으로 나누어 설명한다. 전쟁 비용에 관한 것과, 전쟁 기간에 관한 것과, 적의 물품을 약탈하는 것과, 속전속결에 관한 것과, 장수의 책임에 관한 것이다.

2-1 전쟁 비용

　손자가 말했다. 무릇 전쟁을 하려면 전투용 수레인 치거(馳車) 천 대, 물자 수송용 수레인 혁거(革車) 천 대, 무장병력 10만 명, 아울러 천리 먼 곳까지 운반해야 할 식량이 있어야 한다. 이를 위해서는 국내외의 이동과 소비의 비용, 외교사절과 간첩 활동에 필요한 비용, 무기와 물자를 수선 정비하는 아교와 옻의 재료 비용, 수레와 갑옷과 전투 장비의 수선과 보충에 필요한 비용 등을 합쳐, 하루 천금이라는 막대한 비용이 소모된다. 이렇게 준비를 한 후에야 비로소 병력 10만의 군대를 출병시킬 수 있는 것이다.

孫子曰: 凡用兵之法, 馳車千駟, 革車千乘, 帶甲十萬, 千里饋糧, 則內外之費, 賓客之用, 膠漆之材, 車甲之奉, 日費千金, 然後十萬之師擧矣.

| 풀이 |

용병지법(用兵之法)에서 '용병'이란 군대를 쓰는 것이니 전쟁을 말한다. '법'은 전쟁에 관한 일반 사항이다. 치거(馳車)에서 '치'는 달릴 치, 무장을 하고 빨리 달릴 수 있는 수레이다. '사(駟)'는 네 마리 말 사, 네 마리 말이 수레 하나를 끄는 것을 말한다. '혁거(革車)'는 병사와 군수품을 실어 나르는 수레이다. 이 외에 '우거(牛車)'가 있었는데 이는 소가 끄는 수레로 무거운 짐을 실을 수는 있지만 속도가 느렸다.

'대갑(帶甲)'은 갑옷을 입고 투구를 쓴 무장 병사를 말한다. 천리궤양(千里饋糧)의 '궤'는 보낼 궤. 아주 멀리까지 군량을 보내야 하니 힘도 들지만 비용 또한 많이 드는 일이다. '빈객지용(賓客之用)'은 외교사절에 쓰이는 비용을 말하는데, 실제로는 적의 정보를 알아내기 위해 적진으로 보내는 간첩과 첩자에게 드는 비용이 더 많았다. 전쟁에서는 간첩을 통해 얻는 정보보다 더 중대한 정보가 없는 법이다.

'교칠(膠漆)'은 아교 교, 옻 칠. 병사들의 장비와 무기를 보전하고 수리하는 데 필요한 재료다. '봉(奉)'은 물자를 보충하는 것과 병사들의 녹봉을 뜻한다. 일비천금(日費千金)은 오늘날의 비용으로 계산하면 하루에 쌀 일만 가마를 소비하는 금액이다. '사(師)'는 군대를 말한다. '거(擧)'는 일으킨다는 뜻이다.

| 해설 |

전국시대(戰國時代)로 들어서면서 전쟁은 보병 위주에서 기병으로 바뀌

었다. 이는 철기의 보급이 큰 역할을 하였지만 그에 더하여 당시 북방 흉노 침입에 대비한 강력한 무기개발의 성과라 할 수 있다. 『사마법』의 기록에 따르면 치거(馳車) 한 대에 궁수, 보병, 취사병, 사육병, 공병대를 포함해 백 명이 배치되었다. 그러니 전차 천 대가 동원된다면 병력이 10만 명에 이르는 것이다. 그 당시 강대국인 초(楚), 진(晉), 제(齊)나라가 천승지국(千乘之國)이었다.

그러면 고대 국가의 군대 출병 중에 가장 규모가 큰 것은 어느 정도나 되었을까? 612년 수(隋)나라가 고구려를 침공하기 위해 군대를 출병시키는 장면을 김부식이 편찬한 『삼국사기』에는 다음과 같이 묘사하였다.

"수나라가 매일 40리의 간격을 두고 부대를 하나씩 보내니 40일 만에야 출발이 끝났다. 모든 대열이 앞뒤가 서로 연결되고 북과 나팔 소리가 마주 들렸으며 깃발은 960리에 이르렀다. 전투 병력만 113만, 보급부대 등을 합치면 300만에 이르는 대군이다. 황제인 수양제를 호위하는 친위부대의 행렬만 80리에 달했다."

러일전쟁(露日戰爭)은 일본이 중국 만주와 조선 북동부의 지배권을 둘러싸고 러시아와 벌인 전쟁이다. 이 전쟁의 특징이라면 세계 전쟁사에서 유래가 없을 정도의 엄청난 돈이 들었다는 것이다.

1904년 2월 8일 일본함대가 기습적으로 러시아 뤼순 군항을 공격하였다. 전쟁은 이렇게 시작되어 1년간 지속되었다. 러시아는 피폐해졌고 일본은 무기, 포탄, 군인이 부족해 더는 전쟁을 지속할 수 없을 지경에 이르렀다. 이렇게 상태가 악화되도록 전쟁을 치른 까닭은 일본 배후에는 영국이 응원하고 있었고, 러시아 배후에는 프랑스가 응원하고 있었기 때문이다. 1905년 결국 두 나라는 강화조약을 체결하였다. 이후 러시아는 공산주의 혁명이 진행되었고 일본은 대륙에 대한 침략을 강화하여 1차 세계대전의 발판을 마련하였다.

러일전쟁 때 일본이 사용한 비용은 17억 엔에 이른다. 이는 그 당시 10년간 일본 국가예산에 해당하는 금액이다. 현재 일본 1년 예산이 100조 엔에 이르니 오늘날로 환산하면 어마어마한 금액이다. 그럼에도 일본 경제가 파탄에 빠지지 않은 것은 8억 엔은 미국과 영국에서 외채로 모집한 것이고, 나머지는 증세와 각종 국채를 발행하여 충당하였기 때문이다.

그러면 현대의 전쟁 비용은 얼마나 될까? 1964년부터 10년 동안 미국이 베트남전에 쏟아부은 돈은 무려 4,943억 달러다. 우리 돈으로 환산하면 500조가 훌쩍 넘는다. 미국은 이때 달러를 너무 많이 찍어내어 달러 가치가 떨어져 경제에 빨간불이 켜지기도 했다.

영국 신문 《인디펜던트》지는 2006년 미국의 이라크 전쟁 비용이 하루에 2천억 원씩 들어가고 있다고 보도했다. 이 돈은 갈수록 늘어 2007년에는 미국의 외교전문지 《포린 폴리시》 보도에 의하면 하루에 3천5백억 원, 1분에 2억 3천만 원을 소비하고 있다고 보도했다.

정밀유도장치를 통해 지상의 장애물을 피해 목표물을 정확히 가격하는 토마호크 미사일은 이라크의 방공망을 무력화시켰다. 하지만 그 한 발 쏠 때마다 12억 원씩 날아갔다. 전쟁에서 모든 무기는 한 발로 끝나지 않는다. 바그다드로 진격할 때 300발을 쏟아부었고, 2011년 다국적군이 리비아를 공습할 때 하룻밤에 124발을 퍼부었다. 그 비용은 가히 천문학적 수치였다.

1991년 4월 걸프전이 종결되었다. 이후 이라크는 불법적인 대량 살상 무기(WMD: weapon of mass destruction)를 보유 개발하고 있다는 강한 의혹을 받아왔다. 쿠웨이트를 침공해 아랍 세계로부터 위험한 존재로 인식된 이라크는 미국을 중심으로 한 국제 여론을 이기지 못하고 결국 유엔 무기사찰단(UNSCOM)을 수용하고 말았다. 1998년까지 250여 차례의 현장 조사를 받았고 이 기간에 장거리 미사일 48기, 화학무기 원료 690톤 등을 폐기했다.

1998년 12월 유엔 무기사찰단은 사담 후세인 대통령궁 등 정치 군사적으로 민감한 지역 현장조사를 요구했다. 하지만 이라크는 단호히 거절했다. 이에 유엔 무기사찰단은 즉각 이라크에서 철수했다. 유엔 안전보장이사회는 다시 한 번 무기사찰을 요구했으나 이라크는 자국에 대한 금수 조치가 해제되지 않는 한 받아들일 수 없다고 버텨 무산되었다.

2002년 1월 조지 부시 미국 대통령은 이라크를 이란 및 북한과 함께 세계평화를 위협하는 '악의 축(axis of evil)'으로 지목했다. 그리고 그 해 9월 사담 후세인 정권을 축출하겠다는 의지를 표명했다. 이후 이라크는 강대국의 논리에 밀려 할 수 없이 유엔의 무기사찰을 수용했다. 하지만 미국은 2003년 2월 유엔 안보리에 이라크 침공 승인을 요구하는 결의안을 제출하였다.

결국 미국은 유엔 안보리의 동의가 이루어지지 않은 상태에서 영국과 함께 이라크를 침공하였다. 공격의 명분은 사담 후세인 정권이 불법으로 대량 살상 무기를 개발하고 테러를 지원함으로써 세계평화를 위협하였고, 이라크 국민을 억압하기 때문에 무장 해제시켜야 한다는 것이었다. 미국은 이를 위해 30개 국가로부터 지지를 받았다. 하지만 반대하는 국제 여론도 만만치 않았다. 이라크 침략은 미국의 실리와 군사적 헤게모니를 위해서라는 주장이 끊임없이 제기되었다.

2003년 3월 20일 새벽 5시 34분 미국은 페르시아만, 홍해, 지중해에 배치된 군함 6척을 동원해 모두 40기의 토마호크 크루즈 미사일을 이라크의 바그다드 동남부를 겨냥해 발사했다. 또 미 공군 F-117 전폭기 두

대도 정밀유도 폭탄 두 발을 바그다드 시내에 떨어뜨렸다. 작전명은 '이라크 자유 작전'이었다.

미국은 이라크의 전쟁 의지를 무력화시킨다는 전략으로 첨단 무기들을 동원했다. 토마호크 미사일, 순항미사일, 정밀유도폭탄, 특정 시설과 장비만 무력화시키는 특수폭탄 등이 주력 무기로 활용되었다. 또 전자폭탄, 공중폭발 초대형 폭탄, 합동직격탄 등 신형 무기들도 선보였다. 이라크군은 남부 움 카스르 항구 및 나시리야 지역에서 강력히 저항했지만 역부족이었다.

4월 9일 이라크의 수도 바그다드가 함락됐다. 5월 1일 부시 미국 대통령은 항공모함 아브람링컨 호에서 임무 완료를 선언했다. 두 달이 채 못 된 기간이었다. 그해 12월 13일 사담 후세인 대통령은 자신의 고향인 티크리트에서 남쪽으로 약 15km 떨어진 농가 근처의 작은 땅굴 속에서 체포되어 얼마 후 처형되었다.

하지만 이라크 전쟁은 종결되지 않았다. 그 후 6년 동안 내전이 끊이지 않았다. 이는 이라크 인구의 약 60%를 차지하는 시아파, 20% 정도를 차지하는 쿠르드족 수니파, 15% 정도를 차지하는 수니 아랍인 간의 분쟁 때문이었다. 사담 후세인은 수니파 출신으로 이라크 전체 인구의 약 15%를 대표했지만 지난 수십 년 동안 철권통치로 정권을 유지해 왔다.

2004년 10월 미국의 이라크 조사단이 마지막 보고서를 제출했다.

"이라크에 대량 살상 무기는 존재하지 않는다."

전쟁의 근거인 대량 살상 무기에 대한 정보의 신빙성이 희박했음이 밝혀지자 미국의 정당성이 크게 흔들렸다. 이는 애초에 조작되었다는 지적이 제기되기도 했다. 2006년 5월 20일 이라크 주권 정부가 출범하였다. 하지만 이라크 내 종파 갈등과 저항 세력의 공격 등으로 이라크 재건 작업은 지지부진한 상태였다. 2010년 8월 2일 오바마 미국 대통령은 이라크에서 전투를 끝내고 8월 말까지 모든 전투 병력을 철수한다고 선언했다. 그때까지 이라크에서는 미군 14만 4천 명이 작전 중이었다.

이라크 전쟁에 투입된 예산은 천문학적이었다. 2003년에서 2007년 10월 말까지 총 6,070억 달러가 소모되었다. 이는 부시 행정부가 추정했던 총 전쟁 비용 5백억 달러의 10배가 넘는 액수다.

전쟁의 피해도 컸다. 목숨을 잃은 미군 장병은 5천 명에 이른다. 중상자를 포함한 부상자도 3만 명이 넘는다. 그리고 이라크인 사망자 수는 최소 8만 5천 명에 이른다. 세계보건기구(WHO)는 이라크에서 테러와 폭력사태로 목숨을 잃은 주민이 15만 명에 이르며 통계가 불확실한 점을 감안하면 사망자 수가 최대 22만 명에 이를 것으로 추산한다. 전쟁을 피해 시리아 등 이웃 나라로 떠도는 이라크인은 약 180만 명 정도로 추산한다. 올브라이트 전 미국 국무장관은 이라크 전쟁을 이렇게 표현했다.

"이라크 전쟁은 미국 외교정책의 가장 큰 실패작이다. 이라크 전쟁으로 덕을 본 나라가 있다면 그건 이란이다."

전쟁의 대가는 참혹 그 자체이다. 이겨도 손실과 피해가 막대하지만, 지게 되면 나라가 없어지니 개인의 생존 또한 위태로울 수밖에 없다. 그러기 때문에 군주는 전쟁을 하려면 살피고 살펴서 신중에 신중을 기해야 하는 것이다. 노자는 『도덕경』에서 전쟁에 대해 이렇게 말한다.

"군대는 상서롭지 못한 흉기다. 군자가 쓸 도구가 아니다. 부득이한 경우에만 군대를 쓰는 것이다.(兵者 不祥之器 非君子之器 不得已而用之.)"

태양을 팔아 장사하는 기업

　전쟁은 돈을 소비하는 일이지만 기업은 돈을 버는 일이 주목적이다. 독일의 안톤 밀러는 태양광 모듈 엔지니어 두 명과 손잡고 태양전지를 만드는 큐셀(Q-Cells)이라는 회사를 차렸다. 창업자금은 벤처 은행으로부터 투자받았다. 이때 밀러가 은행을 설득한 말이 유명하다.

　"태양은 무한하니 연료 또한 무한합니다."

　때마침 유럽연합의 환경 규제가 강화되어 원윳값이 뛰었다. 친환경 에너지인 태양을 활용한 태양전지가 집중적으로 조명받기 시작했다. 독일 정부도 세제 혜택 등 적극적인 지원에 나섰다. 그러자 해외 바이어들의 물량 주문이 몰려들었다. 큐셀의 사업 전망에 대해 전문가들은 다음과 같이 말했다.

　"큐셀은 성장 잠재력이 무궁무진한 기업이다. 지구 온난화 논란이 거세어지고 유가가 뛰면 뛸수록 회사의 수익성이 좋아지는 신재생 에너지 기업이다."

　2002년 첫 제품을 출시하자 매출액과 임직원 수가 기하급수적으로 늘었다. 235억 원의 매출과 82명의 임직원에서 2007년에 1조 800억, 1,700명으로 늘어났다. 이로써 줄곧 세계 태양전지 생산량 1위를 달렸던 일본의 샤프를 제치고 세계 1위 자리에 등극했다. 큐셀은 태양을 팔아서 장사를 했으니 그 시도가 가히 혁신적이다. 그러니 시대의 흐름을 제대로 짚어 신사업을 발굴하는 것은 모든 기업의 꿈인 것이다.

2-2 지구전의 폐해

　10만 대군을 출병시켜 전쟁을 할 때는 이기는 것이 가장 우선이다. 하지만 지구전으로 이기고자 하면 병사들은 피로에 지쳐 사기가 꺾이게 된다. 그런 상황에서 적의 성을 공격하면 아군은 전력이 다하고 만다. 전쟁이 길어지면 군대가 오랫동안 밖에 있게 되니 이는 곧 국가 재정을 고갈시키는 행위이다. 병사들은 피로에 지쳐 사기가 꺾인 상황이라 군대는 힘이 다하고, 나라는 재화가 다하니 주변 다른 제후들이 그 피폐함을 틈타 쳐들어오기 쉽다. 그런 상황이라면 아무리 지혜가 있는 군주라 해도 뒷감당을 할 수 없다. 그러니 장수가 싸움은 서툴러도 전쟁을 빨리 끝냈다는 말은 들어보았지만, 전쟁에 능해 기교를 부려 가며 오래 끈다는 말은 들어본 적이 결코 없다. 따라서 지구전은 나라에 이로움이 된 적이 없었다. 그러므로 전쟁의 해로움을 모르는 장수는 전쟁의 이로움도 알 수 없는 것이다.

其用戰也貴勝 久則鈍兵挫銳, 攻城則力屈. 久暴師則國用不足. 夫鈍兵挫銳, 屈力殫貨, 則諸侯乘其弊而起, 雖有智者, 不能善其後矣. 故兵聞拙速,

未睹巧之久也. 夫兵久而國利者, 未之有也. 故不盡知用兵之害者, 則不能
盡知用兵之利也.

| 풀이 |

'귀승(貴勝)'은 승리가 귀하다는 말이니 승리가 우선이라는 뜻이다. 반
드시 이긴다고 해석해도 무방하다. 둔병좌예(鈍兵挫銳)는 둔할 둔, 꺾일 좌,
날카로울 예, 병사들이 피로에 지쳐 사기가 많이 꺾인 상태를 의미한다.
폭사(暴師)에서 '폭'은 햇빛을 쐬고 눈비를 맞는다는 뜻이다. 즉, 전쟁으로
인한 장기간의 야전 생활을 말한다. 굴력탄화(屈力殫貨)의 '굴'은 힘이 다하
다, 지치다의 의미이고 '탄'은 금전이 다하다, 소모하다의 뜻이다. '수유지
자(雖有智者)'는 비록 지혜가 있는 사람이라고 해석한다. '졸속(拙速)'은 실력
은 서투르지만 행동이 신속함을 말한다. '교구(巧久)'는 이와 반대로 실력
은 출중하지만 싸움을 오래 끄는 것을 말한다. '부진지(不盡知)'는 알 수 없
다는 뜻이다.

| 해설 |

노(魯)나라의 좌구명(左丘明)이 편찬한 『춘추좌전(春秋左傳)』 「선공(宣公)」 편
에 보면 고대 지구전의 한 예를 볼 수 있다.
"기원전 595년 초나라가 송나라를 멸망시키고자 9개월 동안 성을 포위
하였다. 그러자 성안에 있던 송나라 사람들은 식량과 땔감이 모두 떨어

지고 말았다. 그들은 결국 굶주림과 추위를 참지 못하여 서로 자식을 바꿔서 잡아먹고, 그 시체의 남은 뼈로 불을 지폈다.”

전국시대에는 지구전으로 인해 이런 참혹한 상황이 종종 있었다. 『오자병법(吳子兵法)』에는 다음과 같은 기록이 있다.

“천하를 상대로 싸움을 했을 때 5번 싸워 이긴 자는 화를 면치 못하게 되고, 4번 싸워 이긴 자는 나라가 약해지고, 3번 싸워 이긴 자는 패권을 잡고, 2번 싸워 이긴 자는 왕이 되고, 단 한 번 싸워 이긴 자는 황제가 된다.”

전쟁은 많이 싸우는 게 능사가 아니다. 한 번의 결전으로 끝내야 한다. 싸움은 적을 제압하기 위해서 하는 것이다. 하지만 매번 싸워야 한다면 이기더라도 매번 피해가 생기는 법이고, 그 피해가 누적되면 결국 무너지고 마는 것이다.

현대 전쟁 역시 속전속결을 강조한다. 포클랜드는 아르헨티나에서 약 500km 떨어진 남대서양의 작은 섬이다. 영국에서는 무려 12,000km나 떨어져 있다. 이 섬의 영유권을 둘러싸고 영국과 아르헨티나가 첨예한 대립을 벌였다. 아르헨티나는 스페인으로부터 독립할 때 이 섬도 포함한 것으로 주장하고, 영국은 역사적으로 자신들의 영유라 주장했다. 영국이 이 섬을 포기하지 못하는 특별한 이유는 포클랜드 근해에 석유가 매장되어 있으며, 또 남극 대륙 전진기지로서 가치가 컸기 때문이다. 두 나라는 오래 전부터 협상을 진행했지만 아무런 결론을 내지 못한 상태였다.

1982년 3월 19일 아르헨티나의 한 회사 직원들이 포클랜드 군도의 낡은 육류가공 공장 철거 작업을 하러 섬에 들어갔다. 그런데 직원들은 들끓는 애국심에 그만 포클랜드 섬 중앙에 아르헨티나 국기를 게양하고 말았다. 그렇지 않아도 예의 주시하고 있던 영국 정부는 즉각 항의하였고 곧바로 군대를 파견하여 무력 시위를 벌였다. 이에 아르헨티나 갈티에리 대통령이 당장에 포클랜드 군도를 점령하라고 군에 명령을 내렸다. 그러자 영국 의회 또한 즉각 무력을 통한 포클랜드 군도 수복을 만장일치로 통과시켰다. 이렇게 해서 포클랜드 전쟁이 발발하였다.

아르헨티나의 갈티에리 대통령은 군인 출신이고 전쟁에 대해 지식이 많았다. 반면 영국의 대처 수상은 여성이었고 전쟁에 대한 경험이 하나도 없었다. 갈티에리는 대처에게 이렇게 큰소리쳤다.

"여자는 결코 전쟁에 뛰어들지 못한다!"

그러면 갈티에리가 이 전쟁에 뛰어든 이유는 무엇일까? 그는 아르헨티나의 군사 독재 정권이었다. 내부 정치 문제를 외부 전쟁으로 위기를 벗어나려는 의도였다. 즉 인플레이션과 실업, 정치 혼란, 반독재 인사들에 대한 탄압, 고문과 인권 침해에 대한 비판의 목소리를 잠재우려는 목적이 강했다.

영국 대처는 전쟁에 앞서 우선 외교전을 펼쳤다. 세계 여러 나라가 영국의 편에 서도록 설득했다. 이에 미국 레이건 대통령은 아주 노골적으로 영국 편을 들었으며 심지어는 아르헨티나를 국가가 아닌 테러 단체로 규정하기까지 했다. 칠레의 피노체트 역시 자국의 영공을 영국 군대에 개방했다.

갈티에리 대통령은 영국이 포클랜드에 대해 적극적이지 않을 것이라 판단했지만 예상은 완전히 빗나갔다. 영국은 아르헨티나와 전면전을 선포하였다. 영국 특별 혼성 함대 사령관 우드워터 제독은 대처 수상이 건네준 지령문 하나를 손에 쥐고 있었다.

"아르헨티나 본토를 폭격하지 말고 속전속결로 이 전쟁을 수행하라."

4월 26일 영국은 포클랜드 동남쪽 1,500km에 있는 남조지아섬을 탈환하였다. 5월 20일 영국군은 포클랜드에 상륙했다. 6월 14일 아르헨티나 군의 항복으로 전쟁은 74일 만에 종결되었다.

이 전쟁은 아르헨티나 입장에서는 참으로 어이없는 전쟁이었다. 아르헨티나에 무기를 판매한 서방 여러 나라가 그 데이터를 모두 영국에 제공했기 때문이다. 이것이 바로 약소국의 비애인 것이다. 이 전쟁은 아무런 진전도 보지 못한 채 합의를 원점으로 되돌렸다.

"양측은 휴전하며 아르헨티나는 포클랜드에서 철수한다."

포클랜드 영유권 문제는 다시 유엔으로 넘겨졌다. 그만큼 타결의 어려움이 많다는 의미이다. 그러나 이 전쟁은 무기 현대화에 따른 전쟁 비용의 증가를 여실히 보여 줬다. 영국은 사상자 452명과 항공기 25대, 함정 13척을 잃었으며 전쟁 비용으로 1조 5천억 원을 소비하였다. 아르헨티나는 사상자 630명과 항공기 94대, 함정 11척을 잃었으며 전쟁 비용으로 국력을 모두 소진하였다. 이로 인해 심각한 경제 위기에 빠지고 말았다.

전쟁이 길어지면 나라의 재화가 바닥나고 만다. 국고가 텅 비게 되면 백성들에게서 세금을 걷게 되고 그러면 백성들의 재산이 줄어들게 된다. 세금을 내지 못하는 백성은 부역으로 대신해야 하는데 그것이 무서워 도망치고 만다. 나라는 가난해지고 백성들은 각박해지니 어찌 나라가 제대로 설 수 있겠는가. 이것이 지구전의 폐해이다. 그러니 군대가 출병하면 적의 급소, 즉 힘의 균형을 서둘러 무너뜨리는 것이 전쟁을 가장 빨리 끝내는 방법이다.

전통 계승 전략

전쟁은 속전속결로 끝내는 것이 좋지만 기업은 오래될수록 신뢰와 품격이 느껴진다. 먹(墨)은 흰 화선지에 그림을 그리는 도구이다. 송진이나 식물의 기름을 연소시켜 생긴 그을음을 아교로 굳혀 만든 것이다. 이를 벼루에 갈아서 먹물로 만들어 쓴다.

중국 안휘성 황산 지방은 문방사우(文房四友)를 판매하는 점포들이 수백 년째 이어져 오는 곳이다. 그중 최고의 점포는 먹을 전문적으로 판매하는 후카이원(胡開文)이다. 1742년에 설립하여 전통 장인의 기술을 계승하여 왔으니 무려 300년 가까운 역사를 지니고 있다. 이곳의 먹은 중국의 위대한 유산이다. 먹 하나로 천하에 이름을 알렸다는 의미로 '휘묵명천하(徽墨名天下)'라는 칭호를 들을 정도이다.

먹은 모두 똑같은 흑색이라고 생각할지 모르지만 사실은 빛깔이 다양하다. 후카이원의 먹은 빛깔이 강하고 검은색이면서 보랏빛이 난다. 순도와 명도가 진하고 번짐이 없어 입체감과 원근 표현을 잘 나타내 준다. 뿐만 아니라 후카이원의 먹으로 그린 그림은 100년이 지나도 변하지 않는다고 한다.

먹의 제조 핵심은 재료 배합 과정이다. 이 기술은 수백 년 동안 철저히 비밀에 부쳐졌다. 먹의 주재료는 소나무 그을음이다. 황산은 소나무가 풍부하고 계곡물이 맑아 먹을 만들기 시작했다고 한다. 소나무는 송진이 많을수록 좋다. 단 20년 이상 된 노송이어야 한다. 무게 400kg 소나무를 태워 얻는 그을음은 겨우 1kg 정도. 여기에 웅담, 사향 등 천연 향료를 더하는 과정을 거쳐 푹 찐다. 그러면 먹 반죽이 된다. 이것을 다시 열에 익혀 말랑말랑한 상태로 만든다.

이때부터 장인의 명공이 필요하다. 반죽을 두들기는 작업은 먹의 품질을 좌우하는 중요한 과정이다. 반죽의 점착성이 없어질 때까지 두들김은 끝이 없다. 오래 칠수록 좋기 때문이다. 검은 반죽이 광택이 나도록 5kg가 넘는 망치로 약 100번 정도 친다. 이때 힘을 조절하고 일정한 강도를 유지하는 것이 노하우다. 이어 반죽이 마르도록 펴 주면 된다. 굳히는 작업은 짧게는 3개월 길게는 반년이 걸린다. 건조 과정에서 계속 뒤집어 줘야만 한다. 마지막으로 먹에 금박을 입히거나 도안을 그리는 작업이다. 이 작업은 가장 숙련된 기술이 요구된다. 장인의 명성이 여기서 발휘되는 것이다.

1842년 세계 박람회에서 금상을 수상하면서 후카이원의 명성이 알려지기 시작했다. 그 당시에는 중국에서 4위의 상표였지만 지금은 천하제일의 상표가 되었다. 이는 다른 명문가들이 사라질 때 전통을 잘 계승한 덕분이다. 이곳의 전통 계승 전략은 독특하다. 각 제조 부문에 50대, 40대, 30대 연령을 한 명씩 둔다. 그리고 신입인 20대를 찾는다. 이 인사 시스템 역시 전통 그대로이다.

시대 변화에 따라 먹의 종류도 다양해졌다. 지혈 소염제에 넣는 먹이 있고, 배탈 났을 때 먹는 먹이 있다. 차에 타 먹는 먹과 끓여 먹는 먹 등 수십 가지가 있다. 전통은 그냥 만들어지지 않았다. 100번 두들기는 정성과 100일을 기다리는 인내심이 쌓이고 쌓여 이루어 낸 것이다. 후카이원의 신념은 세월이 지나도 변하지 않는 먹을 만드는 것이다. 그런 까닭에 소비자를 대상으로 한 장사이지만 소비자로부터 존경을 받는 것이다.

2-3 전쟁을 잘하는 장수

　전쟁을 잘하는 장수는 한 장정(壯丁)에게 두 번 징집하지 않고, 군량미
는 세 번 이상 실어 나르지 않는다. 무기나 장비 등은 본국에서 가져다
쓰지만 군량미는 적에게 빼앗아 해결한다. 그런 이유로 병사들의 식사가
늘 충분한 것이다. 군대로 인해 나라가 가난해지는 것은 군수품을 원거
리까지 수송하기 때문이다. 원거리 수송은 곧 백성들의 살림을 가난하게
만드는 것이다. 또한 군대가 주둔한 지역은 물자가 귀하여 물가가 오르게
되는데, 물자가 귀하고 물가가 오르면 백성들의 재산이 마르게 된다. 백
성들이 재산이 없으면 나라에서 걷는 세금이 위급해진다.

　이렇게 군사력이 약화되고 국고가 바닥나면 나라 안의 모든 집은 세금
이 두려워 달아나 텅 비게 된다. 이는 전쟁 한 번으로 백성들의 전체 재
산 10할 중 7할이 사라진 것이다. 뿐만 아니라 국가 재정도 고장 난 수레
와 피로에 지친 말, 갑옷과 투구와 화살과 활, 창과 방패, 우거 등 무기 준
비에 전체 10할 중 6할이 소모된다.

善用兵者, 役不再籍, 糧不三載, 取用於國, 因糧於敵, 故軍食可足也. 國之貧於師者遠輸, 遠輸則百姓貧, 近於師者貴賣, 貴賣則百姓財竭, 財竭則急於丘役. 力屈財殫, 中原內虛於家. 百姓之費, 十去其七; 公家之費, 破車罷馬, 甲冑矢弩, 戟楯矛櫓, 丘牛大車, 十去其六.

| 풀이 |

역부재적(役不再籍)에서 '역'은 군역, '적'은 복무 기록을 군적에 올리는 것을 말한다. 그 무렵 군적부에는 사병의 성명과 본적과 마을 이름까지 기록하였다. 역은 장정 한 사람에게 한 번 부여해야지 두세 번 부과한다면 나라가 신뢰를 잃어버린다. 식량 징발도 마찬가지다. 전쟁으로 인해 백성들의 식량을 모두 징발해 가 버린다면 백성들은 굶주려 죽고 말 것이다. 먹을 것이 없다면 백성들은 군주에 대한 믿음이 사라져 모두 떠나 버린다.

양불삼재(糧不三載)에서 '삼'은 많다는 의미이다. 처음에는 국경선까지 양식을 운송해 주고, 전쟁에 승리하고 돌아오면 두 번째로 양식을 국경선까지 운송해 준다. 그런 까닭에 3번 운송하는 일은 없다는 의미이다. 약탈은 폭력으로써 적의 이익을 빼앗아 자신의 이익을 더하는 것을 말한다. 아무리 전쟁 상황이라도 사람은 양식을 먹고 가축은 꼴을 먹어야 산다. 또한 전쟁이 계속되면 수레와 갑옷과 투구와 활과 화살은 부족하기 마련이다. 그렇다고 모든 보급물자를 자국에서 가져온다면 국가 지출이 엄청 클 것이다. 더구나 국내에서 징발한다고 해도 먼 길까지 수송하는 문제라면 그 지출은 더욱 클 수밖에 없다. 그런 경우에 가장 좋은 방법은 역시 적에게서 빼앗아 충당하는 방법이다.

근어사자귀매(近於師者貴賣)에서 '근어사'는 군대가 주둔한 지역을 말한다. '귀매'는 물가가 올라 물건이 귀해졌음을 말한다. 파거피마(破車罷馬)에서 '피'는 고달플 피. 파괴된 수레와 피로에 지친 말을 의미한다. '갑주시노(甲胄矢弩)'는 갑옷과 투구와 활과 화살을 말한다. '극순모로(戟楯矛櫓)'는 창과 방패 그리고 큰 창과 큰 방패를 말한다. '구우대거(丘牛大車)'는 마을마다 징발된 소가 이끄는 커다란 수레이다. 고대에는 노역이나 죄를 돈이나 물건으로 대신할 수 있었다. 일반적으로 군사 장비가 절실히 필요했기 때문이다. 군사 장비 가운데 당연히 수레와 말이 가장 비쌌다.

| 해설 |

전쟁을 하려면 나라에 재산이 있어야 하고, 나라의 재산은 세금으로 충당하기 마련이다. 고대의 세금 징수는 어떻게 했을까?

구(丘)는 주(周)나라의 행정 단위이다. 당시는 정전제(井田制)로 인해 토지의 한 구역을 '정(井)'자로 9등분하여 8호의 농가가 각각 한 구역씩 경작하고, 가운데 있는 한 구역은 8호가 공동으로 경작하여 그 수확물을 국가에 조세로 바쳤다. 1정(井)은 8가구, 4정은 1읍(邑), 4읍은 1구(丘) 128가구였다. 나라에서는 1구마다 말 1필, 소 4마리, 수레 한 대, 병사 75명을 징발했다. 구우대거(丘牛大車)는 구에서 징발한 소가 끄는 마차를 말한다.

기원전 484년 노(魯)나라의 계손씨(季孫氏)가 토지에 세금을 거두는 일대 개혁안을 들고 나왔다. 이 법안을 전부(田賦)라고 하는데, 이는 밭을 징발 단위로 삼아 토지세를 부과하는 것이었다. 하지만 이는 이전에 비해 백성들에게 가중한 것이었다. 계손씨는 이 법을 시행하기 전에 관리를 보내 공자(孔子)에게 자문을 구했다. 공자가 찾아온 관리에게 설명을 듣고는 다음과 같이 말했다.

"선왕께서 토지를 제정할 때 백성들의 노동력에 따라 공전을 분배했고, 마을에서 세금을 거둘 때 그 유무를 헤아렸으며, 장정에게 노역을 맡길 때 젊고 늙음을 따졌습니다. 이로 인해 홀아비, 과부, 고아, 병자가 전쟁이 없으면 혜택을 입었습니다. 전쟁이 있는 경우는 토지 1정에 약간의 세금을 내게 하고 그 이상을 넘지 않았습니다. 그 당시 선왕은 그것도 만족했습니다. 그런데 지금 계손씨의 법은 자신의 욕심대로 하자는 것이니 물어볼 것이 뭐가 있겠습니까. 그냥 원하는 대로 마음대로 세금을 거두면 되지 무엇 때문에 나를 찾아온 것입니까?"

주(周)나라 때 토지법은 개인의 능력을 감안해서 세금을 징수하였다. 살고 있는 거리의 원근을 따졌고, 노동력이 얼마나 있는가 하는 유무를 따졌고, 젊고 늙음을 따졌고, 홀아비와 과부인가를 따졌고, 고아인가 독거노인인가를 따졌고, 허약한 자와 건강한 자를 따져서 부과하였다. 전쟁 중이라도 그 도를 넘지 않았다.

군대가 주둔한 지역은 장이 상시로 섰다. 『상군서(商君書)』「간령(墾令)」편에 군시(軍市)에 대해 다음과 같이 기록하였다.

"군시에 여자를 두어 장사를 맡겨서는 안 된다. 언제나 전쟁 상황으로 여겨야 한다. 병사들은 개인적으로 식량을 수송하는 일이 없게 하고, 감춰 둘 곳이 없게 하고, 훔쳐 가더라도 놓아둘 곳이 없게 하고, 게으른 자들은 시장을 돌아다니지 못하게 하고, 도둑질을 하더라도 팔 곳이 없게 하라. 그러면 농부들 마음이 흔들리거나 국가 곡물이 낭비되는 일이 없을 것이다. 그렇게 되면 주변 황무지가 자연히 개간될 것이다."

고대의 전쟁 포로는 어떻게 처리했을까? 화근을 없애기 위해 대체로 철저히 죽였다. 서주(西周) 시대의 금문(金文)에 이렇게 적혀 있다.

"남자는 모두 죽이고 여자는 모두 강간하라. 노인과 어린아이도 남겨 두지 마라(勿遺壽幼)."

만약 죽이지 않으면 잡아와 노예로 삼았다. 하지만 이런 경우는 총명한 처세이기는 하나 극히 드물었다. 장평전투에서 승리한 진(秦)나라 백기(白起) 장군은 조나라 병사 40만 명을 포로로 잡았으나 어린아이 240명만을 돌려보내고 나머지는 모두 생매장시켰다. 포로를 우대하고 아군으로 재편성하는 것이 쉽지는 않았다. 포로가 많으면 의식주와 병원 치료가 제일 급했다. 아마도 그런 상황이 곤란했기에 생매장을 택했을 것이다. 그건 현대에 와서도 다를 바 없다.

"포로를 죽이지 않으면, 그들이 언제고 다시 쳐들어와 난을 일으킬 것이다."

가격 경쟁

전쟁이 나라의 세금을 낭비하듯이 기업도 경쟁을 위해 적자를 감수할 때가 있다. 미국 대형 할인점 월마트(Wal-Mart Stores)와 온라인 서점 아마존(Amazon)이 책값 경쟁을 벌였다. 선전포고를 한 것은 월마트였다. 월마트는 자사 온라인 쇼핑몰 월마트닷컴에서 유명 작가의 책 10종을 정가보다 훨씬 싼 10달러에 선 주문을 받기 시작했다. 파격적 할인가에 무료 배송까지 얹은 월마트의 선포는 온라인 도서시장과 출판시장을 거머쥘 기세였다.

이때 다급해진 것은 다름 아닌 아마존이었다. 몇 시간 후, 아마존은 곧

바로 10달러 판매정책으로 월마트에 응수했다. 제 살 깎아먹기 경쟁인지 알면서도 월마트의 공격에 대응하지 않을 수 없었던 것이다. 이에 월마트는 다음 날 오전 책값을 다시 9달러로 낮췄다. 아마존은 울며 겨자 먹기 식으로 또다시 월마트를 따라 같은 수준으로 가격을 인하했다. 그러나 월마트는 공세의 고삐를 늦추지 않고 베스트셀러 200종의 가격을 50% 이상 낮출 것을 선언했다. 아마존은 고민스러웠다. 이 직접적인 경쟁을 피할 수 없는 처지였기 때문이었다.

그러나 가격 인하 전쟁은 아마존만의 고민이 아니었다. 전쟁은 확산되어 반스앤노블 등 기존 오프라인 서점도 일제히 타격을 입었다. 그렇다고 이들이 월마트를 따라 가격을 인하할 수는 없는 형편이었다. 책값 인하 경쟁으로 출판사와 작가의 수입이 줄어든 것은 당연했다. 전쟁을 더는 계속할 수 없었다. 결국 출판 산업 전반에 걸쳐 수익성 악화라는 커다란 상처를 남기고 끝났다.

기업도 경쟁으로 인해 상처가 남을 때가 있는데 전쟁은 오죽하겠는가? 그러니 전쟁은 함부로 할 수 없는 것이다.

2-4 약탈의 합법화

그런 까닭에 지혜로운 장수는 힘써 적에게 식량을 빼앗아 충당한다. 적의 식량 1은 아군에게 식량 20에 해당되며 적의 말먹이 여물 1은 아군에게 여물 20에 해당된다. 병사들이 적을 무찌르기 위해서는 적개심을 불러 일으켜야 한다. 그래서 적의 물자를 탈취하면 그만큼 재물로 포상을 주어야 한다.

전차전에서 적의 전차 10대 이상 탈취해 온 병사에게는 우선 상을 주고, 적의 전차 깃발을 아군의 깃발로 바꿔 꽂게 한다. 이어 탈취한 전차는 아군의 것으로 전쟁터에 투입한다. 사로잡은 적의 병사는 잘 대우해서 아군으로 키운다. 이것이 적을 이길수록 아군이 더욱 강해지게 되는 것이다.

故智將務食於敵, 食敵一鍾, 當吾二十鍾; 其秆一石, 當吾二十石. 故殺敵者, 怒也; 取敵之利者, 貨也. 故車戰, 得車十乘以上, 賞其先得者, 而更其旌旗. 車雜而乘之, 卒善而養之, 是謂勝敵而益强.

| 풀이 |

적의 양식 1종을 약탈하는 것은 아군에게 20종에 해당된다는 말은 그만큼 본국으로부터 식량을 수송하는 데 엄청난 비용이 든다는 의미이다. '기간(其稈)'은 콩 기, 볏짚 간. 소나 말을 먹이는 꼴, 즉 콩깍지나 볏짚이다. '노(怒)'는 단순한 화가 아니라 불타는 적개심이다. 적을 죽여야 내가 살 수 있기 때문이다. '화(貨)'는 그냥 재물이 아니라 포상받은 재물을 말한다.

'정기(旌旗)'는 깃발 정, 깃발 기. 군대에서 지휘와 명령을 식별하기 위해 사용하는 깃발을 의미한다. 거잡이승지(車雜而乘之)에서 '잡'은 탈취한 적의 전차를 아군의 것으로 삼는 것이고 '승'은 사용하는 것이다. 졸선이양지(卒善而養之)에서 '졸'은 포로로 잡힌 적이며 '양'은 잘 대우해 주어 아군으로 삼는 것을 말한다. 승적이익강(勝敵而益強)이란 아군은 적을 이기면 이길수록 더 강해진다는 의미다.

| 해설 |

약탈이란 전쟁지역 또는 점령지역의 백성들로부터 재산 또는 식량을 강압적으로 빼앗는 것을 말한다. 조선을 침략한 왜군은 한양으로 진격하면서 각지에서 약탈을 일삼았다. 이는 일본 본국으로부터 양식과 물품을 제공받기에 너무 먼 거리였기도 하지만 나약한 조선을 황폐화시키려는 의도가 깔려 있었다. 왜군은 자신들과 맞설 수 있는 군대가 조선에는 없었기 때문에 마음 내키는 대로 무차별적 약탈을 일삼았다.

그 무렵 이순신은 파면당하여 서울로 잡혀갔다. 그리고 의금부에 갇혀 혹독한 고문을 받았다. 몇몇 신하가 나서서 장군을 죽이면 나라가 망한다는 상소문을 올려 가까스로 죽음을 면했다. 그렇다고 이순신이 무죄로 방면된 것은 아니었다. 백의종군하라는 명령이 떨어졌다. 당시 그의 나이 53세. 그해 6월에 초계에 당도한 이순신은 일반 병사 차림으로 군대 편입을 신고해야 했다.

한편 그동안 후임 통제사로 부임한 원균은 왜군에게 형편없이 패하여 이순신이 육성한 수군은 거의 전멸당한 상태였다. 바다는 왜군의 독무대였다. 선조는 원균의 패전과 왜군의 북상을 보고받자 이순신을 다시 전라좌수사 겸 삼군수군통제사로 임명했다. 이로써 이순신은 예전 벼슬로 돌아왔지만 그가 길러 낸 수군은 간 곳이 없었다. 다시 무에서 유를 창조할 수밖에 없었다. 이순신에게는 불가능을 가능으로 변화시키는 신묘한 능력이 있었다. 그해 8월 진도로 이동하여 명량해협 울돌목을 최후의 방어선으로 삼고 작전을 구상했다.

9월 14일, 드디어 적의 함선이 나타났다는 급보가 올라왔다. 이순신은 급히 부관들을 불러 다음과 같이 훈시했다.

"병법에 이르기를 죽기를 각오하고 싸우면 산다고 하였다. 또 한 사람이 길목을 잘 지키면 천 명의 적군도 이길 수 있다고 했다. 오늘 모든 장수들은 엄격히 군령에 따를 것이며 작은 잘못도 용서치 않을 것이니 명심하기 바란다."

필사의 결의를 다지는 자리였다. 이틀 후 133척의 왜군 함대가 나타났다. 이때 조선수군은 겨우 13척의 초라한 형세였다. 장수나 군사나 겁을 먹고 감히 싸우려 하지 않았다. 이때 이순신이 겹겹이 포위된 적선 사이를 뚫고 손수 활을 쏘고 기를 흔들며 병사들을 호령했다.

"안위야! 네가 군법으로 죽겠다는 것이냐? 도망치면 네가 살 줄 아느냐? 응함아! 너는 중군으로 대장을 구하지 않으니 그 죄를 어찌 면하려 하는 것이냐? 당장 싸워서 공을 세워야 않겠느냐?"

이렇게 악전고투 끝에 마침내 적의 대장선을 비롯한 왜선 31척을 격파하고 나머지는 먼 바다로 격퇴시켰다. 이것이 세계 해전 사상 유례없는 '명량대첩'이다. 이 승리를 기반으로 조선 수군은 새로운 전기를 마련하여 더 강해지게 되었다.

그해 전쟁의 원흉 도요토미 히데요시가 죽자 왜군도 철수할 수밖에 없었다. 고니시 유키나가에게 뇌물을 받은 명나라 수군제독 진린(陣璘)이 몰래 바닷길을 터준 틈을 타서 왜군들은 빠져나가기 시작했다.

11월 19일 새벽, 왜선 3백여 척이 노량 앞바다에 몰려들었다. 첩보를 입수한 이순신이 출전을 명하자 최후의 결전이 벌어졌다. 이순신은 전투에 앞서 하늘에 기도를 올렸다.

"하늘이시여! 내 이 적들을 물리치면 죽어도 여한이 없으니 부디 도와주소서!"

조선 수군은 사기가 올라 있던 때라 용감히 돌격하여 적선 200여 척을 격침시키고 관음포로 도주하는 적의 함대를 추격했다. 이순신의 함대가 왜군의 배를 차례로 격침시키는 순간, 홀연히 날아온 유탄 한 발이 이순신의 왼쪽 가슴 심장 부근에 박혔다. 치명상을 입고 쓰러진 그를 좌우의 부하들이 부축하였다. 이순신은 맏아들 회와 조카 완에게 일렀다.

"방패로 내 앞을 가려라. 지금은 싸움이 급하다. 내가 죽더라도 나의 죽음을 알리지 마라."

그리고 곧 숨을 거두었다.

전투는 조선의 대승으로 끝났다. 하지만 장군이 전사했다는 소식이 전해지자 바다는 온통 통곡 소리로 슬픔에 젖었다. 조선군은 물론 소식을 들은 백성들 모두가 슬피 울었다. 이때 이순신의 나이 54세였다.

그의 영구는 남해 노량 충렬사에 안치되었다가 고금도로 옮겨졌다. 그리고 다시 고향인 아산으로 운구되었다. 위대한 수군 장군 이순신은 그렇게 떠났지만 그가 남긴 위업은 우리 민족의 가슴속에 영원히 살아 있다.

'승적익강(勝敵益强)'이란 적을 이기면 아군은 더욱 강해진다는 뜻이다. 세계 전쟁사의 위대한 영웅 이순신을 두고 하는 말이다.

글로벌 시대의 산업 모델

홍콩을 대표하는 리앤펑(Li&Fung) 그룹은 전 세계 40개국에 2만 5천 명의 종업원을 보유하고 있는 다국적 기업이다. 2006년 기준으로 87억 달러의 매출을 기록했다. 매출 규모에서 천억 달러가 넘는 미국의 자동차 그룹인 GM과 비교하면 별 것 아니지만, 리앤펑이 주목받는 이유는 따로 있다. 그것은 단 하나의 제조 공장도 소유하고 있지 않으면서 공급과 유통을 통해 막대한 부가가치를 창출하고 있다는 것이다.

리앤펑 그룹의 최고경영자는 자신을 오케스트라의 지휘자에 비유한다. 네트워크 편성(Orchestration)이라는 독특한 경영관리로 전 세계에 산재한 8,300개의 공급업자를 조율하기 때문이다.

예컨대 리앤펑 그룹이 미국 회사로부터 남성용 바지 30만 벌을 주문받게 되면, 회사는 즉각 상품 제조 조율에 들어간다. 단추는 중국에서,

지퍼는 일본에서, 실은 파키스탄에서 조달받는다. 이것들을 다시 중국으로 보내 직물로 짜서 염색하고, 제봉 과정은 방글라데시의 공장에 보낸다. 이렇게 본사는 공장 하나 없이 다양한 공급업자를 진두지휘해서 한 달 뒤에 바지 30만 벌을 선적할 수 있는 것이다.

물류 관리란 주문을 받은 상품을 하역, 포장, 보관, 운송, 유통가공, 정보, 비용 등의 흐름을 과학적으로 관리하는 시스템을 말한다. 리앤펑은 이를 통해 글로벌 회사가 된 대표적 사례이다.

2-5 속전속결

그러므로 전쟁은 승리가 중요하며, 오래 끄는 것은 좋은 것이 아니다. 이처럼 전쟁을 아는 장수라야 백성의 생명을 책임지고, 국가 안위를 주관하는 것이다.

故兵貴勝, 不貴久. 故知兵之將, 生民之司命, 國家安危之主也.

| 풀이 |

전쟁은 속전속결이 중요하다. 전쟁의 목적은 이기는 것이지 오래 끄는 것이 아니다. 이긴다는 것은 적을 물리쳐 굴복시키는 것이다. 시간을 끌어 재원을 소모하는 것은 전쟁의 이유가 될 수 없다. '생민(生民)'은 살아있는 백성을 의미하지만 일반적으로 백성을 칭한다. '사명(司命)'은 본래 사람의 생사와 수명을 관장하는 별자리이다. 그것이 사람의 생명을 좌우할 권한을 가지는 것으로 의미가 바뀌었다. 맡겨진 임무를 뜻하는 사

명(使命)과는 다른 말이다.

| 해설 |

　클라우제비츠는 군사 행동의 목적을 다음과 같이 말했다.

　"전투력을 양성하고 훈련하고 유지하며 사용하는 이 모든 것이 군사 행동이다. 하지만 전투력을 유지하는 것은 수단에 지나지 않는다. 전투력을 실제로 사용하는 것만이 군사 행동의 목적이다."

　이강(李綱)은 송(宋)나라가 쇠락했을 때 국방을 책임지는 자였다. 1125년 금나라 태종(太宗)이 남침하여 송나라의 도읍 가까이 이르렀다. 황제인 휘종은 판단이 어리석고 겁이 많은 자였다. 금나라가 강하고 잔인하다는 소문을 익히 들은 터라 서둘러 황제의 자리를 태자에게 넘겨주었다. 그리고 자신은 태상황이 되어 근위병의 호위를 받으며 허둥지둥 궁궐을 빠져나갔다.

　태자가 황제의 자리에 오르니 흠종이었다. 흠종 역시 어찌할 바를 몰랐다. 그러자 중신인 백시중과 양방언이 아뢰었다.

　"금나라는 세력이 강대하여 막을 방도가 없습니다. 그러니 속히 성을 버리고 도망치는 것이 옥체를 보존하시는 길입니다."

　그러자 병부시랑 이강(李綱)이 앞으로 나와 아뢰었다.

　"태상황께서 폐하에게 나라를 부탁하며 성을 떠나셨습니다. 그런데 폐하께서 도성을 버리고 떠나신다면 나중에 태상황께 무슨 말씀을 드릴 것이며, 백성들에게는 뭐라고 변명하시겠습니까?"

　흠종이 대답을 못하자 곁에 있던 백시중이 노한 음성으로 물었다.

"금나라는 강하고 우리는 약한데 어떻게 이 성을 지킨다고 함부로 그런 말을 하는 것이오?"

이강이 백시중을 노려보며 말했다.

"천하의 성 중에 황제가 계신 이곳보다 튼튼한 곳이 어디 있겠습니까? 이곳을 지킬 수 없다면 이 나라를 지킬 수 있는 성이 어디 있겠난 말입니다. 종묘사직과 백만 백성이 이 성에 있거늘 이곳을 버리고서 우리가 무엇을 지킨단 말입니까? 병사들을 독려하고 백성들을 위로하면 이 성을 충분히 지킬 수 있습니다. 재상은 왜 도망칠 궁리만 하고 나라를 지킬 생각을 하지 않는 것입니까? 그러고도 어찌 재상의 도리를 다 한다고 할 수 있습니까?"

이강의 충성심에 흠종은 마음을 바꿔 성을 지키기로 했다. 그리고 이강에게 군대의 전권을 부여하였다. 이강은 즉시 부장들을 모으고 병사들을 독려하여 만반의 준비를 갖추었다. 한 주가 지나자 드디어 금나라 장군 종망(宗望)이 거느리는 10만 철기병(鐵騎兵)이 성 아래 이르렀다. 무차별적이고 맹렬한 공격이 시작됐다. 우선 성문을 불태우기 위해 화력을 갖춘 배를 성 쪽으로 보냈다. 하지만 성벽에 접근할 수가 없었다. 이강이 미리 성 밖 수로를 막아 놓았기 때문이었다. 적의 배들이 줄줄이 늘어서자 송나라 병사들이 몰래 접근하여 적의 배에 긴 갈고리를 걸어 뒤로 물러서지 못하게 만들었다. 그리고 성 위에서 불화살로 맹공격하자 금나라 군사들은 모두 타 죽거나 물속에 수장되고 말았다.

금나라는 곧바로 전술을 바꾸었다. 이번에는 철기병을 보내 성에 오르도록 한 것이었다. 철기병들은 갑옷과 투구를 쓰고 있어 활을 쏘아도 박히지 않고 창으로 찔러도 들어가지 않았다. 그래서 무적의 군대라고 명성이 나 있었다. 이에 대해 이강 또한 전략을 세웠다. 마침 철기병은 말을 타고 성을 공격하는 것이 불편하여 모두 큰 배를 타고 성으로 접근하였다. 이들이 성에 다가오자 거대한 바위들이 일제히 하늘에서 떨어지기 시작했다. 이는 아무리 철갑과 투구로 몸을 감쌌다고 하더라도 견뎌 낼 수 없었다. 금나라 철기병들은 머리가 깨지고 팔다리가 부러졌고 배는 물속으로 가라앉았다. 살아 있는 철기병들도 무거운 철갑 때문에 모두 수장되고 말았다.

이 기세를 몰아 송나라 병사들은 죽음을 각오하고 용감하게 싸웠다. 대장군 이강조차 관복을 걷어붙이고 손수 북을 쳤을 정도였다. 그 결과 천하에 용맹을 떨친 금나라 군대를 물리쳤던 것이다. 이는 『송사(宋史)』에 있는 기록이다.

전쟁에서 강한 자는 공격하고 약한 자는 수비하는 것이 일반적이다. 또한 공격에서 가장 중요한 것은 속전속결이다. 반면에 수비는 지구전으로 버텨야 하는 것이다. 백성들이 나라에 대한 충성심이 있어야 전쟁에서 죽기를 각오하고 싸우는 법이다. 그러니 평소에 애국을 가르쳐야 적이 침입하면 백성들이 분개하여 일어나 싸우는 것이다.

니치마케팅(Niche Marketing)

‘니치’란 남이 모르는 좋은 낚시터라는 뜻이 담겼지만 직접적인 의미는 ‘틈새’이다. 소비자의 기호와 개성에 따라 시장을 세분화하여 신속하게 새로운 상품을 판매하는 전략을 말한다. 이는 시대의 빠른 변화를 반영하는 마케팅 개념이다.

여기에는 네 가지 전략이 있다. 첫째, 시대의 트렌드를 꿰뚫어 보아야 한다. 둘째, 고객의 진화하는 욕구와 생활 스타일을 끊임없이 추적해야 한다. 셋째, 틈새 시장에서는 비용 대비 가치로 승부한다. 넷째, 전략적 관리로 장수 브랜드를 만들어야 한다.

독일의 주방용품 회사 휘슬러(Fissler)는 독일 공장에 한국 전용 라인을 설치하고 1.8리터짜리 소형 압력솥을 만들고 있다. 기존 독일 생산 제품은 고기요리 등 양이 많은 음식을 만드는 데 알맞은 크기였다. 하지만 서양인에 비해 적은 양의 식사를 즐기고 끼니때마다 갓 지은 밥을 먹고 싶어 하는 한국인의 입맛을 고려해 작은 크기의 밥솥을 내놓은 것이다.

크기뿐만 아니라 흰밥, 잡곡밥 등 화력의 차이에 따라 미묘한 맛의 차이가 나도록 했다. 한국 요리의 특성에 맞춰 솥의 조절 계기도 2단계에서 3단계로 늘렸다. 제품 출시와 함께 히트를 친 것은 당연한 결과였다. 이는 소비자의 욕구에 신속하게 대응한 전략의 승리라 할 수 있다.

제三편

모공

謀攻

모(謀)는 적을 이기기 위해서 적의 약점이나 급소를 찾아내는 수단과 방법을 통칭한다. 여기에는 도덕이나 예의, 규범이나 도리 등이 전면 부정된다. 자신의 상황에서 적을 이길 수 있는 것이라면 어떤 것이라도 우선 채택된다. 공(攻)은 공격하다의 의미다. 즉, 모공이라 하면 적을 굴복시키기 위해 전략과 전술을 세워 공격하는 것을 말한다.

전쟁에 임하는 장수는 최소의 희생으로 최대의 승리를 거두는 것이 용병의 기본이다. 하지만 전쟁이 치열해지면 장수 또한 감정이 격해지기 마련이다. 그럴수록 장수는 인내심이 있어야 하고 지략이 있어야 한다. 그래서 전쟁은 힘과 지혜와 의지가 종합된 싸움인 것이다.

적을 무너뜨린다는 것은 단지 적의 힘을 없애는 것만으로는 부족하다. 또 적의 계책을 깨뜨리는 것만으로도 부족하다. 적을 굴복시키는 데 있어 가장 중요한 것은 적의 의지를 무너뜨리는 것이다. 이는 적을 알아야 가능한 일이다. 따라서 장수에게 있어 적을 알고 나를 아는 것이 가장 중요한 능력인 것이다.

이 장에서는 상황 판단, 이기는 방법, 공격의 계책, 군주의 오류, 승리를 아는 다섯 가지 방법에 대해서 논한다.

3-1 최상의 승리

　손자가 말했다. 전쟁에서 적을 이기는 최상은 적의 나라를 온전히 취하는 것이요, 적의 나라를 파괴하여 이기는 것이 그 다음이다. 적의 군대를 온전히 취하는 것이 최상이고, 적의 군대를 파괴하여 이기는 것이 그 다음이다. 적의 여단을 온전히 빼앗는 것이 최상이고, 적의 여단을 깨뜨리는 것이 차선이다. 적의 소대, 적의 분대 또한 마찬가지이다.

　孫子曰: 凡用兵之法, 全國爲上, 破國次之; 全軍爲上, 破軍次之; 全旅爲上, 破旅次之; 全卒爲上, 破卒次之; 全伍爲上, 破伍次之.

| 풀이 |

　'용병(用兵)'은 군대를 쓰는 일이니 전쟁을 말한다. '전(全)'은 온전히 취하는 것이다. '파(破)'는 싸움으로 인해 상처가 나거나 부셔진 상태이다. 고대 국가의 군대 편제는 가장 기본이 5명인 오(伍)였다. 왼쪽, 오른쪽, 앞, 뒤,

가운데로 오방(五方)의 형태였다. 오가 둘이면 십(什)이고, 다섯이면 양(兩)이고, 열이면 대(隊)라고 칭했다. 대가 둘이면 졸(卒)을 이룬다. 즉, 100명인 셈이다. 졸이 다섯 개 모이면 여(旅)이고, 여가 다섯 개 모이면 사(師)이다.

| 해설 |

고대의 전쟁은 유목민족이 농경민족을 쳐들어가 약탈을 일삼는 것이 전형적인 형태였다. 이후 국가가 수립되면서 전쟁은 참혹해졌다. 적의 군인과 백성들을 모두 제거하여 더는 전쟁을 할 수 없게 만들었다. 적을 남겨 둔다는 것은 위험하고 두려운 일이니 철저히 제거할 수밖에 없었다. 이에 대해 서양 『전쟁론』의 저자 클라우제비츠(Karl Clausewitz)는 전쟁의 목적을 다음과 같이 말했다.

"전쟁의 목적은 적을 제거하는 것이다. 그것은 대규모 살상무기를 사용해 적을 굴복시키는 것이다."

이와 관련된 사례로 제2차 세계대전 당시 미국은 전략 폭격기를 이용해 독일에 대해 대규모 공습을 감행하였다. 이로 인해 독일은 패망하고 말았다. 또 원자폭탄으로 일본 히로시마와 나가사키를 폭격하여 일본의 항복을 받아 냈다. 이 외에 베트남 전쟁에서 세균무기, 화학무기를 사용하여 모조리 죽이고, 모조리 파괴하고자 하였다. 적을 완전히 제거한다는 것은 비록 군사 비용이 많이 들기는 하지만 적을 초토화시키는 장점이 있다.

당(唐)나라 태종은 이정(李靖)을 총사령관으로 하여 돌궐을 공격하도록 했다. 변방을 자주 침입하던 돌궐은 대규모 당나라 군대의 공격에 쉽게 무너졌다. 돌궐의 우두머리 힐리는 즉각 사신을 보내 돌궐을 당나라에 복속시키겠다고 선언했다. 태종이 그 뜻을 받아들여 전투를 중단하고 돌궐에 화친 사절을 보냈다. 그러나 이정은 돌궐의 약속을 믿지 않았다. 부하 장수 장공근(張公謹)에게 정예병 1만을 주어 돌궐을 기습 공격하도록 했다. 이에 장공근이 의아해하며 물었다.

"황상께서 돌궐의 귀속을 허락하시고 사신까지 보냈는데, 어떻게 그들을 칠 수 있습니까?"

그러자 이정이 대답했다.

"기회를 놓칠 수 없다. 옛날 한신이 제나라를 쳐부술 수 있었던 것은 바로 이런 기회를 놓치지 않았기 때문이다."

이에 장공근이 군사를 이끌고 출격하여 음산에서 돌궐의 수비병 1천여 명을 포로로 잡았다. 그리고 힐리가 머무는 도성을 향해 다시 진격했다. 한편 그즈음 힐리는 당나라 사신의 예방을 받고 몹시 기뻐하고 있었다. 당나라 군대가 달려오리라고는 전혀 눈치 채지 못했다.

주연이 한참 베풀어지는 무렵에 함성 소리와 함께 당나라 군대가 성안으로 들이닥쳤다. 돌궐은 전열을 가다듬을 틈도 없었고 우왕좌왕 혼란에 빠졌다. 당나라 군대는 파죽지세로 공격하여 돌궐 병사 1만 명을 죽이고 남녀 10만 명을 포로로 잡았다. 이때 우두머리 힐리의 아들이 사로잡혔고, 힐리의 아내는 살해되었다. 힐리는 성문 뒤쪽으로 간신히 도주했으나 얼마 못 가서 당나라 추격대에게 붙잡혀 그 자리에서 목이 달아나고 말았다.

손자는 적을 온전히 취하는 것을 전쟁의 최상이라 했으나 전쟁의 본질은 적을 처참하게 학살하거나 파괴하는 것이 일반이다. 이는 적의 후환을 남겨 두지 않는 것을 진정한 승리로 여기기 때문이다.

한국인의 냉장고 딤채의 탄생

기업의 성공이란 이전에 없던 제품을 시장에 내놓아 이루어지는 경우가 많다. 하지만 신제품을 만든다는 것은 여간 힘들고 벅찬 일이 아니다. 연구와 인력과 비용이 만만찮기 때문이다.

자동차 부품을 주로 만들던 만도가 가전제품에 눈을 돌렸다. 처음에는 냉장고였다. 하지만 냉장고는 이미 강자가 수두룩했다. 아무리 잘 만들어도 제품 경쟁에서 패할 것이 뻔했다. 지는 싸움을 할 이유가 없었다. 이왕이면 경쟁자가 없는 제품, 삼성과 LG가 생각지 못하는 제품이면 좋겠다고 생각했다.

만도의 연구진들은 냉장고를 자세히 들여다보기 시작했다. 냉장고는 음식 보관이 편리하게 설계되어 있다. 하지만 이 배열은 서양 위주의 환경이었다. 한국의 국물 음식에는 잘 맞지 않았다. 그중 가장 불편한 것이 바로 김치였다. 우리 조상들이 김장독을 사용한 것도 국물이 많은 김치의 숙성과 보관에 적합했기 때문이다. 하지만 아파트 문화로 바뀌면서 김장독은 사라지고 김치가 냉장고에 들어가면서 불편이 발생하는 것에 만도는 초점을 맞췄다.

이는 주부라면 누구나 느끼는 일이었다. 김치가 쉽게 쉬고 맛이 변하니 때로는 스트레스 받는 일이었다. 김치를 잘 보관하는 냉장고가 어디 없을까? 만도의 연구진들은 '만약에 김치냉장고를 만든다면, 만든다면 어떻게 될까?' 하는 의문을 나열하다가 그만 무릎을 딱 치고 말았다. 유럽에는 와인냉장고가 있고, 일본에는 초밥냉장고가 있다. 그러면 우리에게는 김치냉장고가 당연히 있어야 했다. 더구나 김치냉장고를 만들면 경쟁자가 없다. 삼성과 LG가 미치지 못하는 영역이다. 또한 김치는 우리나라 국민이면 누구나 선호하는 음식이니 시장이 넓은 건 당연한 것이다. 만도는 즉각 결정하였다. 김치냉장고를 만들기로 한 것이었다.

우선 그동안 산업용품 생산을 통해 쌓아온 기술력을 바탕으로 김장독의 원리를 현대적 기술로 접목하는 실험을 거듭했다. 수백 번의 시행착오를 겪으면서 김치 1만 포기를 담근 끝에 우리나라 최초의 김치냉장고 '딤채'를 만들어 냈다.

1995년 딤채가 출시되었다. 딤채는 김치의 옛말이다. 하지만 만도는 일반 소비자를 대상으로 한 마케팅에 경험이 없었기 때문에 여러 가지 문제가 발생했다. 시행착오 끝에 제품을 만든 것만큼 마케팅에서도 실수가 많았다. 전문 인력을 긴급 스카우트할 수밖에 없었다.

마케팅의 가장 주안점은 '세상에 없는 제품을 만들었는데 이를 어떻게 시장에 소개할 것인가?', '소비자를 어떻게 설득할 것인가?'였다. 너무 시대를 앞서 태어난 제품들은 소비자의 외면으로 사라진 경우가 많았기 때문에 우려가 많았고 조심스러웠다. 혹시라도 이것이 그런 경우가 아닐까 염려스러웠다.

만도는 고심 끝에 입소문 마케팅 전략을 채택했다. 사용자가 직접 경험하고 전하는 말이기 때문에 광고나 홍보에서 효과가 탁월할 것이라 믿었다. 이를 위해 강남의 2,000명 주부를 모집했다. 딤채를 3개월 사용해 보고 그중 구매 의사가 있는 경우 50% 할인해서 매입하든지, 맘에 들지 않으면 반품하는 파격적인 조건이었다. 3개월이 지난 후 반품은 한 건도 없었다. 전체 사용자가 구매를 결정한 것이었다.

만도는 여기서 자신감을 얻었다. 시장에 물건을 내놓았다. 첫해 4천 대가 팔렸다. 1년 뒤에 2만 대가 팔리면서 가전업계의 베스트셀러가 되었다. 2002년부터 매년 200% 성장을 보였다. 만도의 신제품 출현은 대성공을 거둔 것이다. 현재 김치냉장고 시장은 해마다 1조 원이 넘는다. 만도는 그중 57%을 차지하고 있다. 대기업들이 김치냉장고 시장에 뛰어들었지만 아직도 만도의 아성을 넘지 못하고 있다.

소비자는 오직 최초의 제품을 기억할 뿐이다. 이등 제품은 기억하지 않는다.

3-2 최상의 병법

그러므로 백전백승이 최선이 아니다. 싸우지 않고 적을 굴복시키는 것이 최선이다. 최상의 병법은 적의 계략을 깨뜨리는 것이고, 그 다음은 적의 외교를 무너뜨리는 것이고, 그 다음은 적의 군대를 쳐부수는 것이며, 최하위의 병법은 적의 성을 공격하는 것이다. 적의 성을 공격하는 것은 어쩔 수 없는 경우에 하는 것이다.

是故百戰百勝, 非善之善者也; 不戰而屈人之兵, 善之善者也. 故上兵伐謀, 其次伐交, 其次伐兵, 其下攻城. 攻城之法, 爲不得已.

| 풀이 |

'백전백승(百戰百勝)'은 백번 싸워 백번 이긴다는 뜻보다는 항상 싸워서 이긴다는 의미이다. '선지선(善之善)'은 최선 중의 최선을 말한다. 벌모(伐謀)에서 '모'는 적의 계략이고, 벌교(伐交)에서 '교'는 외교이고, 벌병

(伐兵)에서 '병'은 적의 군대를 뜻한다. '부득이(不得已)'는 어쩔 수 없는 경우를 말한다.

| 해설 |

동네 싸움에서 상대를 이기기 위해서는 힘과 용맹과 투지가 있어야 한다. 싸움이 국가와 국가 간의 전쟁으로 커진다면 병력과 무기가 어느 정도인지가 중요하다. 되도록 최첨단 무기를 많이 소유한 나라가 우세하기 마련이다. 고대의 전쟁 또한 마찬가지였다. 새로운 무기를 도입한 나라가 항상 이겼다. 원시적 도구인 돌을 투척하는 부족은 활을 사용하는 부족에게 패할 수밖에 없었다. 이후 활을 사용하는 나라는 총을 쏘는 나라에게 패하고 말았다. 이어 총을 쏘는 나라는 대포를 쏘는 나라에 패하고 말았다.

몽골군의 유럽 정복도 알고 보면 기병(騎兵)이라는 특수부대의 활약으로 이루어졌다. 13세기 무렵 칭기즈 칸이 이끄는 몽골군은 세계 최강이었다. 아시아는 물론 유럽까지 정복했다. 그 바탕은 철저히 훈련된 기마병 덕분이었다. 몽골은 본래 세계에서 가장 말을 잘 타는 민족이었다. 그들은 말안장 위에서 요구르트와 말린 고기를 먹으며 하루 종일 지낼 수 있을 정도였다. 그래서 군대 또한 대부분 기병으로 구성됐다.

또한 몽골군은 유난히 힘이 좋았다. 그러다 보니 화살을 쏘는 힘이 강했다. 달리는 말 위에서 멀리 떨어진 목표점을 향해 쏘는 활 솜씨는 가히 백발백중이었다. 이런 군사적 자질뿐만 아니라 몽골군은 성격이 잔인하고 공격적이었다. 이는 척박한 지역에서 생활하다 보니 어쩔 수 없이 생긴 인성이었다. 그런 이유였는지 이들은 적을 무자비하게 살해하는 것을 용맹한 행위로 여겼다. 몽골군은 이를 위해서 자신의 외모를 무시무시하게 꾸몄다. 얼굴에 상처를 내어 아주 흉측하게 만들었다. 그 흉측하기가 적이 감히 눈도 마주치지 못할 정도였다.

그러나 무엇보다도 몽골의 세계 정복은 무서운 전술에 있었다. 몽골 병사들은 적과 대치하게 되면 곧바로 달려 나갔다. 적 앞까지 가서 바로 말머리를 돌려 후퇴하는 작전이었다. 그러면 적들이 추격해 왔다. 그렇게 적을 유인해 몽골 주력 부대가 매복해 있는 깊은 곳까지 도망갔다. 목표 지점에 이르면 매복해 있던 몽골군이 일제히 일어서 기습 공격을 펼쳤다. 적은 완전히 덫에 걸려 전멸하고 마는 것이다.

이 작전은 극히 위험한 일이었다. 적에게 사로잡히거나 활에 맞아 죽을 수도 있었다. 그래서 그 명칭도 '망구다이(magudai)'라고 했다. 이는 신의 소유물이라는 뜻이다. 이미 죽은 몸이라는 말이다. 몽골은 용맹한 전사를 우대하는 국가였다. 그래서 젊은이들은 이런 작전에 서로 자원하였다. 그것이 몽골 군대를 강하게 만든 원인이기도 했다.

어느 민족이나 국가나 전쟁을 하는 이유는 탐욕 때문이다. 몽골도 마찬가지였다. 아시아에서 곧바로 유럽으로 눈길을 돌렸다. 그 발단은 헝가리였다. 몽골은 카자흐스탄에서 동유럽 일대에 걸쳐 유목 생활을 하는 투르크계 쿤(Kun)족을 경멸하여 쫓아냈다. 그런데 헝가리 국왕이 이들을 받아들여 정착지를 제공해 주었다. 이 사실을 알게 된 몽골의 장군 바투가 헝가리 국왕 벨라 4세에게 편지를 보냈다.

"당신이 우리의 종인 쿤족을 받아들여 보호해 주고 있다는 소리를 들었다. 지금 당장 그들에게 정착지 제공을 중단하라. 그렇지 않으면 당신은 우리의 적이 될 것이다. 우리는 적을 용서하지 않는다. 당신이 유목민이라면 운이 좋아 도망갈 수 있겠지만, 궁궐에 살고 있으니 어떻게 내게서 도망갈 수 있겠는가?"

하지만 헝가리 국왕 벨라 4세는 이를 무시했다. 그러자 몽골의 장군 수보타이가 군대를 이끌고 쳐들어갔다. 1241년 2월 혹독한 겨울. 몽골군은 헝가리로 진격하면서 지나는 도시마다 불을 질렀다. 그리고 눈에 띄는 헝가리 사람은 남녀노소를 불문하고 잔인하게 학살했다. 곡물과 가축과 보물들은 있는 대로 약탈했다. 몽골군이 지나는 이틀 동안 거리에는 시체가 넘쳐 났다. 헝가리의 군사들은 몽골군의 잔인함에 그저 겁을 먹고 감히 나서지 못했다. 벨라 4세는 군대 한 번 움직여 보지 못하고 두려움에 떨며 아드리아 해안까지 도망하였다.

그렇게 헝가리를 점령한 몽골군은 다음 도시인 폴란드의 레그니차로 이동했다. 이곳에는 마침 장군 하인리히가 군대를 이끌고 방어 진지를 구축하고 있었다. 이때 망구다이를 지원하는 몽골 병사들이 앞으로 나왔다. 이들은 폴란드 진영 100미터 거리까지 달려가 활을 쐈다. 하인리히는 제멋대로 달려오는 몽골군을 보고 이들이 소규모 병력이라고 생각했다. 즉각 군대 출동을 명했다. 그러자 망구다이 병사들이 활을 쏘며 후퇴하였다. 폴란드 기병들이 바짝 추격해 오자 망구다이들은 흩어져서 도망쳤다. 하인리히가 보기에 몽골군은 겁쟁이 같았다. 상대도 안 되는 놈들이라고 여겨 끝까지 추격을 명했다.

하지만 그건 몽골군을 전혀 모르는 무모한 명령이었다. 그 순간 덫에 걸렸다. 하인리히 군대가 몽골군이 매복해 있는 길을 지나자 양쪽에서 몽골군이 함성을 지르면서 일제히 활을 날렸다. 하인리히 군대는 충격과 놀라움에 빠져 어쩔 줄을 몰랐다. 그러나 이미 때는 늦었다. 몽골군은 대항하는 자를 결코 용서하지 않았다. 철저히 살육을 시작했다. 활로 쏘아 죽이고 칼과 창으로 도륙해 죽였다. 폴란드 병사들은 전원 잔인하게 살해되고 말았다. 하인리히는 간신히 도망쳤지만 결국 몽골 추격 부대에게 붙잡혀 그 자리에서 목이 달아났다.

몽골군은 그 목을 레그니차 성벽 위에 걸어 두었다. 또한 숨진 하인리히 병사들의 귀를 잘라 승리의 증거로 몽골 본국에 보냈다. 이때 9개의 큰 자루에 귀가 가득 들어 있었다. 이후 몽골의 잔인성을 소문으로 들은 이웃 나라들은 감히 싸우려 하지 못했다. 몽골군이 지나는 곳마다 모두 백기를 들고 항복하였다.

'벌모(伐謀)'는 적이 싸우려는 전략과 전술을 무력화시키는 것이다. 강한 군대와 강력한 무기를 갖추는 것이 전제 조건이다. 주로 비정통적인 군사 전술이나 전례 없는 공격법을 사용하는 경우가 많다.

불확실성에 대한 전략

현대 사회는 점차 조직화되고 세분화되어 전문 경영 시대로 접어들었다. 경영이란 곧 전략을 의미한다. 그건 위기를 맞이했을 때 기업이 흔들리지 않고 견뎌 낼 수 있는 단단한 내공을 말한다. 전략이 없는 기업은 앉아서 망하기만을 기다리는 것과 다를 바 없다.

기업의 전략은 경쟁 업체를 이기기 위한 것이니 벌모라 할 수 있다. 이는 시대의 흐름을 정확히 파악하는 것이 우선이다. 아날로그 시대에서 디지털로 넘어가면서 전통적인 필름 회사와 카메라 회사는 깊은 고민에 빠졌다. 이전부터 디지털 시대를 예견했지만 그 수준이 어느 정도인지 알 수 없었다. 그런 까닭으로 투자에 대한 불확실성이 매우 커져 기업들은 주춤했다.

예를 들어 독일 필름 회사 아그파는 디지털 시대에 너무 늦게 대처했기에 문을 닫아야 했다. 일본의 미놀타 역시 뒷북을 치는 바람에 소니에 인수되었다. 심지어 아날로그의 선두 주자이며 디지털 카메라를 개발한 코닥조차 사업 전환을 이리저리 미루다 결국 파산하고 말았다. 그 덕분에 후발 주자였던 캐논이 현재 디지털 카메라 분야에서 세계 1위를 차지하고 있다. 캐논은 디지털 카메라가 붐이 일기 전에 이미 제품을 출시했던 것이다. 경쟁자를 이기기 위해서는 우선 발을 담가야 한다. 이는 미래에 대한 예견력이 있어야 가능한 일이다.

3-3 공격의 계책

　큰 방패를 만들고 공성용 전차를 갖추고 여러 기구와 무기를 준비하려면 적어도 3개월 이상 걸리고, 흙산을 쌓는 데도 3개월 이상이 걸린다. 장수가 분노를 이기지 못하여 병사들로 하여금 개미처럼 적의 성을 오르라 명하면 병사 3분의 1을 죽이는 것인데, 그리고도 적의 성을 함락시키지 못한다면 이는 공성의 재앙이다.

　따라서 전쟁에 능한 장수는 싸우지 않고 적의 군대를 굴복시키며, 적의 성을 공격하지 않고 성을 빼앗는다. 적국을 무너뜨리되 장기전을 벌이지 않는다. 반드시 천하를 다투어도 온전하게 취한다. 아군의 병력을 소모하지 않고 이로운 것을 온전히 취하니 이를 모공의 법, 즉 공격의 계책이라 한다.

修櫓轒轀, 具器械, 三月而後成; 距闉, 又三月而後已. 將不勝其忿, 而蟻附之, 殺士三分之一, 而城不拔者, 此攻之災也. 故善用兵者, 屈人之兵而非戰也, 拔人之城而非攻也, 毁人之國而非久也, 必以全爭於天下, 故兵不頓而利可全, 此謀攻之法也.

| 풀이 |

수노분온(修櫓轒轀)에서 '수'는 짓다 또는 세우다의 의미이며, '노'는 대열이 진격하며 적의 화살 공격을 막을 수 있는 대형 방패이다. '분온'은 수레 분, 수레 온, 즉 적의 성을 공격하는 수레를 말한다. '거인(距闉)'은 떨어질 거, 흙산 인. 적의 성을 공격하기 위해 일정 거리 떨어진 지역에 흙으로 쌓은 아군 진영을 뜻한다. 의부지(蟻附)에서 '의'는 개미 의, '부'는 붙을 부. 개미처럼 적의 성에 달라붙어 오르는 것을 말한다. '발(拔)'은 뽑다, 함락시키다. '훼(毀)'는 헐다, 무너뜨리다. '돈(頓)'은 부서지다, 소모하다의 뜻이다.

| 해설 |

공성의 폐해는 당나라의 고구려 침입에서 그 예를 확인할 수 있다. 644년 당나라 태종(太宗)은 많은 신하들의 반대를 무릅쓰고 고구려 침공을 결정하였다. 이듬해 4월 당나라 장수 이세적(李世勣)이 이끄는 선봉대가 요하(遼河)를 건너 고구려 침공을 개시하였다. 전쟁의 명분은 고구려 연개소문이 영류왕과 많은 대신들을 죽이고 정권을 탈취했기에 그 죄를 벌한다는 것이었다.

당나라 군대는 파죽지세로 들이닥쳤다. 개모성((蓋牟城)을 점령하였고 비사성(卑沙城)을 함락시켰다. 이어 당 태종이 직접 이끄는 부대가 요동성(遼東城)을 함락하고 백암성(白巖城)을 빼앗았다. 그리고 다음 공격 목표로 고구려의 요충지인 안시성(安市城)을 향해 돌진하였다.

고구려는 이 긴급한 상황에 대처하기 위해 고연수(高延壽), 고혜진(高惠眞) 두 장수로 하여금 고구려 병사와 말갈 병사 15만 명을 이끌고 당나라 공격을 방어토록 하였다. 그러나 당나라 군대를 얕잡아 본 두 장수는 제대로 싸워 보지도 못하고 당나라 군대에 항복하고 말았다.

　이 기세를 몰아 당 태종은 하늘이 돕고 있다고 여겨 안시성에 대한 총공격을 명했다. 한편으로는 투항한 고구려 장수 고연수를 이용해 안시성 성주 양만춘(梁萬春)에게 항복을 권하였고, 다른 한편으로는 큰 돌을 날려 보내는 투석기인 포거(抛車)와 성벽을 파괴하는 돌격용 수레 충거(衝車)를 이용해 공격하였다. 이 정도면 안시성은 고립무원의 처지이니 곧 항복할 것이라 당 태종은 생각했다. 하지만 안시성의 고구려 병사들이 죽기를 각오하고 싸우니 당나라의 공격은 번번이 실패하고 말았다. 화가 난 당 태종은 양만춘에게 최후통첩을 보냈다.

　"지금 당장 항복하라. 그렇지 않으면 안시성을 함락하는 날에는 성안에 있는 모든 남자들을 참수하고 말 것이다."

　그러나 양만춘은 두려워하거나 물러서지 않았다. 오히려 당당히 맞섰다. 그러자 당나라 군대가 이번에는 유리한 위치에서 공격하기 위해 동남쪽에 안시성보다 높게 토성을 쌓았다. 그런데 공사 도중 그만 토성이 무너지는 사태가 발생했다. 당나라 군대는 일순간 혼란에 휩싸였다. 양만춘이 그 틈을 놓치지 않았다. 병사들에게 총공격을 명했다. 고구려 병사들은 바람처럼 진군하여 당나라 진영을 휩쓸고 토성을 점령하였다. 이 싸움에서 당나라 군대는 많은 병력을 잃어 후퇴할 수밖에 없었다. 마침 겨울이 가까운 때라 날씨도 추워졌고, 군량미마저 떨어진 당나라 군대는 서둘러 퇴각하고 말았다.

　야사(野史)의 기록에 의하면 이 싸움에서 당 태종은 양만춘이 쏜 화살에 한쪽 눈을 맞아 위급한 상태로 철군했다고 전해진다. 당 태종이 황급히 달아난 점으로 미루어 큰 타격을 입었거나 막대한 손실을 입은 것이 분명하다. 양만춘은 성 위에 올라 철군하는 당나라 군대를 향해 송별의 예(禮)를 표하였다. 그러자 당 태종은 비록 적(敵)일지라도 양만춘의 영웅적인 지도력을 치하하여 비단 100필을 보냈다고 한다.

전쟁은 군주나 장수가 자신의 의욕만으로 함부로 할 수 있는 것이 아니다. 충분히 적의 정황을 비교하고 헤아려서 분명히 이익을 얻을 수 있을 때에만 하는 것이다. 부득이한 경우가 아니라면 싸워서 이기는 것은 삼가야 한다.

기업의 효율성 전략

기업은 이익을 확대하기 위해서라면 언제라도 공격적 전략을 구사한다. 공격적이라는 말에는 다른 어떤 것보다 이익이 앞선다는 전제가 깔려 있다. 조엘 바칸(Joel Bakan)은 그의 저서 『기업의 경제학』에서 다음과 같은 사례를 들었다.

1999년 12월 25일 새벽, 앤더슨 가족은 크리스마스이브 미사를 마치고 집으로 돌아가는 중이었다. 횡단보도 앞에서 신호등이 빨간색으로 바뀌어 앤더슨은 차를 세웠다. 그때였다. 뒤따르던 차가 속도를 줄이지 못하고 쿵 하고 범퍼를 들이받았다. 이어 앤더슨 가족이 탄 차는 순식간에 불길에 휩싸였다. 범퍼에 충격이 가해지자 연료 탱크가 폭발한 것이었다. 이 사고로 앤더슨 가족은 피부가 녹아내리는 끔찍한 화상을 입었다.

앤더스의 차는 제너럴 모터스에서 생산한 1979년형 쉐보레 말리부

(Chevrolet Malibu) 중형 승용차였다. 그런데 이 차는 후면 범퍼에서 불과 28cm 떨어진 곳에 연료 탱크가 설치되어 있어 설계부터 결함이 있었다. 앤더슨은 제너럴 모터스에 소송을 제기했다. 재판 과정에서 제너럴 모터스는 연료 탱크로 인한 화재 위험을 처음부터 알고 있었다는 사실이 밝혀졌다.

1973년 설계 당시 회사는 연료 탱크 화재 사고로 인한 사망자 가치 분석 보고를 받았다. 만약에 사고로 인해 제너럴 모터스가 지출해야 할 비용은 다음과 같았다. 설계 결함을 그대로 두고 사상자들에게 보상금을 지급한다면 차 한 대당 2달러 40센트였다. 그러나 화재 방지를 위해 설계를 변경한다면 차 한 대당 8달러 59센트였다. 경영진은 비용 효율성을 따져 설계 변경을 하지 않기로 한 것이다.

앤더슨의 소송에 배심원단은 사람의 목숨보다 비용을 우선시한 제너럴 모터스에게 유죄라는 의견을 모았다. 하지만 제너럴 모터스를 옹호한 상공회의소는 항소법원에 평결이 잘못됐다고 법정 의견서를 제출했다.

첫째 배심원들은 복잡한 기술 문제가 얽힌 소송에서 리스크와 효용을 정확히 판단할 능력이 부족하다. 둘째 배심원단은 사고로 다친 원고를 보고 감정적으로 판단하기 쉽다. 리스크와 효용을 저울질하는 경영 판단을 비인간적인 행위로 보도록 유도하는 원고 측 변호인단의 전략에 쉽게 말려들었다는 것이다. 결국 이 사건은 제너럴 모터스에게 유죄를 평결하였지만 가치 분석 보고서의 예측을 크게 벗어나지 않았다.

전쟁에서 이기기 위해서라면 도덕과 윤리를 과감히 내버리는 것처럼 기업 또한 이익을 창출하기 위해서라면 사람의 목숨도 과감히 버리는 것이다.

3-4 상황 판단

그러므로 용병법은 아군이 적보다 10배가 많으면 적을 포위하고, 5배면 적을 공격하고, 2배면 분산 공격하고, 대등하면 싸울 수 있다. 하지만 아군이 적보다 적으면 방어해야 한다. 만약 승산이 없을 때는 피해야 한다. 적보다 수가 적으면서 무작정 지키다가는 많은 병사들이 적에게 포로가 되기 때문이다.

故用兵之法, 十則圍之, 五則攻之, 倍則分之, 敵則能戰之, 少則能守之, 不若則能避之. 故小敵之堅, 大敵之擒也.

| 풀이 |

십즉위지(十則圍之)에서 '십'은 열 배, '위'는 포위하다는 의미다. 적즉능전지(敵則能戰之)에서 '적'은 아군과 대등한 적이다. 고소적지견(故小敵之堅) 대적지금야(大敵之擒也)에서 '소'는 적보다 적은 아군을 말하고, '견'은 견고하

다는 의미보다는 무작정 버티는 것을 말한다. '대'는 적의 포로가 된 많은 아군 병사이다. '금'은 사로잡히는 것이니 포로가 되는 것이다. 이 부분을 아군이 수가 적지만 굳세게 싸워 강한 적을 사로잡을 수도 있다고 풀이하는 해석은 다소 억지가 있다.

| 해설 |

전쟁에서 병법의 선택은 분명해야 한다. 적과 전투를 벌일 것인가, 아니면 화친을 맺을 것인가. 항복할 것인가, 도주할 것인가. 장수는 상황 판단을 신속히 하여야 병사를 잃는 일이 없다. 마오쩌둥(毛澤東)은 적을 대하는 전투 상황을 다음과 같이 말했다.

"적을 섬멸하기 위해서는 적보다 두세 배는 많아야 하며, 가장 좋은 것은 적보다 대여섯 배가 많은 것이 좋다. 또 싸워서 이길 만하면 싸우고, 싸워서 이길 수 없으면 달아나야 한다."

이는 전쟁은 싸움의 형세를 파악하는 것이 우선이라는 의미이다.

기원전 645년 제(齊)나라 재상인 관중(管仲)이 군대를 조직할 때에 제나라 가구 수는 66만 정도였다. 1가구를 다섯 식구로 계산하면 대략 인구가 330만 명이다. 그 무렵 군대 병사 수가 3만 명이었으니 대략 100명에 1명이 군인인 셈이었다. 같은 무렵에 진(秦)나라는 가구 수가 500만, 1가구를 다섯 명으로 계산하면 2천5백만 명 정도다. 그러니 군사 백만 명 동원이 가능했다는 말이다. 이는 『관자(管子)』「소광(小匡)」 편을 기초로 하여 추정한 것이다.

성을 지키는 데는 병사 한 사람이 적 열 명을 충분히 감당할 수 있는 이점이 있다. 즉, 적 10만 명이 사방에서 공격해 온다면 아군은 만 명 정도면 충분히 대응할 수 있다는 계산이다. 성을 공격할 때 어떤 방법을 선택할 것인지는 먼저 적의 수비 실력을 살폈다. 아군의 병력이 적보다 10배가 많지 않으면 성을 포위해서는 안 된다. 야전에서는 적보다 5배가 많지 않으면 공격해서는 안 된다. 일반적으로 적보다 2배가 많으면 적을 분산시켜 공격할 수 있다.

적을 피하여 달아나는 것, 그리고 항복하는 것도 병법이다. 병법의 선택은 도덕을 고려하는 것이 아니고 적과의 실력 대비를 살피는 것이다. 전쟁은 상대방이 죽어야 내가 살기 때문에 근본적으로 도덕이 아니다. 또 재판관도 없고 수단도 정해진 것이 없다. 전쟁에서 가장 좋은 것은 적이 무서워하는 것을 사용하는 것이고, 적이 생각지 못하는 곳을 공격하는 것이다. 『사마법』 「인본」 편에는 이렇게 말한다.

"정당하게 싸워서 뜻을 얻지 못하면 임기응변을 부리는 권도(權道)를 쓴다. 권도는 전쟁에서 나오며 충(忠)과 인(仁)에서 나오지 않는다."

기원전 28년, 한(漢)나라 요동 태수가 군사를 거느리고 고구려에 쳐들어왔다. 이 소식을 전해 들은 고구려 대무신왕(大武神王)은 나가서 싸울 것인가, 지킬 것인가를 신하들과 논의했다. 신하 송옥구(宋屋句)가 먼저 말했다.

"덕을 믿는 사람은 창성하고 힘을 믿는 사람은 망한다고 들었습니다. 지금 한나라는 흉년이 들어 도둑이 벌떼처럼 일어나고 있는데 그런 상황에서 군사를 내는 것은 명분 없는 짓입니다. 이는 한나라 조정에서 결정한 것이 아니라 변방의 장수가 자신의 이익을 탐내 제멋대로 침범한 일입니다. 천리를 거스르고 인심을 어긴 군대는 결코 이길 수 없다고 했습니다. 그러므로 험준한 우리 지형을 이용하여 적을 기습 공격하면 충분히 격파할 수 있습니다."

이어 신하 을두지(乙豆智)가 말했다.

"아군이 강하다고 해도 수적으로 적다면 큰 적에게 사로잡히는 법입니다. 신의 생각으로는 우리의 군사와 한나라의 군사 중 어느 쪽이 더 우세한가를 우선 살펴야 한다고 생각합니다. 이는 곧 계책으로 쳐서 이겨야지 힘으로는 이길 수 없기 때문입니다."

그러자 대무신왕이 을두지에게 물었다.

"한나라 군사를 친다는 계책이 어떤 것이요?"

을두지가 대답했다.

"지금 한나라 군사는 비록 멀리서 오기는 했지만 그 용맹한 기세는 우리가 당하기 어렵습니다. 그러니 대왕께서는 성문을 닫고 굳게 지키는 것이 상책입니다. 적이 피로해지기를 기다렸다가 그때 공격하면 반드시 승리할 것입니다."

왕은 이 말을 옳게 여겨 수십 일 동안 성을 굳게 지키기만 했다. 그러나 한나라 군사들은 여전히 포위를 풀지 않았다. 왕이 다시 을두지에게 물었다.

"이제 성을 지키기도 힘들게 되었으니 이를 어쩌면 좋겠는가?"

이에 을두지가 아뢰었다.

"한나라 군사들은 우리 성에는 암석이 많아 샘이 없으리라 생각하고 저렇게 포위를 풀지 않고 기다리는 것입니다. 하오니 연못의 잉어를 잡아 수초로 싸서 맛좋은 술과 함께 한나라 장수에게 보내면 이 난국이 해결될 것입니다."

왕이 그 계책대로 잉어를 수초에 싸서 술과 함께 한나라 진영에 보냈다. 이를 받은 한나라 장수가 생각하기를 성안에 물이 많아 쉽사리 이길 수 없음을 알고 즉각 퇴각하였다. 이는 『삼국사기』에 기록된 이야기 이다.

고구려는 이 계책으로 단 한 명의 군사도 잃지 않고 한나라 군대를 물리칠 수 있었다. 이는 있으면서도 없는 듯이 보이고, 없으면서도 있는 듯이 보이는 속임수의 한 가지 전법인 것이다.

환경 극복 전략

환경 개선 제품이라면 소비자들은 무한한 신뢰를 보내는 경향이 있다. 해마다 알프스 산맥을 오르는 사람은 수만 명에 이른다. 이들이 알프스로 모여드는 까닭은 빼어난 절경과 무공해 청정 지역이라는 특징 때문이다. 알프스는 해발 고도가 4,500m에 이르는 높은 산이다. 따라서 이를 성공적으로 오르기 위해서는 강한 체력이 필요하다.

그뿐 아니다. 산에 오르려면 가장 먼저 필요한 것이 물이다. 알프스가 청정 지역이라고 해서 그곳에 흐르는 물을 마음껏 마실 수 있다고 생각하면 이는 큰 오산이다. 알프스의 물은 석회 성분이 많아서 그 물을 마실 경우 쉽게 지치고 만다. 따라서 등반하는 이들에게는 부적합한 물이다. 그렇다고 그 높은 산을 올라가는데 무겁게 물을 짊어지고 갈 수는 없는 노릇이다. 이런 환경의 불편함을 개선하고자 탄생한 것이 바로 휴대용 간의 정수 제품이다.

19세기 말 스위스의 식물학자 칼 빌헬름은 은(銀)이 항균 효과가 있다는 사실을 과학계 최초로 규명하였다. 그는 알프스를 오르는 산악인을 위해 휴대용 정수 제품을 만들었다. 바로 은 이온을 이용한 촉매 기술을 활용한 것이다. 이 기술은 이후 화학자 게오르고 크라우세에 의해 더욱 발전하였다. 그는 세라믹 정수 필터 제품의 특허를 내면서 카타딘(katadyn)이라는 회사를 설립했다.

이 회사의 휴대용 수질 정화 제품은 오지를 탐험하는 이들에게는 기본적인 도구가 되었다. 카타딘의 필터는 유해한 병균과 미생물을 완벽하게 제거해 주니 산악인은 편히 물을 마실 수 있다. 환경의 불편함을 개선한 이 제품은 현재 전 세계 정수기 시장의 50%를 장악한 1위 기업이다.

3-5 군주의 간섭

  장수란 나라를 보좌하는 자이다. 보좌하는 것이 주도면밀하면 나라는 반드시 강해지고, 보좌하는 것이 허술하면 나라는 반드시 약해진다. 군주가 군대에 해를 끼치는 것은 세 가지이다. 첫째, 군대가 진격할 수 없는 것을 군주가 알지 못하면서 진격을 명하거나, 군대가 후퇴해서 안 되는 상황을 알지도 못하면서 퇴각을 명하는 것이다. 이는 군대에 재갈을 물려 놓은 것과 마찬가지다. 둘째, 군주가 삼군의 일을 모르면서 삼군의 군정에 간섭하는 것이다. 이는 병사들을 혼란에 빠뜨리는 일이다. 셋째, 삼군의 권한을 모르면서 삼군의 임무에 간섭하는 것이다. 이러면 병사들이 헷갈려 의심을 하게 된다. 삼군이 혼란에 빠지고 의심하게 되면 주변 제후들이 그 틈을 노려 난을 일으키게 된다. 이는 아군을 혼란에 빠뜨려 적에게 승리를 안겨 주는 일인 것이다.

夫將者, 國之輔也. 輔周則國必強, 輔隙則國必弱. 故君之所以患於軍者三: 不知軍之不可以進, 而謂之進, 不知軍之不可以退, 而謂之退, 是爲縻軍; 不知三軍之事, 而同三軍之政, 則軍士惑矣; 不知三軍之權, 而同三軍之任,則軍士疑矣. 三軍旣惑且疑, 則諸侯之難至矣, 是謂亂軍引勝.

| 풀이 |

국지보야(國之輔也)에서 '국'은 나라 또는 군주를 의미한다. '보'는 도울 보. 보주(輔周)의 '주'는 주도면밀함을 말하며, 보극(輔隙)의 '극'은 틈 극, 즉 허술하다는 뜻이다. 미군(縻軍)의 '미'는 고삐 미. 장수에게 고삐를 매어두면 권한을 위임했다 하더라도 군주의 결정 없이는 아무것도 할 수 없는 군대가 되는 것이다. 즉, 군주에게 속박된 군대라는 뜻이다. 동삼군지정(同三軍之政)에서 '동'은 함께 참여한다는 의미이니 간섭한다는 뜻으로 보면 된다. 난군인승(亂軍引勝)에서 '난'은 군대를 어지럽힌다는 뜻이고, '인'은 초래한다는 의미다. 즉, 적에게 내어 준다는 말이다.

| 해설 |

사마광(司馬光)이 편찬한 『자치통감(資治通鑑)』에는 제(齊)나라와 위(魏)나라 왕의 대화가 기록되어 있다.

제나라 왕과 위나라 왕이 교외에서 만나 사냥을 같이 하게 되었다. 위나라 왕이 물었다.

"제나라에는 보물이 있습니까?"

제나라 왕이 대답했다.

"우리나라에는 보물이 없습니다."

그러자 위나라 왕이 말했다.

"저희 위나라는 비록 작으나 그래도 수레 12대를 채울 만큼의 보물은 있습니다. 그런데 하물며 대국인 제나라에 어찌 보물이 없다는 것입니까?"

이에 제나라 왕이 대답했다.

"우리 제나라에서 보물이라 하면 위나라와 다릅니다. 내 신하 중에 단자라는 자가 있는데 그가 남성현을 지키면 이웃한 초나라가 감히 쳐들어오지 못합니다. 또 반자라는 신하가 고당현을 지키면 인근 조나라 병사들이 감히 쳐들어올 수 없고 근처 황하에서 감히 물고기조차 잡을 수 없습니다. 또 검부라는 자가 서주현을 지키면 연나라와 조나라가 겁을 먹고 행여 검부가 군사를 이끌고 쳐들어올까 걱정을 하게 됩니다. 또 신하 중에 종수라는 자가 있는데 그에게 도적을 막도록 명하면 그가 다스리는 지역의 백성들은 거리에 떨어진 동전 하나도 줍지 않습니다. 이 네 신하는 장차 나라의 천리를 비추는 자들이니 어찌 수레 12대에 비할 수 있겠습니까?"

위나라 왕이 그 말을 듣고 심히 부끄러워 입을 열지 못했다. 나라를 보좌하는 장수란 이처럼 보물보다 더 귀한 것이다. 이는 백성의 안위와 나라의 존립을 책임지기 때문이다.

군주가 전쟁에 임하는 장군에게 간섭하여 생기는 잘못을 '중어지환(中御之患)'이라 한다. 군주가 장수를 임명해 군대 통솔 명령을 내릴 때 월(鉞)이라는 도끼를 하사하면서 다음과 같이 말한다.

"위에 하늘이 없고 아래에 땅이 없으며 앞에는 적이 없고 뒤에는 임금이 없다."

그리고 장수에게 지휘 전권을 부여한다. 월은 하늘, 땅, 사람이 간여할 수 없는 영역을 상징하는 것이다. 군주가 군정에 간섭하면 세 가지 큰 재앙이 생긴다. 미군(靡軍), 혹군(惑軍), 의군(疑軍)이다. 이것은 모두 중어지환이다.

송(宋)나라 때 군인들은 조정의 간섭을 상당히 많이 받았다. 장수가 전쟁터에 도착해서야 비로소 왕이 내린 금낭묘계(錦囊妙計), 곧 비단주머니 속에 묘책을 넣은 것을 하달 받았다. 장수에게 군대를 내어 주면 행여 반란을 꾀할까 두려워했기 때문이다. 이로 인해 항상 적보다 전쟁 준비가 늦었다. 그러니 전쟁에서 질 수밖에 없었다. 명(明)나라도 환관의 우두머리인 태감이 군대를 감독했으니 오랑캐의 침입에 매번 패하고 만 것이다. 이런 것들이 모두 중어지환인 것이다.

1433년 세종은 북진 정책에 적극적이었다. 마침 두만강 유역 여진족들 간에 내분이 일어났다. 그 틈을 이용해 세종은 김종서(金宗瑞)를 함길도도절제사에 임명하여 북방 개척을 추진토록 하였다.

"두만강 부근의 여진족을 몰아내고 6진 개척을 완수하도록 하라."

그 무렵 6진 개척은 별로 표시가 나지 않는 일이었다. 하지만 재정은 많이 요구되는 국책사업이었다. 게다가 여진족들은 굴복시켰다 싶으면 또다시 국경에 나타나 노략질을 일삼기 일쑤였다. 이런 이유로 병사들은 지치고 힘들어했다.

김종서는 우선 병사들의 사기 진작을 위해 처우에 크게 신경 썼다. 그런 이유로 추가 예산을 조정에 요청했다. 그러자 세종이 조정 신하들에게 말했다.

"지금은 6진 개척을 위해 수고하는 병사들에게 소를 잡아 대접해도 부족하다. 하지만 이후 국경이 정비되면 그때는 닭으로도 충분할 것이니 대신들은 현명하게 판단하기 바란다."

하고는 추가 예산을 허락하였다. 그런 와중에 얼마 후 김종서를 모함하는 소문이 조정에 나돌았다. 세종은 이로 인해 심기가 편하지 못했다. 이무렵 황희는 세종의 최측근이었다. 하루는 아침에 일어나 부인에게 꿈 이야기를 해 주었다.

"어제 파랑새 열 마리가 날아가는 꿈을 꾸었소. 아무래도 내가 죽을 모양이오. 그러니 이 꿈은 아무에게도 말하지 마시오."

하지만 부인은 그 입을 참지 못해 황희의 꿈 이야기는 꼬리에 꼬리를 물어 동네를 벗어나 세종의 귀에까지 들어갔다. 그때는 이야기가 파랑새 정도가 아니라 황희가 이미 죽었다는 내용으로 바뀌어 있었다. 세종이 놀라 급히 황희를 찾아 자초지종을 물었다. 이에 황희가 그 이유를 설명했다.

"저는 꿈에서 파랑새를 보았을 뿐인데, 어느덧 소문은 제가 죽은 것으로 부풀려져 있습니다. 상감마마, 지금 김종서가 저와 같은 처지입니다. 그에 관해 온갖 소문이 떠돌지만 김종서는 지금 변방에서 홀로 지내고 있습니다. 그러니 그런 소문들이 어찌 사실일 수 있겠습니까?"

세종은 그 말이 옳다고 여겨 이후로 김종서에 관한 어떠한 소문도 믿지 않았다. 그리고 김종서에게 무한한 신뢰를 보내며 6진 개척을 독려했다.

"6진 개척은 과인이 있더라도 김종서가 없으면 할 수 없고, 김종서가 하더라도 내가 없으면 감히 주장할 수 없는 일이다."

변방에서 이 말을 전해 들은 김종서는 크게 감격하여 6진 개척을 완수하였다.

"아, 군주의 믿음이란 참으로 큰 보배로다!"

장수가 군주를 보좌한다는 의미가 바로 이런 것이다. 보좌한다는 의미의 보(輔)는 본래 수레바퀴살의 힘을 지탱하는 덧방나무에서 나온 말이다. 이는 수레바퀴가 빠지지 않도록 지탱해 주는 역할을 한다. 덧방나무가 너무 헐겁거나 조이면 수레바퀴가 굴러갈 수 없다. 즉, 장수와 군주와의 관계 또한 그러한 것이다.

고대에 왕은 직접 전쟁에 출정할 수 있었지만 태자는 절대로 출정시키지 않았다. 『좌전(左傳)』 「민공(閔公)」 편에 그 사례가 기록되어 있다.

진(晉)나라 헌공(獻公)이 태자 신생(申生)으로 하여금 서북쪽의 오랑캐인 고락씨(皐落氏)를 공격하도록 명했다. 그러자 신하 이극이 반대하고 나섰다.

"군대란 명령에 복종하고 장수의 지휘에 따라야 합니다. 만약 태자가 장수의 명을 받지 않고 아버지인 임금의 명을 받아 행한다면 군대의 권위가 서지 않습니다. 또 만약 태자가 마음대로 명을 내려서 그 명대로 처신한다면 이는 임금의 명을 어기는 것이고, 아버지의 권위를 부정하는 것이니 불효인 셈입니다. 이런 일로 태자가 전쟁에 간여할 수 없는 것입니다."

르몽드(Le Monde) 신문사의 구조

프랑스의 대표적 신문인 르몽드의 자본금 구조는 우리와 상당히 다르다. 2003년 기준으로 자본금은 1억 5천만 유로(약 1,800억 원)가 조금 못 된다. 그런데 전체 주식 중 가장 많은 지분을 가지고 있는 것은 300여 명의 전, 현직 기자들로 구성된 '기자회'다. 그밖에 100여 명의 간부, 100여 명의 관리직 직원, 15명의 뵈브-메리(창간자)협회 임원, 12,000명에 이르는

'독자회', 그리고 르몽드 그룹의 50개 회사 등이 나머지 지분을 소유하고 있다.

놀라운 것은 이 신문사의 회장인 장마리 콜롱바니가 전체 약 2천 주 중 단 1주를 갖고 있다는 사실이다. 0.05%를 소유하고 있을 뿐이다. 기자 회가 최대 주주라는 것은 이 신문이 사실상 사원주주제의 형태로 운영 되고 있고 기자들이 독립적이고 자주적인 힘을 가지고 있다는 것을 의미 한다. 르몽드는 특정인의 신문이 아니다. 사주라는 개념조차 없다. 콜롱 바니 회장은 정치부 기자 출신으로 선출된 회장이다. 그는 기자 위에 군 림하는 경영자도 아니요, 사주는 더욱더 아니다.

사장은 사내 감사위원회에서 선출되는데 기자위원들의 거부가 있을 때는 무효가 되기 때문에 신문을 좌우하는 실세는 오히려 평기자들이다. 프랑스의 다른 신문 역시 구조가 비슷하다.

한국 신문은 『전국언론노조연맹자료』에 의하면 거의 대부분이 재벌 언론(문화, 중앙)이거나 언론 재벌(조선, 동아)이고, 소유 구조는 사주 중심의 독점 형태이다. 조선일보는 방씨 일가가 주식의 86.6%를 소유하고 있고, 동아일보는 김병관 씨 일가가 66%, 한국일보는 장씨 일가가 98%의 지 분을 가지고 있다. 따라서 신문은 사주의 사유 재산이다. 언론의 자유는 언론사의 자유이고, 언론사의 자유는 곧 사주의 자유로 인식되어 있다. 프랑스 언론은 대부분 공공의 성격을 분명히 한다. 이는 무엇보다도 언론 의 소유 구조나 사회적 역할, 권력과의 관계 등이 우리와는 본질적으로 다르기 때문이다.

우리나라 신문은 가족 소유이거나 창업자의 자손이 사장이지만 르몽 드의 사장은 대부분 기자 출신이고, 선거를 통해 선출된다. 뿐만 아니라 사장에 대한 해임 동의권을 기자들이 갖고 있다. 외부의 투자자들이 르몽드의 주식을 사기 위해서는 '모든 형태의 권력으로부터 독립한다.'는 르몽드의 언론 철학에 동의하고, '신문 편집에 일체 간섭하지 않는다.'는 서약서에 서명해야만 한다.

세상은 진보했지만 우리 사회의 언론은 구시대의 간섭 구조를 아직도 벗어나지 못하고 있다. 이는 언론사주가 기자나 독자보다 지배를 위한 전술과 전략이 뛰어나기 때문이다.

3-6 승리를 아는 다섯 가지 방법

그러므로 승리를 알 수 있는 다섯 가지가 있다. 전쟁을 할 수 있는지 전쟁을 할 수 없는지를 아는 자는 승리한다. 대부대와 소부대의 운영 방법을 아는 자는 승리한다. 장수와 병사들이 한마음일 때 승리한다. 아군은 이미 준비된 상태에서 준비되지 않은 적을 맞이하면 승리한다. 장수가 유능하여 임금이 간섭하지 않으면 승리한다. 이 다섯 가지가 승리를 아는 방법인 것이다.

故知勝有五: 知可以戰與不可以戰者勝, 識衆寡之用者勝, 上下同欲者勝, 以虞待不虞者勝, 將能而君不御者勝. 此五者 知勝之道也.

| 풀이 |

'중과(衆寡)'는 병력이 많고 적음을 말한다. 상하동욕(上下同欲)에서 '상'은 장수, '하'는 병사를 의미한다. '우(虞)'는 헤아리다, 즉 준비가 다 끝나서 충분히 적의 동향을 예상한다는 의미이다. 군불어(君不御)에서 '어'는 간섭하다, 견제하다의 의미이다.

| 해설 |

　1950년 초, 미국 국무부 소속 중국 담당 팀은 유럽에서 날아온 정보 하나를 입수했다. 이 정보는 한반도에서 전쟁이 발발하여 미국이 출병했을 때, 중국이 과연 어떤 반응을 보일 것인지에 대한 문건이었다. 이는 미국이 고심하던 과제이기도 했다. 이 정보는 유럽의 '델린(Delin)'이라는 정보 회사가 막대한 자금과 노력을 기울여 완성한 것이었다.

　일설에 의하면 이 정보는 짧은 내용으로 되어 있다고 했다. 델린은 이 정보를 미국에 팔기로 했다. 배짱 좋게도 500만 달러를 요구하였다. 미국은 터무니없는 가격에 그만 눈이 휘둥그레지고 말았다. 그 정도의 가격이면 최신형 전투기 한 대 가격이었다. 미국은 그 제안에 대해 거들떠보지도 않았다.

　그런데 3년 후, 미국은 한국전쟁으로 막대한 손실을 보게 되었다. 미국 의회 청문회에서 한국전쟁 출병의 타당성을 놓고 변론이 진행되었다. 이때 누군가 '델린의 연구보고서'를 기억해 냈다. 국회는 청문회 변론의 근거 자료로 쓰기 위해 이 보고서를 280만 달러에 사들였다. 500만 달러가 절반 가격에 팔린 것은 시장의 법칙 때문이었다. 그런데 청문회 의원들이 이 보고서를 펼쳐 보았을 때 정말로 내용이 간단했다.

　"문제: 미국이 한반도에 출병할 경우 중국이 어떻게 반응할 것인가?"

　"정답: 중국은 한반도에 출병할 것이다."

물론 이 보고서에는 근거 자료가 첨부되어 있었다. 중국의 국내 사정을 상세히 분석하고 중국의 입장을 증명하였다. 하지만 결과적으로 미국은 고작 전투기 한 대 값을 아끼느라 천문학적 전쟁 비용과 수만 명이나 되는 인명 손실을 입고 말았다. 이는 전략적 판단의 오류였다. 개전 전에 중국이 전쟁을 할 수 있는지 없는지를 알았다면 이런 치명적인 실수를 하지 않았을 것이다.

조직을 운영할 줄 모르는 군주 또한 전쟁에서 승리할 수 없다. 초나라 패왕 항우(項羽)는 힘이 장사였고 용맹하기로 그 누구보다 뛰어났다. 하지만 조직을 활용할 줄 몰랐다. 그것이 결국 유방과의 싸움에서 패한 결정적 원인이었다.

기원전 202년 한(漢)나라 유방은 한신을 대장군으로 삼아 초(楚)나라 항우(項羽)를 공격했다. 두 나라가 휴전을 한 지 두 달이 채 못 되었을 때였다. 한나라 군은 항우를 해하(垓下)에서 포위했다. 그 유명한 한신의 '십면매복(十面埋伏)' 전술을 펼친 것이었다.

항우의 군대는 결사항전으로 대항하였으나 점점 병사와 말이 줄어들고 식량마저 바닥이 났다. 살기 위해서는 겹겹이 쌓인 포위를 뚫어야 했다. 하지만 한나라 군의 포위는 더욱더 조여와 도저히 뚫고 나갈 수가 없었다. 지친 항우는 해하에서 진을 치고 방어할 수밖에 없었다.

그날 저녁에 항우가 군막 안에서 수심에 잠겨 있자, 항우의 연인 우희(虞姬)가 술을 권했다. 그런데 자정이 되자 서풍이 불어오더니 이어서 구슬픈 노래가 들려왔다. 한나라 군영에서 나는 소리였는데, 노래는 초나라 노래였다. 초나라 노래가 사방에서 들려오자 항우는 실성한 사람처럼 외쳤다.

"큰일 났구나! 유방이 초나라를 점령한 모양이다. 그렇지 않고서야 저렇게 많은 초나라 사람이 한나라 군영에 있을 리가 없지 않은가?"

항우는 수심에 잠겨 우희를 향해 비장한 노래를 불렀다.

"힘은 산을 뽑을 수 있고 기개는 천하를 덮을 만하건만

시운이 불리하여 나의 애마 오추마가 나아가려 하지 않는다.

오추마가 나아가지 않으니 이를 어찌하면 좋겠는가?

우희야, 우희야! 이를 어찌하면 좋단 말이냐!"

항우의 눈에서 눈물이 흘러내렸다. 곁에 있던 우희와 시종들도 모두 눈물을 흘렸다. 그날 밤, 항우는 오추마에 올라 남은 병사 8백 명을 이끌고 한나라 군영으로 돌진했다. 필사적으로 싸워 포위망을 뚫고 달아났다. 날이 밝자 항우가 도망쳤음을 안 한나라군은 기병 5천을 보내어 추격했다.

항우가 회하 기슭에 이르렀을 때 남은 병사는 겨우 1백여 명도 되지 않았다. 추격해 온 유방의 군대가 또다시 포위하기 시작했다. 그러자 항우가 병사들에게 말했다.

"내가 군사를 일으킨 지 어언 8년. 그동안 70여 차례의 큰 싸움을 벌였으나 한 번도 패한 적이 없었다. 나는 싸우면 모두 쳐부수었고, 내가 공격하면 모두가 항복했다. 그래서 나는 천하의 패왕이 되었다. 그런데 오늘 놈들에게 포위당하고 말았다. 이건 하늘이 나를 망하게 하려는 것이지, 내가 저놈들에게 진 것이 아니다. 오늘 죽음을 각오하고 너희들을 위해 반드시 세 번 승리해 보이겠다. 이 포위망을 뚫고, 적장을 베고, 군기를 찢어 버림으로써 똑똑히 보여 주겠다."

말을 마친 항우는 또다시 혈투를 벌이며 간신히 포위를 뚫고 도망하였

다. 오강(烏江)에 이르렀을 때 살아남은 병사는 28명이었다. 마침 오강의 관리가 배를 한 척 몰고 왔다. 배를 기슭에 댄 관리가 속히 배에 오르라고 항우에게 재촉하며 말했다.

"강동은 비록 땅은 작지만 그 거리가 1천여 리에 이르고, 인구는 수십만이 살고 있습니다. 강동에 이르면 충분히 왕위에 오를 수 있으니, 어서 서두르십시오."

그러자 항우가 말했다.

"일전에 내가 회군에서 군사를 일으켰을 때 강동 출신의 병사 8천 명을 거느리고 장강을 넘었다. 그런데 그들 중 단 한 사람도 살아서 고향에 돌아가지 못했다. 그러니 강동 사람들이 나를 동정해 왕으로 세운다고 하더라도 내가 그들을 무슨 면목으로 대하겠는가? 그들이 입으로 말하지 않는다 해도, 내 자신이 부끄러워 견딜 수가 없을 것이다."

항우는 말에서 내려 오추마를 관리에게 넘겨주었다. 그러자 남은 병사들도 모두 말에서 내렸다. 그리고 모두 손에 칼을 쥐고 추격해 온 한나라 병사들과 육박전을 벌였다. 한나라 군사들이 쓰러지는 와중에 항우의 마지막 병사들도 하나둘 쓰러졌다. 항우 또한 적진에 뛰어들어 수백 명을 죽이고 자신 역시 많은 부상을 입었다. 이때 항우에게 달려드는 한나라 병사가 무척 낯이 익었다. 자세히 보니 자신의 옛 부하 여마동(呂馬童)이었다. 항우가 여마동에게 말했다.

"유방이 내 목에 천금과 만 호의 봉읍을 걸었다는데, 내 너에게 은혜를 베풀겠다."

하고는 칼로 자신의 목을 베어 자살하였다. 결국 시대의 영웅 항우는 그렇게 생을 마감했다. 그때 그의 나이 서른 살이었다. 항우가 죽자 한나라 병사들이 서로 그 시신을 차지하려고 다투었다. 결국 왕예(王翳)가 항우의 목을 얻었고, 여마동, 양희(楊喜), 여승(呂勝), 양무(楊武), 네 명이 팔다리 하나씩 차지했다. 나중에 시신을 맞춰 보니 항우가 틀림없었다. 이들은 모두 제후로 승진하였다.

항우는 천하장사답게 대장부의 풍모를 지녔고 강한 카리스마를 갖추고 있었다. 하지만 본래 성격이 의심이 많고 도량이 좁아 부하들을 잘 다루지 못했다. 반면에 유방은 특별한 재주도 없고 인물도 뛰어난 편이 못되었다. 하지만 부하를 쓰는 재주가 남달랐다. 이 두 영웅의 운명을 가른 가장 큰 요인은 바로 사람을 다루는 능력이었다. 황제의 자리는 독단적이어서는 곤란하다. 부하들의 의견을 듣고 판단하여 적극적으로 활용할 줄 알아야 천하의 패권자가 되는 것이다. 그러니 자신의 독선적 결단으로 천하를 주름잡으려 했던 항우는 참으로 어리석은 자였다.

'군책군력(群策群力)'이란 여러 사람이 책략을 짜내게 하고, 그 책략이 다시 여러 사람을 하나로 모으게 하는 인재 활용의 기술이다. 자신의 판단과 용기에만 의존하고 부하들을 활용하지 못하면 대의를 이룰 수 없다. 혼자 하는 일이라면 동네 구멍가게나 운영하는 것이 도리어 성공할 가능성이 크다. 큰 뜻을 품은 자는 다른 사람과 어울리는 재주를 배워야 한다. 항우가 망한 것은 하늘이 그리한 것이 아니라 항우 자신의 어리석음 때문이었다.

치킨 게임(chicken game)

이 게임의 규칙은 두 선수 A와 B가 도로 양쪽 끝에서 마주 달려 충돌하는 것이다. 두 선수 모두 돌진하게 되면 큰 사고를 당할 수 있는 위험한 게임이다. 하지만 달려오는 차량에 겁을 먹고 먼저 운전대를 꺾는 사람은 목숨은 구할 수 있지만 겁쟁이로 취급된다. 만일 선수 A가 겁이 나서 옆으로 피하게 되면 나쁜 결과는 없다. 그러나 겁쟁이가 되어 체면을 잃게 된다. 반면에 B는 A를 이겼으니 그 자체로 만족스러운 결과이다. 만일 두 선수 모두가 옆으로 피하면 충돌은 없지만 승리자도 없게 된다. 이 게임은 상대보다 먼저 피하게 되면 지는 경기이다.

이 용어는 20세기 후반 미국과 소련의 극단적인 군비 경쟁을 비꼬는 표현으로 등장하였다. 오늘날에는 여러 분야에서 양쪽 모두 파국으로 치닫는 극단적인 경쟁을 가리키는 말로 쓰이고 있다.

기업의 사례로는 2010년 반도체 산업에서 회사의 운명을 건 치킨 게임이 있었다. 일본 엘피다와 미국 마이크론 그리고 삼성전자와 하이닉스의 경쟁이었다. 이는 가격 인하 경쟁이었다. 어느 기업이건 하나가 무너질 때까지 물러설 수 없는 치킨 게임이었다. 세계 반도체 시장은 요동을 쳤다. 경쟁적으로 가격이 내렸기 때문이었다. 결국 승리는 기술력과 규모의 경제를 앞세운 삼성전자와 하이닉스에게 돌아갔다. 다른 반도체 회사들은 감산을 선언하며 뒤로 물러서고 말았다. 이후 삼성전자와 하이닉스는 승자효과를 누리며 세계 시장 점유율을 크게 높였다.

국가의 위신이 걸린 외교 분야에서도 치킨 게임이 있었다. 바로 1962년 쿠바 미사일 위기였다. 이 사건은 소련이 쿠바에 핵미사일을 설치하는 것에 대해 미국이 강력 반발하면서 비롯되었다. 미국은 즉각 쿠바 인근 해안을 봉쇄하고 전쟁을 불사하겠다는 강력한 의지를 보였다. 그러자 소련은 핵전쟁으로 미국을 위협했다. 이에 미국이 피하지 않고 핵전쟁으로 맞섰다. 인류는 금방이라도 핵전쟁으로 멸망할 것 같았다. 하지만 소련이 먼저 충돌을 피했다. 전격적으로 쿠바에서 핵미사일을 철수한 것이었다.

치킨 게임에서 승리하는 방법은 의외로 간단하다. 상대방에게 절대 피하지 않겠다는 신호를 보내면 된다. 그러면 상대방이 선택할 수밖에 없다. 겁쟁이가 되느냐, 충돌하느냐다. 선택은 상대편이 하게 된다.

3-7 이기는 전쟁

그러므로 적을 알고 나를 알면 백번 싸워도 위태롭지 않다. 적을 모르고 나만 알고 있으면 한번 승리하고 한번 패한다. 적도 모르고 나도 모르면 싸울 때마다 반드시 위태롭다.

故曰: 知彼知己, 百戰不殆; 不知彼而知己, 一勝一負; 不知彼不知己, 每戰必殆.

| 풀이 |

백전불태(百戰不殆)에서 '태'는 위태롭다, 무너질 지경의 의미다. '부(負)'는 졌다 또는 패배의 의미다. 승리를 알 수 있는 것으로 지피지기면 승률이 100. 적을 모르고 나만 알면 승률 50. 적을 모르고 나도 모르면 승률 0 이다.

| 해설 |

  사마천의 『사기열전(史記列傳)』 「이광 장군」 편에 적을 알고 나를 아는 것의 중요성을 다음과 같이 기록하였다.

  이광(李廣)은 집안 대대로 궁술을 익혀 활쏘기의 명수였다. 효문제 14년, 흉노족이 대거 침략하자 이광은 군에 입대하였다. 기마술과 궁술이 뛰어나 전쟁에서 사로잡거나 참수한 적군이 헤아릴 수 없이 많았다.

  효경제(孝景帝)가 즉위하자 이광은 기마부대장인 효기도위(驍騎都尉)가 되어 반란군을 격파하였다. 상곡군 태수로 전임되어서는 날마다 흉노와 교전을 해야 했다. 어느 곳에서나 흉노와 용감히 싸워 명성이 드높았다. 황실의 신하 중 공손공야(公孫昆邪)가 이를 알고 황제에게 울면서 아뢰었다.

  "폐하, 이광은 천하에 둘도 없는 장군입니다. 그런데 흉노와 저렇게 자주 싸움을 하고 있으니 행여나 그를 잃을까 두렵습니다. 통촉하여 주시옵소서!"

  이에 황제가 이광을 상군(上郡) 태수로 전임시켰다. 한번은 흉노가 상군으로 대거 쳐들어왔다. 황제는 환관 중귀인(中貴人)에게 이광을 거느리고 군사를 통솔하여 흉노를 무찌르도록 했다. 중귀인이 기병 수십 명을 거느리고 제멋대로 말을 달리다가 뜻밖에 흉노 병사 세 명을 만나 싸우게 되었다. 흉노 병사들이 몸을 돌려 활을 쏘자 중귀인은 상처를 입고 수행했던 기병들은 모두 몰살당했다. 중귀인이 있는 힘을 다해 도망쳐 이광에게 상황을 알렸다. 이에 이광이 말했다.

  "흉노 세 놈이 우리 기병 수십 명을 이겨내다니, 그놈들은 틀림없이 독수리를 쏘아 잡는 사냥꾼일 겁니다."

하고는 곧바로 기병 1백 명을 거느리고 중귀인에게 상처를 입힌 그 흉노 병사를 쫓아갔다. 마침 그들이 말을 잃어버려 걷고 있었기에 몇십 리도 못 가서 발견하였다. 이광이 부하들에게 좌우로 넓게 포진하라고 명령하고, 친히 활을 쏘아 둘은 죽이고 하나는 사로잡았다. 생포한 자의 말을 들어보니 그들은 과연 흉노의 독수리 사냥꾼이었다.

이광이 생포한 자를 단단히 결박하라 명하고 말에 오르자, 한 순간 눈앞에 흉노의 기병 수천 명이 둘러 있는 것이었다. 그런데 그들은 이광을 보고 공격은커녕 도리어 자신들을 유인하러 온 부대인 줄 알고 허겁지겁 놀라 산으로 달아나기 바빴다. 이광의 기병들 역시 크게 놀라 급히 말을 되돌려 도망가려 했다. 그러자 이광이 엄하게 말렸다.

"멈춰라! 지금 우리들은 본진에서 수십 리 떨어져 있다. 만약 우리가 급히 도망친다면 흉노는 우리를 추격해 전부 몰살시킬 것이다. 하지만 우리가 여기서 유유자적하게 머물고 있으면 흉노는 우리를 유인부대인 줄 알고 감히 공격해 오지 못할 것이다."

이어서 이광은 기병에게 소리쳐 명령했다.

"부대 전진!"

그렇게 흉노의 진지에서 2리 정도 떨어진 곳에 멈춰 섰다. 이어 다시 명령을 내렸다.

"모두 말에서 내려 안장을 풀어라!"

그러자 기병 중 하나가 의아해하며 물었다.

"장군! 적들은 수가 많고 가까이 있는데 만일 급박한 상황이 생기면 어떻게 하시려고 안장을 풀라 하십니까?"

이광이 대답했다.

"저놈들은 행여 우리가 달아나면 유인부대가 아니라고 여겨 쫓아올 것이다. 그러나 우리가 안장을 풀면 저놈들은 우리가 유인부대인 줄 알고 감히 덤비려 하지 않을 것이다."

과연 안장을 풀자 흉노 병사들이 공격해 오지 않았다. 해가 저물 무렵, 백마를 탄 흉노 장수 하나가 앞에서 오고 가며 순시하고 있었다. 이광이 기병 열 명과 함께 그 장수의 빈틈을 노리고 있었다. 그러더니 한순간 말에 올라 쏜살같이 내달려 흉노 장수의 목을 베고 되돌아왔다. 눈 깜짝할 사이였다. 그리고 다시 안장을 풀고 기병 병사들에게는 편히 눕도록 했다.

이때가 막 해가 저물 무렵이었는데, 흉노 병사들은 기이하게 생각할 뿐 감히 공격해 오지 못했다. 한밤중이 되자, 혹시라도 부근에 매복하고 있는 한나라 병사들이 공격해 올지 모른다고 생각했는지 흉노군은 모든 군사를 이끌고 멀리 철수해 버렸다. 날이 밝자 이광은 비로소 본진이 있는 곳으로 되돌아왔다. 본진에서는 이광의 행방을 몰랐기 때문에 뒤쫓지 못했던 것이다.

위기에 처했을 때 적을 아는 장수는 결코 자신의 병사들을 잃지 않는다. 이는 경험과 숙련에서 터득한 직관력이라 할 수 있다. 장수된 자들은 본받을 교훈이다.

햄버거 경쟁

적을 알지 못하는 판매 전략은 무모한 짓이다. 2002년 미국 햄버거 시장은 맥도날드, 버거킹, 웬디스 세 기업이 주도하였다. 그중 3위 업체인 웬디스가 판매 부진을 이유로 전격적으로 가격 인하를 단행하였다. 햄버거와 감자튀김 등을 묶어서 99센트에 팔겠다고 선언한 것이었다. 그러자 시장점유율 43%로 부동의 1위 자리에 있던 맥도날드가 1달러 밑으로 가격을 인하하였다. 곧이어 관망하고 있던 버거킹마저 99센트로 가격을 인하하였다.

그 당시 햄버거의 원가는 재료비와 포장비만을 따질 때 개당 평균 55센트 정도였다. 그리고 종업원들의 최저임금은 시간당 5.75달러였다. 종업원 1인당 1시간에 14개는 팔아야 손익을 맞출 수 있었다. 결국 개당 99센트의 가격은 매장당 종업원의 수와 건물임대료와 광고비 등을 감안할 때 분명 출혈 경쟁이 분명했다.

그뿐 아니라 광고전도 치열했다. 앞서 1위 맥도날드는 농구 슈퍼스타인 코비 브라이언트에게 거액을 주고 모델 계약을 체결하였다. 그러자 2위 업체인 버거킹에서 당시 프로농구 스타인 샤킬 오닐을 TV 광고 모델로 선정하고 시장점유율을 19%에서 23%로 끌어올린다는 복안이었다. 맥도날드를 상대로 웬디스는 가격 인하 경쟁을, 버거킹은 광고전을 진행하게 되었던 것이다.

하지만 두 업체의 전략은 맥도날드의 대응을 전혀 감안하지 않았다. 따라서 시장 순위는 이전과 달라지지 않았다. 경쟁 업체에 대한 정확한 정보를 조사하지 않고 전략을 세운다는 것은 제살 깎아먹기와 다를 바 없는 것이다.

제四편

군 형

軍形

　형(形)이란 적의 공격에 대비한 병력의 적절한 배치를 말한다. 병력의 전진과 후퇴, 이동과 배합의 합리적인 절차이기도 하다. 축구나 야구에서 선수들이 맡은 포지션과 같은 의미이다. 형은 주로 세(勢)와 같이 움직이는데 축구에서 패스를 주고받으면서 상대 골문 앞으로 결정적으로 찔러 주는 것이 형(形)이고 마지막으로 골을 넣는 그 장면이 바로 세(勢)이다.

　형은 포진이고 세는 공격이다. 형은 잠재된 모습이며 세는 변화된 특징이다. 간단한 이치로 전쟁 개시 전에 주요 시설에는 병력과 무기를 많이 배치하고, 그렇지 않은 곳은 병력을 적게 배치하는 것이다. 바둑에서 승부를 가름하는 곳에 바둑알을 많이 두는 것과 같다.

　전쟁이란 형세로 이기는 것이다. 하지만 한 가지 형세로 적을 이기기는 어렵다. 변화와 임기응변에 능해야 한다. 전쟁에 유능한 장수는 적의 장단점을 신속히 파악해서 아군의 형세를 변화시킨다. 이는 적의 핵심을 무너뜨리기 위한 묘수이다. 따라서 형(形)은 승리를 예측하는 기반인 것이다.

4-1 승리의 요건

　손자가 말했다. 예부터 전쟁을 잘하는 자는 먼저 적이 나를 이길 수 없게 만들고 그 다음 내가 적을 이길 수 있을 때까지 기다렸다. 적이 나를 이길 수 없게 하는 것은 나에게 달렸고, 내가 적을 이길 수 있는 것은 적에게 달렸다. 그러나 전쟁을 잘하는 자라도 적이 나를 이길 수 없게 만들 수는 있으나 적으로 하여금 내가 반드시 승리하도록 할 수는 없는 것이다. 그래서 승리란 예견할 수는 있으나 그대로 행할 수는 없는 것이다.

　孫子曰: 昔之善戰者, 先爲不可勝, 以待敵之可勝. 不可勝在己, 可勝在敵. 故善戰者, 能爲不可勝, 不能使敵之必可勝. 故曰: 勝可知, 而不可爲.

| 풀이 |

　'석(昔)'은 옛 석. '선위(先爲)'는 미리 하다. 불가승재기(不可勝在己)에서 '재

기'는 자신 또는 아군에게 달려 있다는 의미이다. 이불가위(而不可爲)에서 '위'는 자유자재로 행하는 행위를 말한다.

| 해설 |

사마천의 『사기열전』「흉노」 편에는 준비된 자가 이긴다는 교훈적인 이야기가 기록되어 있다. 흉노(匈奴)는 한(漢)나라 북쪽 몽골고원 지역에서 유목생활을 하는 민족이었다. 흉노의 남자들은 누구나 사냥을 하기 위해 자유자재로 활을 다루었고 말을 탈 줄 알았다. 그 자체가 무장 기병인 셈이어서 긴급한 전쟁 상황에 이르면 모두가 군인이 되어 나섰다. 이것은 흉노족이면 누구나 타고난 천성이었다. 싸움을 할 때 유리하면 나아갔고 불리한 경우에는 후퇴했다. 도주하거나 물러서는 것을 수치로 여기지 않았다.

흉노에서 왕은 선우(單于)라 부른다. 두만(頭曼)이 선우였을 무렵, 그에게는 일찍부터 묵돌(冒頓)이라는 태자가 있었다. 그러나 연지(閼氏)라는 어여쁜 첩에게서 작은 아들을 보게 되자 두만은 마음이 달라졌다. 작은아들을 태자로 세우려 했다.

그 계획으로 어느 날 묵돌을 이웃나라 월지에 볼모로 보냈다. 그리고 얼마 후에 두만은 군대를 일으켜 월지를 공격하고 묵돌을 죽이라 하였다. 하지만 묵돌은 다행히 말을 훔쳐 타고 월지를 도망쳐 흉노로 돌아왔다. 두만은 계획된 일이 어긋나기는 했지만 묵돌이 살아 돌아온 것을 장하게 여겼다. 그래서 기병장군에 임명하고 다음 기회를 노렸다.

이후 묵돌은 아무 일도 없었던 것처럼, 아무 생각조차 없는 사람처럼 그저 자신의 부하들에게 말 타고 활 쏘는 연습을 시킬 뿐이었다. 어느 날 소리 나는 화살 명적(鳴鏑)을 나누어 주고는 부하들에게 이렇게 명령했다.

"내가 명적을 쏘면, 너희들은 다 같이 내가 쏜 곳을 쏘아라. 만일 쏘지 않는 자는 목을 베겠다."

며칠 후, 묵돌이 사냥을 나갔을 때 사슴을 향해 명적을 쏘았다. 그러자 부하들이 일제히 따라 쏘았다. 하지만 나 하나쯤은 괜찮겠지 하며 쏘지 않은 자들이 있었다. 묵돌은 그들을 가차 없이 처단하였다. 다시 며칠이 지나 이번에는 묵돌이 자신의 명마를 향해 명적을 날렸다. 부하들이 따라 쏘았으나 이번에도 머뭇거리며 쏘지 않은 부하가 여럿 있었다. 묵돌은 당장 그들을 참수하고 말았다. 또 며칠이 지나 이번에는 묵돌이 자신의 애첩에게 명적을 날렸다. 그러자 차마 따라 쏘지 못하는 병사가 있었다. 묵돌은 주저하지 않고 그들의 목을 베었다.

어느 날 선우 두만이 묵돌을 불러 사냥을 나가게 되었다. 들판에 두만의 명마 중 한 마리가 홀로 서 있었다. 묵돌이 무심히 명적을 날렸다. 그러자 부하들이 모두 그 명마를 향해 활을 쏘았다. 그제야 묵돌은 고개를 끄덕이며 부하들이 자신의 명령을 따른다고 확신했다.

다음날 묵돌은 두만을 따라 또 사냥에 나섰다. 왕의 호위군대가 두만을 따라가고 있었고 묵돌은 그 뒤를 묵묵히 따랐다. 넓은 들판에 이르자 두만의 행렬이 잠시 멈춰 섰다. 이때 묵돌이 두만을 향해 명적을 쏘았다. 과연 부하들이 두만을 향해 일제히 명적을 날렸다. 두만은 그 자리에서 즉사하고 말았다. 이어 묵돌은 계모와 이복동생, 자신을 따르지 않는 신하들을 모두 잡아 죽이고 스스로 왕위에 올랐다.

'연마장양(鍊磨長養)'이란 목적을 이루기 위해 오래도록 갈고닦아 준비하는 것을 말한다. 남보다 강해지기 위해서는 오랜 준비가 필요하다. 전쟁이나 경쟁에서 준비 없이는 결코 적을 이길 수 없다.

　고양이가 쥐를 잡는 대원칙이 있다. 바로 기다리는 자세이다. 몇 시간이고 꼼짝 않고 기다린다는 것은 자신을 안정되게 하여 적의 빈틈을 노리는 것이다. 공격하는 입장에서는 적에게 자신을 철저히 가리고 있으니 적으로서는 도무지 대처할 방법이 없는 셈이다.

　적이 나를 이길 수 없는 상황을 만드는 것이 형(形)의 완성이다. 형은 자신에게 달린 것이지 적에게 달린 것이 아니다. 먼저 적이 나를 이길 수 없는 상황이란 실력을 갖추어야 한다는 뜻이다. 적을 이길 수 있을 때까지 기다린다는 것은 적의 빈틈을 노린다는 뜻이다. 적의 급소를 공격해야 우세함을 발휘하는 것이다. 그 기회는 적에게 달려 있지 내게 달린 것이 아니다. 경쟁 사회에서는 우선 나의 실력을 갖추어야 하고, 그 다음이 상대가 잘못되는 것이다. 자신은 노력하지 않고 무작정 적이 잘못되기를 바라는 것은 세상을 무모하게 사는 것과 마찬가지다.

맥주 경쟁

　1960년대 이후 일본 맥주 시장의 강자는 기린 맥주였다. 그런데 1985년 아사히 맥주가 예전의 영광을 되찾기 위해 기린 맥주를 상대로 정면 승부를 걸었다. 우선 아사히는 기린 맥주의 약점을 철저히 조사했다. 조사보고서의 결론은 기린 맥주의 약점은 맛이 조금 쓰다는 것이었다. 1980년대 이후 일본 젊은이들은 단맛에 길들여진 세대였다. 쓰고 무거운 맥주보다는 가벼운 맥주를 선호했다. 아사히는 이때부터 연구에 돌입했다. 그 초점은 고객에서 출발했다.

"가볍고 감칠맛 나는 맥주가 어디 없을까?"

주류 업계는 맛을 바꾸면 실패한다는 징크스가 강했다. 하지만 아사히는 이런 전통을 깨고 고객의 원하는 맛을 알아내기 위해 대대적 조사를 실시했다. 맛의 경쟁으로 전환시킨 것이다. 그뿐 아니라 새로운 맥주에 대한 기업 이미지를 효과적으로 전달하기 위해 100년간 애용했던 마크, 로고 등도 버리고 이미지 통합 작업을 진행하였다. 또한 제조, 영업, 관리 조직을 하나로 묶어 조직의 유연성과 창의성을 재고시키는 전사적 품질 관리 운동을 지속하였다. 이런 노력의 결과로 단맛과 쓴맛을 동시에 갖춘 아사히 생맥주, 끈적거리지 않고 쌉쌀한 맛을 내는 슈퍼드라이 맥주 등을 연속해서 히트시켰다.

또 다른 하나는 아사히 캔 맥주의 등장이었다. 이제는 맥주의 판매 경로가 술집에서 대형 소매점으로 이동하게 됐다는 것이다. 그런데 기린 맥주는 공급 업체로부터 압력을 받아 소매점 시장에 적극적으로 뛰어들 수 없었다. 그와 반대로 아사히 맥주는 자유롭게 소매점을 집중 공략하였다. 1990년 최고 강자인 기린이 무너지고 새로운 강자 아사히가 탄생하게 되었다. 다시 일본 최고의 맥주로 재기한 것이었다.

4-2 공격과 수비

　적이 나를 이길 수 없게 하는 것은 수비이고, 내가 적을 이길 수 있는 것은 공격이다. 수비하는 것은 적의 병력이 나보다 많기 때문이고, 공격하는 것은 적의 병력이 나보다 적기 때문이다. 수비를 잘하는 자는 땅속에 숨은 것 같이 하여 적이 전혀 공격할 수 없게 하고, 공격을 잘하는 자는 하늘에서 활보하듯이 하여 적이 전혀 방어할 수 없게 한다. 그것이 아군을 보전하면서 완벽하게 승리하는 것이다.

不可勝者, 守也; 可勝者, 攻也. 守則有餘, 攻則不足. 善守者, 藏於九地之下; 善攻者, 動於九天之上, 故能自保而全勝也.

| 풀이 |

　'유여(有餘)'는 많은 것이다. '구지지하(九地之下)'는 땅속 깊이 감춰져 보이지 않는 것이다. '구천지상(九天之上)'은 하늘 높이 자유자재로 날아다니는 것이다. '불가승자(不可勝者) 수야(守也) 가승자(可勝者) 공야(攻也)'는 내가 적을 이기지 못할 때는 방어하고, 내가 적을 이길 수 있을 때에는 공격한다고 해석해도 무방하다. 자보이전승(自保而全勝)에서 '보'는 지키다 보전하다의 뜻이고, '전'은 완벽하다는 의미다. 즉 자신의 군대는 피 한 방울 흘리지 않고 싸움에서 이긴다는 뜻이다.

| 해설 |

적이 아군을 이길 수 없게 하기 위해서는 장수에게 지혜가 있어야 한다. 권율 장군이 오산의 독산성에서 왜군의 공격을 받게 되었다. 독산성은 바위산에 지은 것이라 방어하기에 수월했다. 하지만 물이 없다는 단점이 있었다. 왜군은 이러한 점을 알아내고 전투를 장기전으로 끌고 갔다. 독산성에는 물이 없으니 권율의 군대가 오래 버티지 못할 것이라는 판단에서였다.

왜군의 전략을 눈치 챈 권율은 부하 장수들을 호출하여 자신의 지혜를 전달했다.

"적들이 잘 볼 수 있는 높은 곳에서 말 잔등에 쌀을 끼얹도록 하라!"

이는 흰쌀을 붓는 모습이 멀리서 보면 영락없이 물을 퍼붓는 것처럼 보이기 때문이었다. 심지어 쌀을 퍼붓는 중간에 솔가지로 말의 등을 쓸어 주기도 했다. 멀리서 그 광경을 목격한 왜군 첩보대가 급히 보고하였다.

"권율의 군대는 마실 물이 없어서 조만간 항복할 것이라 예상했습니다. 그런데 저들은 사람뿐만 아니라 말까지 물을 쓰고 있으니 분명 물이 펑

펑 나는 곳이 있는 모양입니다."

왜군은 이내 곧 포위를 풀고 물러갔다. 이 계략으로 권율은 무사히 행주산성으로 들어갈 수 있었다. 권율이 쌀을 말의 등에 붓게 하여 적을 속인 장소는 '세마대(洗馬臺)'라는 이름으로 지금도 남아 있다. 이처럼 아군을 보전하면서 완벽하게 승리한다는 것은 지혜로운 장수만이 가능한 일이다.

송(宋)나라의 개국공신인 단도제(檀道濟)가 북위(北魏) 정벌에 나섰다. 대적하는 북위 군대를 모두 물리쳐 무려 30여 차례 승리를 거두었다. 이윽고 역성(歷城)에 머물 때였다. 그러나 식량이 바닥나서 더는 북위 군대와 싸울 수가 없었다. 단도제는 모든 부대에게 철수를 준비하라고 명령했다.

마침 병사 중에 북위로 투항한 자가 단도제는 식량이 떨어져 철군을 꾀하고 있다는 정보를 팔았다. 북위 군영은 절호의 기회를 만났다고 술렁거렸다. 그러나 섣불리 그 정보를 믿고 공격을 감행했다가는 적의 계략에 넘어갈 수도 있다는 반론도 제기되었다. 북위는 그 정보를 확인하기 위해 단도제 진영으로 몰래 정탐꾼을 보냈다.

일찌감치 적의 이런 동정을 알고 있던 단도제는 비밀리에 군량미를 담당하고 있는 관리에게 철저히 준비를 시켰다. 저녁이 되면 양식을 점검하면서 병사들에게 모래를 쌀처럼 됫박으로 재게 했다. 병사들은 모래를 됫박에 퍼 담으면서 한 되, 두 되, 한 석, 두 석…… 열 석! 하며 큰 소리를 질러 댔다. 모래 가마가 한 가마 두 가마 높게 쌓여 갔다. 주위에는 진짜 쌀알을 어지럽게 흩어 놓았다. 북위의 정탐꾼이 이 광경을 보고는 돌아가 사실대로 보고했다.

"단도제 군영은 양식이 부족한 것이 아니라 아주 넉넉합니다!"

이 소식을 접한 북위 군대는 섣불리 쳐들어가지 못했을 뿐 아니라, 투항해 온 송나라 병사를 죽여 버렸다. 이 계책으로 단도제의 병사들은 모두 무사히 송나라로 철수할 수 있었다.

'창주량사(唱籌量沙)'란 큰 소리를 외쳐 가며 모래를 쌀로 속여 센다는 뜻이다. 가짜로 진짜를 숨기는 전략이다. 지도자는 부하들에게 함부로 궁색함을 보여서는 안 된다. 없어도 있는 것처럼 해야 통솔이 이루어지는 것이다. 군대에 식량이 떨어지면 군심이 동요한다. 굶주린 병사는 싸우지도 못하고 저절로 무너진다. 세상사가 다 이와 마찬가지다. 가난한 자에게 돈을 빌려 주는 은행이 없는 것처럼 말이다.

잠재적 경쟁자

타이어 회사에게 잠재적 경쟁자라면 다름 아닌 타이어를 구매하는 자동차 회사들이다. 예를 들면 한국타이어는 국내 굴지의 전문 타이어 회사이다. 이 회사는 다국적 기업인 포드와 폭스바겐에 제품을 공급하고 있다. 그런데 만약 구매자인 자동차 회사에서 경기 침체나 회사 경영상의 어려움을 이유로 타이어 가격 인하를 제안했다고 가정해 보자. 회사는 구매자의 요구에 맞춰 가격을 인하하면 당연히 수익이 감소할 것이다. 그렇다고 그 요구를 들어주지 않는다면 구매자는 다른 업체를 물색할지도 모른다. 그럴 경우 타이어 회사의 이익이 대폭 줄어든다. 따라서 타이어 회사는 구매자의 요구를 수용하면서도 손실을 최소화하기 위한 전략적 협상을 준비해야 한다. 기업이 장사하기 어렵다고 말하는 것은 바로 이런 경우들 때문이다.

4-3 유비무환

　승리를 내다보는 능력이 일반 사람들이 알고 있는 수준을 뛰어넘지 못한다면 최고라 할 수 없다. 치열한 전쟁에서 승리하여 천하 사람들이 잘했다고 하더라도 그것은 최고라 할 수 없다. 가벼운 털을 손으로 들었다고 힘이 세다고 하지 않으며, 밝은 해와 달을 본다고 눈이 좋다고 하지 않으며, 천둥과 벼락소리를 듣는다고 귀가 밝다고 하지 않는다.

　옛날에 이른바 전쟁을 잘한다는 장수는 쉽게 이길 수 있는 적을 이긴 것이다. 따라서 전쟁을 잘하는 장수가 승리하면 지혜로운 명성이나 용맹한 공적이 없다. 이는 전쟁에서 잘못이 없었기 때문에 이긴 것이다. 잘못이 없다는 것은 그 행한 바가 반드시 이기도록 조치한 것이라 패배할 수밖에 없는 적을 이긴 것이다. 전쟁을 잘하는 자는 패하지 않는 입장에 서서 적이 패하는 기회를 놓치지 않는 것이다. 승리하는 군대는 먼저 승리하는 상황을 만들어 놓은 뒤에 전쟁을 하지만, 패배하는 군대는 먼저 전쟁을 한 후에 승리하기를 바란다. 그러므로 용병을 잘하는 자는 나라의 정치를 바르게 하고 법이 잘 지켜지도록 준수하니 능히 승패를 다스릴 수 있는 것이다.

見勝不過衆人之所知, 非善之善者也; 戰勝而天下曰善, 非善之善者也. 故擧秋毫不爲多力, 見日月不爲明目, 聞雷霆不爲聰耳. 古之所謂善戰者, 勝於易勝者也. 故善戰者之勝也, 無智名, 無勇功. 故其戰勝不忒. 不忒者, 其所措必勝, 勝已敗者也. 故善戰者, 立於不敗之地, 而不失敵之敗也. 是故勝兵先勝而後求戰, 敗兵先戰而後求勝. 善用兵者, 修道而保法, 故能爲勝敗之政.

| 풀이 |

'중인(衆人)'은 일반 사람 또는 남들이라고 해석한다. '추호(秋毫)'란 가을철에 짐승이 털을 갈아서 새로 난 가늘어진 털을 말한다. 몹시 작은 것이란 뜻이다. '뇌정(雷霆)'은 우레 뢰, 벼락소리 정. '특(忒)'은 틀릴 특, 잘못하다의 뜻이다. '조(措)'는 처리할 조. 수도이보법(修道而保法)에서 '수'는 배우다, 바르게 하다, '도'는 전쟁 전에 비교해서 살펴보는 오사(五事) 중 첫번째인 그 도이다. 나라의 안정된 정치를 말한다. '보'는 보존하다 준수하다는 의미다. '법(法)' 역시 오사 중 하나이다. 백성들이 잘 따르고 지키는 법을 말한다.

| 해설 |

한(漢)나라 때 『회남자(淮南子)』를 저술한 유안(劉安)은 정치를 다음과 같이 정의하였다.

"나라 안에서 정치를 잘하면 먼 곳까지도 그 덕을 흠모하게 되고, 싸우기 전에 승리하도록 준비하면 주변 적들이 그 위엄에 복종하기 마련이다."

조선의 개국공신 정도전(鄭道傳)의 병법서 『진법(陳法)』에는 어리석은 장수의 세 가지 형태를 말하고 있다.

"첫째, 믿지 못할 병사를 데리고 승리를 거두려는 자다. 둘째, 지키지 못할 병사를 데리고 지키려는 자다. 셋째, 경험 없는 군대를 이끌고 요행으로 이기기를 바라는 자이다."

싸움이나 일상생활에서 가장 경계해야 하는 것이 요행이다. 하물며 전쟁은 나라의 존립과 백성들의 생사가 달린 일이니 준비하지 않고는 할 수 없는 일이다.

신라 말, 귀족들은 부패하여 토지 착취에 혈안이 되어 있었다. 결국 참다못한 농민들이 전국에 걸쳐 반란의 깃발을 들었다. 이 반란의 가운데 여러 실력자가 있었다. 그중 나중에 후삼국을 주도한 궁예와 견훤이 중심이 되었다. 이때 왕건은 궁예 휘하의 장군으로 있었다. 하지만 궁예의 통치 역시 광기 어린 폭정으로 백성들이 또다시 못살겠다고 들고 일어났다.

915년 궁예의 신하 홍유, 배현경, 신숭겸, 복지겸 네 사람이 은밀하게 모의하고 밤에 왕건의 거처로 찾아갔다.

"장군, 지금 궁예는 부당한 형벌을 가해 자신의 처자식을 죽이고, 신하들에게 죄를 뒤집어 씌워 함부로 학대하고, 백성들의 재산을 함부로 착취하니 도무지 살 수 없는 세상이 되었습니다. 예로부터 어리석은 임금은 폐하고 현명한 임금을 세우는 것은 천하의 큰 도리라 했습니다. 장군께서 왕위에 오르시면 고대 탕왕과 무왕의 왕도정치가 이 땅에 실현되리라 믿습니다."

왕건이 그 말을 듣자 그만 얼굴빛이 변하여 완강히 거절하였다.

"나는 단지 내 직분에 충성을 다하고 있을 뿐입니다. 지금 왕이 난폭하다 해서 감히 배반할 수 없소. 신하가 임금을 바꾸는 것을 혁명이라고 하는데, 나는 실상 덕이 없는 자요. 감히 탕왕과 무왕의 사업을 내가 어찌 본받을 수 있겠소."

그러자 여러 장수가 일제히 예를 갖춰 무릎을 꿇고 말했다.

"기회는 다시 오지 않습니다. 기회를 만나기는 어렵지만 기회를 잃어버리기는 쉽습니다. 하늘이 주시는 것을 받지 않으면 도리어 하늘의 벌을 받게 됩니다. 지금 정치가 어지럽고 나라가 혼란에 빠져 백성들은 궁예를 왕으로 여기는 것이 아니라 원수로 여기고 있습니다. 지금 나라 안에 장군보다 덕망 있는 자가 없습니다. 이 기회를 잡지 않으시면 도리어 어리석은 군주의 칼에 참형을 당하고 말 것입니다. 속히 허락하여 주시옵소서!"

그래도 왕건이 받아들이려 하지 않자, 왕건의 부인 유씨가 나서며 말했다.

"어진 자가 불의한 자를 치는 것은 예부터 도리였습니다. 이는 하늘의 뜻이니 받아 주십시오."

하고는 손수 갑옷을 들어 왕건에게 올렸다. 이에 여러 장수들이 왕건을 호위하여 성문 앞에 나와서 백성들에게 포고하였다.

"왕건 장군께서 정의의 깃발을 들었도다!"

그러자 각지에서 왕건을 따르고자 하는 이들이 헤아릴 수 없이 많았다. 성문 앞에 와서 북 치고 떠드는 자가 만 명이 넘었다. 궁예가 이 소식을 듣고 어찌할 바를 몰라 허둥지둥 변장을 하고 산속으로 도망쳤다. 얼마 후 부양읍 주민들에게 발각되어 살해되고 말았다. 이로써 왕건이 등극하니 고려가 세워졌다.

백성을 다스리는 군주는 덕이 으뜸이다. 이것이 도(道)의 근본인 것이다. 싸우면 이기는 군대는 세 가지 특징이 있다. 첫째, 항상 유리한 태세를 갖춰 적의 공격에 대비한다. 이는 끊임없이 노력한다는 의미와도 같다. 둘째, 강력한 공격으로 적의 어떤 수비도 격파한다. 이는 적이 알지 못하는 비책이 있다는 것이다. 셋째, 적의 움직임을 예의 주시하여 늘 정확한 정보를 갖고 있다. 이는 적을 훤히 알아 만반의 태세를 갖춘다는 것이다.

메디치 효과(Medici effect)

프란스 요한슨(Frans Johansson)은 그의 저서 『메디치 효과』에서 기업의 혁신에 관하여 다음과 같은 일화를 실었다.

다양한 지식과 재능을 지닌 사람들이 각자의 전문성을 바탕으로 의견을 교환하다 보면 생각지도 않은 특별한 아이디어를 얻게 된다. 그 아이디어를 바탕으로 이전에 해결하지 못한 일을 수월하게 처리하는 것을 '메디치 효과(Medici effect)'라 한다. 이는 16세기 무렵 피렌체의 금융업자 메디치 가문이 예술가, 과학자, 상인들이 서로 교류하는 장을 만들어 그로 인해 르네상스 시대를 열었던 것에서 비롯됐다.

건축가 믹 피어스는 생물학에 관심이 많았다. 우연히 한 부동산 회사로부터 색다른 주문을 받았다. 아프리카에는 전기가 부족하니 에어컨 없이도 시원한 쇼핑센터를 만들어 달라는 부탁이었다. 피어스는 이 제안이 무척 흥미로워 흔쾌히 수락했다. 하지만 어떻게 작업을 할 것인지 난감하기만 했다.

우연히 생물학자를 만나 대화를 나누던 중 호주에 사는 흰개미에 대한 이야기를 듣게 되었다. 그 내용은 이러했다.

흰개미는 몸길이가 6mm밖에 되지 않지만 땅속에 자신보다 1,000배나 달하는 6m 높이의 집을 짓고 산다. 그런데 그 실내 온도가 항상 일정하다는 것이다. 땅속과 지면 위에 통풍구를 세운 뒤 맨 위쪽 통풍창을 열고 닫음으로써 내부 온도를 조절하기 때문이다.

피어스는 여기서 아이디어를 얻었다. 곧바로 작업에 착수했다. 쇼핑센터가 지어질 곳은 영상 40도에 이르는 더운 지역이었다. 하지만 건축물을 높게 지어 지붕 쪽에 통풍구를 달았고 아래쪽으로 통하게 하였다. 쇼핑센터는 에어컨 없이도 늘 시원한 온도를 유지할 수 있었다.

기업에서 혁신이란 다른 기업과 차별화하여 경쟁에서 우위를 점하는 전략이다. 이는 전쟁에서 지혜로운 장수가 적이 결코 아군을 이길 수 없게 하는 것과 같은 이치이다. 하지만 혁신은 고정관념으로 할 수 있는 것이 아니다. 창의성이라는 새로운 방식에서 얻는 것이다.

4-4 병법 실행의 다섯 가지 요소

　병법을 실행할 때는 다섯 가지 요소를 살펴야 한다. 첫째는 나라 땅의 면적인 도(度)이고, 둘째는 그곳에서 생산되는 물자와 자원의 양(量)이고, 셋째는 나라의 인구인 수(數)이다. 넷째는 적과 비교하는 칭(稱)이고, 다섯째는 승패를 가르는 승(勝)이다. 땅을 가져야 토지의 면적이 생기고, 토지의 면적에서 물자와 자원이 생긴다. 물자가 있어야 그만한 인구가 생기고, 그 인구로 적과의 역량을 비교할 수 있다. 그 비교를 통하여 전쟁의 승리를 결정하는 것이다. 그러므로 전쟁에서 승리하는 군대는 무거운 물건을 가벼운 저울에 올려놓고 눈금을 보는 것과 같고, 패배하는 군대는 가벼운 물건을 무거운 저울에 올려놓고 눈금을 보는 것과 같다.

　이처럼 전쟁에서 승리하는 장수는 병사를 지휘하는 것이 마치 천 길 깊은 계곡에 모아 두었던 물을 한 번에 터뜨리는 것과 같으니 이를 형(形)이라 한다.

兵法: 一曰度, 二曰量, 三曰數, 四曰稱, 五曰勝. 地生度, 度生量, 量生數, 數生稱, 稱生勝. 故勝兵若以鎰稱銖, 敗兵若以銖稱鎰. 勝者之戰民也, 若決積水於千仞之溪者, 形也.

| 풀이 |

　'도(度)'는 길고 짧음을 알 수 있는 길이의 단위다. 주로 토지를 잴 때 사용하였다. '양(量)'은 용량의 단위로 생산량을 말한다. 땅이 크면 물자가 많고, 물자가 많으면 전쟁에 쓸 물자 또한 많기 마련이다. '수(數)'는 인구와 병사를 징집하는 수량에 쓰였다. 인구가 많으면 차출할 병사가 당연히 많은 것이다. '칭(稱)'은 본래 무게를 재는 것에 사용하였다. 나중에 많고 적음을 비교하는 뜻으로 바뀌었다. '일(鎰)'은 큰 단위로 24냥을 말하고, '수(銖)'는 작은 단위로 24분의 1냥을 말한다. 즉, 수와 일의 비율은 1대 576이다. '전민(戰民)'은 백성을 지휘해 작전을 펼치는 것을 말한다. '결(決)'은 무너뜨리다, 터뜨리다의 의미다. 천인(千仞)에서 '인'은 대략 2미터로, 약 2,000미터의 아주 깊은 계곡을 말한다. '계(溪)'는 골짜기이다.

| 해설 |

　사마천의 『사기열전』에 보면 한신(韓信) 장군의 전략을 구체적으로 기술하였다. 한신이 제(齊)나라를 치자 제나라 왕은 고밀 지역으로 달아나면서 초(楚)나라 항우에게 구원병을 요청했다. 그러자 항우는 자신의 부장인 용저(龍且) 장군과 20만 대군을 구원병으로 보냈다. 용저 장군이 한신과 싸우려 할 무렵, 부하 중 하나가 나서서 말했다.

"한신의 군대는 멀리서 왔으니 속히 있는 힘을 다해 싸울 겁니다. 그 기세는 날카로워 쉽게 꺾기 어렵습니다. 반면에 제나라와 초나라 연합군은 자기 땅에서 싸우기 때문에 쉽게 흩어져 패할 것입니다. 그러니 이 싸움은 전술의 변화가 필요합니다. 우선 성벽을 높이 쌓아 지키는 것이 중요합니다. 그리고 한신이 점령한 성마다 제나라 왕이 신임하는 신하를 보내 초나라 군대가 도우러 왔다고 하면 모두 한나라를 배신할 것입니다. 한나라 군대는 2,000리나 떨어진 곳에서 왔습니다. 제나라의 모든 성이 배신하면 식량을 얻을 수 없을 것이고, 그러면 그들은 스스로 항복하고 물러갈 것입니다."

이에 장군 용저가 말했다.

"내가 한신을 잘 안다. 그는 상대하기 쉬운 자이다. 그런데 제나라를 구원하러 와서 싸우지 않는다면 이게 어찌 장군의 공이겠는가? 지금 나가서 싸우면 분명히 이긴다. 이기면 제나라의 절반은 나의 것이 된다. 그러니 어찌 그만두겠는가?"

결국 용저는 싸우기로 하고 유수 지역에서 한신과 대치하였다. 그날 밤 한신은 병사들에게 큰 주머니를 만 개 정도 만들라고 했다. 거기에 모래를 가득 담아 유수 상류를 막게 했다. 그리고 군대를 이끌고 유수를 반쯤 건너가서 용저를 공격하다가 지는 척하고 돌아서 달아났다. 그걸 보고 용저가 말했다.

"한신, 네놈이 원래 겁쟁이라는 걸 나는 알고 있다."

용저는 군대를 이끌고 한신을 뒤쫓았다. 유수를 중간쯤 건널 무렵, 도망치는 한신이 상류의 모래주머니를 터뜨리라 명령했다. 갑자기 물이 쏟아져 내렸다. 용저의 군사들은 대부분 수장되었고 살아 돌아간 군사가 절반도 못 되었다. 이어 한신은 용저를 쫓아가 칼로 쳐 죽였다. 용저가 죽자 군사들은 모두 달아났다. 제나라 왕도 도망갔다. 한신이 쫓아가 성양에서 모두 사로잡았다.

초나라 20만 대군을 물리친 한신의 병법은 천 길 계곡에 모아 두었던 물을 한꺼번에 터뜨리는 손자의 병법을 응용한 것이다. 바로 군형의 예를 보여 준 것이다.

란체스터(Lanchester) 법칙

전투를 하고 난 후에 적과 아군의 손실률과 잔존 병력의 수를 수학적으로 모형화한 것을 란체스터 법칙이라 한다. 이는 제1차 세계대전 중 영국의 항공 공학자인 F. W. 란체스터가 힘의 법칙을 과학적으로 연구하여 체계적으로 전략을 수립하는 데 도움이 되고자 고안하였다.

그중 하나가 란체스터의 제곱법칙이다. 예를 들자면 아군의 전투기가 100대이고 적군의 전투기가 60대일 경우 각 군의 전력은 병력 수의 제곱이 된다는 것이다. 각각 1만과 3,600이 된다. 10,000-3,600=6,400. 이것을 루트로 계산하면 80이 된다. 즉, 80이라는 숫자는 적군의 전투기 60대가 전멸했을 때 아군에 남아 있는 전투기 수이다. 당연히 아군의 승리인 것이다. 이처럼 싸우기 전에 전력 차이는 얼마 되지 않아도 전쟁의 결과에는 큰 차이가 나는 것이다.

제五편

세

勢

세(勢)란 형(形)이 완성되어 적을 공격하는 행동을 말한다. 즉, 모든 힘을 집중시켜 물밀듯이 쳐들어가 적을 섬멸시키는 것이다. 그래서 파죽지세(破竹之勢)라 표현한다. 형(形)은 정적이고 세(勢)는 동적이다.

손자는 세의 원리로 조직과 소통을 강조했다. 조직되지 않은 군대는 오합지졸이요, 조직된 군대야말로 전쟁을 할 수 있다고 말한다. 조직은 수십만 병사를 소수의 병사를 통솔하듯이 할 수 있는 편제이다. 그 질서정연한 통솔의 원리는 바로 명령 전달이 확실하기 때문이다.

군대의 편제는 언제부터 시작되었을까? 기원전 1100년 경, 주(周)나라 무왕이 은(殷)나라를 공격하기 위해 출정했다. 목야 들판에서 두 나라가 대치하였다. 이때 주나라의 병력은 전차 300대와 병사 5만이었다. 하지만 은나라의 병력은 70만 대군이었다. 이때 주나라 무왕이 처음으로 군대 편제를 활용하여 그 유용성을 증명하였다. 은나라 군대는 조직과 명령 체계가 불분명했다. 반면에 주나라는 명확하고 확실했다. 그 하나만으로도 주나라는 은나라를 멸망시키기에 충분했다.

이 장에서는 군대를 다스리는 원리, 이기는 형세, 기세와 절도, 변칙 전술에 대해 논한다.

5-1 군대를 다스리는 원리

　손자가 말했다. 많은 병력을 다스리기를 마치 적은 병력을 다스리듯 할 수 있는 것은 분수(分數) 때문이다. 많은 병력을 지휘하며 싸우는 것이 마치 적은 병력을 지휘하듯 싸울 수 있는 것은 형명(形名) 때문이다. 삼군의 군대가 적의 공격을 받더라도 패배하지 않는 것은 기정(奇正) 때문이다. 아군 병력이 많아지면 숫돌로 계란을 치듯이 적을 공격할 수 있는 것은 허실(虛實) 때문이다.

　孫子曰: 凡治衆如治寡, 分數是也; 鬪衆如鬪寡, 形名是也; 三軍之衆, 可使必受敵而無敗者, 奇正是也; 兵之所加, 如以碬投卵者, 虛實是也.

| 풀이 |

　'분수(分數)'란 군대를 세분화한 편성으로, 합리적인 조직과 효율적인 편제를 말한다. '투(鬪)'는 싸울 투. 두 사람이 멱살을 잡고 싸우는 모습이다.

'형명(形名)'은 군대의 지휘, 연락, 소통 체계이다. '형'은 전술을 바꿀 때 사용하는 깃발이고, '명'은 전진과 후퇴를 명하는 북과 징을 말한다. 깃발은 시각적으로 명령을 전달할 수 있는 도구이고, 북과 징은 소리로 명령을 전달할 수 있는 도구다. 또 깃발은 낮에 명령을 전달하고 북은 어둠 속에서도 효과적으로 명령을 전달한다.

'기정(奇正)'은 형세 변화에 따른 전술 변화이다. 적의 전술에 따라 맞싸우는 것을 '정(正)'이라 하고, 적의 허점을 알고 나서 전술을 변칙으로 사용하는 것을 '기(奇)'라 한다. 여의단투란자(如以碬投卵者)에서 '단'은 숫돌 단, '란'은 알 란. '허실(虛實)'에서 적의 주력부대에 맞서는 것이 '허(虛)'이고, 적의 허약한 부분을 공격하는 것은 '실(實)'이다. 실로 허를 공격하는 것은 돌로 계란을 치는 것과 같다는 뜻이다. 분수와 형명은 아군을 다스리는 것이고, 기정과 허실은 적군의 병력에 대응하는 전략이다.

| 해설 |

고대 국가에서는 10만 병력의 군대를 어떻게 관리했을까? 바로 군(軍), 여(旅), 졸(卒), 오(伍)로 나누어 각 등급을 정하고 그에 따른 책임 군관을 배치하여 운용하였다. 이런 체계적인 조직 편제를 가능하게 한 것이 바로 '분수'이다. 이는 현대에 와서도 그대로 이어져 소대, 중대, 대대, 연대, 사단, 군단으로 나누는 것은 명령에 따른 통솔의 효율성을 높이기 위해서이다.

고대의 병법서 『삼략(三略)』에는 다음과 같은 기록이 있다.

"세(勢)에 따라 싸우면 마치 강물을 터서 조그만 모닥불을 끄는 것과 같고, 높은 벼랑에서 떨어지는 사람을 뒤에서 미는 것과 같다. 이는 곧 손만 대면 이기도록 되어 있는 싸움인 것이다."

한비자는 '기정(奇正)'에 관해 다음과 같이 말했다.

"적에 대항하는 군대는 속임수와 거짓을 싫어하지 않는다.(兵陣之間 不 厭詐僞.)"

일본의 최고 검객 미야모토 무사시(宮本武藏)가 쓴 병법서 『오륜서(五輪 書)』에는 이 '세(勢)'의 개념을 박자라고 설명하였다.

"일을 하다 보면 영전이라는 박자가 있는가 하면, 실각하는 박자도 있 다. 하는 일마다 생각대로 되는 박자가 있는가 하면, 뜻대로 되지 않는 박자도 있다. 돈을 잘 벌어 부자가 되는 박자가 있는가 하면, 돈을 다 잃 고 파산하는 박자도 있다."

이는 악기를 연주할 때 박자를 잘 타야 하듯이 싸움을 잘하자면 세를 잘 타야 한다는 뜻이다. 말 꼬리에 붙은 힘없는 파리는 날갯짓 한 번 하 지 않아도 천 리를 갈 수 있다. 흐름을 타면 매 경기 삼진만 당하는 타자 도 안타를 치게 된다. 일단 분위기가 떴다 하면 별것도 아닌 것에 폭소가 터지는 법이다. 이기는 박자에서 싸우면 이기는 것이 당연한 것이다. 그 러니 지는 박자에서 싸우는 건 바보나 하는 짓이다.

명(明)나라 때 문인 능몽초(凌濛初)가 집필한, 책상을 칠 정도로 기이하고 총명한 이야기라는 제목의 『이각 박안경기(二刻 拍案驚奇)』에 진짜가 가짜가 되는 이야기가 나온다.

남송(南宋) 무렵 임안 지역에 아래야(我來也)라는 도둑이 살았다. 그는 물 건을 훔치고 나면 항상 그 집 벽에 자신의 이름을 커다랗게 써서 남겼다. 그 집에서는 이 글씨를 보고 도둑이 들었다는 것을 알았다. 하지만 아래 야의 행동이 하도 신출귀몰하고 정체도 알 수 없어서 관가에서는 도무지 잡을 수가 없었다.

날이 갈수록 도둑으로 인한 피해가 커지자 임안 시장이 아래야에 대한 체포령을 내렸다. 대대적인 조사와 추격으로 아래야는 체포되었다. 그러나 그가 정말 아래야인지는 관원 누구도 확신할 수 없었다. 관아에 압송되어 심문을 받게 되자 아래야가 말했다.

"소인은 그저 평범한 백성입니다. 포졸들이 무작정 저를 잡으면서 아래야를 체포했다고 했습니다. 소인은 결코 아래야가 아닙니다."

진위를 판가름하기 어려운 상황이라 우선 그를 옥에 가두었다. 옥에 갇힌 아래야는 담당 옥졸에게 말했다.

"당신에게 보호비를 줘야 하는데 지금은 관원들에게 가진 것을 다 빼앗기고 말았소. 그러니 내 말을 잘 귀담아들으시오. 시내에 나가거든 악묘의 신상이 모셔진 자리 밑을 파 보시오. 당신에게 줄 선물이 있을 것이오."

옥졸은 반신반의했지만 악묘에 가서 땅 밑을 파 보니 과연 은이 한 주머니 들어 있었다. 그날 이후로 옥졸은 아래야를 누구보다 잘 돌보아 주었다. 어느 날 아래야가 옥졸에게 말했다.

"이렇게 잘 돌보아 주시니 감사합니다. 혹시 시장에 나가거든 다리 밑세 번째 돌을 들어 보시면 선물이 있을 겁니다."

옥졸이 그날 밤 가서 돌을 들어 보니 과연 은이 한 주머니 또 숨겨져 있었다. 옥졸은 아래야를 더욱 신뢰하게 되었다. 얼마 후 저녁 무렵에 아래야가 옥졸에게 말했다.

"새벽에 집에 다녀오도록 해 주십시오. 새벽 5시까지는 돌아오겠습니다."

옥졸은 차마 거절할 수 없었다. 믿고 내보내 주었다. 과연 새벽 5시가 되자 아래야가 돌아왔다.

"집에 다녀오도록 해 주셨으니 그 보답으로 어제 형님 집에 선물을 두고 왔습니다."

옥졸이 아침에 집에 들어가니 아내가 호들갑을 떨며 말했다.

"오늘 새벽에 갑자기 하늘에서 금은보화가 잔뜩 들은 보따리가 하나 떨어지지 않겠어요. 이건 아무래도 하늘이 내려 주신 선물인가 봅니다."

그 말에 옥졸은 너무도 감격하여 어쩔 줄을 몰랐다. 다음 날 옥졸이 출근하여 아래야에게 눈짓으로 고마움을 표했다. 그러자 아래야가 손가락을 입에 갖다 대며 비밀로 해 달라고 했다. 옥졸은 고개를 끄덕였다. 그런데 갑자기 어젯밤 도둑이 들었다는 신고가 관청에 줄을 이었다. 모두들 벽에 아래야라는 글자가 적혀 있었다고 말했다. 관원들이 가서 확인해 보니 글씨체는 이전에 것과 똑같았다. 보고를 받은 임안 시장이 말했다.

"아무래도 지난 번 잡은 놈이 진짜가 아닌 것 같다. 아래야는 여전히 활동하고 있지 않은가?"

옥졸은 그 말을 듣고 자신이 한 마디 해 주고 싶었다. 하지만 아래야가 자신에게 베푼 것을 생각하여 그만 입을 닫았다. 아래야는 그날 석방되어 유유자적하며 관원을 빠져나갔다.

'만천과해(滿天過海)'란 하늘을 가리고 바다를 건넌다는 뜻이다. 상대가 알 수 없도록 진짜를 가짜로 속인다는 의미다. 전쟁에서 이처럼 적을 속일 수 있다면 아군은 이길 수밖에 없는 싸움을 하는 것이다. 그래서 전쟁은 속임수를 싫어하지 않는다.

주력 시장을 벗어난 전략

기정(奇正)을 활용한 기업 전략으로 미국 엔터프라이즈(Enterprise) 렌터카의 성공 사례를 들 수 있다. 엔터프라이즈 렌터카는 선두 업체들의 주력 시장을 피해서 사업을 시작한 독특한 경우이다.

당시 미국 렌터카 업체는 에이비스(Avis)와 허츠(Hertz)가 선두를 달리고 있었다. 이 두 회사의 영업 전략은 출장이나 여행 목적으로 공항에서 차를 빌리는 고객에게 집중했다. 따라서 이 두 회사는 공항 이용 고객층을 놓고 치열한 경쟁을 벌이고 있었다.

하지만 엔터프라이즈 렌터카는 접근 방법에서 전략을 달리했다. 출장이나 여행 목적보다는 차가 갑자기 고장 나거나 혹은 사정상 차가 한 대 더 필요한 일반 고객들을 주목했다. 이런 고객들은 두 경쟁사의 주력 고객이 아니기 때문에 치열한 경쟁에서 빗겨 날 수 있었다.

그리고 엔터프라이즈 렌터카는 공항보다는 도심에 사무실을 차렸다. 이런 전략이 맞아떨어지면서 회사는 이후 허츠와 에이비스와 경합하는 북미 최대 업체로 성장할 수 있었다. 이는 실을 피하고 허를 찔러 성공한 사례이다.

5-2 변칙 전술

무릇 전쟁은 정공법으로 싸우다가 변칙 전술로 이기는 것이다. 변칙을 잘 쓰는 자는 그 변화가 천지처럼 무궁하고 강과 바다처럼 마르지 않는다. 끝난 것 같지만 다시 시작하는 것이 해와 달과 같으며, 죽은 것 같지만 다시 살아나는 것이 사계절의 변화와 같다.

소리의 기본은 다섯 가지에 불과하지만 그 다섯 가지가 변화를 일으키면 다 들을 수 없다. 색의 기본은 다섯 가지이나 그 다섯 가지가 변화를 일으키면 다 볼 수가 없다. 맛의 기본은 다섯 가지에 불과하지만 그 다섯 가지가 변화하면 그 맛을 다 알 수 없다. 전쟁에서 힘의 대결은 기와 정 두 가지에 불과하지만 기정(奇正)이 변화하면 그 전술이 무궁무진하여 다 알 수 없다. 기정이 서로 뒤섞여 만들어 내는 변화가 마치 순환하는 것처럼 끝이 없다. 그러니 누가 능히 그 다함을 알 수 있겠는가?

凡戰者, 以正合, 以奇勝. 故善出奇者, 無窮如天地, 不竭如江海. 終而復始, 日月是也. 死而復生, 四時是也. 聲不過五, 五聲之變, 不可勝聽也; 色不過五, 五色之變, 不可勝觀也; 味不過五, 五味之變, 不可勝嘗也; 戰勢不過奇正, 奇正之變, 不可勝窮也. 奇正相生, 如循環之無端, 孰能窮之哉?

| 풀이 |

정합(正合)에서 '합'은 맞서 싸우는 '대(對)'의 의미다. '갈(竭)'은 다할 갈. '오음'은 궁상각치우(宮商角徵羽), '오색'은 청황적백흑(靑黃赤白黑), '오미'는 감산고신함(甘酸苦辛鹹), 모두 오행과 밀접한 관련이 있다. '불가승(不可勝)'은 할 수 없다, 또는 알 수 없다로 해석한다. 기정상생(奇正相生)에서 '상생'은 서로 뒤섞여 만들어 내는 것이다. 숙능궁지재(孰能窮之哉)에서 '숙'은 누구 숙, '지'는 기정을 말한다.

| 해설 |

삼군의 군대가 적의 기습 공격을 받더라도 패하지 않는 것은 기정 때문이다. 기정은 자신을 보호하고 적을 이기는 전술 변화를 말한다. 그러니 전쟁은 정직함으로 적과 싸우고 변칙으로 승리하는 것이다. 이는 적을 속여 이긴다는 뜻이다. 정직하게 적이 다 알 수 있게 대응하면 결코 이길 수 없다. 승리하려면 반드시 변칙을 발휘하여 정직함을 깨뜨리고, 또 상대가 변칙을 발휘하면 그 변칙을 깨는 또 다른 변칙을 발휘해야 이기는 것이다.

형체가 있는 물건은 모두 이름이 붙어 있으며, 이름이 있는 물건은 모두 이기는 방법이 있다. 적의 형세를 제어하는 것은 한 가지지만 이기는 것은 한 가지일 수 없다. 적의 형세에 대응하여 아군 또한 형세로 이기려는 것이 정(正)이다. 적의 형세에 대응하여 아군은 형세 없이 이기려는 것이 기(奇)이다. 전쟁은 같은 방법으로 이길 수 없기 때문에 매번 다른 변화가 있어야 이길 수 있다.

고요함은 움직임의 기이며, 편안함은 수고로움의 기이다. 배부름은 배고픔의 기이며, 다스림은 어지러움의 기이다. 많음은 적음의 기이다. 서로 공격을 주고받는 것은 정이다. 내가 수를 내어서 상대가 대응할 수 없는 것이 바로 기이다.

전국시대 제(齊)나라에 전단(田單)이라는 유명한 장군이 있었다. 강대국인 연(燕)나라 소왕(昭王)이 대장군 악의(樂毅)에게 제나라를 공격하도록 명했다. 악의는 질풍노도와 같이 쳐들어가 제나라의 도읍과 크고 작은 도시 70여 곳의 성을 점령하였다. 단지 즉묵성과 거성 두 곳만을 함락시키지 못한 상태였다. 이때 즉묵성을 지키는 제나라 장수가 바로 전단이었다.

악의는 전쟁에 관한 한 명장이었다. 이를 알고 있는 제나라 전단은 수비에 일관하며 도무지 성 밖으로 나오지 않았다. 그러자 악의 역시 성곽만 포위하고 공격하지 않았다. 전단과 똑같이 수비에 전념했다. 그러면서도 제나라 백성들이 행여 성 밖으로 나오면 음식을 나누어 주면서 크게 환대하는 전술을 폈다.

이때 전단이 이대로 있다가는 전멸할 것을 우려하여 기정지술(奇正之術)을 사용하였다. 우선 단결된 적을 이간시키는 계략이었다. 연나라는 그 무렵 소왕이 죽고 혜왕이 즉위하였다. 마침 혜왕은 악의 장군과 사이가 좋지 않았다. 전단이 그 틈을 이용해 유언비어를 퍼뜨렸다.

"악의가 즉묵성을 공격하지 않는 이유는 기회를 틈타 제나라 임금이 되려는 얄팍한 속셈 때문이다."

혜왕이 그 소문을 듣고 곧바로 악의를 파면하고 기겁(騎劫)이라는 장수로 교체하였다. 장수가 교체되자 연나라 군대는 크게 동요하였다. 전단이 그 틈을 이용해 적진에 첩자를 잠입시켜 헛소문을 퍼뜨렸다.

"전단이 지금 가장 걱정하는 것은 연나라가 제나라 포로들의 코를 베어 공성작전에 내세우는 것이다. 그렇게 하면 즉묵성은 무너지고 말 것이다."

기겁 장군은 이를 정말로 믿고 제나라 포로들의 코를 모두 베었다. 즉묵성에 있던 제나라 백성들과 병사들이 이 광경을 보고 모두 분노하여 치를 떨었다. 이어 전단은 또 첩자를 보내 다른 소문을 퍼뜨렸다.

"전단이 진짜 두려워하는 것은 연나라가 즉묵성 밖의 제나라 조상의 무덤을 파헤치는 것이다. 그러면 두려워 곧 항복할 것이다."

기겁 장군이 이 소문대로 제나라 조상의 무덤을 마구 파헤쳤다. 뼈를 톱질하고 불태우는 만행을 저질렀다. 성에서 그 광경을 지켜보던 제나라 병사들과 백성들이 모두 분노하여 비통함에 잠겼다. 당장에 저들과 싸우게 해 달라고 전단 장군에게 아우성쳤다.

전단은 이 정도면 제나라 병사들이 충분히 싸울 태세가 되었다고 판단했다. 이에 위장술을 써서 적을 안심시키기로 했다. 정예 병력을 감춰 두고 일부러 성 위에는 노약자와 부녀자와 아이들만 보이게 하였다. 그리고 곧 항복할 것이라고 소문을 흘려보냈다. 연나라 군대가 이 소문을 듣자 전쟁은 곧 끝날 것이라고 모두 환호하였다. 이제 집으로 돌아간다는 믿음에 연나라 병사들은 차츰 해이해졌다.

드디어 전단이 공격에 나섰다. 공격의 주된 전술은 화공법(火攻法)이었다. 성안에 있는 천여 마리의 소를 징발하여 진홍색 옷을 둘러 입히고 울긋불긋한 용무늬를 그려 넣었다. 그리고 쇠뿔에 날카로운 칼을 비끄러 매고 쇠꼬리에는 기름을 먹인 줄을 길게 묶어 놓았다.

칠흑같이 어두운 그믐밤, 전단은 성문을 열고 꼬리에 불을 붙인 소떼를 내몰았다. 뜨거운 불길에 성난 소떼는 미친 듯이 연나라 진영으로 달려갔다. 그리고 소떼 뒤에 제나라 정예병사 5천 명이 바짝 뒤따랐다. 한밤중 단꿈에 젖어 있던 연나라 군사들은 깜짝 놀랐다. 울긋불긋한 용무늬 소떼를 보고 천신이 강림한 줄 알고는 투지를 상실한 채 모두 도망가기 바빴다. 더구나 그 와중에 기겁 장군이 칼에 맞아 죽자 연나라 병사들은 뿔뿔이 흩어졌다. 이를 기회로 전단은 연나라 군대를 맹추격하여 지금껏 잃었던 성 70여 곳을 잇달아 탈환하고 제나라 도읍을 다시 수복하였다. 이런 기상천외한 계책이 바로 기와 정의 변화인 것이다.

조조는 기정을 다음과 같이 정의하였다.

"정(正)은 적과 맞서 싸우고 기(奇)는 옆에서 적이 방비하지 않는 곳을 공격하는 것이다. 아군이 둘이고 적은 하나라면 하나는 정으로 하고 다른 하나는 기로 하여 공격한다. 아군이 다섯이고 적이 하나면 셋은 정으로 하고 둘은 기로 공격한다."

원가 우위 전략

기(奇)와 정(正)의 변화는 경제비용에서 그 사례를 찾아볼 수 있다. 저비용 항공사란 운영비용 절감을 통해 기존 항공사보다 저렴한 요금을 받는 항공사를 통칭한다. 아일랜드 라이언에어(Ryanair)는 여행사를 통하지 않고 직접 웹사이트를 통해 항공 티켓을 판매하고 있다. 유통 구조를 한

단계 없애자 항공 가격을 낮출 수 있었다. 더구나 이 항공사에는 좌석번호가 없다. 승객들이 탑승하는 순서대로 앉고 싶은 자리에 앉으면 된다. 승객들이 자리를 찾느라 통행로를 막는 일이 없으니 운행시간을 단축할 수 있었다.

다른 항공사는 공항 프런트에서 별도의 발권 수속을 밟아야 탑승을 할 수 있지만 라이언에어는 달랐다. 승객들이 항공 티켓을 직접 프린트해 오면 바로 탑승할 수 있도록 했다. 이로 인해 발권과 탑승 수속에 드는 시간도 줄였다. 또 가방 크기도 제한했다. 기내에는 정해진 크기의 가방 하나만을 갖고 들어갈 수 있도록 했다. 가방이 규정보다 크면 추가 요금을 받았다. 이로 인해 비행기 복도에서 짐을 올리고 정리하느라 걸리는 시간을 줄일 수 있었다.

다른 항공사에서 흔히 볼 수 있는 부가서비스도 모두 없앴다. 비즈니스석도 없애고 모든 좌석에 동일한 가격을 매겼다. 좌석 앞쪽에 잡지 등을 넣는 주머니도 없앴다. 신문이나 잡지는 따로 주지 않았다. 안전지침은 아예 의자에 스티커로 붙여 놓았다. 기내식과 음료도 원하는 사람에게만 돈을 주고 팔았다.

라이언에어는 한 대의 비행기를 하루에 8번 띄운다. 주유, 기내 청소, 물품 준비, 화물 싣고 내리기 등의 작업을 하는 데 비행기 한 대당 평균 25분밖에 걸리지 않기 때문이다. 비결은 다른 작업과 동시에 주유를 하는 것이다. 다른 항공사는 이륙 직전에 시간을 따로 내어 주유하기 때문에 하루 4~5회 띄우는 정도이다.

또한 이 회사는 이용자가 적은 변두리 공항을 주로 사용한다. 이는 혼잡으로 인한 시간 지연을 피하기 위해서이다. 이런 다양한 원가절감 시스템으로 인해 타 항공사에 비해 낮은 가격을 유지하면서도 이익을 낼 수 있었다. 2010년을 기준으로 매출액 5조 5천억 원, 당기 순이익은 6천억 원이다. 이 정책을 도입한 것은 전적으로 최고 경영진의 판단이었다.

"항공기를 이용하는 고객들은 저렴한 가격과 정시 출발만 보장된다면 서비스는 큰 문제가 아니다."

이런 서비스 파괴를 통한 원가절감이 바로 정에 대항하는 기의 전략인 것이다. 노자는 기정을 다음과 같이 말했다.

"정당함으로 나라를 다스리고 기발함으로 병사를 쓴다."

5-3 기세와 절도

급류가 세차게 흘러 무거운 돌도 뜨게 할 수 있는 것이 세(勢)이다. 맹금류가 재빨리 내려와 먹이를 잡아채는 것이 절(節)이다. 그러므로 전쟁을 잘하는 자는 기세가 맹렬하고 절도는 민첩하다. 기세란 팽팽히 잡아당긴 활과 같고, 절도란 시위에서 손을 탁 놓은 화살과 같다.

激水之疾, 至於漂石者, 勢也; 鷙鳥之疾, 至於毀折者, 節也. 是故善戰者, 其勢險, 其節短. 勢如彍弩, 節如發機.

| 풀이 |

격수지질(激水之疾)에서 '격수'는 급류를 말하고, '질'은 빠를 질. 세차게 흘러가는 것을 의미한다. '표(漂)'는 뜨다, '훼(毀)'는 헐다, 부수다의 뜻이다. 지조지질(鷙鳥之疾)에서 '지조'는 사나운 새 맹금류를 말한다. '지'는 맹금류 지. '질'은 먹이를 낚아채려 재빠르게 하강하는 것이다. '훼절(毀折)'

은 헐 훼, 꺾을 절. 잡아 채여 꺾는다는 의미다. 세험(勢險)에서 '세'는 기세를 말하고 '험'은 맹렬하다는 뜻이다. 절단(節短)에서 '절'은 절도를 말하고 '단'은 짧게 행동하는 것이니 민첩하다는 의미다.

세여확노(勢如彍弩)에서 '확'은 당길 확, 활 노. 활시위를 팽팽히 당기는 것이다. 절여발기(節如發機)에서 '발기'는 손을 놓아 발사된 화살이다. 방아쇠를 당기는 것이 가장 중요한 일격인 것이다.

| 해설 |

기세에 관한 싸움이라면 백제의 계백과 신라 김유신의 대결을 예로 들수 있다. 660년 신라는 당나라와 동맹을 맺고 백제 공격을 단행하였다. 당나라 장수 소정방(蘇定方)이 13만 대군을 이끌고 서해를 건너 백제로 진군했고, 신라는 김유신이 5만 병력을 이끌고 육로로 출전했다. 백제 의자왕이 이 위급한 상황을 보고받고 신하들에게 대책을 강구했다. 신하 의직(義直)이 아뢰었다.

"먼저 당나라 군대와 결전하여 기세를 꺾어야 합니다."

신하 상영(常永)이 아뢰었다.

"아닙니다. 먼저 신라군을 꺾은 뒤에 당나라 군대를 치는 것이 합당합니다."

의견이 분분하자 결국 의자왕은 귀양 중이던 신하 흥수(興首)에게 사람을 보내 자문을 구했다. 흥수는 다음과 같이 건의하였다.

"평야에서 신라 군대와 접전하면 아군이 크게 불리합니다. 우선 금강을 지켜 당나라 군대가 상륙하지 못하게 하고, 탄현을 막아 신라군이 넘지 못하게 하여 그 둘이 지칠 때까지 기다렸다가 공격하시면 이길 수 있습니다."

그러나 일부 간악한 무리들은 다르게 건의하였다.

"당나라 군대가 금강에 들어오고 신라 군대가 탄현을 넘은 후에 공격하는 것이 우리 아군에 이롭습니다."

이렇게 의자왕이 주저하고 있을 때, 신라군은 이미 탄현을 넘어 황산벌로 진격해 오고 있었다. 그제야 의자왕은 계백(階伯) 장군에게 군사 5천 명을 주어 서둘러 신라군을 저지하도록 명했다. 계백은 출병에 앞서 비장한 각오를 보였다.

"내 처와 자식들이 적의 노비가 되어 굴욕적으로 살 수는 없다. 차라리 죽는 것이 낫다."

하고는 자신의 처자식을 죽인 것이다. 이어 병사들에게 호소하였다.

"백제의 용사들아, 사랑하는 나의 군사들아. 우리는 이제 마지막 싸움에 이르렀다. 더 물러설 곳이 없다. 오늘 이 싸움에 사랑하는 부모형제와 처자, 그리고 나라의 운명이 달려 있다. 적군은 우리보다 열 배나 많은 5만 병력이다. 하지만 백제의 용사들아, 우리가 언제 신라와 싸워 단 한 번이라도 진 적이 있었던가? 그러니 두려워 마라. 그대들 각자가 죽기를 각오하고 싸우면 분명코 이길 것이다. 자, 용기를 내어 나아가자!"

백제군이 우렁찬 함성과 함께 진격하자 신라 군대도 총공격을 명했다. 진군의 북소리와 함성이 귀청을 찢을 듯이 하늘에 울려 퍼졌다. 서로 간에 화살이 비 오듯 하고 무수한 창검이 부딪혔다. 그렇게 싸움은 네 차례나 물러서기를 반복했지만 좀처럼 승부가 나지 않았다. 병력에서 절대 우세인 신라군은 백제 오천 결사대의 기세를 당해 내지 못했다. 밀리지는 않았지만 만여 명의 병사가 죽거나 부상을 당하는 수모를 겪었다. 김유신은 긴급작전을 짜야만 했다.

"병력이 열 배나 많은 우리가 도리어 불리하다니, 아무래도 고육지계(苦肉之計)를 써야 할 것 같소."

승리를 위해서는 아군이 희생을 감수하자는 전략이었다. 우장군 김흠순이 화랑인 자신의 아들 반굴을 불렀다.

"신하가 되어서는 충성이 제일이고 자식이 되어서는 효도가 제일이다. 위급할 때에 목숨을 바친다면 충효를 다하는 길이다."

반굴이 대답했다.

"분부대로 따르겠습니다."

하고는 곧바로 말을 몰아 백제군을 향해 돌진했다. 무섭게 백제군을 무찌르며 나아갔지만 결국 장렬히 전사하고 말았다. 이어 좌장군 김품일이 화랑인 자신의 아들 관창을 불렀다.

"너는 비록 열여섯 어린 나이지만 의지와 투혼은 누구보다 용감하다. 오늘 너의 행동이 신라의 모범이 될 것이다."

관창이 큰소리로 대답하고 창을 들고 말에 올라 백제군을 향해 달려가 싸웠다. 그러나 곧바로 사로잡혔다. 계백이 옷을 벗겨 보니 어린 소년이라 차마 죽이지 못하고 살려서 돌려보냈다. 관창이 돌아와 아버지 김품일에게 아뢰었다.

"소자가 적장의 목을 베고 대장기를 빼앗아 오지 못한 것이 죽음을 두려워해서가 아닙니다."

하고는 물을 한 모금 마신 후에 다시 백제 진영으로 달려가 싸웠다. 하지만 또다시 생포되고 말았다. 계백은 이번에는 용서하지 않았다. 관창의 목을 베어 말안장에 매달아 돌려보냈다. 김품일이 피가 줄줄 흐르는 아들의 머리를 쳐들고 병사들에게 울부짖으며 말했다.

"보라! 내 아들의 얼굴이 아직 살아 있는 것 같도다. 나라를 위해 죽었으니 내 오히려 즐거울 따름이다!"

이에 신라 군대는 모두가 분노하여 잃었던 용기를 되찾아 함성을 지르며 백제군을 향해 진격했다. 계백 장군과 오천 결사대가 죽기를 각오하고 항전했으나 병력 수가 너무 적은 탓에 그만 모두 살육되고 말았다. 포로가 된 자는 20명에 불과했다. 백제는 방어선이 무너지자 수도 사비성 또한 맥없이 무너졌다. 이로써 700년 백제의 사직이 막을 내렸다.

기세가 맹렬하고 절도가 민첩한 공격 앞에서 열악한 수비는 무너질 수밖에 없다. 그러니 평소에 전쟁에 대한 준비가 없으면 약소국은 반드시 침략을 당하기 마련이다. 역사의 교훈을 잊어서는 안 된다.

공진화(共進化)

아프리카 초원에서 영양과 치타는 왜 그렇게 빨리 달리는가? 영양은 사자를 따돌릴 정도로 속도가 빠르다. 하지만 치타에겐 역부족이다. 치타는 시속 110km의 속력으로 덤벼드니 웬만한 거리라면 영양은 꼼짝할 수 없다. 그렇다고 치타가 영양을 쉽게 잡을 수 있는 것은 아니다. 영양은 쫓기면서 방향을 이곳저곳으로 틀기 때문에 치타가 놓치는 경우가 훨씬 많다. 실제로 영양에 대한 치타의 사냥 성공률은 그리 높은 편이 아니다.

치타는 처음부터 달리기가 빨랐던 것이 아니다. 발 빠른 영양을 사냥하기 위해 부단히 노력했기 때문에 지금의 속도를 가지게 되었다. 영양도 마찬가지다. 살기 위해 죽어라 도망치는 법을 배웠기 때문에 발이 빨라진 것이다. 적당한 거리만 유지되면 사자도 겁을 내지 않게 됐다. 서로가 생존하기 위한 몸부림이 지금의 치타와 영양을 만든 셈이다. 생물학에서는 이를 공진화(共進化)라고 한다. 함께 살며 서로를 자극해 진화했다는 말이다.

미래학자 앨빈 토플러는 그의 저서 『미래의 부』에서 여러 인간 주체들을 변화의 속도에 비유했다. 기업은 변화의 속도가 시속 100마일로 가장 빨랐다. 가족은 60마일로 그다지 늦지 않았다. 노동조합은 30마일, 정부는 25마일이었다. 변화에 느린 조직으로 학교는 10마일, 국제기구는 5마일, 정치 집단은 3마일, 법 조직은 1마일이었다. 그런데 놀랍게도 시민단체인 NGO는 변화 속도가 시속 90마일이었다. 이는 NGO의 활동 영역이 기업이 주 대상이었기 때문에 그에 대응하기 위해 빨라진 것이다. 한 집단이 변화에 빨라지면 그와 관련된 다른 집단도 변화가 빨라지는 법이다.

5-4 자유자재의 진형

　깃발이 어지럽게 휘날리고, 병사들이 뒤섞여 싸우는 중에도 아군의 군사는 혼란스럽지 않다. 수레가 뒤섞이고, 병사들이 뒤엉켜도 아군은 진형을 갖추었기에 패할 수 없다. 혼란은 다스림에서 나오고, 비겁함은 용맹에서 나오고, 약함은 강함에서 나온다. 다스리는 것과 혼란스러운 것은 분수에 의한 통솔에 달려 있고, 용감하고 비겁한 것은 세에 달려 있고, 강함과 약함은 형에 달려 있다.

　紛紛紜紜, 鬪亂而不可亂也; 渾渾沌沌, 形圓而不可敗也. 亂生於治, 怯生於勇, 弱生於強. 治亂, 數也; 勇怯, 勢也; 強弱, 形也.

| 풀이 |

　'분분운운(紛紛紜紜)'은 어지러울 분, 어지러울 운. 깃발이 어지럽게 휘날리고 병사들이 뒤섞여 싸우는 상황을 표현한 것이다. '혼혼돈돈(渾渾沌沌)'

은 섞일 혼, 엉킬 돈. 수레와 병사들이 뒤섞인 상황이다. '형원(形圓)'이란 본래 진형은 우물 정 자 모형으로 반듯하나 싸울 때에는 적이 뚫고 들어오지 못하도록 둥글게 포진하는 것을 의미한다.

'난생어치(亂生於治)'란 혼란 속에서도 진형이 잘 갖추어져 있는 것을 말한다. 즉, 혼란스러워 보이지만 자유자재로 적을 공격한다는 뜻이다. '수(數)'는 질서정연한 조직 편성을 의미하는 분수를 말한다. '세'는 비겁한 것 같지만 용맹한 것을 말하고, '형'은 약한 것 같지만 강한 것을 말한다.

| 해설 |

'완안(完顏)'은 여진족어로 왕(王)이라는 뜻이다. 여진족은 오래도록 요(遼)나라의 지배를 받아 왔다. 하지만 1115년 아골타가 완안에 오른 후 대범하게도 요나라의 국경 마을을 공격하여 점령하였다. 이는 요나라에 대한 여진족 최초의 저항이었다. 아골타는 이를 계기로 독립국인 금(金)나라 건국을 선포하였다. 이 소식을 들은 요나라의 황제 야율연희(耶律延禧)가 크게 진노하였다.

본래 요는 북방 내몽고 지역을 중심으로 세력을 형성한 거란(契丹)이 세운 왕조였다. 나중에 당나라를 멸망시키고 새로운 왕조 송(宋)나라와는 평화조약을 체결하였는데 그 조건이 매우 파격적이었다. 송은 매년 요에 은(銀) 십만 냥과 비단 이십만 필을 세비로 바쳐야 했다. 이로 인해 요는 재정이 풍족해졌고, 나중에 만주와 화북 일대를 차지하고 고려에까지 영향력을 행사하여 동아시아 최고의 강국이 되었다.

황제 야율연희가 몸소 70만 대군을 이끌고 금나라 정벌에 나섰다. 완안 아골타는 커다란 위험에 직면하게 되었다. 하지만 그 순간 그는 자신이 어떻게 처신해야 하는지 깨달았다. 모든 부족과 백성들의 마음을 하나로 합치는 것이 무엇보다 필요했던 것이다.

즉시 긴급회의가 열렸다. 모든 부족의 수령과 병사들을 한 자리에 모이게 한 후, 아골타는 아주 침통하고 결연한 자세로 자리에서 일어섰다. 그리고 자신의 허리춤에서 칼을 뽑아 들었다. 칼로 자신의 얼굴 이곳저곳을 험하게 베어 냈다. 그러자 일순간 얼굴이 붉은 피로 범벅이 되었다. 아골타는 이어 하늘을 우러러 보며 크게 통곡하고는 부족의 수령들을 향해 입을 열었다.

"애당초 우리가 군사를 일으킨 것은 요나라로부터 굴욕과 수치를 벗어나 당당히 독립하고자 함이었다. 그런데 뜻밖에 요나라가 70만 대군을 이끌고 우리를 정벌해 올 줄은 감히 생각도 하지 못했다. 지금 우리 앞에 커다란 재앙이 다가오고 있다. 우리가 이 상황에서 선택할 수 있는 것은 두 가지뿐이다. 하나는 모든 부족이 한마음 한뜻이 되어 죽기를 각오하고 싸워 요를 물리치는 것이요, 또 하나는 사랑하는 아내와 자식과 부모를 죽이고 친애하는 형제와 친구와 부족을 죽이고 요나라에 투항하여 용서를 비는 길이다. 나는 여러분에게 강요하지 않겠다. 단지 이 자리에서 가든지 나를 따르든지 그것만 선택하면 된다. 어서 결정하라!"

각 부족의 수령들은 아골타의 절절한 호소와 얼굴에 흐르는 피눈물을 보고는 그만 가슴이 북받쳐 서로 부둥켜안고 눈물을 철철 흘릴 뿐이었다. 잠시 후 한 부족의 수령이 나와서 말했다.

"우리 모두 여진의 독립을 위해 죽기를 각오하고 싸우자. 자, 우리 여진족은 죽음으로 맹세컨대 아골타의 명령에 따르리라!"

그 말과 동시에 모든 부족의 수령과 병사들이 함성처럼 따라 외쳤다.

"아골타를 따르라! 아골타를 따르라!"

여진의 병사 수는 불과 5만이 채 되지 않았다. 하지만 그 기세와 저항은 일 대 십을 당해 낼 정도였다. 여진의 병사들이 죽음을 각오하고 진격하자 요나라의 70만 대군은 추풍낙엽처럼 떨어져 나갔다. 야율연회는 간신히 목숨을 건져 도망하였다. 이 승리를 기반으로 아골타는 이후 요를 멸망시키고 훗날 중국을 통일하는 쾌거를 이루었다.

애병필승(哀兵必勝)이란 정의로움에 북받쳐 슬퍼하는 군대는 전쟁에서 반드시 승리한다는 뜻이다. 이는 노자 『도덕경』에서 유래한 말이다.

"적을 가벼이 여기는 것보다 더 큰 재앙이 없다. 적을 가벼이 여기는 것은 자칫하면 나의 보물을 잃게 되는 일이다. 그러므로 군사를 일으켜 항거할 때는 슬퍼하는 자가 이긴다.(禍莫大於輕敵, 輕敵幾喪吾寶, 故抗兵相加, 哀者勝矣.)"

손자는 이를 '애병지계(哀兵之計)'라 했다.

"적을 죽이려는 자는 부하들로 하여금 적개심을 품게 하라.(殺敵者, 怒也.)"

이와 반대로 교병필패(驕兵必敗)라는 말이 있다. 교만한 군대는 반드시 패배한다는 뜻이다.

가격은 강자가 주도한다

1980년대 무렵 일본에서 무인 자동판매기가 설치되었을 때, 한 대의 기기 속에 여러 음료 상품을 같이 판매했었다. 하지만 가격은 모두 100엔이었다. 그러던 어느 날부터 코카콜라가 자사의 제품을 10엔 인상해 110엔으로 팔았다. 이에 따라 자동판매기에서 판매하는 상품 가격은 모두 110엔이 되었다. 왜냐하면 그 무렵 자동판매기는 여러 가지 가격을 설정하여 판매할 수 없었고, 오로지 한 가격으로 일치해서 파는 기계였다. 코카콜라의 전략팀은 무인 자동판매기의 한계성을 남보다 먼저 인지했던 것이다. 결국 사람들은 타사 음료 상품은 너무 비싸다고 여겨 대부분 코카콜라만 찾게 되었다. 10엔이 오른 가격이지만 누구도 비싸다고 여기지 않았다. 상품 시장에서 가격은 강자가 올리는 것이다. 이는 마치 가격의 혼돈을 유발하는 것 같지만 도리어 강자는 더 질서정연한 마케팅 전략을 구사하는 것이다.

5-5 이기는 형세

　적을 잘 다루는 자가 진형을 취하면 적은 반드시 쫓아오게 된다. 적에게 미끼를 던지면 적은 반드시 그것을 취하게 된다. 이로움으로 적을 다루고, 실리로 적을 기다리는 것이다. 그러므로 전쟁에 능한 자는 세로써 승리를 구하지 병사들에게 구하지 않는다. 따라서 병사를 적재적소에 배치하여 세에 맡기는 것이다. 세에 맡긴다는 것은 전쟁에 나선 병사들을 통나무나 돌을 굴리듯 하는 것이다. 통나무나 돌의 성질은 안정된 곳에 두면 조용히 있지만, 기울어진 곳에 두면 움직이며, 네모난 것은 움직이지 않지만, 둥근 것은 움직인다. 그러므로 병사들을 잘 싸우게 만드는 형세는 둥근 돌을 천 길 높이의 산에서 굴리는 것과 같다. 이것이 세이다.

故善動敵者, 形之, 敵必從之; 予之, 敵必取之. 以利動之, 以實待之. 故善戰者, 求之於勢, 不責於人, 故能擇人而任勢. 任勢者, 其戰人也, 如轉木石. 木石之性, 安則靜, 危則動, 方則止, 圓則行. 故善戰人之勢, 如轉圓石於千仞之山者, 勢也.

| 풀이 |

'선동적자(善動敵者)'는 적을 마음대로 움직이게 하는 것이니 잘 다룬다는 의미이다. '형(形)'은 적을 속이는 진형을 이루는 것이다. '여(予)'는 준다, 제공하다의 뜻인데, 여기서는 적을 유인하는 미끼를 말한다. 구지어세 불책어인(求之於勢, 不責於人)에서 '구'는 구하다의 뜻이고 '책'은 따져 밝히는 것인데, 여기서 '책'은 '구'와 같은 의미로 해석한다. '택인(擇人)'은 적재적소에 병사들을 배치하는 것을 말한다. 가릴 택. '임세(任勢)'는 세에 맡긴다는 뜻이지만 본뜻은 세를 만들어 낸다고 봐야 한다. 둥근 돌은 땅이 가파를수록 형세가 커져 더 잘 굴러간다. 따라서 여기서 강조하는 것은 산세이지 돌이 아니다. 산세는 군대 전체의 세를 말하고, 돌은 병사 개개인을 말한다.

| 해설 |

제갈공명은 장수에게 필요한 인재로 다음 세 가지를 꼽았다. 심복(心腹), 이목(耳目), 조아(爪牙)이다. 심복은 마음 놓고 믿을 수 있는 부하이다. 형세를 예측하고 정책을 입안하니 이런 부하는 머리가 뛰어나고 학문에 능통해야 한다. 이목은 눈과 귀가 될 만한 부하이다. 결정된 정책을 결연히 따르고 명령에 따라 임무를 다하는 자이다. 항상 침착하고 입이 무거워야 한다. 조아는 손발이 되어 일하는 부하다. 싸움에서 용맹하고 과감하며 적을 두려워하지 말아야 한다. 장수가 조직을 장악하기 위해서는 이 세 가지 인재가 반드시 필요하다. 아무리 뛰어난 자라도 혼자서는 조직을 장악하기 어려운 법이다.

사람은 입장에 따라 관심이 다르다. 가난한 자에게 가장 큰 문제는 먹는 것이다. 하지만 부유한 자에게 가장 큰 문제는 신변의 안전과 재산의 보호이다. 나라 또한 마찬가지다. 가난한 나라는 자신의 백성을 돌볼 겨를이 없다. 그래서 치안이 불안하고 내정이 어지럽고 반군이 득세한다. 하지만 부유한 나라는 백성을 귀하게 여겨 국방과 치안이 안정된 것은 말할 것도 없다.

대표적인 부유한 나라 미국은 12척의 항공모함과 전투비행단, 그리고 전 세계에 천 개가 넘는 군사 기지를 보유하고 있다. 이는 궁극적으로 자국 시민을 보호하고 외부의 침입으로부터 자국을 지키려는 것이며, 전 세계의 전쟁을 주도하겠다는 입장이다.

우리 역사상 가장 위대한 군주는 광개토대왕(廣開土大王, 374~412)이다. 몽골 초원지대에서 만주 벌판을 횡단하여 만리장성을 넘어 대륙의 요충지 북경까지 영토를 넓힌 정복 대왕이기 때문이다. 하지만 그보다 더 큰 역사적 평가는 약소국인 고구려를 강대국으로 변모시켰다는 점이다.

그 무렵 고구려가 자리 잡은 지역은 환인 분지로 만주 벌판에서 아주 먼 첩첩산중이었다. 나중에 유리왕 무렵에 사정이 나아져 압록강 쪽으로 천도하기도 했지만 고구려의 역사는 적의 침입에 대한 방어의 연속이었다. 도읍이 적에게 여러 번 포위되었고 두 번이나 함락되기도 했다. 그럼에도 고구려가 버틸 수 있었던 이유는 깊고 깊은 산악 지형 덕분이었다. 압록강에서 고구려의 국내성까지 가려면 300km가 넘는 산길을 뚫고 와야 했다. 그러니 적들이 점령하기는 쉬워도 지키기는 어려운 지역이라 포기할 수밖에 없었다.

그러나 광개토대왕은 입장이 달랐다. 힘을 키워 대륙을 정복하고자 했다. 그런데 막상 대륙 진출을 시도하려고 하자 지금까지 고구려를 지켜 준 산악 지형이 도리어 장애가 되었다. 국내성에서 육로를 통해 교통의 요충지인 서안평(西安平), 지금의 의주까지 가려면 높고 험한 고갯길을 무수히 넘어야 했다. 그렇다고 중간에 기지를 삼을 만한 곳도 없었다. 나라 전체가 산악 지대이기 때문이었다. 교통 문제를 해결하지 않고서는 대륙 정복이란 불가능한 일이이었다. 선대의 왕들이 여러 차례 서안평을 전략 기지로 삼으려 했지만 이런 이유로 모두 실패했던 것이다.

광개토대왕은 과거의 실패 사례를 면면히 검토했다. 그리고 드디어 그 방법을 찾아냈다. 육로로 갈 수 없으면 수로로 가면 되는 것이었다. 국내성 앞을 흐르는 압록강을 이용하면 도착하는 하구가 바로 서안평이었다. 배를 이용해 군사를 이동하면 육로보다 시간과 비용과 체력을 크게 아낄 수 있었고, 보급품과 병력은 10배나 이동할 수 있었다. 간단한 이치였지만 아무나 할 수 없는 대단한 발상이었다.

물론 수로 이동은 배를 만들고 이를 다루는 특별한 기술이 요구됐다. 또한 육지는 적의 공격을 받으면 달아날 곳이 많지만 배는 몰살당할 위험이 컸다. 또 하나는 수군을 양성해야 하는 문제였다. 강대한 몽골이 남송을 점령하기까지 수십 년이 걸린 것도 수군이 약했기 때문이다. 산악 지대의 병사를 수군으로 전환한다는 것은 큰 모험이었다.

하지만 광개토대왕은 이를 해냈다. 즉위 6년 만에 한강을 이용해 백제의 59개의 성과 700개 촌락을 점령할 정도로 막강한 수군을 양성했다. 이후 대륙으로 진출하여 우리 역사상 최대의 영토를 만들어 냈다.

항상 진다고 생각하면 매번 지고 마는 것이다. 하지만 발상을 전환하여 이긴다고 생각하면 반드시 이기기 마련이다.

창의와 도전 정신

　구글(Google)은 본사를 미국 마운틴뷰(Mountain View)에 두고 지사는 전세계에 네트워크처럼 퍼져 있다. 구글의 특징이라면 직원들은 업무 시간의 5분의 1을 마음대로 쓸 수 있다는 것이다. 이를 '20% rule'이라 규정하여 모든 직원은 업무 시간의 20%를 자신이 원하는 프로젝트에 사용하고 있다.

　20% 룰은 사무실 복도에 있는 낙서판이나 온라인 게시판에서 시작된다. 이곳을 통해 구성원들은 아이디어를 내고 이에 동참할 동료를 구한다. 비슷한 아이디어를 낸 수십 수백 명이 함께 모여 프로젝트를 진행하기로 결정하고 구체적인 계획을 짜서 실행에 옮긴다. 구글의 창의성은 바로 이런 낙서판에서 나오는 셈이다.

　20% 룰 가운데 성공할 만한 프로젝트는 회사가 정식 프로젝트로 채택한다. 정식 프로젝트가 되면 회사에서 필요한 인력, 자금, 장비 등을 본격적으로 지원한다. 구글 스카이, G메일, 구글 맵스, 구글 뉴스 등이 이 20% 룰로 시작하여 성공한 사례이다.

　그러면 20% 룰에 따라 시작한 일이 성공하지 못할 경우 어떻게 될까? 구글은 일이 실패하더라도 진행된 내용을 모두 공유한다. 모든 프로젝트는 문서화하여 과거 프로젝트의 진행자들이 언제, 왜, 어떻게 실패했는지 알 수 있도록 했다. 실패에 대한 기록을 토대로 새로운 프로젝트를 진행하여 성공한 사례가 많기 때문이다.

　구글에서 모든 직원은 반드시 20% 룰을 수행해야만 하는 것은 아니다. 이는 의무가 아니라 창조적인 활동을 활 수 있는 기회를 제공하는 것뿐이다. 하지만 실제로 많은 사람이 20% 룰은 프로젝트를 수행할 수 있는 자신에게 주어진 기회라고 생각한다. 지금 구글에는 20% 프로젝트 팀이 수백 개에 이른다.

창의적인 인력이야말로 조직을 강하게 만드는 원동력이자, 불투명한 미래를 대비하는 가장 큰 힘이다.

제六편

허 실

虛 實

허실이란 적군이 많고 아군이 적을 때 분산과 집결을 통해 적을 공격하는 것이다.

노자는 허와 실의 미묘함을 다음과 같이 말했다.

"그릇은 찰흙을 이겨 만드는데 가운데 공간이 있어서 쓰는 것이다. 허실이란 바로 있는 것으로 이로움을 삼고, 없는 것으로 쓰임을 삼는 것이다."

집도 문과 창이 있어야 드나들 수 있는 것처럼 여백의 의미를 알아야 허실을 적절히 사용할 수 있다. 손자의 병법은 의외로 노자의 자연주의 사상과 가깝다고 볼 수 있다. 병법의 근본이 자연에서 생존하는 법칙을 따른 까닭이다.

「허실」편은 한마디로 정리한다면 다음과 같다.

"사막을 횡단하고 있는데 물이 다 떨어진 상태이다. 목말라서 죽든 지쳐서 죽든 아무튼 걸어야 한다. 그런데 폭염이 쨍쨍 내리쬐는 모래 한 가운데서 오아시스를 발견했다. 그때 마셔 본 물맛이다."

6-1 공격의 요결

　손자가 말했다. 무릇 전쟁터에 먼저 자리를 잡고 적을 기다리는 자는 편안하고, 뒤에 전쟁터에 자리를 잡기 위해 달려와 싸우는 자는 피로하다. 따라서 전쟁을 잘하는 장수는 적을 다스리지 적에게 다스림을 받지 않는다. 적으로 하여금 아군에게 다가오도록 하는 것은 적이 이롭다고 판단하기 때문이며, 적으로 하여금 다가오지 못하게 하는 것은 적이 불리하다고 판단하기 때문이다. 그러므로 적이 편안하면 피로하게 만들고, 적이 배부르면 굶주리게 만들고, 적이 안정되어 있으면 동요하게 만든다. 아군은 적이 달려오지 못하는 곳으로 출격하고, 적이 예상치 못하는 곳으로 달려가는 것이다.

孫子曰: 凡先處戰地而待敵者佚, 後處戰地而趨戰者勞. 故善戰者, 致人而不致於人. 能使敵自至者, 利之也; 能使敵不得至者, 害之也. 故敵佚能勞之, 飽能饑之, 安能動之. 出其所不趨, 趨其所不意.

| 풀이 |

'일(佚)'은 편안할 일. '추전(趨戰)'은 급히 달려와 싸우는 것을 말한다. '추'
는 달릴 추. 치인이불치어인(致人而不致於人)에서 '치'는 다스린다, '치어'는
누구에게 다스림을 당한다. '자지(自至)'는 적이 스스로 다가오는 것. 이는
적을 이롭게 만들어야 가능한 것이다. '해(害)'는 불리할 해. 안능동지(安能
動之)에서 '안'은 안정, '동'은 시끄럽게 요동치다, '지'는 적군을 말한다. 추
기소불의(趨其所不意)에서 '불의'는 적이 예상하지 못하는 것이다.

| 해설 |

약속이란 시간 전에 도착하면 마음이 편안하지만 늦게 오면 항상 조급
하기 마련이다. 전쟁에서도 마찬가지다. 아군이 먼저 진형을 치고 적을 기
다리면 병사들은 편안하다. 하지만 서둘러 싸우러 나오는 적은 조급하고
피로하기 마련이다. 제대로 싸움이 될 리가 없다. 그래서 전쟁에서 주동
이 되면 적을 오게 할 수 있고, 피동이 되면 적에게 끌려다니게 된다. 남
을 다스리는 것과 남의 다스림을 받는 것이 어떻게 같을 수 있겠는가?

강한 군대란 싸워서 이기는 군대이다. 이기는 군대의 장점은 바로 적이
생각지 못하는 곳을 공격하기 때문이다. 이를 의외성(意外性)이라 한다. 허
실의 전법은 이 한마디로 요약할 수 있다.

그러므로 전쟁에서 공격의 3대 요결이라 하면 '선제(先制), 주동(主動),
의표(意表)'를 꼽을 수 있다. 선제란 선수를 쳐서 상대방을 제압하는 것
이다. 골목 싸움에서 먼저 주먹을 날리는 쪽이 절반은 이긴다. 황야의

결투에서 먼저 총을 뽑는 자가 이긴다. 남보다 반 박자 빨리 움직이고 먼저 유리한 고지를 점령하면 이긴다. 주동이란 어떤 일에 책임자가 되어 무리를 이끌고 움직이는 것이다. 남의 명령을 따르는 것이 아니라 자신이 남을 명령하는 위치에 있는 것이다. 의표란 생각할 수 없는 예상 밖의 것을 말한다. 아군이 공격할 곳을 적이 도무지 모르니 막을 수 없는 것이다.

어느 날 진(秦)나라의 재상 감무(甘茂)는 고민에 빠졌다. 무왕(武王)이 갑자기 장군 공손연(公孫衍)을 중용하더니 자신을 멀리하기 시작한 것이다. 게다가 들리는 소문에 왕이 자신을 갈아 치우고, 다음 재상으로 공손연을 임명할 것이라 했다. 아무리 생각해도 감무는 울화가 치밀었다. 이대로 앉아서 당하고만 있을 수 없었다. 이내 무왕을 찾아가 아뢰었다.

"대왕께서 능력 있는 재상을 발탁하셨다고 들었습니다. 아무쪼록 저에게도 축하할 기회를 주시옵소서!"

이 말을 들은 무왕은 깜짝 놀랐다.

'저 사람이 어떻게 알았지?'

속으로 그렇게 생각하고 서둘러 말을 돌렸다.

"무슨 소리요? 내가 국사를 모두 그대에게 맡기지 않았소? 그런데 또 다른 재상이 왜 필요하단 말이오?"

그러자 감무는 무례하게도 왕께 따지듯이 물었다.

"대왕께서는 공손연을 상국으로 임명하실 생각이 아니십니까?"

그 말에 찔끔 놀란 왕이 되물었다.

"도대체 어디서 그런 유언비어를 들은 것이오?"

감무는 잠시 머뭇거렸다. 그리고 마치 혼잣말하듯, 하지만 왕이 들을 수 있을 정도의 목소리로 말했다.

"거참! 공손연 그 자가 제 입으로 한 말인데……."

그러자 왕은 입만 벌린 채 아무 말도 하지 못했다. 그러면서 속으로 생각했다.

'공손연, 이 인간 정말 못 믿겠군!'

얼마 후 공손연은 나라에서 추방되었고, 왕은 다시 감무를 신임하기에 이르렀다. 왕은 감무가 중얼거리는 말을 진짜로 믿었기 때문에 공손연을 가볍다고 보고 내친 것이다.

허실의 전략 중에서 '허실상란(虛實相亂)'이란 말이 있다. 가짜와 진짜를 구분할 수 없게 혼란시킨다는 뜻이다. 내가 하는 말을 상대가 항상 사실로 받아들일 때, 슬며시 거짓말을 섞어도 상대는 사실로 받아들이게 된다. 위태로울 때를 대비해 평소에 쌓아 두었던 믿음을 이용한 술수이다. 그러니 국가는 외교로 신뢰를 쌓아 두어야 하고 개인은 교제로 믿음을 갖게 해야 한다.

허실은 또한 지혜로운 자의 처세이기도 하다. 은(殷)나라 주왕은 밤낮없이 술과 쾌락에 빠져 세월 가는 줄도 모르고 살았다. 어느 날 신하에게 명했다.

"오늘이 몇 월 며칠인가? 기자(箕子)에게 찾아가 오늘 날짜를 알아 오도록 하라."

기자는 그 당시 현자(賢者)로 알려진 인물이었다. 신하가 기자의 문 앞에서 크게 외쳤다.

"어명이오! 기자는 명을 받들어 오늘 날짜를 알려 주도록 하시오!"

그 말을 들은 기자가 집 안 하인에게 이렇게 말했다.

"천하의 주인인 황제가 날짜를 잊었으니 머지않아 나라가 위태롭겠구

나. 천하 사람들이 모두 날짜를 모르는데 나만 알고 있으면 내 자신이 위험해질 것이다. 너는 가서 나 역시 술에 취해 날짜를 알지 못한다고 일러라!"

허실의 또 다른 책략은 '도회지술(韜晦之術)'이다. 이는 기회를 만날 때까지 자신의 재능을 철저히 숨기고, 때가 오면 자신의 포부를 맘껏 펼치는 능력을 말한다. 적을 공격하는 전쟁 또한 마찬가지이다.

허실 전략

기업의 경우에도 허실의 전략은 대단히 중요하다. 듀폰(Du Pont)은 미국 화학섬유의 대표적 기업이다. 1802년 나일론을 개발하여 화학섬유의 혁명을 일으켰다. 이 회사는 섬유 부문이 매출의 25%를 차지하고 있어 오래도록 사업의 핵심이었다. 그런데 듀폰의 최고 경영진은 이 핵심 사업을 매각하기로 결정하였다. 섬유 부문을 매각하고 대신 종자(種子) 회사인 파이어니어(Pioneer)를 사들였다. 무려 60조 원에 달하는 인수합병으로 회사는 종합 과학기업으로 탈바꿈하였다. 많은 기업인들이 도박 치고는 이해할 수 없는 도박이라고 평했다.

지금 듀폰의 미래는 아이오아주 존스톤 마을에서 자라고 있다. 이곳에서 가뭄에 잘 견디는 옥수수, 병충해에 내성을 지닌 옥수수, 에탄올 수율이 높은 옥수수 등 갖가지 옥수수를 키우고 있다. 이는 21세기엔 기후변화로 식량 사업이 새로운 성장 동력이 될 것으로 보고 주력 사업인 섬유를 과감히 팔아 치운 것이다. '성장이 있는 곳으로 간다!' 이것이 듀폰의 전략이다.

남이 알지 못하는 것, 남이 깨닫지 못하는 것을 선택하는 것이 허실 전략이다. 하지만 이는 단단한 준비가 되어 있지 못하면 함부로 할 수 없는 일이다.

6-2 뛰어난 장수

　아군이 천리를 행군해도 피로하지 않은 것은 적이 없는 지역을 지나기 때문이다. 아군이 적을 공격하면 반드시 빼앗는 것은 적이 방어하지 않는 곳을 공격하기 때문이다. 또 아군이 방어하면 반드시 견고한 것은 적이 공격하지 못하도록 하는 방어이기 때문이다. 그러므로 공격을 잘하는 장수는 적이 어디를 방어해야 할지 모르게 하고, 방어를 잘하는 장수는 적이 어디를 공격해야 할지 모르게 하는 것이다. 아군이 은밀하고 은밀하면 적은 그 형체를 알 수 없을 정도이고, 아군이 신기하고 신기하면 소리조차 나지 않는다. 그러므로 적의 생사를 마음대로 좌우할 수 있는 것이다.

行千里而不勞者, 行於無人之地也. 攻而必取者, 攻其所不守也; 守而必固者, 守其所不攻也. 故善攻者, 敵不知其所守; 善守者, 敵不知其所攻. 微乎微乎, 至於無形; 神乎神乎, 至於無聲, 故能爲敵之司命.

| 풀이 |

'불로(不勞)'는 피곤하지 않다는 의미다. 행어무인(行於無人)에서 '인'은 적을 말한다. '미호미호(微乎微乎)'는 은밀한 모양이다. '신호신호(神乎神乎)'는 도무지 사람이 생각할 수 없는 신기한 형태이다. '사명(司命)'은 목숨을 주관하는 것이니 죽고 사는 것을 말한다.

| 해설 |

후한(後漢) 말기, 조조(曹操)는 남양을 정벌하러 나섰으나 적장 가후(賈詡)가 목숨을 걸고 저항하는 바람에 좀처럼 성을 공략하지 못했다. 이에 몸소 말을 타고 3일 동안 적의 성 주위를 맴돌면서 대책을 강구했다. 조조가 휘하 장군들을 불러 말했다.

"적의 성 서북쪽을 공격할 터이니 군사들을 준비시켜라!"

그리고 측근을 불러 귓속말로 속삭였다.

"실제로는 적의 성 동남쪽을 기습 공격할 것이다!"

그런데 조조가 3일 동안 적의 성을 관찰할 때, 적장 가후도 조조를 3일 내내 지켜보며 그 의도를 간파하고 있었다. 가후가 휘하 장수에게 전략을 일러주었다.

"성안에 있는 정예 병사들을 모두 배불리 먹여라. 그리고 가벼운 복장으로 성의 동남쪽에 매복시켜라. 백성들은 군사로 분장시켜 서북쪽에서 기를 흔들며 크게 소리를 지르도록 하라!"

조조는 서북쪽에서 적의 군사들이 소리치는 것을 보고 자신의 계략에 걸려들었다고 생각했다. 회심의 미소가 저절로 지어졌다. 이어 명을 내렸다.

"성을 공격하라!"

밝은 대낮에 조조군은 요란하게 공격에 나섰다. 공격은 어두워질 때까지 계속되었다. 이윽고 밤이 되자 조조는 정예병들을 이끌고 적의 성 동남쪽으로 기어들기 시작했다. 기습 공격이었다. 그러나 조조 군대는 가후가 한 수 앞선 것을 생각지 못했다. 조조군은 매복하고 있던 가후의 병사들에게 걸려들어 5만여 명에 달하는 병사가 추풍낙엽처럼 참몰하고 말았다. 가후의 꾀가 조조보다 한 수 위였던 것이다.

이 전투에서 유래된 말이 '장계취계(將計就計)'이다. 상대방의 계략으로 상대를 제압한다는 허실의 전략이다. 적의 뜻을 순순히 따르는 척하면서 적을 자신의 계획대로 움직이게 하는 것이다.

종자(種子)전쟁

종자는 생물이 발아하는 씨앗을 말한다. 이 씨앗을 개량하여 신품종을 만들 경우 지적재산권을 소유하게 된다. 누군가 신품종을 사용하고자 하면 비용을 지불해야만 한다. 이전까지 아무것도 아니었던 종자가 이제는 경제적 부가가치가 커짐에 따라 각국은 유전자 확보에 열을 올리고 있다. 이를 '종자전쟁'이라 부른다.

1947년에 주한미군 소속 엘윈 M. 미더(Elwin M. Meader)가 도봉산에서 자라는 작은 라일락 종자를 채취하여 미국으로 가져갔다. 이것을 개량하여 당시 식물자료 정리를 도왔던 한국인 타이피스트 미스 김의 성을 따서

'미스 김 라일락'이라는 품종을 만들었다. 이 품종은 미국 라일락 시장의 30%를 차지할 정도로 최고 인기 상품이 되었다. 홍도 비비추 역시 미국인이 가져가 품종 개량을 거쳐 '잉거아이 비비추'란 이름으로 해외에 널리 보급됐다. 구상나무는 본래 우리나라에서만 자라는 나무였다. 이 종자를 미국인이 가져가 품종을 개량했다. 유럽에서 크리스마스트리로 유명한 나무가 바로 그것이다. 이들 개량된 품종은 다시 우리나라에 수입되고 있다. 물론 비싼 비용을 지불하는 조건이 따른다.

2012년 1월부터 국제식물신품종보호동맹협약이 효력을 발휘하게 되었다. 해조류를 포함한 모든 식물의 종자를 보호하자는 내용이다. 협약에 따르면 신품종을 개발하면 최소 20년 동안 재산권을 가질 수 있다. 신품종을 재배하고자 하는 사람은 개발자에게 돈을 의무적으로 지불해야만 한다. 문제는 우리가 즐겨 먹는 무, 배추, 고추 등 토종 채소 종자를 외국 기업이 50%나 소유하고 있다는 것이다. 특히 한국을 대표하는 청양고추 종자도 미국의 몬산토가 소유하고 있다. 이는 농민들이 청양고추를 재배할 때마다 몬산토에 씨앗 값을 내야 한다는 것이다.

지난 10년간 한국의 농가가 외국 종자 기업에 지불한 돈은 8천억 원 정도이다. 우리 채소이지만 종자 주권이 우리에게 있는 것이 아니기 때문이다. 예를 들면, 토마토 씨앗 1g의 가치는 최고 20만 원, 컬러 파프리카 씨앗 1g은 최고 15만 원, 검은빛을 띠는 방울토마토 씨앗 1g은 7만 5천 원이다. 이는 금보다 비싼 가격이다.

21세기에 이르러 종자 시장은 그 성장 속도가 빨라지고 있다. 한국농촌경제연구원에 따르면 전 세계 농산물 종자 시장 규모는 2002년 247억 달러에서 2011년 426억 달러로 두 배 가까이 증가하였다. 매년 7%대로 성장하고 있다. 2007년 종자 시장 매출액은 몬산토가 50억 달러, 듀폰이

35억 달러, 신젠타가 20억 달러이다. 특히 신젠타는 한국 종자 시장에서 8%를 차지하고 있다.

6-3 집중

　아군의 진격을 적이 막을 수 없는 것은 적의 빈 곳을 공격하기 때문이다. 아군이 후퇴해도 적이 추격할 수 없는 것은 신속하게 후퇴하여 적이 따라올 수 없기 때문이다. 그러므로 아군이 싸우고자 하면, 적이 비록 보루를 높이 쌓고 도랑을 깊이 파 놓았다고 하더라도, 아군과 싸우지 않을 수 없는 것은 적이 지키지 않으면 안 되는 곳을 공격하기 때문이다. 아군이 싸우고 싶지 않아 비록 땅에 금만 그어도 적을 지킬 수 있는 것은, 적이 아군과 싸우지 않도록 적의 계획을 어긋나게 만들었기 때문이다.

進而不可禦者, 沖其虛也; 退而不可追者, 速而不可及也. 故我欲戰, 敵雖高壘深溝, 不得不與我戰者, 攻其所必救也; 我不欲戰, 雖畫地而守之, 敵不得與我戰者, 乖其所之也.

| 풀이 |

'어(禦)'는 막을 어. '충(沖)'은 찌를 충. '고루심구(高壘深溝)'는 높이 쌓은 보루와 깊이 파낸 도랑을 말한다. 보루 루, 도랑 구. 성 높이 보루를 쌓고 성곽 주변 깊이 도랑을 파는 것은 적의 침입을 막기 위한 고대의 방어 수단이다. '구(救)'는 구해야 할 곳이니 반드시 지켜야 한다는 의미다. 괴기소지야(乖其所之也)의 '괴'는 어긋날 괴. 계획된 바가 틀어진다는 뜻이다.

| 해설 |

알라스카의 순록은 먹이를 찾아 한 번씩 대이동을 한다. 이때 늑대들이 순록을 따라 같이 이동한다. 먹이사냥을 나선 것이다. 늑대는 낮에는 쉬고 주로 밤에 순록을 공격한다. 하지만 순록은 달리기를 잘해 늑대의 공격을 받더라도 쉽게 도망간다. 늑대는 다리가 짧지만 순록은 긴 다리로 성큼성큼 도망치기 때문이다. 더구나 순록은 뿔을 가지고 있어 무리를 이뤄 원형 대열을 이루면 늑대들이 쉽게 접근하지 못한다.

그렇지만 늑대에게는 한 가지 장점이 있다. 바로 오래 달리기이다. 발빠른 순록을 따라잡을 수는 없으나 늑대는 릴레이식으로 돌아가면서 쫓는 방법을 안다. 그러면 아무리 달리기를 잘하는 순록이라 해도 지치지 않을 수 없다. 끈질긴 추격전에 순록은 지쳐 결국 혀를 내밀어 헉헉 숨을 몰아쉰다. 그 순간을 늑대가 놓치지 않는다. 있는 힘을 다해 달려 순록의 얼굴로 다가가 그 혀를 물어뜯는다. 그러고는 더 공격하지 않는다. 혀를 물어뜯긴 순록은 피를 쏟으며 숨을 거두기 때문이다.

적을 이기는 근본은 적이 모르는 아군의 장점이 있기 때문이다. 그것을 '무형의 무기'라고 부른다. 그러면 허실의 전략은 어떻게 배우는가? 『당태종이위공문대(唐太宗李衛公問對)』에 다음과 같은 기록이 있다.

당 태종이 말했다.

"내가 여러 병법서를 읽어 보았는데 손무보다 뛰어난 것이 없다. 손무의 『손자병법』 13편 가운데 「허실」 편보다 뛰어난 것이 없다. 그러니 병사를 다룰 때 허실의 형세를 알면 적을 이기지 못할 것이 없도다. 지금 장수들 가운데 적과 마주치면 적을 다루지 못하고 도리어 적에게 휘둘리는 것은 허실을 잘 모르기 때문이다. 그러니 이정(李靖) 장군 그대는 여러 장수들에게 허실의 요점을 알려 주도록 하오."

이에 이정(李靖)이 대답했다.

"먼저 기정(奇正)이 서로 변하는 방법을 가르쳐 준 다음에 허실의 형세를 말하는 것이 옳습니다. 장수들이 기를 정으로 만들고 정을 기로 만들 줄 모르는데 어떻게 허가 실이 되고 실이 허가 되는 것을 알겠습니까?"

태종이 말했다.

"계획을 세워 득과 실을 계산하고, 작전을 세워서 공수의 이치를 알고, 형세를 갖추어 생사의 지형을 알고, 비교를 통하여 남고 부족한 곳을 알아야 한다는 말은 내 일찍 들어보았소. 그렇다면, 기정은 나에게 있고 허실은 적에게 있다는 말이오?"

이정이 대답했다.

"기정은 적을 허실에 이르게 하는 것입니다. 적이 실하면 아군은 반드시 정공법을 쓰고, 적이 허점이 있으면 아군은 신속히 변칙을 씁니다. 만약 장수가 기정을 알지 못한다면 비록 적의 허실을 알더라도 어떻게 활용할 수 있겠습니까? 신이 조칙을 받들어 장수들에게 기정을 가르치겠습니다. 그러면 자연히 허실을 알게 될 것입니다."

태종이 말했다.

"적이 변칙으로 기를 정으로 쓰려 하면 우리는 정공법을 쓰고, 적이 정공법으로 정을 기로 삼는다면 우리는 변칙으로 공격하는 것이로다. 적의 형세는 항상 허점이 있게 하되 우리의 형세는 항상 실하게 해야 하겠소. 마땅히 이 방법을 여러 장수들에게 가르쳐 반드시 알게 하시오."

이정이 말했다.

"가르침의 요지는 적이 우리의 꾀에 빠지게 하고, 우리는 적의 꾀에 빠지지 않는다는 것뿐입니다. 이것으로 장수들을 가르치겠습니다."

1592년 임진왜란이 발발하자 가장 먼저 의병을 일으킨 사람은 곽재우였다. 적이 쳐들어오고 불과 10일 만에 거병을 하였다. 당시 곽재우 부대의 인원은 60명 정도였다. 그야말로 소규모 유격전밖에 할 수 없는 숫자였다. 그러나 곽재우 부대는 전설로 거듭났다. 왜군을 만나면 반드시 이기는 부대로 소문이 나기 시작했다. 이기는 부대에는 사람이 몰리는 법이다. 각지에서 의병 지원군이 몰려들어 곽재우 부대는 곧 3천 명으로 불어났다.

이때 곽재우는 홍의(紅衣)장군이라 불렀다. 붉은 옷을 입은 곽재우가 나타나면 왜군은 싸우기보다 도망가기에 바빴다. 이를 알아차린 곽재우는 새로운 전략을 구사했다. 자신과 용모와 체구가 비슷한 부하 10여 명에게 자신과 똑같은 홍의를 입혀 왜군과 싸우는 곳에 출현시켜 적을 혼란시키는 전술이었다. 이 신출귀몰한 작전을 왜군은 곽재우가 도술을 부린다고 여겼다. 곽재우만 나타나면 왜군은 철저히 패하고 말았기 때문이다. 그러니 감히 곽재우 의병들과는 싸우려 들지 않았다.

적의 단점을 취하여 적의 강한 곳을 피하고 약한 곳을 공격하는 것이 허실의 본체이다. 허실을 사용하면 다양한 전략을 쓸 수 있다. 이를 허실의 상승작용이라 부른다.

마오타이주(茅台酒)의 등장

마오타이주는 중국 귀주성 마오타이 마을에서 생산되는 증류주이다. 수수의 일종인 고량을 주원료로 한 맑은 백주이다. 처음 생산할 때는 알코올 도수가 65%였지만 최근에는 35~47%로 내렸다. 향이 은은하고 강한 것이 특징이다.

1911년 2월 15일 미국 로스앤젤레스에서 국제박람회가 개최되었다. 이때 중국이 여러 농산물과 마오타이주를 출품했다. 서구 여러 나라의 전시 부스는 다양한 생산품으로 인산인해를 이루었으나 중국 전시 부스는 그다지 인기가 없었다. 일반적인 농산물이 대부분이었고 마오타이주 역시 항아리에 담겨 있어 특별한 이목을 끌지 못했다. 박람회가 끝나는 마지막 날까지도 중국 전시 부스는 별다른 변화가 없었다.

오후가 되자 중국 담당자가 농산물을 정리 교체하는 중에 그만 마오타이주가 든 항아리를 잘못 건드려 깨뜨리고 말았다. 한순간 중국 전시 부스 안은 마오타이주 향이 진동을 했다. 이때 중국 대표단 단장이 그 순간을 목격하고 아이디어를 내게 되었다. 마오타이주 한 병을 따서 술잔에 담아 전시 부스에 진열했다. 술 향기가 은은하게 점점 사방으로 퍼져갔다. 전시장을 찾은 사람들이 코를 킁킁거리며 자연스럽게 중국 부스에 몰려들었다. 그러자 중국 담당자들은 찾아오는 사람들에게 마오타이주를 시음할 수 있도록 했다. 맛을 본 사람들은 모두가 탄성을 질렀다. 순식간에 마오타이주는 전시장 전체에서 큰 인기를 끌었다. 박람회 평가심사위원단은 마오타이주에 대해 금상 훈장을 수여했다.

4년 후 마오타이주는 산티아고 박람회에 참여하였다. 이때 다시 한 번 금상을 수상했다. 이후로 14개의 국제적인 상을 수상하여 프랑스 코냑 브랜드, 영국 스코틀랜드 위스키와 함께 세계 3대 명주로 꼽히게 되었다. 이처럼 위기를 기회로 삼아 대중의 호응을 얻어 내는 것이 상품의 허실 전략이다.

6-4 수의 변화

그러므로 적이 형세를 드러내면 아군은 형세를 숨긴다. 그러면 아군은 역량을 집중할 수 있고 적은 수비하기 위해 분산된다. 아군이 집중해서 하나가 될 때, 적은 분산되어 열 개로 나누어진다. 이는 아군 열 명이 적한 명을 공격하는 것이니 아군은 수가 많고 적은 수가 적은 것이다. 이렇게 많은 수로 적은 수를 공격하니 아군이 싸울 적은 당연히 적은 것이다. 아군이 공격할 지점을 적이 알지 못하면 적은 수비할 곳이 많고, 그러면 아군이 싸울 적은 당연히 적은 것이다. 앞을 수비하려면 뒤에서 병사를 데려와야 하니 뒤를 수비하는 수가 적어지고, 뒤를 수비하면 앞을 수비하는 수가 적어진다. 왼쪽을 수비하면 오른쪽을 수비하는 수가 적어지고, 오른쪽을 수비하면 왼쪽 수비하는 수가 적어진다. 모든 곳을 수비해야 하니 적의 수는 적어질 수밖에 없다. 수가 적으면 수비해야 하고 수가 많으면 공격하는 것이다.

故形人而我無形, 則我專而敵分. 我專爲一, 敵分爲十, 是以十攻其一也, 則我衆而敵寡. 能以衆擊寡者, 則吾之所與戰者, 約矣. 吾所與戰之地不可知, 則敵所備者多, 則吾之所與戰者寡矣. 故備前則後寡, 備後則前寡, 備左則右寡, 備右則左寡, 無所不備, 則無所不寡. 寡者, 備人者也; 衆者, 使人備己者也.

| 풀이 |

'무형(無形)'이란 여기서는 은폐를 말한다. '전(專)'은 오로지, 집중하다의 의미다. 고형인이아무형(故形人而我無形)에서 '형인'은 적이 모습을 드러낸 것이고, '무형'은 아군이 모습을 숨긴 것이다. '약(約)'은 아주 적다의 의미로 해석한다. 아군은 집중된 병력으로 공격을 하고 적(敵)은 병력을 분산하여 방어를 하니 아군은 다수이고 적은 소수인 셈이다. '무소불비(無所不備)'는 방비하지 않을 곳이 없다. 따라서 적(敵)은 방어를 위해 병력을 분산해야 하니 결국 수가 적어진다는 의미다.

| 해설 |

소패성 싸움에서 여포(呂布)에게 패한 유비(劉備)는 당장 눈앞이 막막했다. 자신의 한 몸 의지할 곳이 없어 하는 수 없이 조조(曹操) 밑으로 들어갔다. 조조는 천하 제패를 위해 인재가 필요한 때라 유비를 너그러이 받아들였다. 그리고 허창 지역에 기거하도록 했다. 유비는 그곳에서 조용히 지냈다. 집 뒤에 채소밭을 일구어 손수 물을 주고 가꾸며 일과를 보냈다. 그러면서도 행여 조조가 자신을 해치지 않을까 경계를 늦추지 않았다.

어느 날 예고도 없이 조조가 유비를 술자리에 초대했다. 술자리가 무르익어 가는데 갑자기 날이 흐려지면서 조금씩 비가 내리기 시작했다. 조조가 유비에게 물었다.

"용은 커질 수도 있고 작아질 수도 있고, 날기도 하고 숨기도 하지만 구천 하늘을 단숨에 날아오르는 신령한 동물입니다. 사람에 비유하자면 천하의 영웅이라 할 수 있지요. 유비, 그대 생각에 지금 세상의 영웅이라면 누구를 꼽을 수 있겠습니까?"

유비는 가만 생각하더니 대답했다.

"원술, 원소, 유표 등을 꼽을 수 있지 않겠습니까?"

그러자 조조가 껄껄 웃으며 손을 내저으며 말했다.

"대저 영웅이란 가슴에 큰 뜻을 품고 뱃속에다가 지혜와 모략을 감추고 있는 자이며, 우주의 기밀을 품고 있다가 천지로 토해 낼 수 있는 사람이 아니겠습니까?"

유비가 의아한 표정으로 물었다.

"그런 자가 대체 누구입니까?"

조조는 손가락으로 유비를 가리킨 다음, 이내 자신을 가리키며 대답했다.

"지금 천하의 영웅이라고 하면 그대와 나 둘뿐이지요!"

그 순간, 속마음을 간파당한 유비는 깜짝 놀랐다. 이와 동시에 하늘에서 천둥이 무섭게 몰아쳤다.

"꽈꽝!"

유비는 그만 손에 들고 있던 수저를 바닥에 떨어뜨렸다. 조조가 그 광경을 보고 물었다.

"아니, 수저는 왜 떨어뜨리는 겁니까?"

유비는 두근거리는 가슴을 가다듬으며 대답했다.

"저는 어려서부터 천둥소리만 들으면 겁이나 어디 숨을 곳을 찾아야 했습니다. 그래서 그만……."

조조가 어이없다는 듯이 말했다.

"천둥 번개야 음양이 부딪쳐 나는 소리인데 무얼 그리 두려워한단 말이오?"

이날 이후 조조는 유비를 보잘것없는 위인이라고 생각했다. 얼마 후 유비는 조조에게 원술을 공격할 테니 약간의 군사를 달라고 요청했다. 조조는 자신을 위해 공을 세운다는 유비의 말에 별다른 생각 없이 허락했다. 병력을 얻은 유비는 서둘러 허창을 떠났다. 그러자 관우와 장비가 물었다.

"도대체 무슨 까닭으로 이렇듯 서두르는 겁니까?"

이에 유비가 대답했다.

"나는 새장에 갇힌 새와 같았고 그물에 걸린 물고기와 같았다. 이번 출정은 잡힌 물고기가 바다로 나가고 갇힌 새가 푸른 하늘로 날아가는 것과 마찬가지인데 어찌 서둘러 나아가지 않겠는가?"

조조의 모사 곽가(郭嘉)가 유비가 서주로 진군했다는 사실을 알고 서둘러 조조에게 달려와 간했다.

"유비는 큰 뜻을 품고 있는 자라 무슨 일을 도모할지 모릅니다. 그에게 군대를 맡긴 것은 호랑이에게 날개를 달아 준 격이오니 속히 조치를 거두어 주시옵소서!"

그러나 조조는 곽가의 말을 대수롭지 않게 여기며 말했다.

"채소밭이나 가꾸고, 천둥 번개에 놀라는 것을 보면 유비는 큰일을 꾀할 인물이 아니다. 걱정하지 마라."

그러나 나중에 조조는 유비에게 속았다는 것을 깨달았다. 그러나 이미 때는 늦었다. 유비는 촉의 수장이 되어 삼국시대의 영웅으로 떠올랐던 것이다. 후에 유비는 관우와 장비에게 그때의 상황을 이렇게 설명했다.

"그 무렵 내가 뒤뜰에서 채소밭을 일군 것은 조조가 나를 쓸모없는 존재로 여기도록 하기 위해서였다. 술자리에서 수저를 떨어뜨린 것은 조조가 나를 영웅이라고 한 말에 놀랐기 때문이었고, 천둥 번개가 두렵다고 한 것은 조조가 나를 소인배로 여기도록 하기 위함이었다. 그래야 조조가 나를 해칠 마음을 품지 않을 것 아니겠는가?"

'대용약겁(大勇若怯)'이란 큰 용기는 겁쟁이처럼 보인다는 뜻이다. 가장 재주 있는 사람은 마치 졸렬한 것 같고, 가장 말 잘하는 사람은 마치 말더듬이 같다. 그러니 장수는 자신의 큰 뜻을 함부로 보여 주지 않는 법이다.

종합상사의 변신

적이 나를 알 수 없게 하는 것은 경쟁력의 변화이다. 1980년대는 수출 주도형 종합상사들이 기업의 대세였다. 우리나라뿐만 아니라 일본도 마찬가지였다. 미쓰비시 상사는 일본 1위 종합상사였다. 세월이 지나면서 다른 종합상사들은 모두 사라졌지만 여전히 부동의 자리를 지키고 있다. 종합상사가 사라진 것은 기업들이 수출입 업무를 자체적으로 해결하면서부터였다. 미쓰비시는 이런 추세라면 종합상사는 오래갈 수 없다는 점을 일찌감치 간파했다. 그래서 새로운 활로를 모색해야 했다.

우선 각 분야의 정통한 인재를 모아 테스크포스(Task Force)를 만들었다. 그곳에서 새로운 사업 모델을 찾았다. 그렇게 해서 결정된 핵심 사업이 신에너지와 환경, 의료 주변기기, 금융 등이다. 조직도 이에 맞게 뜯어고쳤다. 이노베이션 사업 그룹을 출범하고 기능별로 사업본부를 재편했다. 특히 미래 산업인 지구환경, 에너지, 탄소 배출권 등 부문별 조직을 설치했다.

현재 이들 조직은 전 세계 80개국 200곳 이상의 사업 거점을 확보하고 있다. 신에너지 사업은 홋카이도 등에서 바이오 에탄올 사업을 하고 있고, 브라질에서 바이오 디젤 사업을 운영하고 있다. 온실가스가 배출되는 개발도상국 현장을 찾아가 배출량 조사부터 플랜트 공급까지 필요한 모든 사항을 원스톱으로 제공하고 있다. 환경 리사이클 사업으로 전기로에서 발생하는 재에서 산화아연을 회수해 타이어 업체에 판매하고, 음식물 쓰레기를 이용하여 메탄 발효 사업에 참여하고 있다. 미스비시의 이노베이션 모터는 다음과 같다.

"우리는 사회의 수요와 산업 구조의 변화를 파악하여 새 사업을 창출하는 것이다. 지금의 사업을 뛰어넘는 새로운 사업을 만드는 것이 우리의 임무다."

시대의 흐름을 읽을 줄 알고, 미래에 대한 대책을 준비하는 기업이 일등 기업이다. 다른 차이는 없다. 단지 경쟁자보다 이러한 준비가 한 발 앞설 뿐이다.

6-5 승리는 만드는 것이다

　그러므로 적과 싸울 장소와 날짜를 알면 아군은 천 리라도 달려가 싸울 수 있다. 싸울 장소와 날짜를 알지 못하면 왼쪽이 오른쪽을 구할 수 없고, 오른쪽이 왼쪽을 구할 수 없으며, 앞이 뒤를 구할 수 없고, 뒤가 앞을 구할 수 없다. 하물며 멀게는 몇십 리 밖이나 가까워도 몇 리 떨어진 곳을 어찌 도울 수 있겠는가. 헤아려 보건대 옛날 월나라가 비록 오나라보다 군사가 많다고는 하지만 그것이 어찌 승리를 보장할 수 있었겠는가?

　승리는 만들 수 있는 것이다. 적의 군사가 비록 많다 하더라도 싸우지 못하게 할 수 있다. 그러려면 계책을 세우되 득실의 계산을 알아야 하고, 작전을 짜더라도 적의 공격과 수비의 이치를 알아야 하고, 형세를 갖추되 생사의 지형을 알아야 하고, 비교를 통해 적의 병력이 많은 곳과 적은 곳을 알아야 한다. 그러므로 군대를 배치하는 최상은 그 형세를 드러내지 않아야 한다. 형세가 드러나지 않으면 아군 진영 깊이 침투한 적의 간첩이라도 엿볼 수가 없으며, 아무리 지혜로운 적이라도 계책을 세울 수 없는 것이다.

故知戰之地, 知戰之日, 則可千里而會戰; 不知戰之地, 不知戰之日, 則左不能救右, 右不能救左, 前不能救後, 後不能救前, 而況遠者數十里, 近者數里乎! 以吾度之, 越人之兵雖多, 亦奚益於勝哉! 故曰: 勝可爲也, 敵雖衆, 可使無鬪. 故策之而知得失之計, 作之而知動靜之理, 形之而知死生之地, 角之而知有餘不足之處. 故形兵之極, 至於無形. 無形, 則深間不能窺, 智者不能謀.

| 풀이 |

역해익어승재(亦奚益於勝哉)에서 '해'는 어찌, 어떻게라는 의미다. '익'은 도움이 되다, 장담하다의 의미로 해석할 수 있다. 책지이지득실지계(策之而知得失之計)에서 '득실'이란 적의 내부 사정을 꿰뚫어야 판단할 수 있는 것이니 정보전에서 우위를 말한다. 작지이지동정지리(作之而知動靜之理)에서 '동정'이란 공격과 수비를 말한다. 형지이지사생지지(形之而知死生之地)는 장수는 지리적 이점을 먼저 알아야 한다는 의미다. '각(角)'은 비교의 뜻이다. 심간불능규(深間不能窺)에서 '심간'은 아군 깊이 숨어 있는 간첩을 말하고, '규'는 엿본다는 뜻이다.

| 해설 |

고려 태조 왕건(王建)은 북방 개척을 위해 여진족 정벌을 단행했다. 이 임무를 장군 유금필(庾黔弼)에게 맡겼다. 여진의 땅 골암진에 도착한 유

금필은 먼저 싸움을 시작한 것이 아니었다. 성대한 연회를 베풀어 각 지역의 여진 족장들을 초대했다. 족장들은 처음에는 경계하며 음식이고 술이고 들지 않으려 했다. 하지만 유금필이 상호우의와 친교를 내세우며 편하게 술을 들라고 권했다. 긴장을 풀은 족장들은 술을 입에 대기 시작했다. 그렇게 연회는 분위기가 무르익었고 족장들은 흥에 겨워 모두 취하고 말았다.

유금필이 그 순간을 놓치지 않았다. 곧바로 부하들에게 명을 내려 여진 족장들을 모두 포박하라고 명했다. 그리고 그들을 모두 감금시켰다. 아침에 눈을 뜬 족장들은 자신들이 포박되어 있는 것을 알고는 깜짝 놀랐다. 그 시각에 고려의 군사들은 여진족 마을을 다니면서 선전을 하고 있었다.

"그대들의 족장은 이미 항복했으니 저항하지 마라."

유금필의 이 계략으로 고려 군사는 피 한 방울 흘리지 않고 북벌 임무를 마칠 수 있었다. 이후 이 전법은 2백 년 뒤에 윤관에 의해 한 번 더 되풀이됐다.

한비자가 말했다.

"승리는 적을 속이는 데 있다. 적을 속이는 것은 자손만대의 이득인 것이다."

승리할 수 있다면 얼마든지 적을 속여도 좋다. 그것이 패하여 무너지는 것보다 천만 배 나은 것이다.

만주에서 조선독립군의 활동이 활발해지자 일본은 대대적인 토벌작전에 들어갔다. 중국 당국으로 하여금 강압적으로 조선독립군 철수를 요청했으며, 2만 5천 명의 대규모 부대를 이끌고 총공격에 나선 것이다. 이로 인해 조선독립군은 비밀리에 청산리 백운평으로 이동해야만 했다. 이때 일본군이 첩보를 얻어 청산리로 몰래 따라 들어왔다.

청산리는 길이 25킬로미터의 긴 협곡으로 매복하기에 아주 좋은 장점이 있었다. 이는 일본군도 알고 있는 지형에 대한 상식이었다. 일본군은 조선독립군을 쫓아가면서 매번 척후병을 보내 주변 상황을 살폈다. 혹시라도 조선독립군이 매복하고 있지는 않은가 해서였다.

그런데 앞에 가던 일본군 척후병이 이상한 물체를 여럿 발견하였다. 가까이 다가가 보니 그것은 식어서 딱딱해진 말똥이었다. 척후병은 그것을 가지고 돌아와 일본군 본대에 보고하였다. 말똥이 식었다면 이는 독립군이 지나간 지가 오래되었다는 의미였다. 그건 삼척동자도 아는 계산이었다.

일본군은 계곡에 매복이 없다고 확신했다. 유유히 군대를 이끌고 협곡으로 들어섰다. 그러나 그건 일본군의 커다란 오판이었다. 이미 매복하여 기다리고 있는 김좌진의 조선독립군은 청산리로 지나가는 일본 군대를 몰살시켰다. 이는 식은 말똥을 미끼로 적을 속인 대표적인 허실 작전이다.

인수합병 전략

룩셈부르크에 위치한 다국적 기업 아르셀로미탈(Arcelor Mittal)은 처음에는 평범한 일반 회사와 다를 바 없었다. 하지만 회사의 주된 임무가 다른 회사에서는 몇 년에 한 번 있을까 말까 하는 대규모 인수합병이었다. 이를 수시로 진행하고 있었다. 그로 인해 아르셀로미탈은 전 세계 60여 나라에서 연간 1억 1,800만 톤의 철강을 생산하는 세계 최대 철강 업체로 성장했다. 종업원 수 32만 명으로 생산량만 놓고 보면 세계 2위인 신일본 제철보다 세 배나 많은 셈이다.

10년 전 아르셀로미탈의 전신인 미탈을 아는 사람은 거의 없었다. 인도 변방의 꼬마 기업에 불과했다. 최고 경영자 락시미 미탈은 공장 한 개를 짓는데 2~3년씩 걸리는 시간이 아까워 새로운 마케팅 전략을 세웠다. 그것은 용광로 하나 짓지 않고 인수합병만으로 세계 최대 철강 회사가 되는 것이었다.

가족이 운영하던 미탈 스틸을 물려받은 락시미 미탈은 1989년 부채 덩어리인 트리니다드토바고의 국영 철강회사인 캐리비언이스팟을 인수하였다. 그리고 경영 혁신을 통해 하루에 백만 달러 적자를 내던 회사를 1년 만에 흑자로 돌려세우는 기적을 일구어 냈다. 이어 다른 기업을 인수하려 하자 가족들이 반대했다. 하지만 그는 인수합병 없이는 절대로 글로벌 강자가 될 수 없다고 확신했다.

이후 카자흐스탄 국영 철강회사인 카르멧을 인수하여 1년 만에 9,000만 달러의 순익을 냈다. 2004년에 미국 최대 철강 업체인 인터내셔널 스틸그룹을 매입해 세계 1위로 올라섰다. 2006년에는 세계 2위 철강 그룹인 아르셀로를 합병해 거대 공룡 기업을 탄생시켰다.

이 회사의 인수합병 자금은 증시에서 조달한다. 아르셀로미탈은 뉴욕, 파리, 암스테르담, 브뤼셀, 룩셈부르크, 바르셀로나, 벌바오, 마드리드, 발레시아 등 전 세계 아홉 곳 증시에 상장되어 있다. 2007년 아르셀로미탈은 매출액 1,050억 달러를 기록했다. 이는 모두 합병으로 인한 시너지 효과를 극대화한 것이다.

기업이 경쟁에서 살아남는 방법은 남이 따라 할 수 없는 자신만의 독특한 전략이 있어야 한다.

6-6 전쟁의 신

　형세로 인하여 많은 적들에게서 승리를 거두지만 많은 적들은 그걸 알지 못한다. 적들은 모두 아군이 이길 수 있는 형세를 쓴 것은 알지만, 그것이 승리를 제압하는 형세라는 것은 알지 못한다. 그러므로 전쟁에서 이긴 계책은 반복하지 않는다. 형세는 그 응용하기가 무궁무진하기 때문이다.

　군대의 형세는 물과 같으니 물의 흐름은 높은 곳을 피해 아래로 흘러가며, 군대의 형세는 적의 장점을 피하고 허점을 공격하는 데 있다. 물은 땅의 모양에 따라 흐름을 조절하고, 군대는 적의 대응에 따라 승리를 조절한다. 그러므로 병법은 형세가 정해진 바가 없는 것이 마치 물이 일정한 흐름이 없는 것과 같다. 그래서 적의 변화에 따라 승리할 수 있는 자를 신이라 부른다. 오행은 항상 이기는 것이 없고, 사계절은 항상 제자리에 있는 것이 아니고, 해의 길이도 짧고 길고, 달도 차고 기우는 것이다.

因形而措勝於衆, 衆不能知. 人皆知我所以勝之形, 而莫知吾所以制勝之形. 故其戰勝不復, 而應形於無窮. 夫兵形象水, 水之行, 避高而趨下; 兵之形避實而擊虛. 水因地而制行, 兵因敵而制勝. 故兵無成勢, 水無常形, 能因敵變化而取勝者, 謂之神. 故五行無常勝, 四時無常位, 日有短長, 月有死生.

| 풀이 |

'조(措)'는 처리할 조. 일을 잘 정돈하여 마치는 행위를 말한다. '중(衆)'은 많은 적을 말한다. '인(人)'은 상대 또는 적으로 해석한다. '불복(不復)'은 같은 전법을 두 번 쓰지 않는다는 의미다. 전쟁을 잘하는 장수는 적의 장점을 보면 적의 단점을 알고, 적의 단점을 보면 적의 장점을 안다. 전쟁은 같은 수법을 두 번 써서는 결코 적을 이길 수 없다. 기존의 상식을 버리고 새로운 전술을 써야 한다. 전술의 분석은 적이 이로운 것을 피하고, 적이 해로운 곳을 공격하는 것이다.

'일유단장(日有短長)'은 동지와 하지에 따른 해의 길이를 말한다. 옛날에는 하루를 16등분했다. 춘분과 추분은 낮과 밤이 8 대 8, 하지는 11 대 5, 동지는 5 대 11이다. '월유사생(月有死生)'이란 달이 차고 기우는 것을 말한다.

| 해설 |

조보(造父)는 조상 대대로 말몰이꾼 일을 하는 자였다. 하루는 밭을 갈고 있는데 이웃에 사는 부자가 아들과 함께 수레를 타고 지나가고 있었다. 그런데 갑자기 말이 놀라 멈춰 서서 더 가려 하지 않았다. 상황이 난감해지자 부자 아들이 수레에서 내려 앞쪽에서 말을 끌고, 부자는 뒤에서 말을 밀었다. 그래도 말은 도무지 움직이지 않았다. 할 수 없이 밭에서 일하는 조보에게 도움을 청했다.

"이보시오 농부, 이 수레 좀 밀어 주시오!"

조보가 하던 일을 멈추고 수레로 다가갔다. 수레에 올라 고삐를 잡고 채찍을 손에 들었다. 그러자 아직 채찍을 사용하지도 않았는데 말은 서서히 움직이기 시작했다. 이는 말을 다루는 기술이 있었기에 편안히 말을 부린 것이다. 그러므로 기술도 없이 말을 부리는 자는 자신의 몸만 상할 뿐이다.

이는 전쟁에 나서는 장수나 나라를 다스리는 군주에게도 같은 의미로 비유할 수 있다. 장수나 군주가 편안히 다스리는 기술이 없으면 국가는 환란을 면치 못하고 군대는 피폐하기 마련이다.

손자는 '권세모사(權勢謀詐)'에 대해 다음과 같이 정의하였다.

"권(權)은 무리를 모으는 것이고, 세(勢)는 병사들로 하여금 반드시 싸우게 하는 것이며, 모(謀)는 적으로 하여금 방비하지 못하게 하는 것이며, 사(詐)는 적을 곤란하게 만드는 것이다. 무릇 전쟁에서 이 네 가지를 얻은 자는 살고, 잃은 자는 죽는다."

손빈(孫臏)은 장군으로 출세한 동문수학 친구 방연(龐涓)의 초대를 받아 위(魏)나라로 떠났다. 하지만 방연의 음모로 인해 도리어 첩자로 오인받아 곤경에 처하고 말았다. 두 무릎이 잘리는 형벌을 받은 후에 가까스로 제나라 사신의 도움을 받아 탈출할 수 있었다. 제나라에 당도하자 장군 전기(田忌)에게 은혜를 입으며 그 집 식객으로 머물렀다.

그 무렵 장군 전기는 제나라 귀족들과 경마(競馬) 내기를 자주 하곤 했는데 언제나 손해를 많이 보았다. 손빈이 가만 보니 경마들의 주력에는 별 차이가 없는데 말은 상, 중, 하의 등급이 있음을 알게 되었다. 손빈이 전기에게 말했다.

"장군, 가능하면 이번에는 큰돈을 거십시오. 제가 반드시 이기도록 해 드리겠습니다."

전기는 그 말을 믿고 배짱 좋게 천금을 걸었다. 시합이 막 시작될 무렵 손빈이 말했다.

"우선 상대의 상급 말과 장군의 하급 말이 겨루도록 하십시오. 그리고 상대의 중급 말과 장군의 상급 말이 겨루고, 상대의 하급 말과 장군의 중급 말이 겨루도록 하시면 됩니다."

시합이 시작되자 전기 장군은 첫 번째는 지고, 두 번째 세 번째는 이겨 천금을 얻게 되었다. 이 일을 계기로 전기는 손빈이야말로 나라를 부강하게 할 수 있는 자라 여겨 왕에게 천거했다. 왕은 손빈에게서 병법에 관하여 듣고는 크게 기뻐하여 군사(軍師)로 삼았다.

이 이야기는 단순히 내기의 묘술에 관한 것이지만 그 내용은 적의 강한 곳을 피하고 약한 곳을 공격하는 병법의 실증이라 하겠다.

기업 혁신의 대표적 사례

제너럴 일렉트릭사(GE)는 1878년 발명왕 에디슨이 설립한 회사이다. 1980년대 초반까지 소형 가전제품부터 핵 발전설비까지 무려 180여 개의 다양한 사업을 펼치고 있었다. 그 무렵 GE의 사업은 미국 국민총생산에 해당하는 사업이었다. 그런 까닭에 안정적인 수익으로 인해 조직은 비대해지고 체질은 둔해져 갔다. 변화가 필요하다는 걸 조직원들은 알고 있었다. 그런 와중에 1981년 잭 웰치(Jack Welch)라는 젊은 회장이 등장하면서 조직 혁신이 시작되었다.

GE는 거대 기업이었다. 조직은 관료적이고 보수적으로 흘렀다. 변화 없이도 지금 이대로만 간다면 영원히 살아남을 것이라고 생각했다. 하지만 겉보기에는 튼튼해 보이는 회사가 내적으로 조금씩 병들어 가고 있었다. 그건 국제 경쟁에서 신속하고 민첩하지 못하면 퇴보되고 만다는 걸 차츰 체험한 후였다. 그러니 지금의 거대 체질로는 생존을 장담할 수 없는 상황에까지 이르게 되었다. 체질 개선이 절실한 시점이었다.

잭 웰치는 당장 경영 혁신 작업에 착수했다. 기업을 핵심 사업, 첨단 사업, 서비스 사업 세 부류로 나누어 실행되는 모든 사업을 검토하기에 이르렀다. 수익성이 높아 전혀 문제가 되지 않을 거라는 사업도 포함시켰다. 그 결과 무려 110개 사업이 혁신 대상이 되었다. 이는 사업을 종료하거나 정리하거나 재편해야 한다는 것이었다.

이에 따라 조직 구성원에도 큰 변화가 일어났다. 잭 웰치는 직원들을 세 등급으로 나누었다. A등급은 자신의 업무에 대해 높은 열정으로 무장한 사람들을 뜻하고, B는 회사의 목표를 성취하는 데 필요한 인적자원을 뜻했다. C등급은 업무 능력이 부족한 사람들이었다. 모든 관리자에게 해당 부서의 직원들을 A등급은 20%, B등급은 70%, C등급은 10% 선별하도록 했다. 그래서 A등급은 급여 인상과 승진의 기회를 주었고, B등급은 회사에 남을 기회를 주었다. 하지만 C등급은 회사를 떠나도록 조치하였다. 그것이 회사는 물론 개인에게도 좋은 일이라고 강조했다.

이 급진적 혁신안을 회사 전체가 수용할 리는 없었다. 하지만 잭 웰치는 반대를 무릅쓰고 41만 명 직원 중에 11만 명을 해고하였다. 그로 인해 언론과 국민이 그에게 적이 되었다. 개혁은 미친 짓이라고 방송은 떠들어댔다. 그러나 잭 웰치는 흔들리지 않았다. 계속적으로 구조조정에 심혈을 기울였다. 6시그마, 세계화, E비지니스 등의 최첨단 경영전략을 내놓았다.

수많은 반대에 부딪혔지만 잭 웰치는 혁신 계획안을 강하게 밀어붙였다. 그 결과로 120억 달러의 회사 가치를 4,500억 달러로 끌어올렸다. GE를 세계 최고의 기업으로 만든 것이었다.

개혁과 혁신은 미래에 대한 준비이다. 그런 일은 현실 지배 구조로는 할 수 없는 일이다. 젊고 도약적인 새로운 인물이 나서야 가능한 것이다. 우리나라의 대기업이 어느 날 갑자기 무너지거나 사라진 것이 이런 혁신과 개혁을 몰라서가 아니다. 이런 일을 이룰 인재를 두지 못했기 때문이다.

제七편

군 쟁

군쟁이란 전쟁에서 기선을 잡아 적을 제압하는 전술의 운용이다. 기선을 잡는 것은 상대보다 유리한 시간과 유리한 위치를 차지하는 주도권을 말한다. 유리한 시간이란 적보다 먼저 도착하여 편안하게 기다렸다가 피곤하게 달려온 적을 공격하는 선수(先手)를 말한다. 유리한 위치란 아군의 우세한 병력으로 적군의 허약한 수비 지역을 공격하여 승리를 얻는 선점(先占)을 말한다.

전쟁은 시간과 공간을 먼저 장악하는 쪽이 이길 수밖에 없다. 그런 점에서 기동력을 전쟁의 최우선으로 꼽는다. 그것 외에도 융통성과 신속성 그리고 변화무쌍해야 한다. 이런 요소들은 용병에서 속임수로 적을 물리치는 주요 요인들이다.

이 장에서는 우회전략, 군대의 폐단, 이기는 법칙, 적을 무력화시키는 방법 등에 대해 설명한다.

7-1 우회 전략

손자가 말했다. 대체로 용병의 방법은 장수가 군주로부터 명을 받아 군대를 모으고 병사들을 징집하여, 아군과 적군이 진영을 이루어 대치하는 것이다. 그러니 군대가 전쟁하는 것보다 어려운 일은 없다. 군쟁의 어려움은 군대가 돌아가는 길을 곧장 가는 길이 되게 하고, 군대의 불리한 것을 이로운 것으로 만들어야 하기 때문이다. 아군은 길을 돌아가면서 이익으로 적을 유인하면 적보다 늦게 출발하면서 적보다 먼저 도착한다. 이것이 우직의 계를 아는 것이다.

孫子曰: 凡用兵之法, 將受命於君, 合軍聚衆, 交和而舍, 莫難於軍爭. 軍爭之難者, 以迂爲直, 以患爲利. 故迂其途, 而誘之以利, 後人發, 先人至, 此知迂直之計者也.

| 풀이 |

합군취중(合軍聚衆)에서 '합'은 군대를 조직하는 것이고, '취'는 징집하는 것이고, '중'은 병사를 의미한다. 교화이사(交和而舍)에서 '교'는 마주보는 것이고, '화'는 양쪽 진영의 정면을 말한다. '사'는 군대가 진영을 갖춘 것이니 아군과 적군이 대치하는 상황을 말한다. 막난어군쟁(莫難於軍爭)에서 '어'는 비교의 의미다. 군쟁은 군대의 싸움을 말하니 전쟁을 뜻한다. 우직(迂直)에서 '우'는 돌아가는 길이니 먼 길이다. '직'은 길이 곧으니 빠르고 가까운 길이다.

| 해설 |

고대의 군대 출정식은 어떠했을까? 『사기(史記)』와 『군정(軍政)』의 내용을 집약하면 다음과 같다. 우선 군주가 전쟁에 출전할 장군을 임명한다. 그러면 점을 치는 복사(卜師)들이 사흘 동안 목욕재계한 후에 선왕을 모신 태묘에 들어간다. 그곳에서 잡아온 거북 중에 영험한 놈의 거북껍질로 점을 친다. 점괘가 나오면 길한 날을 정하여 깃발 수여식을 거행한다. 수여식 날 군주는 태묘의 문으로 들어가 서쪽을 향하여 서고, 장군은 태묘의 문으로 들어가 묘당 아래에서 북쪽으로 향하여 선다. 그러면 군주는 모든 권력을 상징하는 도끼를 장군에게 하사한다. 그러고 나서 장군은 상복을 입고 자신의 손톱을 자르고 관이 나가는 북쪽 문을 통해 퇴장한다. 출정식을 장례를 치르듯 하는 것은 비장한 각오를 보여 주기 위함이었다. 이는 적과 싸울 때 목숨을 돌보지 않겠다는 장군의 결연한 의지를 나타낸 것이다.

군대가 불리한 상황을 유리한 것으로 만든 사례로는 춘추시대 정(鄭)나라 장공(莊公)을 예로 들 수 있다. 장공은 송(宋)나라를 정벌하고자 했다. 그러나 송나라는 국력도 강하고 지위도 높아 정나라 혼자 힘으로는 불가능한 일이었다. 그렇다고 주변 제후국의 지지를 얻으려면 주나라 황실의 천자 명의가 있어야 했다.

장공은 일단 천자를 찾아갔다. 뵙고 좋은 인상을 심으려 애를 썼다. 그러나 천자는 이전부터 장공을 싫어했던 터라 연회도 베풀어 주지 않았고, 고작 수레 열 대 분량의 쌀을 하사품으로 주며 말했다.

"가뭄으로 백성들이 고초가 심하다고 들었소. 이를 백성들을 위해 쓰시오."

냉대를 받은 장공은 괜히 왔다고 후회했다. 그런데 동행했던 부하가 천자의 하사품을 보더니 번쩍이는 전략을 제안하는 것이었다.

"쌀을 실은 수레마다 마치 보물인양 비단으로 두르고 '천자의 은총'이라고 황금빛 글씨를 크게 써 붙이는 겁니다. 그러면 누가 봐도 천자의 큰 선물인 것처럼 보이지 않겠습니까?"

장공이 옳거니 하고 그 제안을 받아들였다. 수레마다 비단으로 꾸미고 크게 글씨를 써서 붙였다. 그리고 거리를 지나면서 사람들이 모두 들을 수 있게 크게 소리쳤다.

"천자께서 내려주신 선물이니 길을 비켜라!"

지나는 곳마다 주변 제후들이 정말로 천자의 귀한 선물을 받은 것으로 여겨 장공을 환대하고 친분을 맺고자 했다. 장공은 이런 기회를 놓치지 않고 은근히 송나라를 비방하기에 이르렀다.

"우리 정나라는 작지만 그래도 천자를 위해 항상 조공을 바치고 있소. 그런데 송나라는 거만하게도 오랫동안 조공을 바치지 않고 있소. 만일 천자께서 명을 내리시는 날이면 내가 당장에 쳐들어가 정벌하고 말 것이오."

주변 제후들은 그 말을 마치 정나라가 천자로부터 송나라를 공격해도 좋다는 승인을 받은 것으로 믿었다. 이 소문이 퍼져 가자 소식을 들은 송나라는 사태가 심상찮음을 알았다. 서둘러 정나라와 강화조약을 맺으려 했다. 그러나 장공은 이에 응하지 않았다. 천자의 이름으로 송나라를 정벌하겠노라고 통고했다. 이에 주변의 제나라와 노나라는 천자의 승인이 난 줄 알고 자발적으로 정나라에 군사를 보내 도왔다.

연합군은 명분과 기세가 등등했다. 파죽지세로 밀고 들어가 송나라를 일격에 함락시켰다. 이로 인해 정나라는 국력이 강대해졌다. 이후 천자는 정나라의 불법 침공을 승인할 수밖에 없었다. 이렇게 하여 정나라는 춘추시대 초기에 가장 강력한 제후국으로 부상하였다.

'가탁왕명(假託王命)'이란 권력이나 높은 지위를 차지하기 위해서 거짓으로 왕을 자기편인 것처럼 위세를 떠는 행위를 말한다. 왕의 이름을 빌리는 것만큼 빠른 출세가 없다. 동네에서도 싸움 잘하는 놈과 친하다고 하면 누가 감히 함부로 건드리지 않는 법이다.

전쟁은 적보다 세력이 약하면 패하기 마련이다. 그럴 때는 바로 공격하는 것이 아니라 우회해야 한다. 여기서 우회란 전략을 잘 짜야 한다는 것이다. 그리고 적의 허점을 노려 기습 공격으로 물리쳐야 한다. 그렇지 않으면 약한 나라는 적을 이길 수 없다.

개방 전략

피엔지(P&G)는 미국 신시내티에 본사를 둔 세계에서 가장 큰 소비재 생산 회사이다. 거느리고 있는 브랜드만 300개가 넘는다. 이 가운데 한 해 1조 원 이상의 매출을 올리는 브랜드만 해도 질레트, 듀라셀, 프링글스, 팬틴 등 24개에 달한다. 제조 영역도 화학제품, 주방용품, 애완용품까지 다양하다.

앨런 래플리 회장은 2000년 취임 때 자사 제품의 50% 이상을 회사 밖에서 해결하겠다고 했다. 연구개발에서 연결개발 전략으로 달라진 것이다. 2003년 보톡스가 유행하자 프랑스 세데르마 회사의 피부재생 기술을 응용하여 '올레이'라는 주름 개선 화장품을 출시했다. 자체 개발 기간보다 무려 1년 반이나 앞당길 수 있었다. 유명한 감자 칩 '프링글스'에 글씨 새기는 일은 인터넷 공모를 하였다. 그러자 이탈리아의 한 제과점에서 그 일을 아주 쉽게 해결했다. 이 제품은 2004년에 대박을 터뜨렸다.

이런 행운은 대부분 회사들이 폐쇄적일 때 피엔지(P&G)는 연구, 개발, 마케팅을 모두 개방한 덕분이었다. 매출액은 2001년 392억 달러, 2006년 682억 달러, 2007년 765억 달러로 상승했다. 연구개발 비용은 18억 달러에서 21억 달러로 약간 늘었지만, 오히려 매출액 대비 연구개발비는 4.5%에서 3%로 떨어졌다.

회사의 개방 전략이 곧 우회로이다. 돌아가는 것이 결국은 회사 발전의 지름길인 것이다.

7-2 급히 가는 군대의 폐단

　그러므로 군쟁은 이롭기도 하고 위험하기도 한 것이다. 만약 군대를 일으켜 병사들이 적과 이로움을 다툰다면 모두 제때에 전쟁터에 이르지 못한다. 각 부대에 위임하여 적과 이익을 다툰다면, 부대마다 먼저 가고자 수레에 실은 무거운 군수품을 버리려 할 것이다. 이는 무거운 갑옷을 접어 두고 달려가는 것인데, 밤낮으로 쉬지 않고 두 배로 행군하여 백리를 가서 적과 이로움을 다툰다면, 삼군의 장수는 적에게 포로로 잡히고 말 것이다. 강한 병사는 먼저 도착하지만, 지친 병사는 뒤쳐져 이 병법으로는 십분의 일만 도착할 것이다. 오십 리를 달려가서 적과 이익을 다툰다면 상장군을 잃게 된다. 이 병법으로는 군사의 절반밖에 도착하지 못한다. 삼십 리를 달려가서 적과 이익을 다툰다면, 이 병법으로는 군사의 삼분의 이만 도착하게 된다. 그러므로 군대가 급히 가고자 수레에 군수품과 장비가 없으면 망하게 되고, 양식이 없으면 망하게 되고, 비축물자가 없으면 망하게 된다.

故軍爭爲利, 軍爭爲危. 擧軍而爭利, 則不及; 委軍而爭利, 則輜重捐. 是故卷甲而趨, 日夜不處, 倍道兼行, 百里而爭利, 則擒三將軍, 勁者先, 疲者後, 其法十一而至; 五十里而爭利, 則蹶上將軍, 其法半至; 三十里而爭利, 則三分之二至. 是故軍無輜重則亡, 無糧食則亡, 無委積則亡.

| 풀이 |

'거군(舉軍)'은 군대를 일으키는 것인데, 여기서는 군대의 모든 병사를 말한다. '위군(委軍)'은 명령을 위임받은 군대이니 각 부대를 의미한다. 즉 치중연(則輜重捐)에서 '치'는 무거운 수레 치. '연'은 버릴 연. '권갑(卷甲)'은 투구와 갑옷을 말아서 등에 지고 전진하는 것이니 가벼운 옷차림을 말한다. 일야부처(日夜不處)에서 '일야'는 밤낮이고 '부처'는 쉬지 않는다는 의미다. 배도겸행(倍道兼行)은 두 배로 행군하는 것이니 빨리 달려간다는 말이다. '경(勁)'은 굳셀 경. '피(疲)'는 피로할 피. 강한 병사와 약한 병사를 의미한다. 궐상장군(蹶上軍將)에서 '궐'은 넘어질 궐. 적에게 죽임을 당한다는 뜻이다. '위적(委積)'은 비축된 군수물자를 말한다.

| 해설 |

돌아가는 길은 신중하게 골라 가장 합리적인 노선을 선택해야 한다. 그래야 적을 유인하여 기선을 제압할 수 있고, 적보다 출발은 늦지만 먼저 유리한 고지를 점령할 수 있다. 하지만 급하게 가는 군대는 반드시 폐단을 갖기 마련이다.

1941년 6월 22일 독일은 80개 사단 180만 명의 군대를 이끌고 소련 침공을 감행했다. 이로써 역사상 지상 최대의 전투가 벌어졌다. 그 무렵 독일은 지중해와 아프리카에서 영국과 치열하게 싸우는 중이었다. 그런데도 히틀러는 소련 정복을 꿈꾸었다. 히틀러는 이렇게 말했다.

"독일이 번영하기 위해서는 소련 땅의 지하자원이 필요하다. 이 정복은 정치적으로 공산주의를 몰아내고, 인종적으로 증오하는 유태인과 열등 민족인 슬라브족을 제거하기 위해서이다. 이 전쟁은 3개월 만에 마무리 짓겠다."

히틀러의 공언대로 독일군 병사들은 월동 준비도 하지 않은 채 신속하게 소련으로 진격했다. 소련의 방어선을 무너뜨리며 하루 80km를 진군하여 모스크바로 향했다. 3개월이면 전쟁이 끝날 거라고 독일 지휘관들과 병사들은 믿고 있었다. 독일 육군 참모총장 할데르는 다음과 같이 일기에 적었다.

"2주 만에 독일군은 진격에 성공했다. 하지만 방대한 소련 영토와 소련군의 완강한 저항으로 앞으로 많은 시련을 넘어야만 한다."

10월 5일 독일 최정예 부대가 모스크바 30km 지점까지 진군했다. 앞서 가는 독일 정찰대는 크렘린 궁의 금빛 지붕이 보인다고 말했다. 이제 소련 점령은 시간문제였다. 그런데 갑자기 상황이 바뀌었다. 다음 날 모스크바에 첫눈이 내렸다. 독일군 행군에 큰 차질을 가져 왔다. 눈이 무릎까지 차올라 앞으로 나아가기 힘들었다. 눈 속에 빠진 대포와 탄약 수레를 밀어내느라 전군이 엉망이 되어 버렸다. 다른 지역의 독일군은 진격도 할 수 없고 후퇴도 할 수 없는 상황에서 겨울을 맞게 되었다.

11월이 되자 모스크바의 기온은 영하 30도였다. 독일군은 월동 장비를 갖추지 못했기 때문에 추위에 덜덜 떨며 야영을 해야만 했다. 탄약상자를 쪼개 불을 지피거나 그것마저 없을 때는 홑옷 군복으로 최저 영하 42도를 견뎌야만 했다.

그런데 이런 상황을 보고받은 히틀러는 왜 구호물자를 보내지 않은 것인가? 사실 독일은 소련 철도편으로 물자를 보낼 계획이었다. 하지만 소련군이 후퇴하면서 화물열차를 모두 폭파해 버렸기 때문에 수송이 난감해진 것이다. 더구나 독일 열차와 소련 열차는 철로가 달랐다. 소련은 독일보다 철로가 넓었다. 그러니 도무지 기차로 군수품을 수송할 수가 없었던 것이다. 별 수 없이 트럭을 이용하려 했지만 그마저 소련 특유의 혹한으로 인해 연료가 얼어붙어 차량운행을 할 수 없었다.

그러나 이런 상황에서 소련군은 총포에는 보온 덮개를 씌웠고 동파 방지 윤활유가 칠해져 있었다. 12월 6일 소련군의 반격이 시작됐다. 이때부터 다음 해 1월까지 소련군은 독일군 55만 명을 섬멸하고 탱크 1,500대를 부수거나 노획했다. 독일군은 어쩔 수 없이 후퇴해야만 했다. 그때 애처롭게 유행하는 말이 있었다.

"맙소사! 하나님의 국적이 소련이란 말인가?"

4년에 걸친 이 지상 최대의 전투로 엄청난 사상자가 발생했다. 독일은 약 350만 명의 전사자 외에 53만 명의 민간인이 희생되었다. 소련은 군인만 2,000만 명이 희생되었다. 그리고 그 와중에 유태인 500만 명 이상이 학살당했다.

군쟁은 무거운 짐을 진 채 산을 넘는 장거리 경주다. 적보다 먼저 싸움터에 나가 진영을 이루는 것이 상대의 기선을 제압하는 일이다. 좌구명(左丘明)은 『좌전(左傳)』「군지」 편에 군쟁을 이렇게 말했다.

"상대보다 앞서면 상대의 기세를 빼앗고, 상대보다 뒤지면 그들이 쇠퇴하기를 기다려야 한다."

독일은 처음에는 기세를 빼앗았지만 나중에는 소련의 장기전에 몰려 쇠퇴하고 말았다. 이는 작전의 목표와 수단이 조화를 이루지 못했던 것이다.

"사흘 길을 하루에 가면 열흘씩 눕는다."

사흘 걸려 갈 길을 서둘러서 하루 만에 가면 열흘을 앓아눕는다는 말이다. 목적을 잊고 서두르게 되면 망하는 길밖에 없다. 그러니 서두르는 것이 능사가 아니다. 목적을 어떻게 이루느냐 하는 것이 중요하다.

고객의 잠재된 욕구를 활용한 전략

캠벨수프(Campbell Soup Co)는 미국 뉴저지 주에 본사를 둔 세계 최대의 식품회사 중 하나이다. 1863년 창립 이래로 이 회사에서 생산하는 통조림 수프, 과자, 주스 등은 현재 120개 나라에서 판매되고 있다.

2007년 캠벨은 러시아 시장 진입을 위해 아주 특별한 전략을 구사하였다. 고객의 잠재된 욕구를 충족시켜 준다는 것이었다. 러시아 사람들은 수프를 대하는 태도가 서구와 달랐다. 수프는 그냥 위장을 채우는 음식이 아니었다. 마음과 영혼까지 채우는 역할을 한다고 믿었다. 그건 음식을 조리할 때 정성이 가득 들어간다는 의미였다.

러시아의 가정에는 고기가 들어간 냄비가 항상 부글부글 끓고 있었다. 주부들은 며칠이 지나면 뼈다귀와 지방을 건져내어 맛이 진한 수프를 만들었다. 이 과정에서 러시아 사람들은 수프에 영혼이 배어 있다고 믿었다. 이런 점을 고려할 때 러시아에서 제조된 수프를 판다는 것은 쉬운 일이 아니었다. 이전에 몇몇 경쟁사들이 유럽식 포장 수프를 가지고 러시아

시장에 진입했으나 모두 실패하고 말았다. 러시아 사람들이 싸늘히 등을 돌린 것은 공장에서 제조된 수프에는 영혼이 담겨 있지 않다고 믿었기 때문이다.

캠벨은 이 점을 놓치지 않고 전략을 연구하였다. 다른 경쟁사들이 그만둔 이유를 집중적으로 파고들었다. 드디어 놀라운 사실을 발견하였다. 러시아 여자들은 영혼이 담긴 수프를 만들기 위해 매우 힘이 든다는 것이었다. 맞벌이 가정에서 특히 그랬다. 수프를 정성들여 끓일 시간이 없었던 것이다.

이는 캠벨에게 기회였다. 집에서 쉽게 끓일 수 있는 포장용 수프를 개발했다. 도마슈나야 클라시카(Domashnaya Klassika)라는 이름의 전통 가정식 수프였다. 이전에 실패했던 다른 경쟁사 제품과 달리 커다란 고깃덩어리와 지방 덩어리가 들어 있다. 서구 사람들에게는 완성되지 않은 요리였지만 러시아 사람들에게는 집에서 끓인 수프처럼 보였다. 전략은 적중했다. 러시아 주부들이 대환영을 한 것이었다. 이는 고객의 요구를 한 발 앞서 해결한 것이 성공 요인이었다.

7-3 이기는 법칙

　주변 나라들의 계략을 알지 못하면 함부로 외교를 맺을 수 없고, 산림과 험한 곳과 막힌 곳, 늪지의 지형을 알지 못하는 자는 군대를 이끌고 행군을 할 수 없다. 현지 사람을 이용하지 못하면 지리적 이로움을 얻을 수 없다. 그러므로 군대는 속임수로 일어나고 이익으로 움직이며 분산과 집합을 변화로 삼는다. 그 신속함은 바람과 같고, 고요하기는 숲과 같고, 침략할 때는 불과 같고, 움직이지 않을 때는 산과 같고, 적이 알기 어렵게 그늘에 숨은 것처럼 하고, 움직일 때는 우레와 벼락같아야 한다. 적의 지역에서 전리품으로 얻은 것은 병사들에게 나누어 주고, 땅을 넓혔으면 그 이익을 장수들에게 나누어 주는데, 저울에 달아 하듯이 경중에 따라 공평하게 처리해야 한다. 먼저 우직의 계를 아는 자가 승리하니 이것이 군쟁의 법칙이다.

故不知諸侯之謀者, 不能豫交; 不知山林, 險阻, 沮澤之形者, 不能行軍; 不用鄕導者, 不能得地利. 故兵以詐立, 以利動, 以分合爲變者也. 故其疾如風, 其徐如林, 侵掠如火, 不動如山, 難知如陰, 動如雷霆. 掠鄕分衆, 廓地分利, 懸權而動. 先知迂直之計者勝, 此軍爭之法也.

| 풀이 |

'제후(諸侯)'는 주변 나라를 말한다. 예교(豫交)에서 '예'는 참여할 예, 외교행위를 말한다. '험조(險阻)'는 험할 험, 막힐 조. '저택(沮澤)'은 습할 저, 못 택. 연못이나 개울이 있는 지역이다. '향도(鄕尊)'는 해당 지역에 사는 길 안내인을 말한다. 병이사립(兵以詐立)에서 '사'는 속일 사. 기질여풍(其疾如風)에서 '질'은 신속함. 기서여림(其徐如林)에서 '서'는 고요함이다. '뇌정(雷霆)'은 우레와 벼락. 약향분중(掠鄕分衆)에서 '약'은 약탈하는 것이고, '향'은 적의 지역, '분'은 나누어주는 것, '중'은 병사이다. 확지분리(廓地分利)에서 '확'은 넓을 확, '확지'는 땅을 넓히는 것, '분리'는 이익을 나누는 것이다. 현권이동(懸權而動)에서 '현'은 달다, '권'은 저울, '동'은 처리한다는 의미다.

| 해설 |

게으른 당나귀도 제가 먹을 콩 실으러 가자면 얼른 따라 나선다. 사람 또한 마찬가지다. 누구나 이익에 따라 움직인다. 이익이 있는 곳에는 사람이 몰린다. 전쟁에서 큰 상을 이익으로 내걸면 반드시 용맹한 병사가 나서기 마련이다. 용맹한 병사라고 하면 특수부대가 자연히 떠오른다. 현대전에서 특수부대의 활약은 대테러작전에서 그 진가를 발휘한다.

서아프리카 해안에 위치한 시에라리온(Sierra Leone)은 과거 영국 식민지였다. 면적은 남한의 10분의 1, 인구는 500만 명 정도이다. 이 나라의 특수한 자원은 그 진귀한 다이아몬드이다. 다이아몬드는 이익이 많다. 그런 이유로 이를 차지하기 위해 1991년 포데이 산코(Foday Sankoh)라는 자가 시에라리온 동부 밀림 지역을 거점으로 혁명연합전선(RUF)이라는 반군을 결성했다. 그리고 정부의 다이아몬드 산업을 약탈하여 세력을 키웠다.

1996년 시에라리온에 직접 선거를 통한 초대 민간 정부가 탄생했다. 그러나 다음 해 반군이 쿠데타를 일으켜 정부를 전복시켰다. 이후 내전이 발발하여 200만 명의 난민이 발생했고 20만 명이 사망하였다. 이에 유엔은 평화유지군을 파견하여 내전 종식을 촉구하였다. 이때 영국군이 참전하여 반군 지도자 포데이 산코를 체포하여 내전을 진정시켰다.

2000년 8월 25일 평화유지군 소속 영국 육군 정찰대 11명은 앨런 마셜 소령의 인솔하에 반군 지역 WSB(West Side Boys) 기지 정찰에 나섰다. 일상적인 업무이기는 하지만 그곳은 아주 악명 높은 반군 지역이라 정찰대는 50구경 기관총으로 무장하고 있었다. 그런데 갑자기 반군이 도로를 봉쇄하고 정찰대를 막아섰다. 곧바로 정찰대의 무기를 빼앗고 구타한 다음 11명 모두를 끌고 갔다. 이렇게 해서 영국군 11명이 인질로 잡히는 비상사태가 발생했다.

영국은 곧바로 행동에 나섰다. 하지만 WSB는 인질 석방 조건으로 반군 지도자 포데이 산코의 석방을 내세웠다. 이와 함께 식량, 의약품, 발전기, 위성전화를 요구했다. 영국은 포데이 산코의 석방을 제외한 모든 요구를 받아들였다. 그 대가로 인질 11명 가운데 5명이 석방됐다. 나머지 인질은 포데이 산코를 풀어 주어야 석방한다는 입장이었다.

그런데 다음 날 WSB는 또 다른 요구 조건으로 시에라리온 현 정부의 사퇴를 요구했다. 포데이 산코의 석방조차도 들어줄 수 없는 상황인데,

현 정부를 사퇴하라니 도무지 받아들일 수 없는 요구였다. 영국군은 이미 작전을 준비해 놓고 있었다. WSB에 건네 준 위성전화에 위치추적 장치를 장착해서 그들의 동향을 파악하고 있었던 것이다. 영국 육군과 해군 특수부대가 드디어 작전에 돌입했다.

며칠 동안 영국이 아무런 답변을 주지 않자, WSB는 인질을 죽이겠다고 협박했다. 영국의 협상단이 무려 14일에 걸쳐 WSB를 만났지만 아무런 진전이 없었다. 결국 토니 블레어 영국 수상이 구출 작전을 지시했다. 작전명은 '바라스(Barras)'였다.

적의 예상 병력은 200여 명, 인질을 지키고 있는 병력은 50명 정도였다. 무기는 AK-47 자동소총, RPG, 박격포 정도였다. 로켈 강 지류의 양쪽으로 북쪽 게리바나 마을에 위치한 본부에 인질들이 잡혀 있었고, 남쪽 마그베니 마을에 무기가 배치되어 있었다. 결국 안전한 작전을 위해서는 두 곳을 동시에 제압해야만 했다. 그러기 위해서는 영국군도 대규모 기동 병력이 필요했다.

2000년 9월 10일 새벽 06시 16분, CH-47 시누크 3대가 정글 위로 낮게 날아올랐다. 로켈 강 지류를 따라 영국 육군 제1공수연대 '파라(Para)' 부대원이 탑승한 1번 시누크 헬기가 게리바나로부터 100미터 떨어진 지점에 착륙했다. 06시 40분이었다. 착륙과 동시에 사방에서 총성이 울려 퍼졌다. 이때 헬기에서 강하하던 영국군 1명이 총탄을 맞고 쓰러졌다. 그러나 다른 대원들은 침착하게 목표 지점을 향해 달려 나갔다.

이와 동시에 2번, 3번 시누크 헬기도 마그베니 마을 인근에 착륙했다. 기관총 총성이 사방에 울려 퍼졌다. 영국군이 헬기에서 내려 전투에 임하기 전에 늪지에서 매복하고 있던 영국 특수부대 저격병들이 적들을 하나둘 쓰러뜨렸다. 이어 영국 해군 특수부대 대원들이 잠수로 로켈 강을 건너 적의 후미를 공격했다. 그 순간 반군은 혼란에 휩싸였다.

헬기에서 내린 영국군은 곧바로 인질이 억류된 건물로 달려들었다. 순식간에 적의 경비병들을 사살하고 6명의 인질을 구출했다. 이와 함께 아직도 잠이 덜 깬 WSB의 지도자 포데이 칼리와 18명의 반군을 체포했다. 총성이 계속되는 가운데 인질들과 부상자를 먼저 헬기에 실어 후송했다. 헬기가 이륙한 시각은 07시. 단 20분 만에 구출 작전에 성공하였다.

인질을 후송한 이후에도 소탕작전은 약 1시간 동안 계속되었다. 그리고 WSB 기지 2개소에 대한 점령이 마무리되자, 적의 포로를 이송했다. 이때 시각이 08시였다. 이 작전은 충분한 정보 수집, 명확한 목표, 신속한 기습을 통해 겨우 1시간 20분 만에 인질 구출 및 대상자 포획이라는 목표를 달성했다.

현재 군대를 보유하고 있는 국가는 대체로 특수부대를 운영하고 있다. 고대에도 이런 특수부대가 있었다. 『순자(荀子)』 「의병」 편에는 전국시대 위(魏)나라의 무졸(武卒)이라는 특수한 병사에 대해서 설명한다.

"무졸의 심사기준은 다음과 같다. 세 가지 종류의 갑옷을 입고, 열두 섬 무게의 쇠뇌를 들고, 화살 오십 대를 지고, 창은 그 뒤에 매고, 투구를 쓰고, 칼을 차고, 사흘 양식을 싸서 하루에 백 리를 달려가는 병사다."

이런 용병이 있는 군대라면 고대의 일반 군대가 감히 이길 수 없었을 것이다.

실패를 돌아보는 전략

3D 그래픽 시장에서 세계 1위에 오른 엔비디아(Nvidia)는 실패를 겸허히 인정하고 자산으로 활용해 성공한 기업이다. 1996년 첫 제품 NV1을 내놓는 과정에서 여러 차례 실수를 저질렀다. 그럴 때마다 회사 구성원들은 서로 비난하기 일쑤였다.

"네가 망쳤다."

"네가 개발이 느렸기 때문이다."

"네가 제품을 팔지 못한 게 잘못이다."

엔비디아는 서로를 비난하느라 두 달을 허송세월로 보내야 했다. 이때 창업자 젠슨 황이 실패에 대한 결론을 내렸다.

"이제부터 잘못한 사람을 찾으려 하지 말고, 무엇이 잘못됐는지를 찾아내어 그것을 개선하자."

엔비디아의 핵심가치는 혁신, 지적 솔직함, 단합, 높은 가치이다. 이 중 지적 솔직함에는 스스로 실패를 인정하고 남들의 실패를 비난하지 않는 것, 그리고 그 실패를 자산으로 만들어 가는 것이었다.

"실수를 저지르는 이유는 도전하기 때문이고, 무엇인가 창조하고 혁신하려면 당연히 실수를 하기 마련이다."

이후 회사는 신입사원이나 경력사원을 뽑으면 먼저 지적 솔직함을 교육시켰다. 2002년부터 시작한 SLI 개발 작업이 4년 만에 끝났다. 본래 SLI는 같은 그래픽 카드 여러 장을 한 대의 컴퓨터에 장착해 그래픽 성능을 기존 제품보다 두 배 가량 향상시켜 주는 방식이다. 당시 까다로운 기술이라 누구도 성공을 예측하지 못했다. 당연히 처음 내놓은 제품은 실패작이었다. 그로 인해 수차례 문제가 발생했고, 회사는 힘든 시기를 보내야 했다. 그래도 누군가를 비난하지 않고 어떻게 고쳐서 성공할 수 있을지 방법을 찾는 데 몰두했다. 그 결과 이 개발 작업은 문제를 해결하여 크게 성공했다. SLI는 판매 수량 6억 개를 기록해 엔비디아의 핵심 상품이 됐다.

지금은 세계시장 점유율 65%, 연간 매출액 30억 달러에 이른다. 초창기에 10명에 불과했던 직원도 현재 4천 명이 넘는다. 이는 기술이 아닌 '내가 틀렸다'는 지적 솔직함이 성공의 원동력이 된 것이다. 그러니 실패라는 우회로가 지름길인 셈이었다.

공자는 『논어』에서 다음과 같이 말했다.

"군자는 자기에게서 책임을 찾고, 소인은 남에게서 책임을 찾는다.(子曰 君子求諸己 小人求諸人.)"

7-4 전쟁 중에 소통

군정에 이르기를 전쟁 중에는 병사들 간에 서로 말이 들리지 않기에 북과 징을 사용하고, 서로 보이지 않기에 깃발을 사용한다. 징과 북과 깃발은 병사들의 눈과 귀인 것이다. 병사들이 일사분란해지면 용감한 병사라도 홀로 진격하지 않고, 겁쟁이라도 홀로 물러나지 않으니, 이것이 전군을 이끄는 용병의 방법이다. 야간 전투에는 북과 징을 많이 사용하고, 주간 전투에서는 깃발을 많이 사용하는 것은 병사들의 눈과 귀를 변화시킨 것이다.

『軍政』曰:「言不相聞, 故爲金鼓; 視不相見, 故爲旌旗.」夫金鼓旌旗者, 所以一民之耳目也. 民旣專一, 則勇者不得獨進, 怯者不得獨退, 此用衆之法也. 故夜戰多金鼓, 晝戰多旌旗, 所以變人之耳目也.

| 풀이 |

'군정(軍政)'은 전국시대 이전에 널리 알려진 군사에 관한 책으로 군법과 군대 관리 기술이 적혔다고 한다. 현재는 모두 소실되어 전해지는 바가 없다. 단지 『좌전(左傳)』에 많이 실려 있어 그 기록으로 추정할 뿐이다. '금고(金鼓)'는 징과 북을 말한다. '정기(旌旗)'는 깃발이다. 민개전일(民旣專一)에서 '민'은 병사이다. '전일'은 잘 훈련되어 일사불란한 모습이다. 용중지법(用衆之法)에서 '중'은 전군을 의미한다. 변인지이목(變人之耳目)에서 '변'은 바꾸다, 대신한다는 뜻이다.

| 해설 |

537년 남북조(南北朝) 시대, 낙양 일대를 중심으로 나라를 세운 동위(東魏)는 군벌 출신인 고환(高歡)이 실권을 쥐고 있었다. 그 무렵 서위(西魏)는 승상인 우문태(宇文泰)가 권력자였다. 천하의 대권을 놓고 고환과 우문태는 서로 경쟁자였다. 그런 가운데 고환은 부하로부터 뜻밖의 보고를 받게 되었다.

"장군, 지금 서위의 병력은 1만 명이 채 되지 않는다고 합니다. 지금이 절호의 기회가 아니고 무엇이겠습니까?"

고환(高歡)은 곧바로 20만 대군의 출정을 명했다. 이 정도 대군이면 그냥 곧장 쳐들어가기만 해도 서위는 망할 것이라 믿었다. 그러자 신하 후경(侯景)이 만류하였다.

"이번 출정은 규모가 너무도 방대합니다. 만에 하나 실패할 경우 그 후환이 엄청날 것이니 삼가 헤아려 주시기 바랍니다."

게다가 고환의 부하 설숙(薛㧑)이 전략을 건의했다.

"이번 전투는 적이 아무리 수가 적다고 하지만 그래도 점진적으로 조금씩 공격해 들어가는 것이 아군에게 이로울 것입니다."

하지만 고환은 이런 제안들을 모두 물리쳤다.

"겁내지 마라. 무작정 밀고 들어가기만 해도 이긴다!"

반면에 동위의 공격 소식에 서위의 우문태는 신중했다. 20 대 1이라는 중과부적의 형세에서 긴장하며 적의 정황을 면밀히 정찰했다. 그런 다음 지형을 교묘히 이용하는 전략을 구상했다. 성 가까운 숲 속에 병사를 매복시켜 놓았다. 그리고 동위 군대가 다가오기를 기다렸다.

드디어 동위의 군대가 성 가까이 다가왔다. 그 표정과 걸음이 지쳐 보였다. 그 틈을 노려 갑자기 사방에서 북과 징소리가 요란하게 울려 퍼졌다. 그와 동시에 매복해 있던 서위 병사들이 일제히 기습 공격을 가했다. 일사불란하고 기세가 대단했다. 하지만 동위 군사들은 오합지졸이었다. 허둥지둥 갈피를 못 잡았다. 20만 대군이 제대로 싸워 보지도 못하고 크게 패하고 말았다. 8만 명이 전사했고, 갑옷과 무기 등 군수품 18만 점을 잃었다.

'물이삼군위중이경적(勿以三軍爲衆而輕敵)'은 병사가 많다고 적을 가벼이 보지 마라는 경구이다. 지혜로운 자 하나가 백만 대군을 상대할 수 있는 것이다. 고환은 군대의 통솔 원칙도 없이 무작정 숫자만 믿고 적을 얕잡아 보다 망하고 만 것이다. 부하를 거느리는 자들은 소통이 얼마나 중요한 것인가 주의를 기울이지 않으면 안 된다.

회사의 미래는 직원이다

페덱스(Fedex)는 세계적인 물류 배송 회사이다. 이 회사의 특징이라면 신속 정확한 서비스를 유지하기 위해 1:10:100의 법칙을 적용한다는 것이다. 이 법칙의 의미는 간단하다. 불량이 생길 경우 즉시 고치는 데는 1의 원가가 들지만, 문책이 두려워 불량 사실을 숨기게 되면 10의 비용이 든다. 이것이 고객 손에 들어가 손해 배상 청구 건이 되면 100의 비용이 든다는 것이다. 다시 말하면 작은 실수를 그대로 뒀을 경우 그 비용이 적게는 10배, 크게는 100배까지 불어난다는 뜻이다. 이러한 페덱스의 이론은 품질경영 부문에서 이미 교과서처럼 인식되고 있다.

페덱스의 또 다른 특징이라면 회사의 미래는 곧 직원이라는 신념이다. 이는 회사의 미래는 직원 투자에 달렸다고 해도 과언이 아니다. 미국 테네시 주 멤피스 공항은 밤 11시 30분이 되면 페덱스 전용공항으로 바뀐다. 전 세계에서 페덱스 화물을 실은 비행기가 한 시간에 약 90대씩 꼬리에 꼬리를 물고 들어온다. 이곳은 8천 명의 직원이 하루에 200만 개에 이르는 화물을 분류, 배송하는 페덱스의 본부이다. 직원들은 대부분 흑인이나 히스패닉 계로 경제적으로 중하위 계층에 속한다. 하지만 이곳 직원들은 생각이 남다르다.

"이곳에서 일하면 언젠가 최고경영자가 될 수 있다!"

페덱스에서는 사무직뿐만 아니라 비정규직 배달 직원들에게도 공평한 기회가 주어진다. 2007년 페덱스 육상 운송 부문 최고경영자로 기용된 데이비드 레브홀츠는 1976년 밀워키 지점에서 차를 닦고 물건을 나르는 비정규직으로 회사 생활을 시작했다. 페텍스 익스프레스 최고경영자인 데이비드 브론젝도 배달 직원으로 입사해 2004년 미국 포천지가 선정한 미국 최고 경영인에 뽑히기도 했다. 페덱스의 인사 총괄 주디 에지 부사장은 고등학교만 졸업하고 이곳 콜센터 직원으로 입사했지만 회사에 다니면서 대학교 대학원을 졸업해 현재의 지위에 올랐다.

이 회사는 PSP(People Service Profit) 정책을 도입하여 외부 직원을 스카우트하기보다는 내부 직원에게 충분한 교육과 승진 기회를 부여한다. PSP는 회사가 직원들을 가장 먼저 고려할 때 고객에 대한 서비스의 질이 높아지고 이윤을 많이 남길 수 있다는 창업주 프레드릭 스미스(Frederick W. Smith)의 철학에서 나온 것이다.

이 회사는 구조조정도 없다. 직원 채용 때 인종, 성별, 종교, 나이, 성적, 취향을 묻지 않는다. 승진에서 차별을 받았다고 생각되면 언제라도 승진 심사과정을 조사해 달라고 회사에 요청할 수 있다. 직원 21만 명 중 여성이 30%, 인종 소수자가 41%에 이른다.

대신 부장급인 매니저에 오르면 혹독한 리더십 과정을 마쳐야 한다. 그리고 2년마다 정기적인 간부 교육이 이루어진다. 이런 과정을 마치고 나면 뛰어난 리더십을 가진 유능한 인재로 탄생한다. 현재 페덱스는 특급 배송 분야에서 세계에서 가장 인정받는 회사이다.

소통의 기본은 부하에게 투자하는 것이다. 자신이 속한 조직이 소통이 어렵다고 느낀다면 그건 부하에 대한 배려가 전혀 없기 때문이다. 몸담고 있는 조직이 상하 간에 불통이라면 한번 심사숙고해 볼 일이다.

7-5 적을 무력화시키는 4가지 방법

군쟁을 아는 자는 대규모 적의 기세를 꺾을 수 있고, 적의 장수를 혼란에 빠뜨릴 수도 있다. 기세란 아침에 날카롭고 낮에 해이해지며 저녁에 소멸한다. 용병에 능한 자는 적의 사기가 높을 때를 피하고 해이하거나 소멸했을 때 공격한다. 이것이 사기를 다스리는 방법이다. 아군을 잘 다스려 적이 어지러워지길 기다리고, 아군을 고요하게 하여 적의 소란함을 기다린다. 이것이 마음을 다스리는 방법이다. 아군은 가까운 곳에서 멀리서 오는 적을 기다리며, 휴식을 취하면서 적이 피곤해지기를 기다리고, 배불리 먹어 배고픈 적을 기다린다. 이것이 힘을 다스리는 방법이다. 깃발이 질서정연한 적과 싸우지 말고, 진영이 당당한 적을 공격하지 마라. 이것이 변화를 다스리는 방법이다.

故三軍可奪氣, 將軍可奪心. 是故朝氣銳, 晝氣惰, 暮氣歸. 故善用兵者, 避其銳氣, 擊其惰歸, 此治氣者也. 以治待亂, 以靜待譁, 此治心者也. 以近待遠, 以佚待勞, 以飽待饑, 此治力者也. 無邀正正之旗, 無擊堂堂之陣, 此治變者也.

| 풀이 |

  '삼군(三軍)'은 전군을 말한다. '탈(奪)'은 빼앗다, 꺾다의 의미다. '예(銳)'는 날카로울 예. '타(惰)'는 게으를 타, '귀(歸)'는 힘이 다하여 제자리로 돌아간다는 뜻이니 사라진다고 해석한다. '화(譁)'는 소란스럽고 무질서한 모습이다. 이일대로(以佚待勞)에서 '일'은 휴식을 취하여 편안한 모습이고 '로'는 고단하고 피로한 상태이다. '요(邀)'는 맞이하다, 싸운다는 뜻이다. '정정(正正)'은 질서정연한 모습이다. '당당(堂堂)'은 적의 기세가 드높아 힘차고 늠름한 모습이다. 치기(治氣), 치심(治心), 치력(治力), 치변(治變), 이 네 가지는 적을 무력화시키는 방법이다.

| 해설 |

  적을 무력화시키는 첫 번째 방법은 치기(治氣)이다. 사기(士氣)란 기운이 넘쳐 굽힐 줄 모르는 씩씩한 기세를 말한다. 장수는 적의 사기가 강한 것인지 약한 것인지 그 변화와 형세를 알 수 있어야 한다. 또한 아군의 사기를 다스릴 줄 알아야 한다. 이를 치기라 한다.

  진평(陳平)은 유방을 가까이서 섬기는 주요 전략가 중 한 사람이었다. 이전에는 항우의 부하로 있었다. 그래서 누구보다 항우의 사람됨을 잘 아는 편이었다. 항우는 싸우면 이기는 백전백승의 장수였다. 하지만 단점이라면 좀처럼 부하를 믿지 못하는 성격이었다. 진평이 이를 이용해 항우의 신하인 범증, 종리매, 용저, 주은 등을 떼어놓기 위한 이간질 전략을 펼쳤다.

우선 진평은 똑똑한 병사들을 골라 훈련시킨 후, 이들에게 황금을 나누어 주고는 초나라 첩자로 내보냈다. 그들은 초나라에 들어가 곳곳에서 유언비어를 퍼뜨렸다.

"종리매가 항우를 따라 고생한 지 몇 년이 되었던가? 그런데 다른 제후들보다 큰 공을 세우고도 땅 한 평 받지 못하니 이게 말이 되는 이야기인가?"

"범증은 항우의 참모 역할을 하지만 그는 유방과 내통하는 자이다. 곧 항우를 죽일 것이다."

너무도 터무니없는 말들이었다. 그렇지만 소문이 점점 커지자 항우는 자신의 부하들을 의심하기 시작했다. 이에 진평이 보낸 첩자들이 다시 소문을 퍼뜨렸다.

"항우는 항씨들만 장수로 여기고, 다른 이는 장수로 삼지 않는다. 항우가 천하를 얻으면 고생한 장수들은 모두 삶아 죽이고 말 것이다."

유언비어는 계속 커져 갔다. 그러자 이번에는 항우의 장수들이 불만을 갖게 됐다. 항우는 결국 소문을 사실로 믿고 범증, 종리매를 의심했다. 그들이 어떤 전략을 건의해도 듣지 않았다. 범증은 항우가 자신을 믿지 않는다고 여겨 화를 참지 못하고 결별하고 떠났다. 이후 항우의 군대는 유능한 책사와 용맹한 장수를 잃자 사기가 크게 저하되었다. 유방의 장수 한신의 공격을 받아 결국 패망하고 말았다.

이간책(離間策)은 군대를 동원하지 않고도 견고한 적진을 무너뜨리니 매우 효용성 높은 전략이라 하겠다. 이처럼 주도면밀한 전략을 가진 장수는 비록 적이 사기가 높다고 하더라도 결코 싸움에서 패하지 않는 법이다.

적을 무력화시키는 두 번째 방법은 치심(治心)이다. 장수는 두려움에 귀를 기울여야 할 때가 있고, 또 두려움을 잊어버려야 할 때가 있다. 두려움은 싸움을 결정하기 전에 찾아온다. 이 순간은 자신이 상상할 수 있는 모든 두려움에 귀를 기울여야 한다. 그리고 두려움을 정리하고 나서 비로소 싸움 결정을 내리게 된다. 결정을 내리면 그때는 모든 두려움을 잊고 당당히 앞으로 나아가야 한다. 마음을 다스린다는 것은 두려움을 이겨낸다는 것이다. 전쟁에서 두려움을 이겨내지 못하면 항상 패하기 마련이다. 전쟁은 용감한 자가 승리를 차지하기 때문이다.

유방은 형양 전투에서 항우에게 포위되고 말았다. 군량 수송로가 끊기자 굶주린 병사들은 사기가 저하되었다. 상황이 위급하게 돌아가자 유방은 결국 항우에게 사신을 보냈다. 형양을 경계로 영토를 나누자고 제의한 것이었다. 유리한 입장에 있는 항우가 이를 받아들일 리 없었다. 유방을 사로잡을 기회였기 때문이다. 상황이 더욱 악화되자 유방의 전략가 진평(陳平)이 아뢰었다.

"하루 빨리 이 상황에서 어떡해서든 벗어나야 합니다. 그렇지 않으면 대왕께서는 포로가 되어 망하고 말 것입니다."

이어 진평이 계책을 내놓았다. 유방이 그 계책에 따라 항우에게 사신을 보냈다.

"전쟁을 멈추면 항우에게 투항하겠다."

항우가 사신의 말을 믿고 바로 전쟁을 멈추었다. 그리고 유방이 투항하러 오기만을 기다렸다. 저녁이 되자 형양성 동문에 2,000명이 되는 미인들이 나타났다. 그 가운데 유방이 탄 수레가 그들의 호위를 받으며 화려하게 앞으로 천천히 나아가고 있었다. 항우의 병사들이 이 기괴한 광경을 보고는 유방이 항복하러 온다는 소식에 모두 만세를 불렀다. 이제 전쟁이 끝났으니 고향으로 돌아갈 수 있다는 들뜬 기대 때문이었다.

유방의 미인 행렬을 구경하기 위해 많은 사람들이 형양성 동문 쪽으로 몰려들었다. 삽시간에 인산인해를 이루었다. 게다가 무슨 일인가 궁금해진 항우의 병사들까지 참지 못하고 형양성으로 몰려갔다. 이어 항우가 유방의 투항을 맞이하기 위해 진영 앞에서 부하들과 함께 기다렸다.

천천히 다가오는 행렬 속에서 수레에 타고 있는 유방을 유심히 바라보던 항우의 부하들이 뭔가 의심쩍은 느낌을 받았다. 가까이 다가가서 보니 그는 유방이 아니라 유방으로 분장한 유방의 부하 기신이었다. 유방은 이미 사람들이 동문 쪽으로 몰려드는 틈을 타서 재빨리 도망친 것이었다. 유방을 놓친 항우는 크게 분노하여 분장한 기신을 화형에 처하고 말았다.

치심(治心)이란 마음을 다스리는 일이다. 위기에 처했을 때 침착해야만 달아날 길이 보인다. 그래서 침착한 적을 화나게 만들고, 편안한 적을 수고롭게 만들고, 유리한 적을 불리하게 만들어 싸움에서 이기는 전략이다. 장수가 이를 알면 싸우지 않고 이기는 법을 알게 되고 이를 모르면 항상 피 흘리는 수고로운 싸움을 해야만 한다.

적을 무력화시키는 세 번째 방법은 적의 힘을 올바로 헤아리는 치력(治力)이다. 적의 힘이라 하면 적의 병력 수, 화기, 사기의 정도를 말한다. 적의 힘을 바로 알지 못하고 자신의 힘만 믿다가는 전쟁에서 항상 패하기 마련이다.

과달카날(Guadalcanal)은 호주 북동쪽 솔로몬 군도에 위치한 섬이다. 면적은 제주도의 3.5배 정도이다. 사람은 살지 않고 수풀이 우거진 정글지대이다. 1942년 일본은 이 섬에 상륙하여 비행장 건설을 시작했다. 이는 호주를 제압하여 미군의 태평양 접근을 사전에 차단하려는 의도였다. 하지만 미군 해병대가 이를 알고 반격에 나섰다.

1942년 8월 미군 해병대 1사단 1만여 명이 이 섬에 상륙하였다. 상륙 작전은 조심스러웠다. 일본이 집중 공격을 하지 않을까 하는 걱정 때문이 었다. 그런 탓이었는지 실제로 미군 해병대는 너무 서두른 탓에 병사들은 상륙했지만 보급품과 탄약을 충분히 내리지 못했다. 전투 경험이 전혀 없는 풋내기들이었기 때문이다.

그런데 일본이 이 소식을 알고 과달카날 탈환 작전에 나섰다. 일본군 7사단 28보병 연대 3천여 명을 파견하였다. 지휘관은 전쟁 경험이 많은 관동군 대령 이치키 기요나오였다. 병사들은 참전 경험이 많았고 전쟁에 자신감이 넘쳤다. 이치키 대령은 선발부대 900명으로 선제공격을 명했다. 미군은 일본군의 함성 소리만 들어도 백기 투항할 것이라 믿었다.

8월 21일 새벽 2시 일본군은 미군을 향해 무차별 사격을 가하고 박격포를 발사하였다. 이어 손에는 일본도를 들고 무시무시한 함성을 지르며 미군을 향해 달려가기 시작했다. 이 괴상한 행동에 미군은 잠시 어리둥절했다. 하지만 곧 정신을 차리고 기관총을 쏘며 맹렬하게 대항하였다. 달려간 일본군은 모두 사살되고 말았다.

첫 번째 돌격이 실패하자 이치키 대령은 다시 진격을 시도했다. 이번에도 일본군은 아무런 방비도 없이 일본도를 들고 괴괴한 소리를 지르며 미군을 향해 달려왔다. 미군의 기관총에서 총알이 빗발쳤다. 일본군은 맥없이 쓰러졌다. 날이 밝자 모래사장에는 일본군 시체 천여 구가 나뒹굴고 있었다. 이치키 대령은 패배의 책임을 지고 자결했다.

며칠 후 이번에는 일본군 4천 명이 증파됐다. 이번에도 일본군의 공격은 똑같았다. 어둠 속에서 일본도를 든 채로 무조건 돌격해 오는 것이었다. 미군의 입장에서는 너무도 쉬운 목표물이었다. 미군의 기관총 소리가 밤하늘을 울렸다. 비행장 부근은 일본군 전사자의 피로 물들었다.

다시 일본은 2만 명을 증파했다. 이번에는 야포와 장비를 동원했지만 역시 작전의 전부는 육탄돌격이었다. 하지만 미군의 기관총 앞에서는 무용지물이었다. 어떤 미군 해병대원은 권총으로 수십 명의 일본군을 살해하기도 했다. 전투가 끝났을 때 비행장 언덕에는 만여 명의 일본군 시체가 쌓여 있었다.

일본은 사무라이 정신을 맹신하고 있었다. 동남아 곳곳에서 육탄돌격으로 항복을 받아 냈다. 그래서 과달카날에서도 그대로 통할 것이라 믿었다. 하지만 환경이 다르고 무기가 다르다는 것을 알지 못했다. 이후 태평양 전체가 사무라이의 무덤이 되고 말았다.

적을 무력화시키는 네 번째 방법은 치변(治變)이다. 적의 변화를 알고 대응할 줄 아는 것이다. 적의 작은 조짐을 보고 적의 급소를 읽을 줄 아는 것이다.

기원전 500년 춘추시대, 주(周)나라 황실이 쇠약해지자 각지에서 제후들이 득세하기 시작했다. 그중 진(晉)나라는 화북(華北)을 중심으로 세력을 형성한 제후국이었다. 처음에는 단일 군주체제를 이루었으나 차츰 육경(六卿)이라 불리는 6명의 지방 세력들이 권력을 나누고 있었다.

하루는 오(吳)나라 왕 합려(闔廬)가 군대를 통솔하는 손무와 진(晉)나라 정세에 대해 이야기를 나누고 있었다. 합려가 손무에게 물었다.

"진나라의 육경 중에서 가장 먼저 망하는 자가 누구이겠는가?"

손무가 대답했다.

"범(范)씨, 중행(中行)씨, 지(智)씨, 한(韓)씨, 위(魏)씨 순서로 망하고 조(趙)씨가 진의 권력을 움켜쥘 것입니다."

합려가 다시 물었다.

"그 이유는 무엇인가?"

이에 손무가 그 판단의 근거를 자세히 설명하였다. 그 무렵 제후들은 자신의 영지에서 세금을 거두었는데 1묘를 기준으로 하였다. 1묘(畝)는 대략 660m²이다.

"범씨와 중행씨는 400m²를 한 무로 정해 세금을 걷고 있습니다. 이는 세금을 많이 걷기 위한 술책입니다. 세금이 늘어나면 가신을 많이 둘 수 있고 군대를 키울 수 있습니다. 그러면 이전보다 사치스럽고 거만해져서 함부로 군대를 사용할 것입니다. 백성들은 군대가 동원되는 일을 싫어하니 민심이 곧 그들을 떠날 것입니다. 그러니 가장 먼저 멸망할 것입니다. 지씨의 상황은 범씨나 중행씨보다는 조금 낫습니다. 하지만 본질은 크게 다르지 않습니다. 450m²를 한 무로 정했기 때문입니다. 그러니 범씨, 중행씨 다음으로 망할 것입니다. 한씨와 위씨도 크게 다르지 않습니다. 마지막으로 조씨는 1묘가 880m²으로 토지 단위가 커서 백성들이 세금에 대한 부담이 적습니다. 세금이 적으니 조씨는 검소한 생활을 할 것이고, 백성들은 그런 조씨에 대해 믿음을 가질 것입니다. 이는 어진 정치를 펴서 백성의 요구에 응하기 마련이니 틀림없이 진나라의 권력을 움켜쥘 것입니다."

손무의 예견처럼 얼마 후 조씨는 민심을 얻어 다른 세력들을 멸망시키고 권력을 쥐었다. 이는 사마광이 편찬한 『자치통감(資治通鑑)』에 있는 이야기이다.

치변은 곧 이상지계(履霜之戒)이다. 서리가 밟히면 이제 곧 얼음이 얼 징조를 아는 것이다. 작은 조짐을 보면 그것이 화(禍)가 될 것인지 복(福)이 될 것인지 미루어 알 수 있다는 의미이다. 전쟁의 승패 역시 작은 조짐에서 결과를 예측할 수 있다. 그래서 지혜로운 장수는 작은 조짐에서 내일의 환란을 경계하기 마련이다.

케냐의 창조적 판매전략

2000년 영국의 이동통신 업체인 보다폰(Vodafone)은 케냐의 이동통신사 사파리콤의 대주주가 되었다. 사파리콤은 이를 계기로 새로운 마케팅 전략을 세워 케냐의 이동통신 가입자 수를 최대 4백만 명으로 대폭 늘렸다. 전문가들은 가난한 나라인 케냐에서 그것이 가능한 일이겠냐며 다들 부정적인 견해를 피력했다. 하지만 결과는 예상을 뒤집었다. 2008년 사파리콤의 가입자는 천만 명이 넘었던 것이다. 어떻게 이런 놀라운 흥행을 만들어 낸 것일까?

사파리콤은 케냐 국민이면 누구나 이동통신에 가입할 수 있도록 창조적인 마케팅 전략을 구사했다. 우선 사파리콤의 이용요금을 대폭 낮췄다. 기존의 통화료를 분당 계산에서 초당 계산으로 개선했다. 이 덕분에 휴대전화를 쓰고 싶어도 쓰지 못했던 많은 서민들이 사파리콤에 가입했다. 회사는 이를 계기로 휴대전화를 여러 가지 혁신적인 방법으로 사용할 수 있도록 변화를 만들어 냈다.

케냐의 농부들은 자신이 생산한 농산물을 되도록 높은 가격에 팔고자 했다. 하지만 그런 정보를 쉽게 알 수 없었다. 사파리콤이 여기에 뛰어들었다. 농부들에게 농산물 정보를 제공하기로 했다. 이에 케냐의 농부들이 휴대전화를 사용하기 시작했다. 자신의 인근 지역 시장에서 농산물 가격이 가장 높은 곳이 어디인지 찾기 위해서이다.

또 케냐는 치안이 불안하여 강도에게 금품을 빼앗기는 경우가 많았다. 특히 현금을 지니고 먼 거리를 여행할 때면 그 위험이 더욱 컸다. 사파리콤이 강도에 대한 대비책에 뛰어들었다. 휴대전화를 사용하면 현금을 자유롭게 이체할 수 있고 전자화폐로 결제도 가능하게 만들었다. 그러자 이전에 비해 강도에 대한 피해가 대폭 줄어들었다. 돈을 빼앗길 염려가 사라진 것이다.

사파리콤의 판매 전략은 단순히 회사의 이익만을 창출한 것이 아니다. 사회 이익에도 크게 공헌했다. 이는 자본주의 본래의 이익 개념을 변화시킨 것이다. 기업의 사회적 역할이란 바로 케냐의 사파리콤을 두고 하는 말이다.

7-6 용병의 8가지 방법

　따라서 용병의 방법은 높은 곳에 있는 적을 향해 공격하지 말고, 언덕을 등지고 있는 적을 거슬러 올라가 싸우지 말고, 거짓으로 도망하는 적을 쫓지 마라. 또한 적의 정예부대를 공격하지 말고, 적의 미끼를 물지 말며, 돌아가는 적의 군대를 막지 마라. 적을 포위할 때 도망갈 길을 열어주고, 궁지에 몰린 적을 압박하지 마라. 이것이 용병의 방법이다.

故用兵之法, 高陵勿向, 背丘勿逆, 佯北勿從, 銳卒勿攻, 餌兵勿食, 歸師勿遏, 圍師必闕, 窮寇勿迫, 此用兵之法也.

| 풀이 |

　'고릉(高陵)'은 높은 지대이다. '향(向)'은 마주하다, 공격하다의 의미다. 전쟁에서는 높은 곳을 차지하여 아래쪽에 주둔하고 있는 적을 공격하는 것이 훨씬 유리하다. '배구(背丘)'는 언덕을 등진 곳이다. '역(逆)'은 거스르

다, 거꾸로의 뜻이다. 평탄한 곳을 놔두고 언덕을 오르는 것이니 거스르는 일이다. 높은 언덕은 천연 방패막이 역할을 한다. '양배(佯北)'는 거짓으로 패배하여 달아나는 것이다. 적이 갑자기 약한 척할 때 무작정 쫓아가기에 앞서 그 의도가 무엇인지 살펴야 한다. '이(餌)'는 미끼 이, 즉 유인책, 속임수이다. '식(食)'은 먹다 보다는 덥석 물다로 해석한다. '알(遏)'은 막을 알. '궐(闕)'은 도망갈 궐. '궁규(窮寇)'는 궁지에 몰린 적을 말한다. '박(迫)'은 핍박하다, 심하게 다루다의 뜻이다.

| 해설 |

원소(袁紹)가 화북 지역을 중심으로 강력한 세력을 구축하자 이를 견제하고 있던 조조가 공격에 나섰다. 우선 원소의 부하 고간(高干)이 지키는 호관성(壺關城)을 포위하였다. 며칠을 쉬지 않고 공격했으나 좀처럼 성에 오를 수 없었다. 뜻대로 되지 않자 조조는 울화통을 터뜨리며 부하들에게 말했다.

"저 성을 함락시키고 나면 성안의 살아 있는 것들은 모조리 산 채로 묻어 버려라!"

성안에 있던 화북 백성들이 이 말을 전해 듣자 모두 두려워 떨었다. 어차피 죽기는 마찬가지라고 여겼다. 너 나 할 것 없이 죽기를 각오로 성을 지키겠노라고 결의를 다졌다.

조조의 공격이 다시 시작되었지만 성은 무너질 기미가 보이지 않았다. 성안의 군사들이 필사적으로 대항하니 오히려 조조 병사들이 죽거나 다치는 경우가 많았다. 그러자 조조 진영은 침체되었다. 이때 조인(曹仁)이 책략을 건의했다.

"지금 저들이 저렇게 죽을힘을 다해 성을 사수하고 있는 것은, 성을 사방으로 포위하여 활로를 막고 있기 때문이며, 또 성을 점령하면 살아 있는 모든 것들을 산 채로 묻어 버리겠노라고 장담하셨기 때문입니다. 더구나 호관성은 견고하고 성안에 식량도 충분히 비축되어 있어 무턱대고 공격만 하다가는 우리 군만 손실이 막대할 따름입니다. 그러니 적을 포위할 때는 활로를 하나 정도는 남겨 두는 것이 아군에게 유리합니다."

조조가 생각해 보더니 옳은 말이었다. 이 건의를 받아들여 성 뒤쪽 군사들을 곧바로 철수시켰다. 그러자 지금껏 목숨을 걸고 성을 지키고 있던 백성과 군사들이 몰래 뒤로 빠져나가기 시작했다. 그 대열이 점차 늘어 가자 성안은 혼란에 빠졌다. 조조가 이 틈을 놓치지 않고 공격하니 호관성은 일격에 함락되고 말았다.

'위사필궐(圍師必闕)'이란 적을 포위할 때는 반드시 도망갈 구멍을 남겨 두어야 한다는 말이다. 막다른 길에 이르게 되면 누구나 죽기 살기로 덤비기 마련이다. 강한 자가 약한 자를 공격할 때면 반드시 새겨야 할 말이다.

깨진 유리창 법칙(Broken Windows Theory)

외진 골목에 자동차 한 대가 주차되어 있다. 누군가 돌을 던져 자동차 앞 유리를 깨고 도망갔다. 그런데 며칠이 지나도록 깨진 그대로 있었다. 다음날 누군가가 자동차에 남아 있던 유리창을 모두 깨 버렸다. 그뿐 아니라 자동차 안은 담배꽁초와 쓰레기로 뒤범벅이 되고 말았다. 이는 관리해야 할 주인이 없으면 함부로 파괴가 일어나고 행동이 점차 커지면서 사회 또한 혼란에 빠지고 만다는 이론이다. 미국의 범죄학자 제임스 윌슨(James Q. Wilson)과 조지 켈링(George L. Kelling)이 1982년에 처음 소개했다.

예를 들면, 식당에 갔는데 화장실이 더러우면 그 식당의 주방은 보지 않아도 더럽다고 짐작하게 된다. 고객은 두 번 다시 그 식당을 찾지 않을 것이다. 상품을 구매하고 하자가 있어 그 회사 서비스센터에 전화를 걸었는데 전화만 여기저기로 계속 돌리기만 할 뿐 아무도 상담하려 들지 않는다. 그 회사는 당장에 인터넷에서 악질 기업으로 소문이 나고 말 것이다. 소비자는 기업의 작은 행태 하나만 보고도 그 전체 이미지를 갖게 된다. 그러니 작은 일에도 세세히 신경을 써야만 한다. 호미로 막을 것을 가래로 막는 일이 없어야 한다.

세상에는 여러 가지 계산법이 있다. 유클리드의 계산법은 1+1=2이다. 이는 우리가 일반적으로 알고 있는 것이다. 하지만 에디슨은 1+1=1이라고 했다. 물방울 하나에 물방울 하나를 더하면 서로 엉켜 커다란 물방울 하나가 되기 때문이다. 시너지 효과를 중시하는 사람은 1+1=3이라고 말한다. 이는 영향력이 커지기 때문이다. 마지막으로 깨진 유리창 이론은 100-1=0이다. 사소한 실수 하나가 전체를 망가뜨리기 때문이다.

제八편

구변

九變

구변(九變)이란 전쟁 상황에서 나타나는 아홉 가지 변화에 대한 대처 방법을 말한다. '구(九)'는 여러 가지 또는 복잡한 상황을 의미하고, '변(變)'은 변통하는 요령을 말한다. 전쟁은 생사와 존망에 관한 중대한 일이므로 단 한 번의 실수도 있을 수 없다. 원칙을 지켜서 불리하다면 변칙을 써서라도 이겨야 한다.

그러므로 지혜로운 장수는 전쟁에 임하기 전에 이익과 손실을 함께 계산해야 한다. 이익을 계산해 두면 일에 확신을 가질 수 있고, 손해를 계산해 두면 환난을 방지할 수 있다. 이는 적이 공격하지 않을 것이라고 믿는 것이 아니라, 적이 감히 공격하지 못하는 철저한 방어 태세를 믿는 것이다.

예로부터 우리나라의 무신들은 『손자병법』을 중히 여겼다. 조선시대에는 무과시험 기본서였고 역관초시(譯官初試)의 교재였다. 무관이 되려면 반드시 읽어야만 하는 필독서였다.

송(宋)나라의 시인 매요신(梅堯臣)은 『손자병법』의 특징을 다음과 같이 말했다.

"『손자병법』은 문장은 간략하지만 뜻은 깊다. 그러면서도 서술이 질서정연하다."

이 장에서는 다섯 가지 지형과 네 가지 상황, 이익과 손해의 판단, 장수의 다섯 가지 위험에 대해 설명한다.

8-1 다섯 가지 지형과 네 가지 상황

　손자가 말했다. 무릇 용병의 방법은 장수가 군주에게 명을 받으면 군대를 조직하고 병사를 징집한다. 장수는 출병했을 때 5가지 지형에 대해 주의해야 한다. 비지(圮地)에서는 군대 진영을 세우지 않고, 구지(衢地)에서는 이웃 나라와 외교를 잘 맺어 두고, 절지(絶地)에서는 머무르지 않고, 위지(圍地)에서는 신속히 빠져나올 계책을 마련해 두어야 하고, 사지(死地)에서는 죽을힘을 다해 싸워야 한다. 4가지 상황에는 길도 가선 안 되는 길이 있듯이, 적도 공격하지 말아야 할 곳이 있고, 적의 성도 공격하지 말아야 할 성이 있고, 땅도 다투지 말아야 할 지역이 있고, 군주의 명령이라도 따르지 말아야 할 것이 있다.

　따라서 5가지 지형과 4가지 상황인 구변(九變)의 이로움에 정통한 장수가 용병을 아는 것이고, 구변의 이로움에 정통하지 못한 장수는 비록 지형을 안다고 해도 지리의 이로움을 알 수 없는 것이다. 군대를 다스리는 장수가 구변의 기술을 알지 못하면, 비록 다섯 가지 지형의 이로움을 안다고 해도 군사를 제대로 부릴 수 없는 것이다.

孫子曰: 凡用兵之法, 將受命於君, 合軍聚衆. 圮地無舍, 衢地合交, 絕地無留, 圍地則謀, 死地則戰. 途有所不由, 軍有所不擊, 城有所不攻, 地有所不爭, 君命有所不受. 故將通於九變之利者, 知用兵矣; 將不通於九變之利, 雖知地形, 不能得地之利矣; 治兵不知九變之術, 雖知五利, 不能得人之用矣.

| 풀이 |

비지(圮地)에서 '비'는 무너질 비. 험준하고 통행하기 어려운 골짜기, 위험한 숲, 막힌 곳, 늪지대, 물로 인한 피해가 우려되는 곳을 말한다. 구지(衢地)에서 '구'는 사거리 구. 여러 나라와 국경이 접해 있어 교통이 발달한 지역이다. 평소 주변 나라와 동맹을 잘 맺어 두면 연합 세력으로 인해 적이 함부로 공격하지 못한다. 절지(絕地)에서 '절'은 끊어질 절. 길이 끊어진 곳이거나 아군으로부터 물자를 보급받을 수 없는 지역이다. 위지(圍地)에서 '위'는 둘러싸인 곳이다. 적에게 포위되기 쉬운 지역이다. 그럴 경우에는 적을 속이는 계책을 구사해 빠져나와야 한다. '사지(死地)'는 죽기를 각오하고 싸워야 할 지역이다. 그렇지 않으면 아군이 몰살하고 만다.

도유소불유(途有所不由)에서 '소불유'는 지나가지 않는 곳이다. 피해야 하는 네 가지 상황이란 첫째, 싸우지 말아야 할 적이다. 이는 적의 강병을 말한다. 강병에 맞서서는 아군의 피해만 클 뿐이다. 또 의외로 쉽게 무너지는 적이다. 이는 알고 보면 적의 함정일 경우가 많다. 이런 적과는 싸움을 피해야 한다. 둘째, 공격해서는 안 될 성이다. 비록 적의 성이 작지만 방비가 견고하다면 이런 성은 식량도 넉넉하고 물자도 풍부해서 아군이 공격했다가는 도리어 당하고 만다. 셋째, 빼앗지 말아야 할 땅이다. 아군이 손에 넣더라도 아무런 이익이 없는 지역이다. 막대한 희생을 치르고 점령해 보니 얻는 것보다 잃는 것이 많은 지역이다. 차라리 빼앗지 않는 것이 이익이 되는 경우이다. 넷째, 군대를 통솔하는 장수는 군주의 명을 받드는 것이 원칙이나 상황에 따라 거절할 수 있다. 전쟁 상황은 시시각각으로 변하는 까닭에 군주의 명에 얽매이게 되면 적의 공격에 적절히 대응할 수 없기 때문이다.

| 해설 |

전쟁은 승패와 존망이 달린 나라의 큰일이다. 무작정 힘으로 싸워서는 적을 이길 수 없다. 장수의 모략과 지휘가 신속하고 변화무쌍해야 적을 이길 수 있다. 장수가 패배를 두려워하여 자신의 전략을 버리고 군주의 명에 따른다면 그건 이미 패한 전쟁이나 다름없다. 장수란 소신 없이 군대를 이끌 수 없고, 전략 없이 전쟁에 나설 수 없다.

755년 당(唐)나라의 절도사 안녹산(安祿山)이 반란을 일으켰다. 반란군은 파죽지세로 낙양을 함락시키고 곧바로 수도 장안으로 향했다. 당나라 현종(玄宗)은 상황이 위급해지자 자리에서 물러난 명장 가서한(哥舒翰)에게 도움을 요청했다. 가서한은 즉각 선봉병마원수(先鋒兵馬元帥)에 임명되어 20만 관군을 통솔하고 반란군 토벌에 나섰다. 하지만 막상 반란군과 대치하고 보니 그 위세가 심상치 않았다. 평생을 전쟁터에서 보낸 가서한은 다음과 같이 말했다.

"이 상황에서 반란군과 정면으로 맞서다가는 관군은 모두 패하고 말 것이다. 우선 동관(潼關)에 군대를 주둔시키고 반란군의 서쪽 진격을 저지하는 것이 중요하다."

동관은 한 사람이 천 명의 공격을 감당할 수 있는 천혜의 요새였다. 관군은 성문을 굳게 닫고 지키기만 하였다. 열흘만 버텨 주면 각처에서 관군이 당도하게 되고, 그렇게 되면 반란군은 스스로 궤멸할 것이라고 가서한은 장담하였다.

하지만 황제 현종은 초조하고 다급하여 기다릴 여유가 없었다. 당장 출병하여 반란군을 쳐부술 것을 명하였다. 이때 반란군 안녹산의 부하 중에 최건우(崔乾祐)라는 자가 군사 수천 명을 데리고 장안 가까운 곳에 주둔하고 있었다. 방비도 허술하고 병사들도 나약하다고 관군 첩자가 보고 하였다. 하지만 가서한은 그건 적이 미끼를 놓은 것이라고 말했다.

그러나 현종은 생각이 달랐다. 즉각 관군을 출동하여 그들 먼저 사로잡으라고 명했다. 가서한은 왕명이라 어쩔 수 없이 군사를 이끌고 동관에서 출병하였다. 20만 관군이 장안 가까이 있는 반란군을 향해 돌진하였다. 그러나 이는 가서한의 말처럼 반란군의 미끼였다. 반란군은 장안 주변에 군사를 매복하고 관군을 기다렸던 것이다. 가서한의 군대는 제대로 싸워 보지도 못하고 기습 공격에 전멸하고 말았다. 사태가 위급해지자 현종은 사천 지역으로 도망갔다. 그러자 반란군은 신속하게 장안을 점령하였다.

군주가 장수에게 군대 통솔의 권한을 부여했다면 장수를 믿어야 한다. 알지도 못하는 전쟁에 대해 이러니저러니 간섭해서는 통솔이 어지러워지고 군대는 혼란에 빠지고 만다. 그래서는 결코 적을 이길 수 없다. 역사에서 그런 군주들은 모두 망하고 말았다는 사실을 상기해야 한다.

소비자 심리분석 전략

1998년 한국 마크로를 인수한 세계 최대의 할인 매장 월마트(Wal-mart)가 한국에 진출했다. 그로부터 8년 후, 월마트는 경쟁자인 이마트에게 한국 내 16개 매장을 매각하고 완전히 철수하였다. 도대체 그동안 무슨 일이 생겼던 것일까?

처음 월마트는 미국에서 성공한 방식대로 가격만 싸면 매장이 멀고 품질이 다소 떨어져도 고객이 만족할 것이라고 판단했다. 그러나 한국 고객은 단순히 가격만 싼 제품을 원하지 않았다. 가격도 싸고 품질 면에서도 좋아야 하고, 쇼핑하는 공간도 쾌적해야 했다. 월마트는 이런 한국 소비자의 심리를 미처 파악하지 못했다. 그러자 이마트가 적극적인 공격 전략을 펼쳤다.

월마트가 인수한 마크로 매장은 모두 시내 외곽에 위치하고 있어 고객 접근이 불편했다. 그러니 이마트는 도심 지역에 위치하여 고객 접근이 쉽고 편리했다. 또한 월마트는 창고형 매장으로 만들어져 있었다. 즉 적은 투자로 매장을 크게 만들어 한꺼번에 많이 팔겠다는 전략이었다. 그런데 한국 소비자들은 창고형 매장에 전혀 호응을 보이지 않았다. 소비자들은 할인점을 쇼핑만 하는 곳이 아닌 가족과 함께 시간을 보내는 공간으로 사용하기 때문에 좀 더 쾌적한 공간을 원했다. 그러자 이마트는 현대적 매장으로 꾸며 고객의 심리를 사로잡았다.

매장 구조 면에서도 월마트는 한국 소비자를 이해 못 했다. 매장의 높이가 5미터나 되어 물건을 집으려면 사다리를 사용해야 했다. 그밖에도 대부분 물건을 고르려면 손을 높이 뻗어야 했다. 반면에 이마트는 환한 조명뿐만 아니라 2미터 이내 높이의 선반에서 물건을 고르도록 했기 때문에 월마트보다 이용 환경이 월등히 좋았다.

공간뿐 아니라 상품에서도 월마트는 문제가 있었다. 월마트는 라면을 박스 채로 판매했지만 이마트는 소비자의 기호에 맞춰 5개씩 묶어서 다양한 종류를 판매하는 방식을 사용했다. 특히 식품 매장에서 이마트는 다양하고 신선한 제품이 진열되었는데, 월마트는 값싼 냉동식품만 구비해 놓았다. 소비자들이 이마트를 선택한 것은 당연한 일이었다.

기업이 자신의 의도대로 소비자를 이끌려 해서는 곤란하다. 소비자는 기업의 판단대로 구매하는 것이 아니다. 기업이 소비자를 이해하고 소비자를 위한 판매 전략을 펼쳐야 구매가 이루어지는 것이다. 이마트는 고객의 소비문화를 이해하여 전략을 펼쳤고 월마트는 회사를 위한 전략을 펼쳤다. 그러니 이마트는 승리하고 월마트는 철수할 수밖에 없었던 것이다.

8-2 이익과 손해의 판단

그러므로 지혜로운 장수는 이익과 손해를 함께 고려할 줄 알아야 한다. 이익을 고려하면 하려는 일에 확신을 가질 수 있고, 손해를 고려하면 닥칠 환난을 방지할 수 있다. 적을 굴복시키려면 적의 손해가 되는 것으로 위협하고, 적을 피로하게 만들려면 끊임없이 일을 만들어 적을 움직이게 하고, 적을 쫓아오게 하려면 적이 좋아하는 것을 미끼로 주어야 한다.

용병의 방법은 적이 오지 않을 것이라 믿지 않으며, 아군은 언제라도 적에 대비하고 있음을 믿는 것이다. 적이 공격하지 않을 것이라 믿지 않으며, 아군은 적이 공격할 수 없도록 대비를 갖추고 있음을 믿는 것이다.

是故智者之慮, 必雜於利害, 雜於利而務可信也, 雜於害而患可解也. 是故 屈諸侯者以害, 役諸侯者以業, 趨諸侯者以利. 故用兵之法, 無恃其不來, 恃吾有以待之; 無恃其不攻, 恃吾有所不可攻也.

| 풀이 |

지자지려(智者之慮)의 '려'는 헤아릴 려. 잡어이해(雜於利害)에서 '잡'은 섞을 잡, 두 가지를 함께 고려한다는 의미다. 이익을 얻을 때 손해를 생각하고 손해를 볼 때는 이익을 생각한다. '굴(屈)'은 굽힐 굴. 역제후자이업(役諸侯者以業)에서 '제후'는 적의 왕 또는 적이라고 넓게 해석한다. '역'은 피곤함을 말하고, '업'은 바삐 움직이는 일을 말한다. 곧 적을 피곤하게 하려면 적을 바삐 움직이게 해야 한다. 추제후자이리(趨諸侯者以利)에서 '추'는 적을 쫓아오게 만드는 것이다. 이는 이익이 되는 미끼를 말한다. 무시기불래(無恃其不來)의 '시'는 믿을 시. '기불래'는 적이 오지 않는 것으로 해석한다. '유이대(有以待)'는 적의 공격에 대한 충분한 대비를 말한다.

| 해설 |

적을 유인하는 미끼란 무엇인가? 명(明)나라 말기에 홍자성과 환초도인(還初道人))이 저작한 『채근담(菜根譚)』에 다음과 같은 기록이 있다.

"사람들은 자신의 분수에 맞지 않는 복이나 까닭 없는 큰 이익에 쉽게 미혹되고 만다. 누구라도 이런 미끼에는 빠질 수밖에 없다. 바로 이것이 인간 세상의 함정이다. 그러니 함정에 빠지지 않으려면 살피고 조심해야 한다."

미끼란 바로 분수에 맞지 않는 복이라고 정의할 수 있다. 따라서 적을 유인하기 위해서는 커다란 손실을 감수해야 한다. 그렇지 않고 평범한 것으로 유인해서는 적이 꿈쩍도 하지 않는다. 큰 것을 얻기 위해서는 과감해야만 한다. 성악설을 주장한 순자(荀子)는 미끼에 대해 이렇게 말한다.

"욕심날 것을 보면 반드시 앞뒤로 그것이 나쁠 수 있다고 생각하고, 이로울 것을 보면 반드시 앞뒤로 그것이 손해될 수 있다고 생각하여 저울질해 보고, 자세히 헤아려 본 뒤에 취하고 버릴 것을 정해야 한다. 이렇게 하면 결코 함정에 빠지지 않을 것이다."

결국 인간 세상에서 미끼를 놓는다는 것은 큰 물고기를 잡기 위함이다.

천하를 통일하고 한(漢)나라 황제에 오른 유방은 새로운 고민에 빠졌다. 흉노가 북쪽 변경 지역을 침입하여 백성들을 납치하고 가축과 양식을 약탈해 간다는 상소가 계속 올라왔기 때문이었다. 이는 곧 한나라 조정에 커다란 근심거리였다.

흉노의 왕은 선우(單于)라 부른다. 묵돌(冒頓)이 선우에 오른 이후 그 세력이 대단해졌다. 그 무렵 한왕(韓王) 신(信)이 한나라에 반기를 들고 흉노와 연합하여 한나라를 공격할 것이라는 소문이 나돌았다. 유방은 도무지 참을 수 없었다. 이번 기회에 흉노를 쳐서 그 뿌리를 완전히 뿌리 뽑고자 하였다. 우선 흉노의 정황을 자세히 알기 위해 사신을 보냈다.

한나라에서 사신이 오자 흉노는 건장한 자들과 살찐 소와 말을 숨기고 노약자와 야윈 가축만을 보여 주었다. 열 명이나 되는 사신 일행이 흉노 여러 곳을 돌아다녔지만 모두 본 것이 한결같았다. 그들이 돌아와서 사실 그대로 고조 유방에게 아뢰었다.

"황제 폐하, 흉노는 허약한 족속이라 정복하기란 너무도 쉬운 일입니다."

그 말에 유방은 자신감을 얻었다. 군대 출정을 명하였다. 그러면서 한

편으로는 조심스러워 이번에는 총애하는 신하 유경(劉敬)을 흉노에 사신으로 보냈다. 유경이 돌아와 보고했다.

"두 나라가 싸우려 할 때는 자신의 이로운 점을 과시하고 자랑하는 것이 당연한 일입니다. 그런데 제가 흉노에 가서 본 것은 야위고 지친 노약자들뿐이었습니다. 이처럼 단점만 보여 준다는 것은 분명 장점은 숨겨 두었다는 것입니다. 싸움에서 상대를 이길 수 있는 복병을 숨겨 둔 것이 분명하니, 흉노를 공격해서는 아니 될 줄 아옵니다."

그러나 이때는 이미 한나라 20만 군사가 구주산(句注山)을 넘어 흉노로 진격하고 있었다. 고조 유방은 유경의 보고에 그만 분노하고 말았다.

"이 겁쟁이 놈아! 혀를 놀려 벼슬을 얻더니 감히 망령된 말로 나의 출병을 방해하려 드는 게냐? 여봐라! 저놈을 잡아 가둬라!"

유경은 그만 족쇄와 수갑을 차고 광무현 옥에 갇히고 말았다. 유방은 몸소 대군을 이끌고 선봉으로 출격했다. 흉노는 유방의 선발대를 보자 겁먹은 척 도주했다. 그러자 유방은 채찍을 휘두르며 말을 몰았다. 평성에 이르러 적의 상황을 살피는데, 갑자기 사방에서 흉노의 복병들이 나타나 천지가 뒤흔들릴 듯 고함을 지르며 단숨에 유방의 선발대를 포위하고 말았다.

유방은 후속 부대와 멀리 떨어져 있어서 단시일 내에 포위를 뚫을 길이 없었다. 7일간 꼼짝 못하고 갇힌 신세가 되었다. 식량도 물도 끊어진 절체절명의 위기에 처했다. 그런 와중에 부하 진평이 꾀를 내었다.

"묵돌의 아내에게 귀한 뇌물을 주어 흉노의 철수를 요청하면 가능할 것입니다."

그렇게 하여 유방은 간신히 포위망을 뚫고 탈출할 수 있었다. 유방은 돌아와 유경을 용서하고 이렇게 말했다.

"그대의 말을 듣지 않았다가 내가 평성에서 곤경에 처했소."

이어 유방은 흉노를 공격해도 좋다고 보고한 열 명의 사신 모두를 목 베었다.

'시단치장(示短致長)'이란 적에게 단점을 보여 줘 판단을 어리석게 만들고 그 틈을 노려 장점으로 적을 물리친다는 뜻이다. 한마디로 상대가 물 수 있는 미끼를 던진다는 의미다. 적을 알지 못하고 함부로 덤비면 적의 계 략에 단단히 걸려들기 마련이다. 그래서 장수는 적의 동향을 세세히 살 펴야 하는 것이다.

미끼 전략

라파엘 투델라는 베네수엘라 석유 및 항만 업계에서 유명한 사람이다. 그는 원래 평범한 소규모 장사꾼이었다. 1960년 장사를 하고 있던 그는 우연히 신문을 보게 되었다. 아르헨티나 정부가 2천만 달러에 이르는 부 탄가스를 매입할 계획이라는 기사가 눈에 들어왔다. 그 순간 이상하게 가슴이 뛰었다. 자신과 전혀 상관없는 일이었지만 왠지 호기심이 생겼다. 며칠 장사를 쉬기로 하고 투델라는 무작정 아르헨티나로 건너갔다.

어느 식당에서 점심을 먹는 중에 투델라는 그곳 현지 신문을 보게 되 었다. 쇠고기 과잉 생산에 대한 아르헨티나 정부의 골머리라는 기사였다. 그때 투델라의 머릿속에 아이디어가 떠올랐다.

"아르헨티나 소고기를 사들이면 분명 부탄가스 입찰에 유리할 것이다."

그는 아르헨티나 정부 청사를 찾아가 사정한 끝에 관계자를 만날 수 있었다.

"내게 2천만 달러어치 부탄가스를 거래하게 해 주면 아르헨티나의 소고기 2천만 달러어치를 구매하겠소."

정부 관계자는 그렇지 않아도 소고기 때문에 골치가 아팠는데, 아주 잘됐다 싶어 주저 없이 부탄가스 판매 기회를 투델라에게 주기로 약속했다.

다시 투델라는 국제 경제 정보를 뒤적였다. 스페인의 한 조선소가 주문량을 확보하지 못해 생산라인이 정지되어 있다는 것을 발견했다. 스페인 정부는 조선업으로 인해 고심하고 있는 것은 물론이었다. 투델라는 다시 스페인으로 날아갔다. 스페인 정부 관계자를 만나 말했다.

"스페인 정부가 내가 가지고 있는 2천만 달러 어치 소고기를 구입해 주면 2천만 달러어치 유조선을 주문하겠소."

스페인 정부 관계자는 흔쾌히 소고기 수입을 약속했다. 투델라는 이제 또 다른 문제를 해결해야 했다. 바로 유조선 구매자를 찾는 일과 부탄가스를 구하는 일이었다. 투델라는 즉시 미국으로 날아갔다. 석유회사를 찾아가 가격 흥정을 벌여 성사를 이루었다.

"석유회사는 투델라의 2천만 달러어치 초대형 유조선을 임대하고 이에 대한 교환 조건으로 투델라는 2천만 달러어치 부탄가스를 구매하기로 한다."

석유회사는 항상 유조선이 필요했으므로 누구의 것이든 상관없었다. 게다가 부탄가스를 구매하겠다고 하니 흔쾌히 계약을 체결했다. 이렇게 하여 투델라는 빈손으로 출발하여 6천만 달러에 이르는 비즈니스를 성사시키는 기적을 이루었다. 그가 얻은 이윤은 수백만 달러였다. 소규모 장사로는 몇백 년을 일해도 벌 수 없는 거액이었다. 이후 투델라는 국제 거래에 뛰어들어 20년이 채 안 되어 10억 달러를 보유한 자산가가 되었다.

이는 기업이 필요로 하는 요구 조건을 미끼로 하여 계약을 성사시킨 다소 황당하지만 재미있는 사례이다.

8-3 다섯 가지 위험

장수에게는 다섯 가지 위험이 있다. 반드시 죽으려 하면 죽게 될 수 있고, 반드시 살려 하면 사로잡힐 수 있고, 성미가 급해 화를 잘 내면 수모를 당할 수 있고, 청렴결백하면 치욕을 당할 수 있고, 병사들을 지나치게 아끼면 괴로운 일을 당할 수 있다. 이 다섯 가지 위험은 장수의 잘못이며 군대에게는 재앙이다. 군대가 전멸당하고 장수가 죽임을 당하는 원인이 반드시 이 다섯 가지 위험에서 비롯된다. 따라서 장수는 깊이 살피지 않으면 안 된다.

故將有五危: 必死, 可殺也; 必生, 可虜也; 忿速, 可侮也; 廉潔, 可辱也; 愛民, 可煩也. 凡此五危, 將之過也, 用兵之災也. 覆軍殺將, 必以五危, 不可不察也.

| 풀이 |

첫째, 장수가 자신의 용기 하나만 믿고 죽기 살기로 덤비는 것은 무모한 짓이다. 그러다가 적진 깊숙이 뛰어들어 적의 매복이나 기습에 걸리면 목숨을 잃게 된다. 둘째, 장수가 자신의 목숨을 아까워해서 적과 싸우는 중에 비겁한 행동을 보이면 병사들이 감히 진격할 엄두를 내지 않는다. 이런 군대는 반드시 적에게 사로잡히고 만다. 셋째, 감정이 쉽게 격해지는 장수는 작은 모욕에도 쉽게 분노하는 까닭에 적에게 농락당하기 쉽다. 적에게 기만당하면 군대는 패하고 마는 것이다. 넷째, 장수가 청렴결백하면 적의 선전과 술수에 쉽게 농락당한다. 자신의 명예를 훼손하는 거짓 정보나 모욕적인 비난에 쉽게 넘어가 군대 통솔에 우왕좌왕하기 때문이다. 다섯째, 병사를 아끼는 장수는 밤낮으로 병사를 보살피느라 피로해지기 쉽고 피로하면 번민하고 괴롭게 된다. 그런 장수는 전쟁에서 반드시 패하고 만다.

필사(必死)에서 '필'은 반드시라는 뜻이니 자존심 또는 고집을 말한다. '로(虜)'는 사로잡을 로. '분속(忿速)'은 분노와 조급함. '모(侮)'는 업신여길 모. '염결(廉潔)'은 청렴할 염, 깨끗할 결. 즉 청렴결백을 말한다. '애민(愛民)'은 장수가 병사를 지나치게 아끼는 것이다. '번(煩)'은 괴로울 번. 복군살장(覆軍殺將)의 '복'은 뒤집힐 복. 즉 전멸당한다는 의미다. 이 다섯 가지위험은 대체로 장수의 성격이 편집적이거나 외골수인 경우에 나타날 수있다.

| 해설 |

공자는 『논어』에서 이렇게 말했다.

"사람에게는 근절해야 할 네 가지 결점이 있다. 억측, 편집, 완고함, 주관이다."

전쟁은 불확실성이 가득 찬 영역이다. 그러기 때문에 가장 피해야 할 것은 장수의 고집이다. 고집으로 인해 상황 판단을 하지 못하면 그 군대는 곤란해진다. 전쟁은 정확한 정보와 정확한 판단에서 비롯된다. 이것은 군사 지식의 기초이다. 열정만 믿다가는 적에게 속기 쉽고, 무책임한 충동은 실패하기 쉽다. 모든 계획을 이미 점검한 상태라 해도 새로운 상황이 발생하면 다시 판단을 내려야 한다. 무모한 자는 바꿀 줄 모르고 그저 고집대로 실행하기 때문에 결국은 실패하는 것이다.

기원전 550년 식작(殖綽)은 본래 제(齊)나라의 용맹한 장수였다. 진(秦)나라와의 전쟁에서 패해 고국으로 돌아가지 못하고 위나라 헌공(獻公)에게 몸을 위탁하며 지냈다. 헌공이 식작을 장수로 임명하여 그 무렵 자신의 정적인 손임보(孫林父)를 토벌하라고 명했다.

이 소식을 들은 손임보는 자신의 두 장수인 손괴와 옹저에게 토벌군에 대항하라고 명했다. 그러나 이 두 장수는 식작의 명성을 익히 들었던지라 싸우기도 전에 지레 겁을 먹고 말았다. 손임보는 그런 두 장수를 신랄하게 꾸짖었다.

"식작 한 놈이 너희들을 이렇게 겁쟁이로 만들었는데, 위나라 헌공의 군대가 도착하는 날에는 싸우지도 못하고 앉아서 죽겠구나. 너희들이 조금이라도 기개가 있다면 장수답게 나가 싸워라. 만약 나가서 승리하지 못하면 다신 내 얼굴을 볼 생각을 말아라!"

손임보의 책망은 매우 준엄했다. 이 책망이 두 장수를 자극했다. 두 장수는 적을 유인하는 계략을 세웠다. 옹저는 산속에 병사를 매복시켜 놓고 소수 부대를 이끌고 식작을 유인했다. 식작은 역시 전쟁 경험이 많은 장수였다. 복병이 있을 것이라 의심해서 추격을 멈추었다. 이때 산 위에 있던 손괴가 식작의 이름을 크게 부르며 욕을 퍼부었다.

　"제나라에서 쫓겨난 이 쓰레기 같은 놈아! 쓸모가 없어 구걸하고 돌아다니는 이 버러지 같은 놈아! 이젠 위나라에서 밥을 구걸하고 살다니 정말 추잡하구나. 이 더러운 개자식아, 어서 덤벼 봐라!"

　식작은 자신의 약점을 있는 대로 찔러 대는 이 욕설에 그만 판단을 잃고 흥분하기 시작했다. 이제 적의 매복이고 뭐고 살펴볼 것도 없었다. 그는 병사들에게 총공격을 명했다. 결국 손괴가 파 놓은 구덩이에 빠져 식작은 칼 한 번 휘둘러 보지 못하고 비명횡사하고 말았다.

　'격장지술(激將之術)'이란 적의 장수를 분노하게 만드는 방법이다. 자존심을 건드리면 누구나 분노하기 마련이다. 분노로 인해 가지 말아야 할 길을 가게 된다. 그건 죽음의 길이다. 그래서 장수는 바르고 냉정하게 판단할 줄 알아야 한다.

　그렇다고 장수가 좋은 결정을 내리기 위한 핑계로 우유부단해서는 안 될 일이다. 장수는 부하의 의견을 들었으면 결정은 자신의 몫이다. 한비자가 말했다.

　"남을 믿는 것은 자신을 믿는 것만 못하다.(恃人不如自恃.)"

　1665년 청(淸)나라 강희제(康熙帝)는 겨우 열한 살의 나이로 즉위하였다. 부친인 순치제는 임종 무렵 네 명의 대신들에게 어린 황제를 돕도록 유언을 남겼다. 그런데 그 네 명 가운데 일등자(一等子)의 벼슬에 있던 오배(吳拜)가 다른 세 사람을 제거하여 권력을 잡고 전횡을 일삼았다. 황제인 강희제마저 안중에 없었다. 이에 신하들 중에 분노하는 자가 있었으나 감히 두려워 입을 열지 못했다. 게다가 조정은 오배의 도당들이 몰려 있어 강희제의 위치는 점점 불안해졌다.

강희제는 어렸지만 판단력이 탁월했다. 오배가 분명 큰 우환을 일으킬 것이라 생각하고 그에 대한 대책을 마련하기에 이르렀다. 그것은 아주 작은 일이었다. 만주 귀족 자제들을 궁으로 불러 소년단을 만들어 무예를 연마하도록 한 것이었다. 이는 대대로 내려온 궁중의 관습으로 오배는 이 일에 대해 아무런 의심을 하지 않았다. 이미 전권을 장악하고 있었기 때문에 어느 누구를 막론하고 감히 황제에게 충언을 올릴 수 있는 기회가 없었다. 또한 강희제 곁에는 늘 감시인을 붙여 놓았다. 청나라의 권력과 부귀영화는 오배의 손에 달린 셈이었다. 더구나 어린 황제는 어린 귀족 자제들과 무예를 연마하며 시간을 보내자 별다른 위협을 느낄 수 없었다. 그러자 오배는 황제에 대한 경계를 늦추기 시작했다. 그 틈에 강희제는 소년단을 자신의 측근으로 삼았다.

한번은 오배가 병이 나서 입궁하지 못했다. 강희제는 대신들의 여론에 밀려 오배를 찾아가 입궁을 요청하였다. 그런데 그곳에서 커다란 음모를 발견하였다. 오배의 침상 아래에 칼이 숨겨져 있는 것이었다. 당장에라도 오배가 자신을 죽일 것만 같았다. 강희제는 두려웠지만 그래도 태연하게 말을 건넸다.

"칼이야 만주의 용사라면 누구나 몸에서 떨어지지 않는 무기이지요. 그것은 대대로 내려오는 조상들의 습관이 아니겠습니까?"

이 말을 들은 오배는 황제가 자신에 대해 아무런 경계를 하지 않는다고 느꼈다. 살해하려던 계획을 그만두었다. 그날 무사히 궁으로 돌아온 강희제는 소년단 아이들을 불러 물었다.

"너희들은 모두 청나라 충신의 후예들이다. 만약 나라가 위급하면 황제인 내 말을 들을 것이냐, 오배의 말을 들을 것이냐?"

아이들은 자신의 아버지들이 평소 오배에 대해 불만이 많다는 것을 알고 있었다. 모두 의분에 찬 모습으로 말했다.

"저희는 황제의 말을 따를 것입니다."

그 순간 강희제는 오배를 제거하기로 단단히 마음먹었다. 어느 날 오배에게 의논할 일이 있으니 궁으로 들어오라고 사람을 보냈다. 오배는 아무런 의심도 없이 태연히 궁으로 들어왔다. 강희제는 오배를 맞이하며 소년단 아이들을 소개하였다.

"재상은 우리 청 왕조의 일등 용사입니다. 그러니 이들에게 무예를 한번 가르쳐 주십시오."

그 말과 동시에 소년단 아이들이 오배를 향해 달려들었다. 그리고 사지를 잡아 땅에 고꾸라뜨리고는 포박을 하였다. 강희제가 그 자리에서 엄하게 명하였다.

"그대의 죄상은 열여섯 가지이다. 이는 결코 사면받을 수 없는 악행이다. 당장에 오배를 처형하고 그 재산을 전부 몰수하도록 하라. 오배 도당들 역시 체포하여 처벌을 내리고, 이전에 오배에게 처벌을 받은 관리들은 모두 누명을 벗겨 주도록 하라."

황제의 명에 따라 숙청은 신속하게 진행되었다. 오배가 체포되자 그 도당들은 손쉽게 제거됐다. 이렇게 하여 강희제는 정권을 수중에 넣었다. 이후 재위 61년 동안 중국 역사상 가장 현명한 군주, 가장 강성한 시대를 열었다.

'강옹건성세(康雍乾盛世)'란 삼 대에 걸친 청나라의 최전성기를 뜻한다. 제4대 강희제는 국가의 토대를 마련하였고, 제5대 옹정제는 국가의 기풍을 마련하였고, 제6대 건륭제는 유종의 미를 거두었다. 이 기간 동안 청나라의 영토는 크게 확장되었고 문화 예술은 크게 부흥하여 태평성대를 이루었다.

매몰 비용(sunk cost)

콩코드는 영국 항공사 브리티시 에어웨이즈(British Airways)와 프랑스 항공사 에어프랑스(Air France)가 합작으로 만든 세계 최초의 초음속 여객기이다. 1976년부터 상업 비행을 시작해서 한때 미국 보잉(Boeing)사를 압도해 유럽의 자존심을 살려 주는 비행기로 각광을 받기도 했다. 콩코드의 최고 속도는 마하 2.2로 마하 1에 못 미치는 기존 보잉기보다 2배 이상 빨랐다. 이는 파리-뉴욕 간 비행을 종전 7시간에서 3시간대로 단축시켰다.

하지만 콩코드 사업은 지나친 투자로 경제성에 문제가 있었다. 총 190억 달러를 쏟아부었으나 투자는 계속 필요했다. 또한 운항 중 급강하할 경우 음속을 돌파하며 내는 폭발음이 너무 커 환경 파괴의 문제가 지적되었다. 또한 유럽 여러 나라에서 부품을 만들었기 때문에 기체 결함으로 인한 비행기 고장이 잦다는 문제가 심각하게 제기되었다. 전문가들은 콩코드 비행기 생산을 중단해야 한다고 의견을 밝혔다. 하지만 콩코드 프로젝트를 주도한 사람들은 이미 너무 많은 투자를 했기 때문에 그만둘 수 없는 입장이었다. 결국 투자가 중단되자 2003년 4월 콩코드는 마지막 비행을 마치고 역사 속으로 사라지고 말았다.

이처럼 한번 진행된 일을 어쩌지 못하고 이익을 찾기 위해 계속 투자를 하지만 그럴 때마다 투자비용이 모두 사라지고 마는 상황을 '매몰 비용'이라 한다. 어리석은 투자라는 의미이다.

콩코드 용어는 이후 인간의 무모한 행동을 일컫는 말로 쓰이게 되었다. 인간은 어느 한 곳에 금전과 시간과 노력을 투입하게 되면 원하는 결과를 얻을 때까지 계속하려고 한다. 결과가 달라질 것이 없음에도 불구하고 이전의 미련을 버리지 못하고 행위를 중단하지 않는다. 예를 들면, 도박과 음주와 퇴폐적 행위가 그것들이다. 이런 무모한 행동을 가리켜 콩코드 오류(Concorde fallacy)라고 한다.

제九편

행군

行軍

　　현대적 의미의 행군이란 적을 공격하거나 방어하는 군사작전을 수행하기 위해서 전투 부대나 전투지원 부대를 각각 필요한 장소로 이동시키는 것을 말한다. 부대 이동의 방법에는 항공기, 함선, 철도, 차량, 도보가 있다. 이는 이동 목적, 지리적 여건, 전술 상황, 계절 및 기상 여건, 가용 이동 수단에 따라서 결정된다.

　　행군을 실시하기 위해서는 우선 이동 목적이 분명해야 한다. 목적이 정해지면 언제, 어떻게, 어떤 부대를 어디서 이동할 것인지를 정하게 된다. 또한 중간에 휴식 지점과 제반 대책을 주도면밀하게 준비해야 한다.

　　고대 국가에서 행군이란 장수가 작전에 따라 군대를 이끌고 먼 거리를 이동하는 것을 말한다. 손자는 적의 정세와 징후에 따라 행군할 때의 요령과 진을 치고 주둔할 때의 고려 사항을 세 가지로 나누어서 설명한다.

　　첫째 가장 중요한 것은 각기 다른 지리적 환경에서 어떻게 아군을 주둔시킬 것인가. 둘째 어떤 방법으로 적의 정보를 알아낼 것인가. 셋째 구체적으로 어떻게 작전을 펼칠 것인가. 여기서는 군대의 모든 활동인 행군, 기동, 전투, 숙영 등 제반 작전과 병사를 다스리는 것들을 총괄해서 설명한다.

9-1 산과 강에서 군대 주둔

　손자가 말했다. 적과 대치하며 군대를 주둔할 때는 다음과 같다. 산을 지나갈 때는 계곡에 의지하고, 시야를 확보하기 위해서는 높은 곳에 주둔한다. 높은 곳에 있는 적과 싸울 때에는 올라가지 말아야 한다. 이것이 산에서 군대를 주둔하는 방법이다.

　강을 건너서는 반드시 물과 멀리 떨어져야 하고, 적이 강을 건너오면 물속에서 맞아 싸우지 말고, 적이 반쯤 건너오게 하여 공격하는 것이 유리하다. 싸우고자 한다면 물에 가까이 붙어 적을 맞이하지 마라. 시야를 확보하기 위해서는 높은 곳에 주둔하고, 하류에서 적과 싸워서는 안 된다. 이것이 물가에 군대를 주둔하는 방법이다.

孫子曰: 凡處軍相敵, 絶山依谷, 視生處高, 戰隆無登, 此處山之軍也. 絶水必遠水, 客絶水而來, 勿迎于水內, 令半濟而擊之利; 欲戰者, 無附于水而迎客, 視生處高, 無迎水流, 此處水上之軍也.

| 풀이 |

'처군(處軍)'은 군대가 행군하다가 일정 지점에서 주둔하는 것이다. 절산
(絶山)에서 '절(絶)'은 지나간다는 뜻이다. 시생처고(視生處高)에서 '시생'이란
시야가 탁 트인 남쪽을 말한다. 전륭무등(戰隆無登)에서 '륭'은 높을 륭. 적
이 높은 곳에서 공격할 때 아군은 오르면서 공격해서는 안 된다는 뜻이
다. '절수(絶水)'란 강을 건너는 것을 말한다. '수내(水內)'는 물가가 아니라
물속이다. '수류(水流)'는 물이 흐르는 곳이니 하류를 말한다.

| 해설 |

『삼국사기(三國史記)』에 기록된 '칠중성(七重城) 전투'는 고구려의 남하 정
책과 신라의 북진 정책이 충돌한 전쟁이다. 638년 고구려는 옛 영토를 회
복하고자 신라가 점령하고 있는 지금의 파주 지역인 칠중성(七重城)을 침
공하였다. 칠중성은 신라의 임진강 총사령부이자 김포를 거쳐 임진강 하
구로 들어온 배가 모이는 해상교통의 요지였다. 그 중심에 자리 잡고 있
는 중성산은 해발 고도 149m에 불과하지만 임진강 일대를 한눈에 조망
할 수 있는 요충지였다.

638년 10월 고구려는 임진강 도하를 단행했다. 갑작스러운 고구려의
공격에 신라 선덕여왕은 장군 알천(閼川)에게 긴급히 출정을 명했다. 알천
은 서둘러 병력을 정비하고 성문을 열고 나갔다. 고구려군은 북쪽으로
임진강을 등졌고, 신라군은 남쪽을 등진 형세였다.

막상 전투가 시작되자 고구려군은 기세만 좋았지 전반적인 상황은 신

라가 유리했다. 그것은 식량이 넉넉했고 성을 등지고 있었기 때문이었다. 신라군은 싸우다 지치면 성으로 들어가 휴식을 취하고 병력을 언제든지 교대할 수 있었다. 반면 고구려군은 임진강을 건너와서 진을 쳤기 때문에 식량과 구원 병력이 강 건너 있어 불리했다.

더욱이 신라 장수 알천은 고구려의 속전속결에 대비하여 침착하게 장기전으로 대응하였다. 결국 시간이 지나자 고구려 군대는 초조해지고 이내 철수할 수밖에 없었다. 알천은 그런 고구려 군대를 그냥 보내지 않았다. 후퇴하는 고구려 군대를 향해 총공격을 명해 죽이고 사로잡은 자가 매우 많았다. 신라는 이 승리를 계기로 고구려의 남진 정책을 철저히 차단하였다.

서양 『전쟁론』의 저자 클라우제비츠는 높은 곳을 선점하는 것은 싸움에서 세 가지 큰 이점이 있다고 했다. 첫째, 교통이 편리한 지역이라고 해도 고지를 선점하면 적이 진입하는 길목을 막을 수 있다. 둘째, 적은 아래에서 위로 쏘지만 아군은 위에서 아래로 쏘니 사정거리가 멀리까지 나가고 화력도 확실히 발휘한다. 셋째, 아래에서는 위를 볼 수 없지만 위에서는 아래 지형을 훤히 볼 수 있으니 정찰에 유리하다.

장수가 군대를 이끌고 강을 건널 때는 두 가지 두려움을 갖게 된다. 첫째는 적이 상류의 물을 막아 두었다가 일제히 물을 방류하는 것이다. 이럴 경우 아군은 전멸할 수밖에 없다. 둘째는 강을 반쯤 건넜을 때 적이 기습 공격해 오는 것이다. 이런 경우는 몸도 지쳐 있고 싸울 태세도 갖추지 못하여 일방적으로 당할 수밖에 없다. 그러니 도하 작전에는 먼저 적의 정황을 확실히 파악해야 한다. 그것을 모르면 결코 건너서는 안 된다.

'시생처고(視生處高)'라는 말은 일상생활에 적용하자면 세상살이에서 무작정 경쟁하기보다는 유리한 단계나 지점을 먼저 점령해 두고 싸우면 언제나 유리하다는 말이다. 알기는 쉬워도 활용하기는 어려운 것이 병법인 것이다.

특성화 전략

전략은 기업이 경쟁에서 유리한 고지를 차지하기 위한 작전 계획이다. 그중 특성화 전략이란 소비자에게 가장 먼저 기억되는 브랜드를 만드는 일이다. 대체로 최초의 상품, 오래된 상품, 최고의 상품을 말한다. 소비자는 이런 상품에 대해서는 오래도록 기억한다. 이렇게 소비자 인식에서 우월한 제품은 시장에서 절대 강자로 자리 잡기 마련이다.

로저 리브스(Roser Reeves)는 특성화 전략을 세 가지로 설명한다. 첫째, 자사 제품만이 갖고 있는 독창적인 장점을 전달해야 한다. 둘째, 자사 제품의 독창적인 장점은 경쟁사에서는 찾아볼 수 없다는 것을 소비자에게 알려야 한다. 셋째, 그 장점이 수백만 소비자들의 마음을 움직일 만큼 대규모로 강력해야 한다.

최초라는 수식어는 전략의 강점이다. 소비자는 최초의 제품은 오리지널이고 후발 브랜드들은 유사품으로 생각하기 때문이다. 크리넥스, 질레트, 게토레이는 모두 최초의 브랜드이다. 소비자는 지금까지도 미용 티슈 하면 크리넥스를, 면도기 하면 질레트를, 스포츠 음료하면 게토레이를 떠올린다.

세월이 오래 지나도 소비자에게 신뢰를 더해 주는 제품이 있다. 독일은 자동차, 스위스는 시계, 프랑스는 와인, 러시아는 보드카 등과 같이 소비자들은 일반적으로 그 나라의 그 제품이라고 하면 무조건 믿는 경향이 있다. 이는 전통이라는 커다란 신뢰를 쌓았기 때문이다. 백 년 된 곰탕집, 3대째 운영하고 있는 한식집, 4대째 이어오는 토기장 등은 소비자의 신뢰가 남다르기 마련이다.

제품의 우월성으로 소비자에게 기억되는 브랜드도 있다. 이는 주로 오리지널에 도전장을 내민 후발 기업들의 전략이다. 이때는 제품의 장점이 뚜렷해야 한다. 쿠쿠 전기밥솥, 캠프라인 등산화, 삼다수 마시는 물. 이들은 모두 제품의 장점이 뚜렷하여 시장을 선점하고 있다.

마케팅에서 승리한 기업들의 공통된 특징은 소비자의 기억 속에 신뢰를 남겼다는 점이다. 그러니 상품을 시장에 진입시키기 위해서는 기업은 분명한 특성화 속성을 가지고 있어야 한다.

9-2 늪과 육지에서 군대 주둔

늪이나 습지대를 지날 때면 반드시 빨리 지나가고 머무르지 말아야 한다. 만약에 이런 지형에서 적과 교전을 할 때는 반드시 수초에 의지하거나 우거진 숲을 등져야 한다. 이것이 늪과 습지대에서 군대를 주둔하는 방법이다.

평탄한 육지에 주둔할 때는 오른쪽과 뒤쪽은 높은 곳을 등지고 전방은 낮고 후방은 높아야 한다. 이것이 육지에서 군대를 주둔하는 방법이다. 이 네 가지 군대 주둔의 유리함은 옛날 황제가 사방 제후들을 이긴 방법이다.

絕斥澤, 惟亟去無留, 若交軍於斥澤之中, 必依水草, 而背衆樹, 此處斥澤之軍也. 平陸處易, 而右背高, 前死後生, 此處平陸之軍也. 凡此四軍之利, 黃帝之所以勝四帝也.

| 풀이 |

'척택(斥澤)'은 늪 척, 연못 택. 둘 다 낮고 습한 곳이다. 유극거(惟亟去)에서 '유'는 반드시, '극'은 빨리라는 뜻이다. '교군(交軍)'은 적과 싸우는 상황이다. '중수(衆樹)'는 우거진 숲. '우배고(右背高)'는 오른쪽과 뒤는 높은 곳을 의지하고 있어야 한다는 뜻이다. '전사후생(前死後生)'에서 앞에는 적이 막고 있어서 목숨을 걸고 싸워야 하니 '전사'라 했고, 뒤는 의지할 곳이 있어 반드시 싸울 필요가 없는 곳이라 '후생'이라 했다. 황제(黃帝)는 기원전 2700년 경 중국 최초로 통일 국가를 이룩한 군주로 이름은 헌원(軒轅)이다. '사제(四帝)'란 사방의 제후를 말한다. 사마천의 『사기』에는 황제가 치우(蚩尤), 염제(炎帝), 훈죽(葷粥) 등과 싸웠다고 한다.

| 해설 |

1895년 조선 후기, 전국에 단발령이 내려졌다. 이에 대한 반대 표시로 제천에서 유인석이 의병을 일으켜 궐기하였다. 유인석은 정통 유교를 보존하고 천주교를 배척한다는 위정척사(衛正斥邪)를 주장하며 충주까지 진격했지만 일본군과 관군의 공세로 다시 제천으로 후퇴하고 말았다.

유인석은 제천을 방어하기 위해 곳곳에 부대를 배치하였다. 마침 다른 지역에서 활동하던 의병 부대들이 속속 제천으로 합류하였다. 이때 관군의 지휘관 장기렴은 의병들에게 해산과 귀순을 종용했다. 하지만 유인석 부대는 도리어 관군에게 의병에 합류하도록 권유했다. 양측은 팽팽히 맞서는 상황이었다.

드디어 5월 23일 전투가 시작되었다. 관군은 지형을 이용한 전략이 뛰어났다. 우선 남한강을 건너 황석촌(黃石村)으로 진출하여 북쪽 대덕산을 점령하였다. 24일에는 날이 밝자마자 북창진에 주둔하고 있는 의병을 기습 공격하였다. 의병 부대는 제대로 싸워 보지 못하고 고교(高橋)로 후퇴하였다. 그러자 관군은 의병을 뒤쫓는 척하면서 우회하여 제천으로 다가갔다.

25일 제천에서 의병 중군장 안승우(安承禹)가 지휘하는 부대와 관군의 최후 결전이 벌어졌다. 이것이 '제천(堤川) 전투'이다. 관군은 우선 시야를 확보하는 것이 중요하다고 여겨 남산을 공격하였다. 의병들이 화승총으로 맞섰으나 신식 소총으로 무장한 관군에게 일방적으로 밀렸다. 남산 방어선이 무너지자 의병은 제천을 포기하고 할 수 없이 원주로 퇴각하고 말았다.

의병은 패기는 높았으나 전술이 부족했다. 지리적 이로움을 잘 알고 있었지만 전략적으로 활용할 줄 몰랐다. 싸움은 그래서 똑똑한 놈이 항상 이기는 법이다.

국방부 군사편찬연구소에서 발행한 『6·25전쟁사』에 보면 평양(平壤) 탈환 전투가 기록되어 있다. 이는 1950년 10월 19일 한국군 제1사단과 제7사단, 그리고 미군 제1기병사단이 북한군 평양방어사령부를 공격하여 평양을 탈환한 작전이다.

6·25 전쟁 초기에 북한군에게 일방적으로 밀렸던 한국군은 연합군의 참전으로 기세를 잡아 파죽지세로 북진을 계속하였다. 38도선을 돌파하고 황해도까지 올라갔다. 이때 미군 1기병사단은 평양 탈환을 목표로 정했다. 그러자 한국군 제2군단은 원산에서 평양으로 서진하였다. 평양은 미군과 한국군에게 점차 포위되고 말았다.

평양 탈환이 임박할 무렵인 10월 17일 이승만 대통령은 총참모장 정일권 소장에게 다음과 같이 지시하였다.

"무슨 일이 있더라도 평양만은 우리 국군이 먼저 점령하도록 하라."

이에 따라 정일권 총장은 국군 제2군단을 평양탈환작전에 참가하도록 하였다. 이 무렵 북한군은 평양방위사령부를 설치하고 국군과 유엔군의 진격에 대비하였다. 하지만 북한군 제17사단과 제32사단 소속의 병력은 겨우 8,000명 정도였다.

드디어 탈환 작전이 시작되었다. 한국군 제1사단과 미군 제1기병사단이 선봉이 되어 동평양 선교리 쪽으로 진격하였고, 국군 제1사단 제15연대와 제7사단 제8연대가 대동강 상류 쪽에서 도하하여 평양으로 진격하였다. 이들에게 부여된 세 가지의 주요 임무는 동평양 탈환, 동평양의 2개 비행장 확보, 평양의 배후 돌파였다. 임무는 성공적으로 완수하였다. 국군 제1사단은 10월 20일 오전 10시를 기해 평양시를 완전 장악하였다.

이 작전은 10월 9일 38도선을 돌파한 이래 만 11일 만에 종료되었다. 지리적으로 이로운 지역을 먼저 선점한 연합 작전의 성공 사례인 것이다.

후광(後光) 효과

전쟁은 지리적 이로움을 이용하면 승리할 수 있듯이 기업 경쟁에서는 후광 효과를 이용하면 이길 수 있다. 후광 효과란 매력 있는 사람과 함께 있으면 자신에 대한 평가가 높아지는 현상이다.

1484년 크리스토퍼 콜럼버스가 신대륙을 발견한 이후 많은 사람들이 스페인 왕의 후원을 얻기 위해 궁정을 드나들었다. 이때 페르디난드 마젤란은 왕을 찾아가서 퇴짜를 맞은 사람들이 대부분 혼자서 들어갔다는 사실을 발견했다. 그래서 자신은 좀 다르게 그 무렵 유명한 지리학자 루이 파레이로와 함께 입궁하여 왕을 알현하였다. 마젤란은 자신의 세계 항해에 대해 간략하게 설명했다. 이어 파레이로가 지구의를 놓고 세계 항해의 정당성을 설명했다. 왕은 이 박식한 학자의 말을 무조건 옳다고 여겼다. 마젤란이 왕의 허가를 얻어낸 것은 말할 것도 없다.

기업 광고로 톱스타나 명망가나 권위 있는 사람을 활용하는 것이 바로 이런 이유이다.

9-3 필승(必勝)

무릇 군대가 주둔할 때는 높은 곳을 좋아하고 낮은 곳을 싫어하며, 양지를 귀하게 여기고 음지를 천하게 여긴다. 병사들을 건강하게 키우고 건실한 곳에 주둔시키면 군대에 어떤 질병도 없으니 이를 필승이라 한다.

언덕이나 제방에서는 반드시 양지쪽에 주둔하되 오른쪽과 뒤쪽이 양지여야 한다. 이것이 용병의 이로움이며 지형의 도움이다. 상류에 비가 내려 물이 사납게 내려올 때는 건너고자 하더라도 안정될 때까지 기다렸다가 건너야 한다.

凡軍好高而惡下, 貴陽而賤陰, 養生而處實, 軍無百疾, 是謂必勝. 丘陵堤防, 必處其陽, 而右背之, 此兵之利, 地之助也. 上雨, 水沫至, 欲涉者, 待其定也.

| 풀이 |

양생이처실(養生而處實)에서 '양생'은 물과 풀이 풍성하여 병사와 말이 안정되고 편안히 지내는 것을 말한다. '처실'은 물자 공급이 원활하여 건강하게 군영에서 지낸다는 의미이다. '백질(百疾)'은 백 가지 질병보다는 모든 질병이란 의미다. 구릉제방(丘陵堤防)에서 '구릉'은 언덕을 말하고 '제방'은 둑이다. 우배지(右背之)에서 '우배'는 오른쪽과 뒤쪽이며 '지'는 양지를 말한다. 수말지(水沫至)에서 '말'은 거품을 일으키며 사납게 흘러내리는 형상이다. 대기정야(待其定也)에서 '정'은 안정의 의미다. 사납게 흘러내리는 물이 안정될 때까지 기다린다는 뜻이다.

| 해설 |

1627년 1월 15일 만주 지역 여진족이 세운 후금(後金)이 대군을 이끌고 조선을 침략했다. 정묘호란(丁卯胡亂)의 시작이다. 의주와 청천강 이북을 점령한 후금은 평양으로 통하는 안주성(安州城)을 향해 진격했다.

안주성은 북방 외적을 방어하는 주요 거점이었다. 성은 남쪽과 서쪽의 높은 언덕 위에 지어졌고, 북쪽으로 청천강이 있어 자연 해자를 이루었으며, 동쪽은 평야 지대라 이중으로 성을 쌓아 적의 접근을 어렵게 만들었다. 성의 만경루는 사방을 조망할 수 있는 지휘소였다.

안주성을 지키는 평안병사 남이흥은 인근 지역 병사들을 동원하여 결전을 준비하였고, 평안감사에게는 원병을 요청한 상태였다. 하지만 평안감사의 명을 받아 안주성으로 향하던 별승군 2천여 명은 길을 잘못 들어 다시 평양으로 회군하고 말았다. 남이흥은 별수 없이 있는 병사를 가지고 안주성을 지켜 내야 했다.

1월 19일 후금은 성의 북쪽을 노렸다. 이는 천연 해자 역할을 하는 청천강이 얼어붙어 접근성이 쉬웠기 때문이다. 1월 20일 후금은 안주성을 사방으로 포위하였다. 그리고 두 차례나 항복을 권유했지만 남이흥은 응하지 않고 결사항전을 부르짖었다. 그러자 다음 날 새벽 후금의 공격이 개시되었다. 1만 4천 명의 기병이 성을 에워싸고, 6천 명의 기병은 성 위의 조선군에게 사격을 가하여 엄호하였다. 조선군은 원거리는 대포로 공격하고, 근거리는 조총과 활로 사격하여 적을 저지하였다.

정오 무렵 후금은 일단 병력을 철수시켜 사상자를 수습하고 부대를 정비하였다. 그리고 오후에 이번에는 압도적인 병력으로 파상공격을 감행하였다. 조선군은 잘 막아냈지만 차츰 수적 우위의 공격을 감당할 수 없었다. 더구나 성의 동남쪽 모퉁이에 후금은 성을 오르는 사다리인 운제를 거는 데 성공하여 드디어 성안에 돌입하였다. 성의 동남쪽이 무너지자 서북쪽과 동북쪽에도 운제가 걸려 후금군이 쇄도하기 시작했다. 결국 4대문 모두 돌파당하고 말았다.

성안에서 백병전이 전개되었다. 하지만 계속 밀리기 시작하여 안주성 동쪽 관아까지 밀려났다. 후금은 관아를 포위하고 항복을 권유하였다. 그러자 남이흥은 장군으로서의 본분을 잃지 않고 다음과 같이 말했다.

"내가 나라의 명을 받고 변경을 지키는 것은 바로 너희 같은 오랑캐를 무찌르기 위함이요, 내 자신의 안위를 돌보기 위함이 아니다. 내 자신이 살고자 어찌 나라의 뜻을 저버린단 말인가? 그러고서 어찌 나라의 신하라 할 수 있겠는가. 나에게는 오직 너희 오랑캐를 섬멸하는 일만이 있을 뿐이요, 그것만이 영광되고 장수의 도리를 다하는 것이다. 내 불행히도

이 싸움에서 죽는다 하더라도 이는 영광된 죽음이 아니겠는가?"

남이홍이 이처럼 강하게 거부하자 다시 접전이 시작되었다. 관아가 함몰될 지경에 이르자 남이홍은 관아 화약고에 불을 붙여 그 속으로 뛰어들어 숨을 거두었다.

조선은 이 전투에서 비록 군사력은 약소했지만 그래도 결사항전의 정신을 보여 주었다. 반면에 후금의 군사력과 지략은 조선이 도무지 이길 수 없었다. 안주성 공격을 위해 사전에 지리와 계절을 정확히 관찰하였고, 거기에다 충분한 병력을 동원했으니 이는 병법에 능한 장수임에 틀림없다. 이후 후금은 평양성마저도 손쉽게 점령하였다. 당시 소현세자는 전주로 피난을 갔고, 인조 임금은 신하들을 이끌고 강화도로 피난하는 처지가 되었다.

이후 후금은 청나라를 세우고 압록강을 넘어 다시 조선을 침략하였다. 1636년 12월 8일 병자호란(丙子胡亂)이 일어났다. 청나라 군대는 조선의 방어체계를 손쉽게 무너뜨리고 12월 14일 한양 부근까지 도달하였다. 그러자 조선의 왕실과 대신들은 강화도로 피난하였다.

강화유수 장신에게 강화도 수군을 지휘하게 하였으며 각 도의 수군은 강화도로 집결하도록 명했다. 인조 임금이 강화로 떠나려 했으나 청나라에 의해 한강 하구가 봉쇄되어 할 수 없이 남한산성으로 이동하였다. 이 소식에 강화도를 지키는 조선군은 이렇게 생각하였다.

"청나라 주력 부대가 남한산성을 포위하느라 아마 이곳 강화도에 대한 침공은 없을 것이다."

그 판단은 맞는 말이었다. 청나라 군대는 수전에 약하므로 광성진 일대에 약간의 수군을 집결시켜 두었을 뿐, 김포 해안선에 대해서는 별다른 방어를 취하지 않았다. 그러나 며칠이 지나자 청나라 우익군 16,000명이 강화도 침공을 개시하였다. 본래 청나라 군대는 주력이 여진족이라 이들은 수전에 약한 것이 사실이었다. 하지만 조선에 온 청나라 병사들은 대부분 한족이었다. 이들은 장강과 황하에서 수전 경험을 쌓은 노련한 자들이었다. 게다가 장거리포인 홍이포를 갖추고 있었다. 청나라의 서해안 도하 능력이나 수전 능력은 조선군의 예상을 훨씬 뛰어넘었다.

청나라 군대는 예성강, 임진강, 한강 부근에서 선박을 강제로 착취하고, 백성들을 강제로 동원하여 선박과 뗏목을 제작토록 하였다. 이에 조선군은 병력을 재배치하여 만반의 준비를 하였다. 먼저 주사대장 장신 휘하의 강화수군을 광성진 부근에 배치하였고, 충청수사 강진흔이 이끄는 충청수군을 연미정 일대에 포진시켰다. 또한 강화 해안에 3,000여 병력을 포진시켜 적의 상륙을 저지하도록 하였으며, 강화부성에도 700명의 병력을 두어 각 문루를 지키도록 하였다.

1637년 1월 22일 새벽, 청나라의 강화도 도하작전이 개시되었다. 청나라 군대가 거대한 홍이포를 발사하자 포탄이 성을 넘어 바다를 건너 떨어졌다. 이를 본 조선군은 모두 놀라 사기가 급속히 저하되었다. 청나라는 포 공격 이후에는 선박으로 본격적인 상륙작전을 벌였다. 이때에는 조선군이 출동하여 청나라 선박 10여 척을 격침시키는 등 제법 분전하였다. 하지만 전쟁은 너무나도 중과부적인 싸움이었다. 강화수군은 퇴각하고 충청수군은 궤멸하여 청나라의 도하작전 저지는 실패하였다.

조선군은 연안에서 방어는 불가능하다고 보고 병력을 강화성으로 후퇴시키고, 지휘관들은 모두 피신하였다. 그러자 병사들 또한 산간으로 분산 도주하였다. 청나라 군대는 일제히 해안에 상륙하였다. 남아 있던 조선군은 집중 공격을 받아 전멸하였다.

오전 10시경 청나라 군대는 강화성에 도착하였다. 강화성에는 조선군

3,000여 명이 전투준비를 갖추고 있었다. 청나라가 항복을 권유하였으나 이를 뿌리쳤다. 그러자 청나라의 공격이 시작되었다. 청나라는 먼저 화포로 집중사격을 가한 후에 운제와 당차 등 공성기구를 동원하여 성을 공격하였다. 조선군도 총포와 화살로 대항하여 오후 내내 공방전이 계속되었다. 하지만 형세는 어쩔 수 없었다. 강화성은 곧 정복되고 말았다.

성안에 있던 인조의 둘째아들 봉림대군이 항복하였고, 비빈, 왕자, 종실, 대신 및 그 가족들 모두가 포로로 잡혔다. 강화도 함락 소식을 들은 인조는 결국 항복하고 말았다. 이로 인해 청나라에 사죄한 비굴한 임금으로 역사에 남게 되었다.

공격하는 적이 지리를 알고 지형을 파악하고 있다면 수비하는 입장에서는 어려울 수밖에 없다. 또한 병력이 차이가 크면 아무리 견고한 수비를 한다고 해도 그 기세를 막을 수가 없다. 그래서 지혜로운 군주는 평소에 강한 군대를 키우는 법이다.

가축과 야생동물

진화생물학자 제레드 다이아몬드(Jared Mason Diamond)는 성공(成功)을 다음과 같이 말했다.

"사람들은 누군가 성공을 하면 그 이유를 한 가지에서 찾으려 한다. 하지만 실제 성공을 거두려면 먼저 수많은 실패 요인을 피해야만 한다."

제레드는 그 근거로 야생동물이 가축이 되는 것을 성공의 사례로 들었다. 소, 말, 양, 염소, 돼지, 개, 오리, 토끼 등은 아주 친숙한 가축이다. 이전에 야생동물이었던 이들이 어떤 조건 때문에 가축화되었을까? 또

다른 야생동물은 왜 사람들의 피나는 노력에도 불구하고 가축이 되지 않았을까?

야생동물이 가축화되기 위해서는 여러 조건을 갖춰야 한다. 첫째, 동물의 식성이 너무 좋아서는 안 되고 특정 먹이를 너무 선호해서도 안 된다. 이런 동물을 길들이려면 사람들이 먹이 구하는 것이 힘들기 때문이다. 둘째, 가축은 빨리 성장해야 사육할 가치가 있다. 예를 들어, 고릴라는 성장 시간이 긴 동물이어서 가축이 되지 못했다. 셋째, 가축은 야생 상태가 아니라 감금 상태에서도 번식을 잘 할 수 있어야 한다. 초원에 사는 사자나 치타 같은 동물은 가축으로서 불가능했다. 넷째, 회색곰과 같이 사람을 해칠 정도로 너무 포악해서는 안 된다. 다섯째, 가젤처럼 인간에 대해 너무 겁을 먹어 민감해하는 동물은 사람과 어울려 살 수 없다. 여섯째, 같은 동물끼리 위계적 질서를 지키고 서로 무리지어 다닐 수 있어야 한다. 즉, 동물도 사회성이 있어야 가축이 될 수 있는 것이다.

이처럼 여섯 가지 조건을 모두 충족시켜야 가축이 될 수 있고, 그중 하나라도 충족되지 않으면 야생동물로 살아갈 수밖에 없다. 성공이 이와 같다. 실패 요인들을 모두 피해야만 성공에 이르는 것이다. 그러니 쉽지 않은 것이다.

9-4 지형의 종류

　무릇 지형의 종류에는 절벽처럼 단절된 계곡인 절간, 우물처럼 깊이 파인 분지인 천정, 감옥 같이 막힌 천뢰, 그물처럼 울창한 숲인 천라, 늪지대인 천함, 좁고 험한 골짜기인 천극이 있다. 이런 곳은 반드시 빨리 지나가야 하며 가까이 하지 말아야 한다. 아군은 그런 곳을 멀리하지만 적은 가까이 가도록 하며, 아군은 그런 곳을 마주하지만 적은 그곳을 등지게 한다.

　군대가 주둔할 주변에 지세가 험하고 막힌 험조, 웅덩이가 파인 황정, 갈대가 무성한 가위, 나무가 우거진 임목, 수풀이 무성한 예회가 있으면 반드시 조심스럽게 반복하여 수색해야 한다. 이러한 곳은 적의 매복병이나 간첩이 숨어 있을 만한 곳이다.

凡地有絕澗, 天井, 天牢, 天羅, 天陷, 天隙, 必亟去之, 勿近也. 吾遠之, 敵近之; 吾迎之, 敵背之. 軍旁有險阻, 潢井, 葭葦, 林木, 蘙薈者, 必謹覆索之, 此伏奸之所處也.

'절간(絶澗)'은 끊을 절, 산골짜기 간. '절'은 아주 험한 산과 산 사이를 말하며, '간'은 그 사이를 흐르는 시냇물이다. 이런 곳에 진을 치면 적의 공격에 벗어날 수 없고 싸울 방법도 없다. '천정(天井)'은 우물 정자 모양의 큰 구덩이다. 천뢰(天牢)에서 '뢰'는 우리 뢰. 감옥 같이 사방이 갇힌 곳으로 본래 동물을 가두는 외양간을 말한다. '천라(天羅)'는 새를 잡는 그물이다. 숲이 우거져 한번 빠지면 나오기 어려운 곳이다. 천함(天陷)에서 '함'은 빠질 함. 짐승을 잡는 함정으로 한번 빠지면 몸을 빼내기 어려운 지형이다. 천극(天隙)에서 '극'은 틈 극. 땅이 크게 갈라진 틈을 말한다. '험조(險阻)'는 험하여 막힌 지형이다. 황정(潢井)에서 '황'은 웅덩이 황. 웅덩이나 늪지 같은 지형이다. '가위(蒹葦)'는 갈대 가, 갈대 위. 갈대숲을 말한다. '예회(翳薈)'는 무성할 예, 무성할 회. 초목이 우거진 곳이다. 복간(伏奸)에서 '복'은 매복하고 있는 적의 병사, '간'은 간첩을 말한다. 이런 지역들은 적이 매복하거나 숨어 있기 쉽기 때문에 특히 반복해서 살펴야 한다.

| 해설 |

프랑스로부터 독립을 쟁취한 베트남의 '디엔비엔푸(Dien Bien Phu) 전쟁'은 세계의 놀라운 전쟁 중 하나로 꼽힌다. 디엔비엔푸는 하노이 서쪽 300km 떨어진 작은 촌락이다. 이웃 나라인 라오스와 아주 가까운 곳이다.

제2차 세계대전 이후 프랑스는 나바르(Henri Navarre) 장군의 주도로 베트남을 식민지화하였다. 하지만 베트남은 쉽게 지배를 허용하지 않았다. 게릴라전을 전개해 프랑스군을 끊임없이 괴롭혔다. 프랑스는 이를 타개할 전략이 절실히 필요했다. 그 방편으로 나바르 장군은 디엔비엔푸에 요새를 구축하기 시작했다. 이 요새는 베트남 게릴라의 활동을 억제하고, 그들의 보급로를 봉쇄하는 것이 주목적이었다. 우선 디엔비엔푸에 비행장을 건설하고 1만 5,000명이 넘는 병력과 야포, 전차, 비행 편대를 배치시켰다. 이 정도의 화력이면 베트남 게릴라를 충분히 소탕할 수 있다고 판단했다. 그리고 외곽에는 49개의 방어 진지를 구축해 게릴라 도발에 만반의 준비를 갖췄다.

그러자 베트남 지휘부는 더는 선택의 여지가 없었다. 디엔비엔푸를 공격하기로 결정했다. 하지만 디엔비엔푸 지역은 베트남군의 거점이 아니었다. 더구나 이곳을 공격하기 위한 필요한 병력과 물자조차 부족했다. 설령 물자를 수송해 온다고 해도 프랑스 공군에게 노출될 것이 뻔했다. 그런데도 베트남 지도부는 결단을 내렸다.

"프랑스군이 한 곳에 결집해 있다면 우리는 그곳에서 운명의 결판을 내야 한다."

1953년 겨울, 베트남군은 보 구엔 지아프 장군이 지휘하에 이동이 시작되었다. 길도 없는 험준한 산악 지형을 따라서 하루에 80km를 걸었다. 낮에는 프랑스 공군을 피해 30km를 이동하고 야간에 50km를 걸었다. 또한 식량 운반은 베트남 주민들에게 맡겼다. 하노이에서 출발한 이들은 한 사람이 20kg의 식량을 운반했는데, 이들이 디엔비엔푸에 도착했을 때 남은 식량은 2kg 정도였다. 나머지는 그들이 1,000km 행군하는 도중 양식으로 썼기 때문이다. 그들은 고작 한 병사의 3일치 식량을 위해 자신의 목숨을 걸고 1,000km를 걸었던 것이다.

3개월 후인 1954년 3월 13일 밤, 충분히 물자를 확보했다고 판단한 베트남군은 드디어 디엔비엔푸 기지를 공격하였다. 가지고 있는 모든 화력을 병력 맨 앞에 배치했다. 물론 프랑스에 비해 열악한 것은 사실이었다. 경사면에 대포를 설치하다가 갑자기 대포가 밀려나 뒤에서 받히고 있던 병사들을 덮쳤다. 대포가 계속 밀리자 이때 한 병사가 대포 바퀴에 자신의 몸을 박아 장렬히 산화하기도 했다. 베트남군은 이처럼 애국심에 똘똘 뭉쳐 프랑스군과 싸웠다. 두 달여에 걸친 이 전투는 베트남군의 승리로 끝났다. 이 승리에 대해 보 구엔 지아프 장군은 이렇게 소감을 말했다.

"가난한 봉건국가가 거대한 식민 세력을 물리쳤도다!"

프랑스군은 베트남군이 이동하는 지형과 물자 보급을 제대로 파악하지 못했고, 도리어 자신들의 보급품이 먼저 떨어져 고전 끝에 항복하고 만 것이다. 이후 프랑스가 철수하자 베트남은 남과 북으로 분열되었다. 호찌민이 이끄는 공산주의자들이 북부를 손에 넣었고, 남부에는 미국의 후원을 받은 반공 정부가 들어섰다. 하지만 호찌민은 1960년대 피비린내 나는 베트남 전쟁에서 또다시 미군을 물리치는 놀라운 기적을 만들어 냈다. 이는 지형을 이용한 교묘한 전쟁으로 적을 물리친 대표적인 사례이다.

선점(先占) 효과

타자기(打字機)는 자모, 부호, 숫자 따위의 활자가 달린 글쇠(key)를 손가락으로 눌러 종이 위에 글 쓰는 기계이다. 타자기를 만들려는 시도는 이전에도 많이 있었다. 1575년에 이탈리아의 람파제토는 종이에 글자를 찍는 기계를 고안했고, 1714년에 영국의 밀은 글 쓰는 기계의 제작법에 대한 특허를 받았다. 이어 1829년에 영국의 버트는 타이포그래퍼(typographer)라는 기계로 특허를 받았고, 1865년에 미국의 프래트는 프테로타이프(Pterotype)라는 기계를 제작했다. 그러나 이상의 기계들은 모두 장난감에 불과했다. 기계로 글자를 찍는 것보다 사람이 직접 글을 쓰는 것이 더 빨랐던 까닭이다.

1868년 6월 23일 미국 밀워키 주의 신문 편집장 크리스토퍼 숄스(Christopher Sholes)는 타이핑 자판을 고안하여 특허권을 취득했다. 1874년 총기 제작업체인 레밍턴사가 이 특허권을 사들여 레밍턴 타자기를 제조 판매하기 시작했다.

그런데 숄스가 개발한 타자기 자판은 상당히 비효율적이었다. 숄스는 자주 사용되는 글자들을 왼쪽에 배치했고 상대적으로 힘이 약한 손가락으로 누르도록 만들었다. 그런 이유로 사용자는 타이핑 속도를 빨리할 수가 없었다. 겨우 사람이 손으로 쓰는 것보다 2배 정도 빠를 뿐이었다.

숄스가 이렇게 고안한 데에는 이유가 있었다. 이전 타자기 자판은 알파벳 순서에 따라 두 줄로 배열되어 있었다. 타이핑 속도를 높이면 인접한 글쇠가 뒤엉키는 현상이 발생했다. 그래서 빈도수가 높은 철자들을 반대 방향으로 배열한 네 줄짜리 자판을 만들었던 것이다. 이 자판은 상단 왼쪽에 나란히 배열된 QWERTY의 6개의 이름을 따서 쿼티라고 불렀다.

그러나 이 인체공학적 설계와 거리가 먼 자판을 사용하는 사람들은 큰 불편을 느꼈다. 이 문제를 해결하기 위해 워싱턴대학의 드보락 교수와 딜 리 교수가 1932년 모음과 자음의 글쇠를 중앙에 배치한 새로운 자판을 발명했다. 드보락 방식으로 알려진 이 자판은 손가락 동선을 절약함으로 타이핑 속도를 획기적으로 개선했을 뿐 아니라 글쇠의 엉킴도 말끔히 해결하였다. 속도도 이전보다 30% 빨라졌다.

효율성 면에서 이 새로운 자판은 당연히 시장에서 대단한 성공을 거두었어야 했다. 그러나 이 자판은 사용자들에게 환영받지 못했다. 기존 자판에 익숙한 사용자들이 새로운 자판을 배우려 하지 않았던 것이다. 이 자판은 제2의 표준자판으로 승인받았지만 사용하는 사람이 없었다. 그러니 만드는 회사도 없었다.

타자기는 1960년대에 워드프로세서가 등장하고 1980년대 이후에 개인용 컴퓨터가 대중화되면서 역사의 뒤안길로 사라졌다. 급기야 2011년 4월에는 지구상의 마지막 타자기 제조업체인 인도의 고드레지 앤드 보이스 사가 문을 닫았다. 하지만 숄스가 개발한 QWERTY 자판은 컴퓨터의 키보드에 계속 남아 있다.

선점 효과란 한정된 시장에 먼저 진입하여 다른 경쟁자들의 진입을 철저히 저지하는 것을 말한다. 일단 시장을 선점하게 되면 이익이 눈덩이처럼 불어나는 것이 특징이다.

9-5 상황 변화 추론

적이 가까이 있으면서 조용한 것은 험한 지형을 믿기 때문이다. 적이 멀리 있으면서 싸움을 거는 까닭은 아군이 성에서 나오기를 유도하는 것이다. 적이 평평한 곳에 머무는 것은 분명 이로움이 있기 때문이다. 많은 나무가 움직이는 것은 적이 다가오고 있기 때문이다. 수풀에 장애물이 많다면 의심스러운 것이다. 새들이 날아오르면 적이 매복해 있는 것이다. 짐승이 놀라 움직이면 역시 적이 매복해 있는 것이다. 흙먼지가 높고 왕성하게 일면 적의 전차가 오는 것이다. 흙먼지가 낮고 넓게 일어나면 적의 보병이 오는 것이다. 흙먼지가 흩어져 나뭇가지에 피어오르면 적이 땔 나무를 채취하는 것이다. 흙먼지가 적게 여기저기 피어오르는 것은 적이 군영을 설치하는 중이다. 적이 자신을 낮추어 말하면서 준비에 박차를 가하는 것은 진격하려는 뜻이다. 적이 큰소리치면서 진격하는 것은 후퇴하려는 뜻이다. 적의 경전차가 먼저 나와 그 측면에 배치하는 것은 진을 치려는 것이다. 적이 예고도 없이 화친을 청하는 것은 음모가 있는 것이다. 적이 바삐 움직이며 군대의 진영을 갖춘다면 공격 기일이 정해졌다는 것이다. 적이 반쯤 진격했다가 반쯤 후퇴하는 것은 아군을 유인하려는 것이다.

敵近而靜者, 恃其險也; 遠而挑戰者, 欲人之進也; 其所居易者, 利也; 衆
樹動者, 來也; 衆草多障者, 疑也; 鳥起者, 伏也; 獸駭者, 覆也; 塵高而銳
者, 車來也; 卑而廣者, 徒來也; 散而條達者, 樵采也; 少而往來者, 營軍也;
辭卑而益備者, 進也; 辭強而進驅者, 退也; 輕車先出, 居其側者, 陣也; 無
約而請和者, 謀也; 奔走而陳兵者, 期也; 半進半退者, 誘也.

| 풀이 |

  여기서는 적의 상황을 자연의 변화에 따라 추론하고 관찰하는 방법을
기록하였다.
  '중수동(衆樹動)'은 많은 나무가 움직이는 것으로 적이 땔감을 준비하기
때문에 나타나는 현상이다. 중초다장(衆草多障)에서 '중초'는 많은 수풀을
말하며 '장'은 장애물을 의미한다. 장애물로는 풀을 엮어 놓거나 함정을
파 놓는다. '수해(獸駭)'는 짐승 수, 놀랄 해. 진고이예(塵高而銳)에서 '예'는
왕성할 예. 먼지가 높이 휘날리는 모습이다. '비이광자(卑而廣者)'는 먼지가
낮고 넓게 일어나는 현상으로 군대가 행군할 때 나타난다. 산이조달(散
而條達)에서 '달'은 피어오르는 모습이다. '초채(樵采)'는 땔나무를 끌고 갈
때 먼지가 산만하게 일어나는 모습이다. '소이왕래(少而往來)'는 가볍게 무
장한 병사들이 움직이며 먼지가 드문드문 일어나는 모습이다. '사비이익
비(辭卑而益備)'는 공격하려는 자는 겉으로는 겸손하지만 속으로는 더욱
철저히 준비를 한다는 것이다. '사강이진구(辭強而進驅)'는 허장성세의 모

략이다. '경거선출거기측(輕車先出, 居其側)'은 전차가 먼저 나오는 것은 진영의 경계를 정하려는 것이다로 해석한다. 무약이청화(無約而請和)의 '약'은 예고나 약속을 말한다. '분주(奔走)'는 달릴 분, 달릴 주. 일이 바쁜 모습이다. '기(期)'는 정해진 기일이니 공격할 날이다.

| 해설 |

고대에는 적을 관찰하는 방법이 두 가지였다. 하나는 시각이고 다른 하나는 계산이다. 시각에는 관찰과 점(卜)이 있다. 관찰은 하늘의 형상이나 땅의 이치를 살피는 것이고, 점은 주술적인 행위를 통해 나타난 괘나 조짐이다. 계산은 관찰한 것을 유추하여 해석하는 행위다. 전쟁이나 그 밖의 일에 대해 행하는 것이 좋을지 나쁠지를 미리 아는 것이다. 그래서 주술사와 무당 같은 이를 높이 대우하였다.

전쟁에 나서는 장수들은 대체로 자연현상을 통하여 적의 동향을 알 수 있었다. 하지만 전쟁에서 승리한 후에는 자신의 공적에 자만하여 목숨을 잃은 이들이 많았다.

1368년 주원장(朱元璋)은 각지의 군웅들을 굴복시키고 명(明)나라 초대 황제에 등극하였다. 그 기념으로 전쟁에 공로가 많은 공신들을 위해 그 전적을 전시하는 경공루(敬恭樓)를 세워 기념하도록 하였다. 개국공신들은 황제의 배려에 모두 감동하였다. 모두들 황제가 자신들의 공적을 잊지 않으니 이제 오래토록 부귀영화를 누릴 것이라 생각했다.

하지만 총사령관 출신인 유백온(劉伯溫)은 이 일에 대해 깊은 고민에 빠졌다. 며칠 전전긍긍하다가 이내 황궁으로 달려가 주원장을 알현하였다.

금방이라도 주저앉을 듯이 다리를 덜덜 떨며 기력이 다한 모습으로 아뢰었다.

"황상께서 대업을 이루셨으니 이제 천하의 백성들은 영명한 군주를 얻었습니다. 참으로 기쁜 일입니다. 이제 신은 기력이 쇠하여 더는 황상을 보좌할 수 없습니다. 바라옵건대 고향으로 돌아가도록 허락해 주십시오."

주원장이 대답했다.

"그대는 전투에서 귀신같은 솜씨를 보여 주지 않았소? 평생을 고생만 했으니 이제 마음껏 복을 누리도록 하시오. 힘들더라도 직분을 감당해 주시오."

그러자 유백온이 간청하며 아뢰었다.

"황상께서 영명하시니 이제 나라를 다스리는 일은 문제 될 것이 없습니다. 소신은 이제 기력이 다하여 오히려 조정에 폐만 될 뿐입니다. 제게 조그만 전답을 내려 주시면 고향에서 여생을 마치도록 하겠습니다. 폐하에 대한 충성심은 평생 잊지 않겠습니다."

주원장이 다시 만류하였으나 유백온은 땀을 뻘뻘 흘리고 다리를 덜덜 떨며 자신의 뜻을 굽히지 않았다. 그 모습을 본 주원장은 별수 없다고 생각했다. 그의 고향에 땅을 하사하고 건강하게 지내라며 아쉬움 가득 눈물까지 흘리며 황실 밖까지 배웅하였다.

황궁을 나온 유백온은 마침 마중 나온 친구 서달(徐達)에게 달려가 그의 손을 꼭 잡고 말했다.

"황상께서 며칠 후면 경공루에서 공신들을 위한 연회를 베풀 것이네. 그날은 반드시 황상 옆에 붙어서 절대 떨어져서는 안 되네."

이전에 원나라 토벌을 위해 25만 대군을 이끌었던 장군 서달은 그 말이 이해가 되지 않았다. 하지만 유백온은 꼭 그렇게 하라며 재차 신신당부를 하고는 고향으로 떠났다.

며칠 후 경공루가 완공되었다. 주원장은 개국공신들을 위해 성대한 연회를 베풀었다. 공로를 치하하고 상을 베풀자 분위기가 무르익었다. 모두들 흥이 넘쳤고 술잔이 오고 갔다. 하지만 서달은 유백온의 말이 기억나 도무지 흥이 나지 않았다.

'도대체 그 말이 무슨 뜻인가?'

이런 생각을 하면서 경공루 이곳저곳을 둘러보다가 무심코 벽을 손으로 두들기게 되었다. 그런데 뜻밖에도 벽 속이 텅 비어 있는 것이었다. 그 순간 주원장이 환한 얼굴로 술잔을 높이 들면서 말했다.

"오늘은 군신의 예는 상관하지 마라. 이전처럼 편하고 즐겁게 보내도록 하라."

이에 개국공신들이 모두 편하게 허리를 폈다. 이어 주원장이 공신들에게 차례로 술을 따라 주었다. 연회 분위기는 흥이 넘쳐 났다. 서달은 주원장이 권하는 술은 받아 마셨지만 다른 이들이 권하는 술은 마시는 체하고 말았다. 주원장의 일거수일투족에 눈을 떼지 않았다.

흥이 무르익자 주원장이 자리에서 일어났다. 화장실을 간다는 것이었다. 그러자 서달이 황급히 일어나 그 뒤를 따랐다. 계단을 내려가던 주원장은 누군가 자신을 따라오자 뒤를 돌아보았다.

"승상은 어찌 자리를 뜨시오?"

서달이 대답했다.

"폐하의 안전이 걱정되어 일어섰습니다."

이에 주원장이 말했다.

"오늘은 우리 사람들뿐인데 무엇이 걱정이오. 게다가 군사들이 아래층에서 호위하고 있으니 걱정 말고 자리로 돌아가시오."

그러나 서달은 도리어 무릎을 꿇고 아뢰었다.

"신은 남쪽 정벌에서 북쪽 정벌까지 늘 황상을 따랐습니다. 저를 떼어놓지 마십시오. 신은 오늘부터 국사에 관여하지 않겠습니다. 문을 걸어 두고 그 누구도 만나지 않겠습니다. 폐하, 제발 저를 살려 주십시오!"

주원장은 혹시나 개국공신들이 쳐다볼까 두려워 재빨리 서달을 일으켜 세운 후 그의 손을 잡고 계단을 빠져나왔다. 주원장이 경공루에서 걸음으로 백 보 정도 떨어졌을 때 갑자기 엄청난 굉음이 들렸다. 경공루가 무너지면서 먼지가 날리고 불길이 치솟았다. 연회에 참석했던 개국공신들은 모두 그 불길에 참사하고 말았다. 이후 주원장은 황제의 권한을 강화하고 대대손손 황권이 이어지도록 하기 위해 전쟁에서 동고동락했던 측근들 대부분을 숙청하였다. 이때 2만 명이 목숨을 잃었다.

총사령관 유백온은 전쟁 경험이 많은 백전노장이었다. 주원장의 태도 변화를 미리 읽어 앞날을 예측할 수 있을 정도였다. 그러니 꾀를 내어 일찌감치 목숨을 구했다. 서달 역시 용맹한 장수 출신이지만 유백온보다는 한 수 아래였다. 그래도 변화의 조짐을 알고 목숨을 구했으니 그나마 다행이었다. 이들은 모두 전쟁의 경험을 통하여 주원장의 변화를 알았던 것이다.

변화에 대처하는 전략

미국 바비 인형의 점유율이 갈수록 하락하고 있다. 하버드 비즈니스 리뷰에서 그 이유를 밝혔다.

2001년부터 전 세계적으로 바비 인형의 점유율이 하락하기 시작했다.

경쟁사인 MGM 엔터테인먼트사가 집중적으로 인형을 판매하기 시작하면서 부터였다. 바비 인형의 제조 판매사인 마텔사는 MGM에 대처하기 위해 신상품을 개발했으나 모두 실패하고 말았다. 이는 전혀 변화를 포착하지 못하고 기존 판매를 주장했기 때문이었다.

MGM은 13세 미만 소녀들이 이전에 비해 빨리 조숙해지는 것을 감지해서 그에 편승한 상품을 개발하여 판매했다. 이것이 흥행하자 40년이나 여왕으로 군림했던 바비 인형은 인기가 추락하고 만 것이다.

어떤 위험에는 반드시 징조가 있기 마련이다. 일등 상품이라고 언제나 일등 자리에 있는 것이 아니다. 위험의 신호는 너무 오랫동안 제자리에 머물러 있을 때 나타난다. 변화를 감지하지 못하면 일등 자리에서 내려와야 하는 것이다.

변화란 선입관을 버려야 읽을 수 있다. 예를 들면, 트럼프 카드에서 대부분 사람들은 스페이드는 검은색, 하트는 빨간색이라고 믿고 있다. 그런데 스페이드를 빨간색으로 한 카드에서도 사람들은 그것을 하트로 읽는다. 믿음이 착각을 만든 것이다. 변화는 언제 어디서 시작될지 아무도 모른다. 그래서 최강자는 위기 상황에 대처하는 능력이 남다른 법이다.

9-6 적의 동향과 관찰

　적의 병사가 무기를 짚고 서 있는 것은 굶주린 까닭이다. 적병이 물을 길어 먼저 마시는 것은 진영 내에 물이 말랐기 때문이다. 적이 이익을 보고도 진격하지 않는 것은 피로하기 때문이다. 적의 진영에 새들이 모여 있는 것은 성이 비었다는 것이다. 적군이 밤에 소리치는 것은 두렵다는 것이다. 적 진영이 시끄러운 것은 지휘 장수가 위엄이 없기 때문이다. 적의 깃발이 어지럽게 움직이는 것은 혼란하다는 뜻이다. 적의 관리들이 화내는 것은 지쳐 있기 때문이다. 적의 병사들이 말을 잡아먹는 것은 양식이 없다는 것이다. 적의 병사들이 취사도구를 막사로 들어가지 않는 것은 곤경에 빠져 있다는 것이다.

　적의 병사들이 웅성거리는데도 장수가 간곡하고 다정히 말하는 것은 병사들에게 신망을 잃었기 때문이다. 병사들에게 자주 상을 주는 것은 상황이 궁색해졌기 때문이다. 또한 병사들에게 자주 벌을 주는 것도 곤궁해졌기 때문이다. 장수가 먼저 병사들에게 포악하게 굴고 이후에 그 병사들을 두려워하는 것은 통솔력이 부족한 탓이다. 적의 사자가 찾아와 사죄하는 것은 휴전을 원한다는 것이다. 적이 분노하여 달려와 놓고 아군과 대치하며 오래도록 싸우지 않고 있거나, 또 물러가지도 않을 때는 반드시 적을 세심히 살펴야 한다.

倚仗而立者, 饑也; 汲而先飲者, 渴也; 見利而不進者, 勞也; 鳥集者, 虛也; 夜呼者, 恐也; 軍擾者, 將不重也; 旌旗動者, 亂也; 吏怒者, 倦也; 殺馬肉食, 軍無糧也; 懸瓿而不返其舍者, 窮寇也; 諄諄翕翕, 徐與人言者, 失眾也; 數賞者, 窘也; 數罰者, 困也; 先暴而後畏其眾者, 不精之至也; 來委謝者, 欲休息也. 兵怒而相迎, 久而不合, 又不相去, 必謹察之.

| 풀이 |

'의장이립(倚仗而立)'은 의지할 의, 무기 장. 늠름하게 서 있지 못하고 무기에 의지해 간신히 서 있는 모습이다. '기(饑)'는 굶주릴 기. 급이선음(汲而先飲)에서 '급'은 길을 급. '조집(鳥集)'은 성안이 텅 빈 까닭에 새들이 거리낌 없이 내려앉는 것이다. '야호(夜呼)'는 밤에 소리치는 것으로 두렵고 불안하기 때문이다. 군요(軍擾)에서 '요'는 시끄러울 요. '현부(懸瓿)'는 매달을 현, 질그릇 부. 취사도구를 말한다.

'순순흡흡(諄諄翕翕)'은 목소리를 낮추고 수군대는 불안한 모습이다. 타이를 순, 합할 흡. '삭(數)'은 자주 삭. '군(窘)'은 궁색할 군. '선폭이후외기중(先暴而後畏其眾)'은 장수가 부하에게 포악한 모습을 보인 후 부하를 두려워하는 것은 통솔 의지가 없기 때문이다라는 의미다. '부정지지야(不精之至也)'는 용병에 정통하지 않다는 의미다. '정'은 우수하다는 의미고, '지'는 도달했다는 뜻이다. 내위사(來委謝)에서 '위'는 위임을 받은 자로, 몸을 굽혀 예물을 올리는 모습이다. '사'는 사과의 의미이다.

| 해설 |

고대의 군대 숙영은 지금과 다를 바가 없다. 진영 주위에 초소를 세워 보초를 서게 하고, 순찰을 돌게 하며, 주위 경계 구역을 설정하여 정찰병으로 하여금 사방을 살피게 했다.

주변에 진을 치고 있는 적의 동향을 살피는 것은 언제 있을지 모르는 침입에 대비하기 위함이다. 하지만 아군의 진영이 혼란스럽거나 군정이 엉망일 경우에는 적을 돌아볼 여유가 없다. 당장 병사들의 불평불만으로 경계가 허술해지고 만다. 적은 그 빈틈을 찌르고 쳐들어오기 마련이다.

1968년 8월 20일 밤. 체코슬로바키아 공화국 수도 프라하 공항에 구조를 요청하는 무선이 접수됐다.

"소련 운송기입니다. 비행기 기계 고장으로 불시착을 요청합니다."

국제 관례와 인도주의적 원칙에 따르면 비행기 기체가 고장 났을 경우 어떤 국가를 막론하고 가까운 공항에 불시착을 허락하도록 되어 있다. 따라서 구조 요청은 당연한 것이었다. 더구나 체코는 소련의 보호를 받는 처지였으니 당연히 공항 관계자들은 비행기 착륙을 유도하였다.

소련 운송기가 무사히 착륙하자 뜻밖에도 문을 열고 튀어나오는 사람들은 실탄을 장착한 소련 특수부대 병사들이었다. 이들은 순식간에 프라하 공항 주요 지역을 점령했다. 이어 공항에는 소련 공수부대원들을 태운 수송기가 연이어 착륙했다. 몇 시간 후 소련군은 체코 중심가를 향해 동, 남, 북 세 방향으로 진격했다. 이 기습적인 공격으로 체코는 22시간 만에 소련에 점령당했다.

사건의 경위는 다음과 같다. 체코의 지도자 둡체크가 정권을 잡은 후 소련의 통제에서 벗어나 독립을 주장하였다. 이런 체코의 움직임에 소련은 무력으로 반 소련파들을 제거하기로 결정했다. 체코를 침공하기 전에 소련은 동맹국과 '보헤미안 숲'이라는 군사 작전을 실시했다. 이는 실제로는 체코의 지형을 연습하는 훈련이었다. 군사 훈련은 체코를 보호하기 위한 것이었지만 결국은 체코를 침략하기 위한 사전 연습이 되고 말았다.

'가도벌괵(仮道伐虢)'이란 남의 나라 길을 빌려 괵나라를 친다는 뜻이다. 평소 동맹 관계를 유지하다가 이제 더는 가치가 없으면 공격해 멸망시킨다는 의미로 쓰인다.

한 치 앞을 내다보는 전략

한 거리에 두 곳의 영화관이 자리 잡고 있다. 두 영화관은 서로 경쟁 상대이다. 한 곳에서 20% 할인을 하면 다른 곳은 30% 할인을 했다. 하지만 할인의 방법은 제 살 깎아먹기였다. 악순환만 되풀이될 뿐이었다.

그러자 한 영화관에서 아이디어를 냈다. 영화 관람료를 할인하는 것이 아니라 입장하는 고객에게 2천 원 상당의 간식을 준다는 것이었다. 간식을 준다는 말에 고객들은 그 영화관으로 몰려들었다. 다른 영화관은 그렇게까지 따라할 수 없었다. 밑지고 장사할 수 없는 일이었다.

그런데 간식을 주는 영화관은 어떻게 운영을 할 수 있었는가? 영화관에서 고객에게 제공하는 간식은 소금 간을 한 과자였다. 영화를 보며 간식을 먹은 고객들은 목이 말라서 견딜 수가 없었다. 영화관은 이를 위해

중간에 미리 음료수를 준비하고 있었다. 고객들은 너나없이 음료수를 사고자 했다. 음료 매출이 크게 증가하여 영화관은 손해를 메울 수 있었다.

또 다른 사례로 인형을 만드는 회사들의 마케팅 전략을 들 수 있다. 이들 회사들은 대체로 신년 초에 심각한 자금난에 봉착하는 경우가 많다. 그 원인은 인형을 구매하는 고객들은 크리스마스 시즌에 집중되어 신년 초에는 인형 판매가 부진하기 때문이다.

이런 위기를 극복하기 위해 인형 회사들은 기발한 전략을 도입했다. 일단 크리스마스 시즌이 시작되면 예상 판매 1위 인형을 집중적으로 광고한다. 신문, 방송에서 광고를 접한 아이들은 이 인형을 사달라고 부모에게 조르기 시작한다. 그러면 부모들은 크리스마스가 되면 사 주겠다고 약속한다. 그러나 정작 크리스마스가 되어 아이들에게 약속한 인형을 사러 매장에 가면 모두 판매되고 없는 것이다. 이는 회사에서 광고한 인형 제품을 소량만 판매했기 때문이다. 제품이 없으니 부모들은 아이들에게 다른 인형을 사 주면서, 대신에 나중에 그 인형이 나오면 사 주겠다는 약속을 하게 된다.

그리고 신년 초가 되면 회사는 판매 1위 인형을 다시 대대적으로 광고한다. 광고를 본 아이들은 부모에게 약속한 인형을 사 달라고 조르게 된다. 그러면 부모는 할 수 없이 그 인형을 사 줄 수밖에 없다. 이런 방법으로 회사는 150%의 이득을 얻는 것이다.

경쟁은 우선 아이디어에서 이겨야 한다. 멀리 내다볼 수 없다면 한 치 앞을 내다보는 전략만으로 상대를 이기기에 충분한 것이다.

9-7 필취(必取)

용병에는 병사가 많다고 좋은 것이 아니다. 결코 병사가 많은 것만 믿고 진격해서는 안 된다. 충분히 전력을 집중시키고 적을 헤아릴 줄 알아야 적을 제압하는 것이다. 그렇지 않고서 아무 생각 없이 적을 가볍게 여기는 자는 반드시 적에게 사로잡힐 것이다. 병사들이 장군을 따를 만큼 친하지 않는데 벌을 주게 되면 복종하지 않게 된다. 병사들이 복종하지 않으면 전쟁에서 싸우기가 어렵다. 또 병사들이 장군을 따를 만큼 이미 충분히 친한데도 잘못에 대해 벌을 시행하지 않으면 역시 전쟁에서 병사들을 쓸 수가 없다.

그러므로 문리의 덕으로 병사들의 마음을 모으고 무의 위엄으로 병사들을 다스려야 한다. 이를 가리켜 반드시 승리한다는 뜻의 필취(必取)라 한다. 군령이 평소 잘 시행되고 있다면 병사들을 가르치면 복종할 것이다. 하지만 군령이 평소 잘 행해지지 않는다면 병사들을 가르쳐 봐야 복종하지 않는다. 군령이 평소 잘 시행된다면 장수와 병사들이 생사를 함께할 것이다.

兵非貴益多, 惟無武進, 足以併力, 料敵, 取人而已. 夫惟無慮而易敵者, 必擒於人. 卒未親附而罰之, 則不服, 不服則難用也. 卒已親附而罰不行, 則不可用也. 故合之以文, 齊之以武, 是謂必取. 令素行以教其民, 則民服; 令素不行以教其民, 則民不服. 令素行者, 與衆相得也.

| 풀이 |

'귀(貴)'는 귀하다, 좋다의 의미다. '유무(惟無)'는 결코 하지 마라는 강조의 의미다. '료(料)'는 살피다, 헤아린다. '병력(併力)'은 군사력을 집중시키는 것. '병'은 합할 병. 취인(取人)에서 '취'는 제압하다. 미친부이벌(未親附而罰)에서 '부'는 따르다, 복종하다. '문(文)'은 인륜의 대의, '무(武)'는 군령과 군법을 지칭한다. 영소행(令素行)에서 '소'는 일상, 평소. 여중상득(與衆相得)에서 '중'은 병사들을 말하고, 상득은 서로 믿고 따르니 생사를 함께한다는 의미다.

| 해설 |

전쟁에서 병사가 많은 것이 나쁠 것은 없겠지만 중요한 것은 얼마나 잘 운용하느냐에 달려 있다. 수가 많은 것만 믿고 함부로 경거망동(輕擧妄動)해서는 결코 결말이 좋지 않은 법이다. 적에게 사로잡히거나 목숨이 달아나니 반드시 신중해야 한다.

그러면 장수는 처신을 어떻게 하라는 것일까? 우선 병사들로부터 신임을 받아야 한다. 이는 상과 벌을 분명히 하여 정해진 약속을 일관되게 시행하면 되는 것이다.

1895년 10월 명성황후(明成皇后)가 시해되고 조선은 한 치 앞도 내다볼 수 없는 혼란에 빠졌다. 이에 나라를 구하고자 각지에서 의병이 일어났다. 양반 출신인 유인석(柳麟錫)은 충청도 제천을 중심으로 의병을 일으켜 그 세력이 제법 컸다. 휘하에 중군장 안승우(安承禹), 부대장 김백선(金佰先) 등이 활약하고 있었다.

김백선 부대장이 영주에서 일본군과 항전을 할 때였다. 어느 날 병력이 부족하여 그만 일본군에게 패하고 말았다. 후퇴하여 본진으로 달려온 김백선은 중군장 안승우에게 따져 물었다.

"중군장은 도대체 뭐하는 사람이오? 왜 약속대로 응원군을 보내 주지 않는 겁니까?"

김백선은 평민 출신이고 안승우는 양반 출신이었다. 안승우는 양반이 평민을 돕는 것이 자존심 상하는 일이라 여겨 응원군을 보내 주지 않던 것이다. 그런데 안승우는 엉뚱한 핑계를 댔다.

"중군의 소임은 대장을 호위하는 것이오. 그래서 중군의 병사를 함부로 뺄 수가 없었소."

그 말에 화가 머리끝까지 난 김백선이 더 따지고 들었다. 그때 가만히 이 둘을 지켜보던 대장 유인석이 끼어들어 엄히 말했다.

"김백선! 너는 본시 한낱 포수에 불과한 상민이거늘, 어찌 분수도 모르고 양반에게 대드는 것이냐?"

김백선은 더 할 말이 없었다. 조선의 양반제도는 이처럼 기가 막혔다. 얼마 후 유인석의 연합부대는 제천 독송정(獨松亭)에 주둔만 하고 있었다. 김백선이 답답하여 유인석에게 따져 물었다.

"왜, 서둘러 한양으로 진격하지 않는 것입니까?"

이때 김백선은 흥분하여 거칠게 항의하였다. 그러자 유인석은 감히 평민이 양반에게 함부로 대든다는 이유로 항명죄를 씌었다. 김백선은 수많은 의병들이 지켜보는 앞에서 공개 총살당하고 말았다.

그리고 두 달 뒤, 유인석이 이끄는 연합부대는 충주 황강에서 일본 군대와 맞붙었다. 그러나 제대로 싸워 보지도 못하고 대패하고 말았다. 유인석의 의병부대는 흔적도 없이 사라졌다. 일본의 침략으로 나라가 위태로운 상황에서도 조선의 벼슬아치들은 양반놀음에 빠져 있으니 패배는 당연한 결과였다.

이후 양반 출신인 이인영(李麟榮)이 의병 연합부대 총사령관이 되었다. 그는 곧바로 한양 진격작전을 실행하고자 했다. 이 소식을 들은 신돌석이 이인영에게 연락을 취했다.

"저희 부대원들과 함께 한양 진격작전에 참여코자 합니다."

그러나 이인영은 이를 거절했다. 신돌석이 평민이라는 이유로 같이 작전에 참여할 수 없다는 것이었다. 드디어 한양 진격작전이 실행되었다. 그런데 작전을 코앞에 두고 그만 이인영의 부친이 상을 당했다는 전갈을 받게 되었다. 이인영은 작전을 포기하고 곧바로 부친상을 치르기 위해 고향으로 내려갔다. 이인영에게는 양반의 체통이 중요하기에 나라의 안위보다 집안의 대소사가 먼저였다. 이러니 조선은 망할 수밖에 없었던 것이다.

야후(Yahoo)의 추락

인터넷의 대명사였던 야후가 자사의 인터넷 핵심 사업을 매각하기로 했다. 이 입찰에는 구글, 마이크로소프트, 버라이즌, 영국의 데일리메일, 타임INC 등이 뛰어들었다. 도대체 야후에 무슨 일이 있었던 것일까?

1994년 혁신의 아이콘으로 등장한 야후는 분야별로 뉴스, 정보, 이야기꺼리를 모아 웹페이지에 제공하는 최초의 포털사이트였다. 그래서 야후라는 이름도 모든 정보를 분야별로 친절하게 전해 주는 안내자라는 의미였다. 하지만 2000년 중반에 구글에게 인터넷 시장 1위 자리를 내주면서 몰락하기 시작했다. 매출도 2010년 63억 달러에서 매년 감소하기 시작하여 2014년에는 46억 달러로 줄어들었다. 이에 따라 매년 인력을 감소하는 구조 조정을 단행하였다. 2012년 1만 6천 명인 직원을 2016년 9천 명으로 감축하였다.

야후는 오늘날의 인터넷 환경을 구축했고, 검색서비스, 오픈 마켓, 생활정보 등등의 사이트도 처음 시작했다. 하지만 확실히 뛰어난 것은 하나도 없었다. 분야별 경쟁자들이 나타나면서 하나씩 뒤로 밀렸기 때문이다. 검색은 구글에게 밀렸고, 오픈마켓은 이베이와 아마존에게 밀렸다. 생활정보 사이트는 크레이그리스트에게 밀려 이제는 이용자가 거의 없는 상태이다. 그 결과 2015년 야후의 인터넷 시장 점유율은 겨우 3%에 불과하다.

야후는 많은 일을 확장하는 것에는 성공했다. 하지만 한 가지 영역을 집중적으로 개발하는 일에는 실패했다. 이는 시대의 변화를 읽지 못했기 때문이다. 인터넷 이용자들은 이제 궁금한 게 있으면 구글을 찾고, 일상을 공유할 때는 페이스북을 찾는다. 그런데도 야후는 기존 방식을 고수하고 있다.

광고 수익에도 실패했다. 야후는 검색 광고 수익을 높이기 위해 2003년 오보추어를 인수해 키워드 광고시장에 진출했지만 오히려 신뢰를 잃었다. 오버추어는 돈만 주면 검색 결과를 상위에 올려 주는 행태로 비난받았던 기업이다. 반면 구글은 광고와 정보를 분리하고 사용자가 원하는 정보를 먼저 노출했다. 또 야후는 2004년 온라인 사진 공유 사이트 선두주자였던 플리커를 인수했지만 사실상 방치했고, 다른 50여 개 스타트업을 인수했지만 제대로 활용하지 않고 내버려두었다.

2012년 새로운 CEO로 마리사 메이어가 등판하여 미디어 회사로 변신을 선언했다가 그 마저 기대 수준에 못 미쳐 중단하고 말았다. 구글의 인터넷 문화를 이식하려 했지만 그 마저도 여의치 못했다. 그리고 무엇보다도 미디어 시대로 전환과 스마트폰 시대 모바일 전략이 이미 너무 늦었다는 사실이다.

제十편

지형

地形

장수는 군대를 출정시켜 적과 전투를 개시하기 전에 작전을 짜게 된다. 작전에서는 전투를 벌일 곳의 지형적 조건과 특색을 논한다. 그리고 여러 지형 조건에 따라서 가장 합리적인 작전을 실행할 행동 원칙을 정한다.

전쟁의 요체는 군대이고 군대의 핵심은 병사들이다. 병졸 없이 장수가 있을 수 없고, 백성 없이 군주가 있을 수 없다. 따라서 군대의 의무란 병사들을 바르게 가르치고, 안전하게 훈련시켜, 능력을 배양할 수 있도록 해야 한다. 그것이 강한 군대를 만드는 길이다.

공자는 『논어』 「자로」 편에서 이렇게 말했다.

"백성을 칠 년 동안 가르치면 전쟁에 내보낼 수 있다. 가르치지 않은 백성을 전쟁터에 내보내는 것은 백성을 버리는 것이다."

이 장에서는 지형을 파악하는 여섯 가지 방법과 전쟁에서 패배할 수밖에 없는 군대의 여섯 가지 재앙을 논한다. 군대는 지형이 아무리 유리해도 용병 능력이 부족하면 적을 이길 수 없다. 손무는 용병을 다음과 같이 한마디로 요약하였다.

"적을 알고 나를 알면 이겨도 위태롭지 않고, 천지의 이치를 알면 온전히 이길 수 있다."

10-1 여섯 가지 지형

　손자가 말했다. 지형에는 통(通), 괘(掛), 지(支), 애(隘), 험(險), 원(遠), 여섯 가지가 있다. 아군이 갈 수 있고 적군이 올 수 있는 곳이 '통'이다. 통형(通形)은 양지바른 고지를 먼저 차지하면 군량보급로가 이로우니 전투에서 유리하다. 갈 수는 있지만 돌아오기 어려운 곳이 '괘'다. 괘형(掛形)은 적이 방비하지 않으면 출격해서 승리할 수 있지만, 적이 방비하고 있다면 출격해도 승리할 수 없다. 그러니 돌아오기 어렵다. 따라서 불리한 지형이다.

　아군이 출격해도 불리하고 적군이 출격해도 불리한 곳이 '지'이다. 지형(支形)은 적이 비록 아군을 유리하게 하더라도 출동하지 말아야 한다. 만약 군대를 이끌고 나갔다면 적을 절반쯤 나오게 하여 공격하는 것이 유리하다. '애형(隘形)'은 길이 좁은 지역으로 아군이 먼저 차지하면 반드시 길목을 튼튼히 막고 적을 기다려야 한다. 만약 적이 먼저 차지하고 길목을 튼튼히 막고 있으면 공격하지 마라. 그러나 적이 길목을 튼튼히 막고 있지 않으면 공격하라.

　'험형(險形)'은 험준한 지형으로 아군이 먼저 차지하면 반드시 양지바른 고지에 주둔해 적을 기다린다. 만약 적이 먼저 차지했다면 군대를 이끌고 나아가되 적을 쫓아서는 안 된다. '원형(遠形)'은 서로 멀리 떨어져 있는 지형으로 적과 세력이 대등하여 도발하기 어렵다. 싸운다 해도 불리하다. 이 여섯 가지는 지형을 파악하는 방법인데 지휘하는 장수에게는 그 임무가 막중하니 자세히 살피지 않을 수 없다.

孫子曰: 地形有通者, 有掛者, 有支者, 有隘者, 有險者, 有遠者. 我可以往, 彼可以來, 曰通. 通形者, 先居高陽, 利糧道, 以戰則利. 可以往, 難以返, 曰掛. 掛形者, 敵無備, 出而勝之, 敵若有備, 出而不勝, 難以返, 不利. 我出而不利, 彼出而不利, 曰支. 支形者, 敵雖利我, 我無出也, 引而去之, 令敵半出而擊之利. 隘形者, 我先居之, 必盈之以待敵. 若敵先居之, 盈而勿從, 不盈而從之. 險形者, 我先居之, 必居高陽以待敵; 若敵先居之, 引而去之, 勿從也. 遠形者, 勢均, 難以挑戰, 戰而不利. 凡此六者, 地之道也, 將之至任, 不可不察也.

| 풀이 |

'통(通)'은 전후좌우가 막힘이 없는 지형으로 그 중심인 양지바른 고지대를 차지하면 통행과 수송이 편리하니 전투에 유리할 수밖에 없다. '괘(掛)'는 걸 괘. 즉, 높은 곳에 걸려 있는 형세이다. '지(支)'는 장애물을 사이에 두고 서로 대치하여 함부로 나아가지 못하는 지형이다. '애(隘)'는 들어가는 입구는 좁고 그 뒤는 넓은 지형이다. '영(盈)'은 찰 영. 채우다, 튼튼히 막다. '험(險)'은 말 그대로 험한 지형이다. '원(遠)'은 아군과 적군이 서로 멀리 떨어진 지형으로 양쪽의 조건이 같다면 먼저 싸움을 해서는 안 된다.

'세균(勢均)'은 양쪽 세력이 비등함을 말하는 것이지 반드시 병력이 같다는 것은 아니다. 장지지임(將之至任)에서 '지임'은 장수의 책임이 막중하다는 뜻이다.

| 해설 |

지형을 이용한 위기 수습 방법으로는 『삼국지(三國志)』에서 장비의 활약을 예로 들 수 있다. 조조군의 기습으로 유비는 위기를 맞았다. 그때 장비가 군사를 이끌고 나타나 유비를 구해 달아났다. 날이 밝을 때까지 동쪽으로 달려 장판교(長坂橋)를 넘어섰다. 장비는 더는 같이 달아날 수 없다고 판단하여 먼저 유비를 피신시켰다. 이어 뒤따르던 조자룡이 유비의 아들을 품에 안고 죽을힘을 다해 달려와 무사히 장판교를 건넜다. 그러자 장비는 병사들에게 말꼬리에 나뭇가지를 달아 숲속으로 이리저리 내달리게 했다. 흙먼지를 피워 올려 마치 대군이 매복하고 있는 것처럼 적을 속이기 위해서였다. 그리고 장비는 부하 20여 명과 함께 장판교를 막아섰다.

잠시 후, 추격하던 조조 군대가 구름 떼처럼 몰려왔다. 하지만 들어가는 입구가 좁은 장판교 위에 장비가 말을 탄 채로 장팔사모(丈八蛇矛)를 들고 지키고 있자 더 진격하지 못하고 멈추었다. 그러자 장비가 조조군을 향해 소리쳤다.

"네놈들 중에 누구라도 목숨을 걸고 나와 겨뤄 볼 자가 있으면 당장에 달려와라!"

그러자 조조 군대는 침묵에 휩싸였다. 더욱이 장판교 뒤쪽으로 먼지가 피어오르는 것이 아무래도 병사들을 매복시켜 놓은 것 같았다. 그 순간 조조는 이 좁은 지역에서 장비와 일대일로 겨루다가는 자신의 장수들을 모두 잃게 될지도 모른다고 생각했다. 잠시 후 병사들에게 명을 내렸다.

"후퇴하라!"

조조 군대가 물러가자 장비는 곧바로 장판교를 무너뜨렸다. 이렇게 하여 유비는 위험을 벗어날 수 있었다.

만약에 장비가 쫓기는 곳이 넓은 평야인 통형(通形)이라면 전후좌우에서 공격을 당하여 몰살하고 말았을 것이다. 하지만 다행히도 도망친 곳이 애형(隘形)으로 좁은 다리에서 일대일로 장비를 상대할 자가 없었다. 그러니 장수는 지형을 활용할 줄 아는 지혜가 있어야 하는 것이다.

700 대 450,000의 결투

전쟁에서 장수는 지형을 파악해야 한다면 경쟁에서 기업가는 시장을 파악해야 한다. 시장에서 살아남는 방법은 여러 가지겠지만 그중 한 가지를 예로 들면 혁신과 파격이다.

오티콘(Oticon)은 덴마크에 소재한 세계적인 보청기 전문회사이다. 1900년 무렵 한스 디망은 아내가 청력을 잃자 이를 되찾아 주기 위해 백방으로 노력하였다. 우연히 영국 에드워드 7세의 왕비 알렉산드라가 청력을 잃었다가 미국인이 발명한 보청기로 회복했다는 소식을 전해 들었다. 디망은 그 제품을 어렵게 구해 아내에게 소리를 되찾아 주었다. 이를 계기로 1904년 디망은 청각 장애로 고생하는 이들을 위한 보청기 수입사 오티콘을 창업하였다. 이런 창업의 근거로 오티콘은 유독 사람 우선의 가치를 강조한다.

"오티콘의 목표는 1위가 아니라 사람의 가치를 실현하는 것이 최우선입니다. 제품을 많이 파는 데 주력하기보다는 난청으로 어려움을 겪는 고객들이 편하고 즐겁게 오티콘 제품을 사용할 수 있도록 하는 것입니다."

100년이 넘는 역사를 자랑하지만 오티콘은 전통을 고수하기보다는 파격과 혁신을 중시하는 기업으로 유명하다. 회사는 경쟁에서 밀리지 않기 위해서는 보다 더 빨리 신제품을 내놓는 것이 최선의 방법이라는 결론을 내렸다. 그 방법으로 전통적 회사 운영을 과감히 혁신하기로 하였다. 우선 직원들 간에 원활한 의사소통을 위해 사무실 칸막이를 없앴다. 이어 정해진 출퇴근 시간도 없애고 지정된 자리도 없앴다. 이는 모두 다양한 아이디어를 발굴하기 위한 조직의 개선이었다. 그 결과로 작은 소리는 크게 해 주고 소음은 작게 들리도록 조절해 주는 '음량 자동조절 보청기'와 아날로그 신호를 디지털 신호로 바꿔 음질을 획기적으로 개선한 '디지털 보청기'를 처음 선보였다.

2007년 세계 보청기 시장에서 오티콘의 점유율은 19%, 지멘스는 24%였다. 점유율에서 다소 뒤졌지만 700명의 직원을 둔 오티콘이 47만 명의 직원을 둔 지멘스와 경쟁을 다툴 수 있었던 것은 바로 유연한 조직과 혁신의 힘이다. 이 회사는 2006년 덴마크에서 '가장 혁신적인 기업'으로 선정되기도 했다.

10-2 여섯 가지 재앙

　군대에는 여섯 가지 재앙이 있다. 주(走), 이(弛), 함(陷), 붕(崩), 난(亂), 배(北)가 그것이다. 이 여섯 가지는 하늘의 재앙이 아니라 장수의 잘못이다.

　무릇 아군과 적군의 세력이 대등한데도 아군 장수가 병사 하나에게 적군 열을 치도록 명하면 병사들이 도주하고 마는 것을 '주(走)'라 한다. 병사들은 강하나 지휘관이 약할 때 군대 기강이 해이해지는데 이를 '이(弛)'라 한다. 지휘관은 강하나 병사들이 약할 때 병사들이 명령을 감당하지 못한다. 이를 '함(陷)'이라 한다. 부장이 대장군의 명령에 화를 내며 불복하고 적을 만나도 대장군을 원망하여 제멋대로 싸운다면 이는 장수가 휘하 부장들의 능력을 제대로 파악하지 못한 것이다. 그런 군대의 병사들은 모두 무너진다는 뜻에서 '붕(崩)'이라 한다. 장수가 나약해 위엄이 없으면 규율이 불분명해지고 지휘관과 병사들의 구분이 없어지고 군대 진영은 제멋대로 되는 것을 '난(亂)'이라 한다. 장수가 적을 헤아리지 못해 적은 병력으로 많은 적과 싸우게 하고, 약한 병력으로 강한 적과 싸우게 하고, 게다가 군대에 선봉부대가 없으면 패하게 된다. 이를 '배(北)'라 한다.

이 여섯 가지는 패배하는 길이다. 따라서 장수의 임무는 중대하니 세심히 살피지 않을 수 없는 것이다.

故兵有走者, 有弛者, 有陷者, 有崩者, 有亂者, 有北者. 凡此六者, 非天之災, 將之過也. 夫勢均, 以一擊十, 曰走; 卒强吏弱, 曰弛; 吏强卒弱, 曰陷; 大吏怒而不服, 遇敵懟而自戰, 將不知其能, 曰崩; 將弱不嚴, 教道不明, 吏卒無常, 陳兵縱橫, 曰亂; 將不能料敵, 以少合衆, 以弱擊强, 兵無選鋒, 曰北. 凡此六者, 敗之道也, 將之至任, 不可不察也.

| 풀이 |

'주(走)'는 달아날 주. 병사들이 달아나는 것이다. 그 원인은 장군이 올바르게 지휘하지 못하기 때문이다. '이(弛)'는 느슨할 이. 기강이 해이해지는 것이다. 그 원인은 사병은 너무 강한데 장수가 약해서 전혀 통제되지 못하기 때문이다. '함(陷)'은 적에게 포위된 것이다. 그 이유는 장수는 너무 강하고 병사들은 너무 약해 명령에 따라오지 못하기 때문이다. 대리노이불복(大吏怒而不服)에서 '대리'는 장군을 섬기는 부장을 말한다. '붕(崩)'은 군대가 무너진 것이다. '대(懟)'는 원망할 대. '난(亂)'은 진형이 매우 어지러운 것이다. '배(北)'는 패배하여 몸을 돌려 달아나는 것이다. 이 여섯 가지 상황 가운데 주(走)와 배(北)는 지휘를 잘못한 탓이며, 이(弛)와 함(陷)은 관리를 잘못한 탓이며, 붕(崩)과 난(亂)은 진형이 무너진 탓이다. 붕의 본뜻은 산이 무너지는 것인데, 군대가 산이 무너지듯 패했다는 의미이다.

| 해설 |

    장수가 올바르지 못하면 병사들이 달아나고 만다. 이는 군대가 무너지고 나라가 망하는 지름길이다. 『삼국지』에는 그 사례를 다음과 같이 기록하였다.

    조조는 황건적 토벌을 명분으로 군대를 출병하여 세력을 크게 키웠다. 하지만 비옥한 지역인 하북과 사천을 쥐고 있는 원소(袁紹)에 비해서는 아직도 고양이 앞에 쥐 신세였다. 그럼에도 조조는 원소에게 끊임없이 도전장을 내밀며 충돌을 벌였다. 결국 싸움이 점점 커져 두 사람은 마침내 관도 지역에서 대치하게 되었다.

    원소는 10만 대군을 이끌고 조조를 섬멸하러 나섰다. 이에 원소의 부하 저수(沮授)가 간언하였다.

    "주군, 우리 군대는 병력 수에서 조조에 앞서지만 용맹함에는 아직 미치지 못합니다. 그러니 정면 대결보다는 지구전으로 끌고 나가는 것이 좋겠습니다. 지금 조조는 식량이 부족하고 보급부대도 멀리 떨어져 있습니다. 이는 치명적인 단점입니다. 지구전으로 끌고 가면 적은 굶주림에 시달려 전의를 잃을 것이고, 그때 공격하면 우리가 크게 이길 것입니다."

    그러자 원소가 저수의 말을 가로막았다.

    "무슨 근거로 그런 말을 하는가? 지금 우리 군의 사기는 충만하다. 일부러 장기전으로 끌고 갈 필요가 없다."

    원소는 기분이 나빴다. 조조군보다 약하다는 말에 생각할수록 저수가 괘씸했다. 그 자리에서 저수의 권한을 박탈하고 멀리 유배 보내고 말았다.

    이윽고 원소의 계획대로 전투가 시작됐다. 초반에는 수적으로 원소가 우세했다. 하지만 조조군은 용맹하여 물러서지 않았다. 일진일퇴를 거듭하면서 싸움은 교착 상태에 접어들었다. 장기화할 기세였다. 그러자 초조한 것은 조조였다. 식량이 이미 바닥난 것이었다. 조조는 상황이 위급해지자 물자 보급을 맡고 있는 순욱 장군에게 서신을 보냈다.

"상황이 위급하니 긴급 식량 수송을 명한다!"

그런데 서신을 가지고 간 신하가 그만 원소의 부장인 허유(許攸)에게 사로잡히고 말았다. 허유는 곧바로 원소에게 보고하였다.

"주군, 이 서한을 보십시오. 조조군의 식량이 바닥났다고 합니다. 그러니 지금이 기회입니다. 발 빠른 정예 병사로 조조의 본거지를 공격하시면 크게 이길 것입니다."

하지만 허유의 진언에 대해 원소는 신뢰할 수 없었다. 원소의 또 다른 신하들이 허유에 대해 이야기했기 때문이었다.

"허유는 탐욕스러운 자입니다. 더구나 이전에 허유의 아들과 조카가 공물을 횡령한 사실이 있습니다. 그러니 허유의 말은 믿을 수 없습니다."

결국 허유의 말은 받아들여지지 않았다. 이에 크게 실망한 허유가 신변의 위험을 느껴 늦은 밤 조조 진영으로 투항하였다. 조조는 적의 장수가 투항했다는 소식에 크게 기뻐하며 맨발로 맞이하였다. 허유는 조조에게 원소군의 기밀을 모조리 털어놓았다.

"원소의 병참 물자는 오소 지역에 있습니다. 그것을 지키는 후군 대장 순우경은 술독에 빠져 사느라 방비가 허술합니다. 더구나 오소 지역에 들어가면 원소군이 제지하더라도 물자 방어를 위해 파견되었다고 하면 그냥 들여보냅니다. 그러니 지금 오소를 공격하면 기선을 잡을 수 있습니다."

조조는 그 말을 믿었다. 다음 날 새벽 하후돈에게 5천 병사를 이끌고 오소를 공격하도록 명했다. 하후돈의 부대가 원소군으로 변장하고 오소 관문에 이르렀다. 검문하는 병사가 물었다.

"너희는 어디 소속이냐?"

하후돈의 병사가 말했다.

"우리는 식량 방어를 위해 가는 길이다."

그러자 아무런 검문도 없이 통과되었다. 하후돈의 부대가 오소 창고에 도착하자 북을 울리며 기습 공격을 단행했다. 방심하고 있던 원소의 식량부대는 무참하게 패하고 뿔뿔이 흩어지고 말았다. 방대한 양의 식량을 충분히 확보한 하후돈은 가져갈 수 없는 식량과 보급 물자는 모두 불태워 버렸다. 그리고 유유히 돌아왔다.

원소가 이 소식을 전해 듣자 크게 분노하였다. 부장인 장합과 고람으로 하여금 하후돈의 부대를 공격하라 명했다. 하지만 식량 부대가 패했다는 소식에 이 둘은 조조에게 투항하고 말았다. 그러자 원소군은 순식간에 와해되었다. 원소는 군대를 버리고 황급히 황하 너머로 도망쳐야만 했다.

부하를 믿지 못하고, 제대로 관리하지 못하는 장수는 이처럼 도망하는 신세가 되고 마는 것이다. 평소에 부하들에게 신뢰를 얻는 것이 무엇보다 중요하다는 말이다.

맥가이버 칼, 스위스챔프

전쟁에 임하는 장수는 병사들에게 신뢰가 우선이라면, 경쟁을 하는 기업가는 소비자에게 신뢰가 우선이다. 1884년 24살의 스위스 사람 칼 엘

스너(Karl Elsener)는 칼을 제작하는 도제 기간을 마쳤다. 칼 하나로 세상을 지배하겠다는 신념으로 자신의 회사를 설립했다. 초기에는 주방용, 면도용, 수술용 칼을 만들었다. 이후 스포츠 나이프(Sports Knife)를 제작하여 특허를 받았다. 이는 스위스 군대에 납품할 정도로 품질이 뛰어났다.

1909년 모조품 방지를 위해서 자신의 제품에 십자가와 방패 모양의 로고를 사용했다. 칼 재료로 스테인리스 스틸을 사용하면서 회사명을 빅토리녹스(Victorinox)로 변경했다. 이후 미군 PX에서 '스위스 오피서스 나이프(Swiss Officer's Knife)'를 판매했다. 미국인들은 이 칼을 스위스 군대용 칼이라고 불렀고 차츰 영어권에서 그 이름이 알려지기 시작했다.

회사는 명성을 얻자 사업 다각화를 꾀하였다. 시계와 가방과 의류를 생산했다. 하지만 빅토리녹스의 최고 히트 상품은 역시 칼이었다. 우리가 흔히 알고 있는 맥가이버 칼의 본래 명칭은 '스위스챔프(Swiss Champ)'이다. 185g의 칼 속에 톱, 핀셋, 병따개, 가위, 코르크스크루, 드라이버 등 총 20가지의 기능을 가진 도구가 들어 있다. 보기에는 단순해 보이지만 40개가 넘는 부품으로 이루어졌다. 이 제품을 만들기 위해서는 무려 450단계가 넘는 가공 공정을 거쳐야 비로소 완성된다. 이렇게 만들어진 제품은 내구성이 좋고 실용성이 뛰어나 한 번 구입하면 평생 쓸 수 있는 다용도 칼로 정평이 나 있다.

그러나 무엇보다도 빅토리아녹스의 특징이라면 한 번 판매한 스위스챔프 제품은 100년이고 200년이고 무료로 고쳐 준다는 서비스 정신이다.

"우리는 고객의 동반자이다!"

이 회사의 최근 연매출은 6천억 원이 넘는다. 스위스챔프는 인류 최고의 제품으로 인정받아 뉴욕 현대예술 박물관에 영구 소장품으로 전시되어 있다.

10-3 장수는 나라의 보배다

무릇 지형은 용병의 보조물이다. 적을 헤아려 승리를 거머쥐기 위해서는 지형이 험하고 좁고, 멀고 가까움을 계산하는 것이 상장군의 도리이다. 이것을 알아서 전쟁에 활용하는 자는 반드시 이기고, 이것을 알지 못하면서 전쟁에 활용하는 자는 반드시 패한다. 장수는 전쟁에서 틀림없이 이길 수 있다면 군주가 싸우지 말라고 해도 반드시 싸우는 것이 옳고, 전쟁에서 이길 수 없다면 군주가 싸우라고 해도 싸우지 않는 것이 옳은 것이다. 그러므로 장수는 진격할 때 명예를 구하지 않고, 후퇴할 때 죄를 피하지 않으며, 오직 병사들을 보존하고, 군주를 이롭게 하는 자이니 나라의 보배인 것이다.

夫地形者, 兵之助也. 料敵制勝, 計險阨, 遠近, 上將之道也. 知此而用戰者必勝, 不知此而用戰者必敗. 故戰道必勝, 主曰無戰, 必戰可也; 戰道不勝, 主曰必戰, 無戰可也. 故進不求名, 退不避罪, 唯民是保, 而利合於主, 國之寶也.

'액(阨)'은 막힐 액. 길이 좁아 막힌다는 뜻이다. 상장군은 삼군의 통수 권자 가운데 지위가 가장 높은 장수를 가리킨다. '주(主)'는 군주를 말한다. 필전가야(必戰可也)에서 '가'는 할 수 있다는 뜻보다는 옳다고 해석해야한다. 이합어주(利合於主)는 이익이 군주에게 합당한 것이니 군주를 이롭게 하는 것이다. 유민시보(唯民是保)에서 '민'은 병사로 해석한다. 상장군은 병사를 알아야 하고, 지형을 알아야 전쟁에서 이길 수 있다. 만약 이를 모른다면 그 전쟁은 반드시 패하고 만다.

| 해설 |

고대의 전쟁은 장수에게 막강한 권한을 부여했다. 한번 출전하면 몇 만에서 몇십 만 병사를 통솔하기 때문이었다. 따라서 조정에서 견제하는 세력이 많았다. 나라를 위해 전쟁 중인 장수에 대해 시기와 질투는 기본이고 모함과 무고가 끊이지 않았다. 이로 인해 억울하게 자리에서 물러나거나 목숨을 잃거나 망명한 장수가 많았다. 이는 모두 군주의 어리석은 판단 때문이었다.

기원전 313년 진(秦)나라 무왕(武王)은 한(韓)나라의 요충지인 의양 지역을 손에 넣고 싶어 했다. 이 일을 대장군 감무(甘茂)에게 맡겼다. 본래 감무는 의양 정벌에 반대했으나 어쩔 수 없었다. 왕의 명령을 이행하기 위해 우선 주변 위(魏)나라를 설득해 군대를 연합하여 한나라 정벌에 나섰다. 그러나 작전지역이 생각보다 이해관계가 아주 복잡했다. 게다가 진나라 조정에서도 대신들이 각기 나름대로 다른 나라와 이해관계를 주장하고 있었다. 이는 곧 전쟁의 승패와 관계없이 감무가 출정하면 중상모략에 휘말릴 가능성이 높았다.

감무는 군대를 이끌고 떠나기에 앞서 식양(息壤)에서 무왕을 만나 재차 자신에 대한 신뢰 여부를 물었다.

"저는 일개 장수에 불과합니다. 제가 출정하면 다른 신하들이 저의 군대 통솔에 대해 이러쿵저러쿵 비방할 것입니다. 그러면 대왕께서도 어쩔 수 없이 그들의 말을 들어 저를 소환하고 말 것입니다. 그렇게 되면 대왕께서는 의양 정벌에 대해 위나라 왕과 약속을 어기게 될 것이고, 저는 병사들의 원망을 사게 될 것입니다."

그 말에 무왕은 확실히 대답했다.

"과인은 다른 신하들의 비방을 결코 듣지 않겠다는 걸 그대에게 맹세하겠네."

그 약속을 굳게 믿고 드디어 감무가 의양 출정에 나섰다. 하지만 한나라도 전력이 만만치 않아서 5개월이 지나도 의양을 함락시키지 못했다. 이때를 기다렸다는 듯이 신하들이 감무를 비방하며 소환할 것을 상소했다. 무왕 또한 신하들의 말을 듣고 당장 감무를 불러들이라고 명했다. 이에 감무가 왕께 글을 올렸다.

"식양이 저기에 있는데, 왕께서는 식양의 맹세를 잊으셨단 말입니까?"

그 글귀에 무왕은 약속을 상기하며 다시 감무를 신임하였다. 이번에는 전폭적인 지원을 아끼지 않았다. 얼마 후 감무는 마침내 적군 6만을 죽이고 의양을 함락시키는 공을 세웠다.

'식양(息壤)의 맹서(盟誓)'란 신뢰를 바탕으로 한 굳은 약속을 말한다. 이는 군주와 신하에게 있어 신의가 얼마나 중요한 것인가를 말해 주는 고

사이다.

신뢰가 곧 명성이다

로이드(Lloyd's) 보험은 영국을 대표하는 기업이다. 1691년 런던 템스 강가에는 약 100여 개에 달하는 커피숍이 있었다. 에드워드 로이드라는 사람이 강가 상인 거주 지역에 로이드 커피하우스를 차렸다. 길목이 좋은 곳이라 근처 상인과 화물선 선주들이 자주 찾는 곳으로 소문이 나기 시작했다. 그 덕분에 가게는 언제나 손님들로 가득 들어찼다. 그 시절에는 아직 신문이 발행되기 전이라 상인과 선주들은 로이드 커피하우스에서 만나 서로 필요한 정보를 교환하곤 했다. 즉 정보 교환의 자리로 변모한 것이었다.

어느 날 주인인 로이드는 화물선의 출발 및 도착 날짜 등 기본적인 정보가 모두에게 절실히 필요하다는 것을 깨달았다. 가게 입구에 칠판을 걸어 필요한 정보를 사람들이 알아볼 수 있도록 적어 놓았다. 얼마 후 항해 동향과 그 밖의 소식을 전하는 한 장짜리 로이드 뉴스를 발간하였다.

이러한 정보 제공으로 인해 로이드 커피하우스는 해운 관계자, 상인, 은행가들이 모여 선박 매매, 해운 거래, 해상보험 계약을 하는 곳으로 알려지게 되었다. 이때 로이드는 한 가지 큰 아이디어를 얻었다.

'내가 이 모든 것을 주관하는 보험회사를 설립하면 어떨까?'

그렇게 하여 시작된 것이 바로 로이드 보험회사이다. 이 회사가 세계적으로 명성을 얻게 된 것은 타이태닉호 때문이다. 1912년 4월 14일 타이태닉호는 첫 출항에 앞서 로이드 보험에 1백만 파운드의 해상 안전보험을 가입했다. 그런데 첫 출항에서 그만 침몰하는 참사를 당하고 말았다. 로이드 보험에게는 커다란 충격이었다. 총 140만 파운드, 약 2천억 원을 지급해야 하는 초대형 사건이었다. 이는 회사가 패닉 상태에 빠질 엄청난 금액이었다. 하지만 회사는 약속대로 보험금을 지급했다.

그러자 놀라운 일이 벌어졌다. 영국 전역의 해양 관련 선주들이 보험에 가입하겠다는 신청이 밀려들었다. 그처럼 거액을 지급할 수 있는 회사라면 믿고 맡길 수 있다고 판단한 것이었다. 로이드 보험은 한 순간에 위기에서 벗어날 수 있었다. 도리어 그 명성이 세계적으로 알려져 여러 나라에서 가입이 쇄도했다.

신뢰를 지키는 기업은 고객이 결코 외면하지 않는 법이다. 얄팍한 상술로 소비자를 우롱하는 기업들은 본받을 교훈이다.

10-4 지나치면 다스릴 수 없다

　장수가 병사 돌보기를 마치 어린아이 돌보듯 한다면 병사는 장수와 함께 깊은 계곡이라도 따라 들어갈 것이다. 장수가 병사 돌보기를 마치 자식 사랑하듯이 한다면 병사는 장수와 함께 죽을 수 있다. 하지만 장수가 병사 돌보는 것이 지나치면 도리어 병사를 부릴 수 없고, 지나치게 사랑하면 군령이 바로 서지 못한다. 그렇게 해서 군대가 어지러워지면 도무지 다스릴 수 없는 것이다. 이는 비유하자면 마치 천덕꾸러기 자식처럼 아무런 쓸모가 없는 것이다.

視卒如嬰兒, 故可以與之赴深溪; 視卒如愛子, 故可與之俱死. 厚而不能使, 愛而不能令, 亂而不能治, 譬若驕子, 不可用也.

| 풀이 |

　'졸(卒)'은 일반적인 병사가 아니라 훈련을 받은 보병을 말한다. '시(視)'는 눈으로 보는 것만이 아니라 돌보다의 의미다. '영아(嬰兒)'는 어린아이 영, 아이 아. 즉 아기를 뜻한다. 가이여지부심계(可以與之赴深溪)에서 '여'는 함께 여, '지'는 장수를 뜻한다. '부'는 나아갈 부. '애자(愛子)'는 사랑하는 자식 을 말한다. '후(厚)'와 '애(愛)'는 여기서는 좋은 의미가 아니라 지나친 편애 를 의미한다. '비약(譬若)'은 비유. 교자(驕子)의 '교'는 교만할 교, 즉 방자한 자식 또는 천덕꾸러기 자식을 말한다.

| 해설 |

한비자는 군주가 신하를 제어하는 것을 '술(術)'이라고 했다. 술이란 신 하들에게 재능에 따라 관직을 주고 서로 경쟁시켜 그 능력을 평가하되 생사여탈의 권한을 가지는 것이다. 관리가 백성을 제어하는 것을 '법'이 라 했다. 법이란 지키면 상을 받고 어기면 벌을 받는 것이다. 군주에게 술 (術)이 없으면 멍청하게 윗자리나 지키는 신세가 되고, 신하에게 법이 없 으면 백성들이 난리를 피우게 된다. 따라서 이 두 가지는 군주가 천하를 다스리는 도구이다.

319년 오호십육국(五胡十六國) 시대. 장군 왕준(王浚)은 진(晉)나라의 실질 적 실력자였다. 모든 군대를 통솔하였고 그 무렵 뛰어난 장수들을 모두 휘하에 두었다. 그로 인해 언제고 황제가 되고자 하는 꿈을 꾸었다. 하지 만 부하들이 자신을 따라 줄 것인지는 알 수 없었다. 특히, 변방을 지키 는 장수 석륵(石勒)은 명령에 복종하기는 했지만 차츰 세력을 키운다는 소식에 영 마음이 불편했다.

본래 석륵은 흉노족 추장의 아들이었다. 진나라의 침입으로 포로로 잡혀 산동 지역에서 노예로 살기도 했다. 하지만 담력이 강하고 무예가 출중하여 곧 도망하여 세력을 모았다. 그리고 왕준의 휘하로 들어온 것이다.

석륵은 전쟁에서 공을 세우며 장수에 오르자 야망이 생겼다. 기회를 틈타 왕준을 없애고자 했다. 참모 장빈(張賓)에게 그 계략을 물었다.

"왕준을 어떻게 처리하면 좋겠는가?"

장빈이 대답했다.

"왕준은 진 왕조의 신하이긴 하나 자신이 황제가 되고 싶어 하는 자입니다. 다만 천하의 영웅들이 자신에게 복종하지 않을까 주저하고 있을 따름입니다. 지금 그가 장군의 지지를 얻고자 하는 마음은 그 옛날 항우가 한신을 얻고자 하는 마음 못지않습니다. 그러니 장군께서는 당분간 걱정 마시고 후한 예물을 바쳐 섬기는 척하십시오. 그런 후에 기회를 틈타 그를 치는 것이 좋을 것입니다."

석륵은 그 말대로 왕준에게 후한 예물과 함께 서신을 보냈다.

"지금 천하가 주인 없는 상황이니 왕준 장군께서 황제 자리에 오르시는 것이 당연합니다. 소신 석륵은 충성을 다해 보필하겠습니다."

자신을 황제로 모시겠다는 말에 왕준은 너무도 기뻤다. 이전에 경계하던 마음을 다 풀고 누구보다 석륵을 신임하기에 이르렀다. 그러나 석륵은 겉으로 떠받들기만 했을 뿐 언제고 왕준을 제거할 준비를 게을리하지 않았다.

그런 와중에 드디어 기회를 얻었다. 왕준이 연회에 초청한 것이었다. 석륵은 당당히 군대를 이끌고 계주성으로 향했다. 역수 지역에 이르자 왕준의 부하들이 긴급히 왕준에게 알렸다.

"장군, 석륵이 군대를 이끌고 오고 있다고 합니다. 이는 분명 음모가 있는 듯합니다. 당장 군대 출정을 허락하여 주십시오.”

그러나 왕준은 석륵을 철석같이 믿고 있던 터라 오히려 화를 냈다.

“석륵은 나를 황제로 옹립하려는 자이다. 그가 다른 맘을 품을 리 없다. 두 번 다시 출격 얘기를 꺼내는 자는 목을 베겠다!”

그 사이 석륵의 군대가 성에 도착했다. 성문을 지키는 군사들은 아무런 제지 없이 즉시 성문을 열었다. 너무도 순순히 자신을 맞이하는 것을 보고 석륵은 혹시 성안에 복병이 있지 않을까 의심했다. 잔치를 축하하기 위해 가축을 가져왔다며 수천 마리의 소와 양을 성안으로 밀어 넣었다. 성안은 갑작스러운 가축 떼로 인해 사람들이 다니기조차 힘들었다. 이런 상황이면 설사 복병이 있다 하더라도 쉽게 공격할 수 없을 거라는 판단이었다. 이윽고 지나는 곳마다 차례로 왕준의 군사들을 굴복시켰다.

석륵이 반기를 들었다는 소식에 한순간 왕준은 다급해졌다. 부하들이 출격을 명할 것을 재촉했으나 여전히 망설이며 결단을 내리지 못했다. 그러는 사이 왕준은 석륵의 병사들에게 체포되었다. 단칼에 목이 베이고 말았다. 이는 『진서(晉書)』 「석륵재기(石勒載記)」 편에 나오는 고사이다.

‘양봉음위(陽奉陰違)’란 권력자 앞에서는 받드는 척하고 속으로는 딴 마음을 품는 처신을 말한다. 권력에는 은혜나 보답이라는 것이 없다. 먼저 차지하는 놈이 장땡인 것이다. 배반할 자의 말은 누구보다 달콤하고, 떠날 여자의 호의는 풍성하기 마련이다. 그래서 믿는 도끼에 발등 찍히는 법이다.

희귀성 전략

신하가 군주에게 호감을 얻기 위해서는 희귀한 재주를 가져야 한다. 그러면서 어쩌다가 그 재주를 보여 줘야 한다. 이를 희귀성이라 한다. 희귀성은 고도의 상술 중 하나이다. 소비자가 갖고 싶어 하는 물건이지만 흔치도 않고 가격도 만만치가 않다. 이런 전략으로 성공한 기업이 프랑스의 에르메스(Hermès) 패션이다.

이 회사의 버킨백은 영화배우 제인 버킨의 이름을 따서 붙인 것으로 개당 천만 원에서 3천만 원에 이르는 고가품이다. 미국 헤리티지 옥션에 출품한 버킨백은 빨간색 악어가죽에 다이아몬드와 각종 금으로 장식한 특별제조 상품으로 가격이 2억 3천만 원에 판매되었다. 회사 관계자는 그 이유를 이렇게 말한다.

"우리는 소비자가 갖고 싶은 물건을 만든다. 하지만 손에 넣기는 어려운 물건이다."

에르메스 패션은 1837년 티에리 에르메스가 말안장과 마구용품을 팔던 가게에서 비롯되었다. 회사 제품 로고에 사륜마차와 말 그리고 마부가 그려져 있는 이유가 그것이다. 1867년 파리 만국박람회에서 에르메스는 핸드백을 출시하여 당당히 1등을 수상하므로 그 명성이 알려지기 시작했다. 이후 프랑스 왕실과 유럽 귀족들에게 핸드백 등 가죽제품을 공급하면서 성장하였다.

에르메스의 제품이 비싼 이유는 한 개의 가방을 만드는 데 시간이 오래 걸린다는 점이다. 숙련공이 주당 33시간 일해서 두 개 만들기가 어렵다. 또 다른 이유는 가방 하나를 만드는 데 전 과정을 숙련된 장인이 혼자 도맡아서 한다는 점이다. 에르메스의 장인들은 기본적으로 프랑스의 가죽 장인 학교를 3년 다녀야 하고, 졸업 후 2년 동안 숙련 과정을 거쳐야 하며, 이후 20년 경력을 쌓아야 이 회사의 장인으로 선발된다.

그뿐 아니라 장인은 은퇴 전까지는 자신이 만든 가방은 자신이 직접 수리해 주는 것을 원칙으로 한다. 모든 제품은 수작업으로 제작되며 고유번호와 제작연도가 찍히게 된다. 악어가죽은 호주에서 납품받는데 좋은 가죽이 아니면 제품 생산을 하지 않는다.

한국에서 가장 인기를 끄는 버킨백은 버킨35, 후레지망고 팔듐으로 개당 3천만 원 수준이다. 공급 물량이 부족하여 그보다 웃돈을 주어야 구매할 수 있다고 한다. 현재 한국에서 버킨백을 사기 위해 대기하고 있는 구매자는 2천 명을 넘는다.

에르메스 패션은 경기 불황에도 불구하고 매년 꾸준히 성장하고 있다. 그 이유는 전 세계 상위 1%의 고객들에게 언제나 완벽한 제품이라는 평을 받고 있기 때문이다.

조급한 상술로는 결코 명품을 만들어 내지 못한다. 전통은 하루아침에 세워지지 않는 법이다.

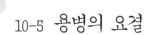

10-5 용병의 요결

아군이 적을 공격할 수 있음을 알고, 적이 아군을 공격할 수 없음을 알지 못하면 승리는 절반이다. 적이 공격할 수 있음을 알고, 아군이 공격할 수 없음을 알지 못하면 승리는 절반이다. 적이 공격할 수 있는 것을 알고 아군 또한 공격할 수 있는 것을 알지만 지형이 싸울 수 없는 곳임을 알지 못하면 역시 승리는 절반이다. 그러므로 병법을 아는 자는 군대를 움직일 때 미혹에 빠지지 않고, 전쟁을 할 때는 막힘이 없어야 한다. 적을 알고 나를 알면 이겨도 위태롭지 않고, 하늘을 알고 땅을 알면 이겨도 온전할 수 있다.

知吾卒之可以擊, 而不知敵之不可擊, 勝之半也; 知敵之可擊, 而不知吾卒之不可以擊, 勝之半也; 知敵之可擊, 知吾卒之可以擊, 而不知地形之不可以戰, 勝之半也. 故知兵者, 動而不迷, 擧而不窮. 故曰: 知彼知己, 勝乃不殆; 知天知地, 勝乃可全.

| 풀이 |

'승지반(勝之半)'은 승률이 절반이다라고 해석하지만 그 의미는 승부를 예측하기 매우 어렵다는 뜻이다. 동이불미(動而不迷)에서 '불미'는 조금도 머뭇거리지 않는다는 뜻이다. 거이불궁(舉而不窮)에서 '거'는 군대를 출정시키는 것이니 전쟁을 말한다. '불궁'은 상황 변화에 따른 책략이 무궁무진하다는 뜻이다. '승내불태(勝乃不殆)'는 전쟁에서 이겨도 나라가 위태롭지 않다는 의미이니, 전쟁에서 이기고도 나라가 망하는 경우가 있다는 말이다. '승내가전(勝乃可全)'은 피해가 없이 전쟁에서 온전히 승리할 수 있다는 것이다.

| 해설 |

미국은 근세기에 가장 많이 전쟁을 한 나라이다. 지난 2백여 년 동안 해외에서 250차례나 전쟁을 치렀다. 그로 인해 미국 경제는 무기 생산이 주력 산업이 되었다. 당연히 판매에도 심혈을 기울인다. 그것은 바로 전쟁을 해야 한다는 것이다. 무기의 발전이 나날이 빨라지므로 이전에 생산한 무기는 빨리 팔아 치워야 한다. 물론 미국은 재고를 남겨 두지 않는다. 세계 곳곳이 전쟁터이기 때문이다.

강대국은 항상 평화를 내세운다. 그러면서 그 뒷면에서는 전쟁을 준비하고 있다. 약소국은 자신을 방어하기 위해 군대를 키우고자 한다. 하지만 강대국은 약소국이 군대를 갖는 것을 원치 않는다. 강대국은 자신에게 도전해 오는 일체의 행동을 싫어하기 때문이다.

송(宋)나라를 세운 태조 조광윤(趙匡胤)은 천하를 통일하기 위해 각 지방에 남아 있는 제후들의 정권을 점차적으로 소멸하는 일에 착수했다. 이 소식을 들은 남당(南唐)의 군주 이황(李煌)이 가장 먼저 두려워했다. 남당은 송나라와 국경을 마주하고 있었기 때문이었다. 이황은 곧바로 송나라 황실을 향해 신하의 예를 갖추었다.

"소인은 남당이라는 국호를 버리고 송나라의 강남 지역에 편입하고자 합니다."

송나라가 이를 받아들여 남당과는 우호관계를 유지하였다. 그런 틈에 이황은 조금씩 국력을 키워 나갔다. 마침 남당에는 대장군 임인조(林仁肇)가 군대 통솔을 맡고 있어 이황은 크게 안심하고 있었다. 그 무렵 강북의 송나라 땅이 오래도록 텅 비어 있었다. 이에 임인조가 이황에게 비장한 건의를 올렸다.

"지금 강북 땅에 주둔하고 있는 송나라 병사가 매우 적습니다. 송나라는 후촉(後蜀)을 멸망시키고 남한(南漢)을 탈취하느라 몹시 지쳐 있는 상황이라 그렇습니다. 제게 수만 병력을 주시면 당장에 저 강북 땅을 남당의 영토로 만들겠습니다. 행여 송나라의 눈치를 봐야 한다면 출병하는 날 왕께서는 제가 반란을 일으켰다고 송나라에 알리십시오. 이 출병이 성공하면 남당에 이익이 될 것이고, 실패하더라도 반란을 명분으로 삼아 소인의 전 가족을 몰살시키면 송나라를 자극하는 결과를 초래하지 않을 겁니다."

이 말에 이황은 송나라와 자신의 군사력을 곰곰이 가늠해 보았다. 그러나 아무리 생각해도 송나라가 가만있을 리가 없다고 판단했다. 그래서 임인조의 건의를 받아들이지 않았다. 이 일은 없던 일이 되고 말았다.

하지만 나중에 이런 사실을 송나라 태조 조광윤이 알게 되었다. 당장에 남당의 임인조를 제거하라고 명했다. 그래서 형조의 관리가 임인조 제거 작전을 펼치게 되었다. 우선 남당으로 사람을 보내 임인조의 초상화를 훔쳐 오게 했다. 그리고 그 그림을 다시 크게 그려 사신 영빈관에 걸어 놓았다.

며칠 후 남당의 사신이 문안 인사차 송나라 조정에 들어왔다. 안내를 맡은 송나라 관리가 남당의 사신을 영빈관으로 모시고 갔다. 그리고 초상화가 걸려 있는 곳에서 걸음을 멈췄다. 이어 은밀하게 물었다.

"사신께서는 이 초상화의 주인이 누구인지 아시겠습니까?"

남당의 사신이 벽면을 쳐다보더니 깜짝 놀랐다. 임인조였던 것이다. 그러자 송나라 관리가 말했다.

"이건 임인조가 장차 송나라에 투항하려는 뜻을 전하면서 우선 이 그림을 신표로 보낸 것입니다."

이어서 건너편에 비어 있는 큰 공관 한 채를 가리키며 말했다.

"저 공관은 임인조를 위해서 우리가 마련해 놓은 곳이지요."

사신은 돌아가 이 사실을 이황에게 그대로 보고했다. 이황은 그만 분노하여 사실 여부를 확인하지도 않고 당장 임인조를 참수하라 명했다. 회의 중이던 임인조는 갑자기 들이닥친 군사들에게 체포되었다. 그리고 무슨 까닭인지도 모르고 그 자리에서 참수되고 말았다.

그로부터 얼마 후 남당은 송나라의 공격으로 멸망하고 말았다. 나라를 지킬 장수가 사라졌으니 당연한 결과였다.

'좌향기리(坐享其利)'란 앉아서 이익을 누린다는 뜻이다. 자신이 직접 나서지 않고 상대방을 이용하여 이득을 취하는 것을 비유하는 말이다. 그러니 정적을 제거할 때는 자신의 칼에 피를 묻히기보다는 정적들이 서로 다투어 공멸하게 만드는 것이 계략 중에 으뜸이다. 전쟁은 생각보다 은밀하고 잔인한 놀이인 것이다.

퇴보하는 기업

기업은 시장의 흐름을 읽지 못하면 퇴보하기 마련이다. 변화에 능동적으로 대처해야 살아남는다. 필립스(Philips) 전자는 유럽을 대표하는 네덜란드의 가전회사이다. 1980년 들어서 일본 제품에 서서히 밀리기 시작했다. 위기를 기회로 만들기 위해 과감한 개혁을 단행했으나 또 다른 시련을 맞이했다. 한국의 삼성과 LG에 밀려 생활가전 부문은 더 큰 위기를 맞이했다. 이때 반도체 부문을 전부 매각하였다.

2008년 총매출의 43%를 차지하는 소비자 가전 부문이 2013년에는 25%로 줄어들었다. 대신 의료기기와 조명 부문과 소규모 가전이 약간 증가했다. 회사는 중대한 결심을 하게 되었다. 소비자 가전 부문을 전부 일본 후나이사에 넘기고 의료기기와 친환경 조명으로 사업을 재편하였다. 회사명도 필립스 전자에서 필립스로 바꾸고 텔레비전, 오디오, 반도체 등 전자 사업과는 결별하였다.

한때 세계 전자업계를 호령하던 필립스에 도대체 무슨 일이 있었던 것일까? 생활가전은 그 어느 제품보다 진화의 속도가 빨라지고 있다. 어느 한 순간을 놓치면 경쟁 기업에게 시장을 빼앗길 수밖에 없다. 또한 시장의 흐름을 읽었으면 신속히 제품에 대한 결정을 내려야 한다. 우물쭈물하는 사이에 경쟁 기업이 치고 들어오기 때문이다. 필립스는 이런 동향을 무시했다. 자만에 빠져 있었던 것이다. 시장의 흐름을 제대로 읽지 못했고 결정을 신속히 하지도 못했다. 그러다 보니 어느새 시장에서 한참 밀려 있는 상황이 되었다. 2007년 610억 달러의 매출을 올렸으나 2013년에는 351억 달러로 매출이 줄었다. 이대로라면 재편된 사업도 성공할 수 있을지 소비자들은 불안한 시선으로 바라볼 뿐이다.

제十一편

구지

九地

구지(九地)란 원정을 떠나는 군대가 직면하게 되는 아홉 가지 지형과 그 지형을 이용한 싸움의 형태를 말한다. 조지 스미스 패튼(George Smith Patton Jr.)은 미국 육군 중장으로 2차 세계대전 당시 노르망디 상륙작전에서 많은 공을 세웠다. 그는 성격은 괴팍했지만 병법에 능하고 지리에 밝은 장군이었다.

독일 진격을 앞둔 어느 날, 패튼은 옷이 잔뜩 젖은 채로 사령부로 돌아왔다. 그리고 곧바로 선임 대령을 호출했다. 책상 위에 지도를 펴놓고 강을 표시한 다음 대령이 나타나자 패튼이 말했다.

"무조건 이 지점에서 강을 건너도록 하라."

그러자 대령이 대답했다.

"장군님, 우린 그 강의 깊이에 대해 아무런 정보도 가지고 있지 않습니다. 건너야 한다면 다리를 놓아야 할 것 같습니다. 그런데 강기슭의 흙 상태가 어떤지 모르겠습니다."

패튼이 다시 말했다.

"무조건 내가 표시한 이곳으로 건넌다. 탱크가 지날 수 있을 만큼 강바닥이 단단하니 누구나 걸어서 건널 수 있어. 강폭은 넓지만 물은 얕아."

대령이 의아한 듯이 물었다.

"장군님이 그걸 어떻게 아십니까?"

그러자 패튼이 대답했다.

"내 바지를 봐. 물이 얼마나 얕은지 적에게 들키지 않고 강을 건너왔잖아."

구변(九變)이 지형적 설명이라면 구지(九地)는 실질적 전략 요인이다. 적지로 떠나는 병사들은 누구나 두려워 떨기 마련이다. 환경이 다르고 지형이 다르고 오로지 죽음만 기다리는 곳이기 때문이다. 그러나 장수는 도리어 병사들을 적 깊숙한 곳으로 이끌고 가장 위험한 지경으로 몰아넣는다. 그러면 병사들은 공포심이나 긴장감이 지나쳐서 죽음에 몰리게 되면 도리어 정신을 차리게 된다. 어느새 서로 서로 단결하여 두려움을 잊어버리고 사생결단으로 적과 싸우게 된다. 병사란 죽을 곳에 던져지면 살려고 하고, 죽을 곳에 빠진 뒤에야 살아남는 법이다.

여기서는 구지의 명칭과 분류, 적에게 대응하는 방법, 장수가 해야 할 일에 대해 설명한다.

11-1 아홉 가지 지형의 활용

　손자가 말했다. 용병의 방법에는 산지(散地), 경지(輕地), 쟁지(爭地), 교지(交地), 구지(衢地), 중지(重地), 비지(圮地), 위지(圍地), 사지(死地), 이 아홉 가지가 있다. 자신의 영토에서 적과 싸우는 것을 '산지'라 한다. 적의 영토에 들어가지만 깊게 들어가지 않고 싸우는 것을 '경지'라 한다. 아군이 차지하면 이롭고 적군이 차지해도 이로운 지역을 '쟁지'라 한다. 아군도 갈 수 있고 적군도 올 수 있는 왕래가 가능한 지역을 '교지'라 한다. 세 나라와 인접한 땅으로 선점한 자가 천하 백성을 모을 수 있는 지역을 '구지'라 한다. 적의 영토 깊숙이 들어가 여러 성과 마을을 등진 지역을 '중지'라 한다. 산림과 험준한 곳과 늪지처럼 행군하기 어려운 지역을 '비지'라 한다. 들어가는 길목은 좁고 되돌아 나오려면 우회해야 하는 곳으로 소수의 적으로 다수의 아군을 공격할 수 있는 곳을 '위지'라 한다. 신속히 전쟁을 끝내면 살고, 그렇지 않으면 망하는 지역이 '사지'이다.

　그러므로 산지에서는 싸우지 말고, 경지에서는 머물지 말고, 쟁지에서는 공격하지 말고, 교지에서는 행렬이 끊어지지 않도록 하고, 구지에서는 외교를 잘 맺어야 하고, 중지에서는 노획물로 물자를 조달하고, 비지에서는 빠르게 지나가야 하고, 위지에서는 벗어날 계책을 세워야 하고, 사지에서는 결사항전 해야 한다.

孫子曰: 凡用兵之法, 有散地, 有輕地, 有爭地, 有交地, 有衢地, 有重地, 有圮地, 有圍地, 有死地. 諸侯自戰其地者, 爲散地; 入人之地而不深者, 爲輕地; 我得則利, 彼得亦利者, 爲爭地; 我可以往, 彼可以來者, 爲交地; 諸侯之地三屬, 先至而得天下之衆者, 爲衢地; 入人之地深, 背城邑多者, 爲重地; 山林, 險阻, 沮澤, 凡難行之道者, 爲圮地; 所由入者隘, 所從歸者迂, 彼寡可以擊吾之衆者, 爲圍地; 疾戰則存, 不疾戰則亡者, 爲死地. 是故散地則無戰, 輕地則無止, 爭地則無攻, 交地則無絕, 衢地則合交, 重地則掠, 圮地則行, 圍地則謀, 死地則戰.

| 풀이 |

'산지(散地)'는 자기 나라 땅이다. 자기 나라 땅은 익숙하니까 싸움에 유리할 것 같지만 그 점이 패착이다. 유리하다는 자만심이 실수를 유발하고 자기 나라 영토에서 싸움이 일어나니 그 피해는 고스란히 자신의 몫이 된다. 이런 까닭에 자신의 영토에서는 싸울 것이 못 된다. 자기 나라에서 작전을 하게 되니 병사들의 마음이 풀어지기 쉽다는 의미이다. '산(散)'은 흩어질 산. '제후(諸侯)'는 모든 나라, 모든 왕들이라고 해석한다.

'경지(輕地)'는 적의 영토이기는 하지만 국경에서 멀지 않은 곳이다. 여차하면 물러서서 국경을 넘어 다시 고국으로 돌아갈 수 있는 곳이다. 싸움에 불리하면 자기 땅으로 도망갈 수 있으니 목숨을 걸고 싸울 일이 없다.

그러니 마음가짐이 가벼운 것이다. '경(輕)'은 가벼울 경.

'쟁지(爭地)'는 두 나라가 서로 다투는 곳으로 아군은 물론이고 적도 갖고 싶어 하는 땅이다. 그러니 자리 선점이 중요하다. 적이 먼저 진영을 차지하면 아군은 불리하게 싸울 수밖에 없다. 만일 적이 선점했다면 다음 기회를 엿봐야 한다.

'교지(交地)'는 두 나라가 맞닿은 길이 모이는 교통의 요지이다. 원하는 곳은 어디든 갈 수 있기 때문에 당연히 전략적 가치가 높다. 하지만 사방이 적에게 노출되어 있기 때문에 어디에서든지 공격받을 수 있다. 그래서 교지에서는 연락체계를 긴밀히 유지하고 행군 대열 처음과 끝이 끊어지지 않도록 해야 한다.

'구지(衢地)'는 여러 나라와 경계가 맞닿은 곳이다. '구'는 사거리 구. 내 힘이 강하면 여러 나라에 영향력을 미칠 수 있지만 그렇지 못하면 여러 나라에 휘둘릴 수 있다. 그래서 구지에서는 외교가 무엇보다 중요하다. 사방 인구가 집결하고 사통팔달의 도로가 있어 누구라도 먼저 점령하면 천하를 얻을 수 있다. 쟁지, 구지, 교지는 모두 교통이 편리한 곳이다. 그러니 전쟁이 발발하면 재난이 가장 심한 곳이다. 특히, 구지가 심하다. 평화 시기에는 많은 물건과 인구가 유입되지만 전쟁 때에는 약탈과 폭격이 심해 가장 불운한 지역이다.

'중지(重地)'는 적의 땅 깊숙이 쳐들어간 곳을 말한다. 그러니 물자 보급이 가장 큰 문제이다. 본국으로부터 도움을 기대할 수 없고 무엇이든 적의 지역에서 자체적으로 해결해야 한다. 나오고 싶어도 사방이 적이라 쉽지 않다. 대부분의 군수품은 약탈해서 쓸 수밖에 없다. 적진에서 살아 돌아가기 위해서는 적을 무찔러야 한다.

'비지(圮地)'는 볼모지다. 다니기도 힘들고 양식을 구할 곳도 없다. 그러니 오래 머물 이유가 없다. 신속히 지나가야 한다. 하지만 낮고 습한 지역이라 지나가기 어렵다. 산림(山林), 험조(險阻), 저택(沮澤)은 모두 통행이 힘든 곳이다. 그러니 장수는 산림과 험준한 곳과 늪지의 지형을 알지 못하고서는 행군할 수 없다.

'위지(圍地)'는 좁은 길목 또는 험한 산길이다. 이런 곳에서 적과 마주치면 악전고투해야 한다. 그러니 들어가지 않는 게 좋다. 일단 들어가면 빨리 나와야 한다. 어쩔 수 없이 통과해야 한다면 몇 번이고 정찰병을 보내거듭 확인하고 지나가야 한다. 위지는 주로 입구가 좁아서 들어가면 나올 수 없고, 나오려면 반드시 한 바퀴 돌아서 다른 길로 나가야 하는 지형이다. '위(圍)'는 에워쌀 위.

'사지(死地)'는 말 그대로 죽을 땅이다. 다른 방법이 없다. 가만히 있어도 죽고 싸워도 죽는다. 그래도 힘을 다하여 싸우다 보면 목숨을 건질 수가 있다. 그러니 죽기 살기로 싸워야 할 곳이다. 사지는 주로 앞에는 적이 가로막고 뒤에는 퇴로가 없기 때문에 목숨을 걸고 싸우지 않으면 나갈 수 없는 지형이다.

질전(疾戰)에서 '질'은 신속할 질. 속전속결을 말한다. '략(掠)'은 노략질을 뜻한다.

| 해설 |

위지(圍地)에 관한 것은 『삼국지』에 있는 장비의 와구관(瓦口關) 전투가 그 사례이다.

유비가 익주를 손에 넣었을 때 조조는 한중을 차지하여 위나라 왕에

책봉되었다. 이에 유비가 장비를 앞세워 한중을 공략하자 조조군의 부장인 장합(張郃)이 맞섰다. 장합은 장비와 일대 격전을 펼쳤으나 상대가 되지 못했다. 싸움이 불리해지자 병사들을 이끌고 와구관이라는 좁고 험한 산길로 도망가 틀어박혔다. 장비가 여러 날 밤낮으로 공격했지만 장합은 꿈쩍도 하지 않았다.

장비는 와구관 앞에서 팔짱을 낀 채 생각에 잠겼다. 하지만 아무리 생각해도 와구관은 천혜 요새로 정면 공격으로는 도무지 적을 제압할 수 없는 지역이었다. 장비는 일단 군대를 후퇴시키고 정예부대만을 이끌고 직접 정탐에 나섰다.

"정면을 쳐서는 이길 수 없다. 혹시 와구관 뒤쪽으로 통하는 길이 있지 않을까?"

이어 와구관이 내려다보이는 높은 곳에 올라 적의 진영을 관찰하였다. 참으로 지세가 험하고 조금의 틈도 보이지 않았다. 장비가 혹시나 해서 주변을 천천히 둘러보았다. 그때, 길이라고 생각할 수 없는 와구관 뒤쪽 골짜기에 덩굴에 매달려 올라가는 사람의 모습이 보였다. 짐을 짊어진 중년의 남녀 농부였다. 장비가 부하들에게 명했다.

"당장 저들을 공손히 모셔 오라. 결코 겁을 주어서는 안 된다."

부하들이 농민을 데려오자 장비가 부드러운 목소리로 물었다.

"어디서 와서 어디로 가는 길입니까?"

그러자 농부가 말했다.

"저희는 한중에 살고 있는데, 마침 전쟁 중이라 큰길로 갈 수 없어 이곳 재동산 뒷길을 통해 집으로 돌아가려는 중이었습니다. 재동산 뒷길은 바로 와구관 뒤쪽과 통해 있기 때문입니다."

그 말에 크게 기뻐한 장비는 농민의 안내를 받아 정예부대를 이끌고 와구관 뒷길로 들어갔다. 그리고 부하인 위연에게는 정면에서 총공격을 하도록 명했다. 위연이 군대를 이끌고 정면에서 공격해 오자 이를 바라보던 장합이 코웃음을 치며 말했다.

"이 어리석은 놈들아, 이곳은 천혜의 요새다. 어디 공격할 테면 해 보아라!"

그런데 갑자기 전령이 달려와 장합에게 알렸다.

"장군, 큰일 났습니다. 뒤쪽 곳곳에 불길이 치솟고 있습니다!"

그러자 장합이 뒤를 돌아보았다. 과연 와구관 뒤쪽에서 검은 연기가 치솟고 있었다. 정면 방어에 정신을 판 사이에 장비가 뒤편으로 접근하여 불을 질렀던 것이다. 장합이 당황하며 말했다.

"도대체 적이 어디서 들어왔다는 것이냐?"

서둘러 장합이 부하들에게 뒤를 방어하라 명했다. 하지만 장비가 창을 휘두르며 사납게 나타났다. 감히 누구도 나서서 싸울 엄두를 내지 못했다. 상황이 어렵다고 판단한 장합은 이내 줄행랑치고 말았다. 따르는 병사가 겨우 10여 명 남짓했다. 지리적 유리함을 알고도 지키지 못한 장합은 대패하였던 것이다.

장수란 병법에 능하고 지리에 밝아야 한다. 지리에 어두운 장수는 결코 싸워서 적을 이길 수 없다. 작전과 전략은 지리에 따라 달라지기 때문이다.

틈새 전략

전쟁이 지리적 이로움을 알아야 한다면 기업은 소비자의 틈새 기호를 알아야 한다. 일본 다이신 백화점은 중소기업임에도 불구하고 6년 연속 매출 1위를 기록하고 있다. 이는 매출이 줄어드는 다른 대기업 백화점들에 비해 놀라운 도약이다. 그렇다고 다이신이 처음부터 이런 것은 아니었다.

1964년 다이신은 일반 백화점과 똑같은 영업 형태로 출발했다. 이후 백화점 수가 7개나 늘었지만 2000년 초에 매출이 급격히 줄었다. 결국 회사는 100억 엔의 빚을 지고 모두 도산하였다. 2004년 니시야마 히로시가 다이신을 인수하여 새로운 백화점의 역사가 시작되었다.

니시야마는 직원들에게 현장에 나갈 것을 강조했다. 이는 고객이 필요로 하는 것을 바로 알기 위함이었다. 그런데 이 현장 교육에서 새로운 사실을 발견하게 되었다. 65세에서 75세에 이르는 일본 고령자의 도보 이동거리는 평균 1km 정도이다. 생필품을 사기 위해 집에서 가게까지 힘들지 않고 걸을 수 있는 거리는 500m인 셈이다. 이를 토대로 다이신은 반경 500m 안에 거주하는 고령자를 집중 공략하는 독특한 영업 전략을 세웠다.

첫째, 노인들을 위한 마케팅이다. 다이신을 찾는 주 고객은 65세 이상의 노인들이다. 따라서 상품은 주로 노인용품과 추억이 깃든 제품이 많았다. 노인용 이동 보행기, 성인용 기저귀, 카세트테이프, 구형 세탁기 등등. 둘째, 고객이 원하는 상품은 모두 갖추는 전략이다. 다이신 백화점을 둘러보다 보면 각종 희한한 물건을 보게 된다. 그런 상품은 고객 중 누군가 원해서 갖다 놓은 것이다. 물론 그 상품은 팔아도 적자이다. 어떤 상품은 일 년에 단 4개만 팔린 것도 있다. 하지만 소비자는 그걸 사기 위해 와서 다른 상품을 구매할 수도 있으니 적자라고 할 수 없다. 셋째, 소량포장 판매 전략이다. 이곳에서는 생선회 3점, 바나나 한 개, 김밥 한 알도 살 수 있다. 혼자서 먹을 만큼의 음식을 판매하니 소비자들로부터 크게 환영을 받았다. 넷째, 노인들의 말동무가 되어 드리는 소통 전략이다. 직원들에게 친절은 기본이고 노인들의 대화에 일일이 대답을 해 주며 원하는 것을 찾도록 도와준다. 다섯째, 찾아가는 서비스 전략이다. 다이신은 70세 이상 고령자, 임산부, 장애인 등이 물건을 주문하면 무료로 배달해 준다. 그것이 음료수 한 병이라도 상관하지 않는다. 특히, 도시락 배달 때는 물건만 전해 주는 것이 아니라 노인들의 안부를 묻고 이상한 점을 발견하면 등록된 연락처에 알려 주기까지 한다. 이런 영업 전략이 노인들에게 신뢰를 얻게 되면서 매출이 폭발적으로 늘기 시작한 것이다.

영업이 지지부진한 기업이라면 한번 이런 특징적인 틈새 전략을 연구해 볼 일이다.

11-2 용병에 능한 장수

옛날부터 용병에 능한 자는 적의 전후방 부대가 서로 연결되지 못하게 하고, 본대와 소대가 서로 믿지 못하게 하고, 장수와 병사가 서로 구하지 못하게 하고, 위아래가 서로 돕지 못하게 하고, 적의 병사들이 흩어지면 다시 모이지 못하도록 하고, 적의 병사들이 모이더라도 정돈되지 못하게 한다. 또한 이익에 부합되면 군대를 움직이고, 이익에 부합되지 않으면 군대를 멈췄다.

감히 묻건대 "적이 대열을 정비해 장차 공격해 온다면 어떻게 대처하겠는가?"

대답하여 가로되 "먼저 적이 소중히 여기는 곳을 빼앗으면 적은 아군의 의도대로 따라올 것이다."

전쟁 상황이란 신속함이 으뜸이니 적이 아직 미치지 못하는 곳을 틈타고, 적이 생각하지 못하는 길로 가서, 적이 경계하지 못하는 곳을 공격하는 것이다.

所謂古之善用兵者, 能使敵人前後不相及, 衆寡不相恃, 貴賤不相救, 上下

不相扶, 卒離而不集, 兵合而不齊. 合於利而動, 不合於利而止. 敢問:「敵
衆整而將來, 待之若何?」曰:「先奪其所愛, 則聽矣.」故兵之情主速, 乘人
之不及, 由不虞之道, 攻其所不戒也.

| 풀이 |

  불상급(不相及)에서 '급'은 줄이나 대열이 서로 이어진 것. 중과(衆寡)에서
'중'은 많은 수이니 본대이고 '과'는 적은 수이니 소대를 말한다. '귀천(貴
賤)'은 장수와 병졸이다. '부(扶)'는 도울 부. 선탈기소애(先奪其所愛)에서 '탈'
은 빼앗을 탈, '애'는 적의 중요한 지점이다. 즉청의(則聽矣)에서 '청'은 말을
듣다, 즉 적이 아군의 의도대로 따라 주는 것을 말한다. '병지정(兵之情)'은
전쟁 상황이다. '승(乘)'은 시간과 공간의 틈을 이용하는 것이다. 유불우지
도(由不虞之道)에서 '유'는 방향을 뜻하는 '~로의' 뜻이다. '우'는 헤아릴 우.
적이 예상치 못한 길을 말한다.

| 해설 |

  적이 예상치 못하는 곳을 공격한다는 것은 우회(迂廻) 전략의 일환이다.
즉, 돌아가는 것이 바로 가는 것보다 빠른 길이라는 뜻이다.
  기원전 265년 조(趙)나라 효성왕이 어린 나이에 즉위하자 어머니인 태
후가 섭정을 하게 되었다. 강대국 진(秦)나라는 이때가 기회다 싶어 조나
라를 공격하고자 했다. 이 소식에 다급해진 조나라는 우방인 제(齊)나라

에 구원을 요청했다. 그런데 제나라에서는 조나라의 태후가 가장 총애하는 막내아들 장안군(長安君)을 인질로 보내 줘야 구원병을 파견할 수 있다고 했다.

태후는 그 조건을 거절했다. 그러자 조정의 모든 대신들이 나라가 위태로운 상황이라 조건을 들어줘야 한다고 간청했다. 하지만 태후는 막무가내였다. 조정 대신들에게 이렇게 선포했다.

"누구든지 내 아들을 인질로 주자는 말을 꺼내면 그 얼굴에 침을 뱉어 주겠소!"

조정 회의를 마치자 연로한 신하 촉룡(觸龍)이 태후를 뵙고자 했다. 태후는 화난 얼굴로 그를 맞이했다. 촉룡이 다리를 절며 천천히 걸어 들어가서 태후께 인사를 올렸다.

"태후마마, 꽤 오래 뵙질 못했습니다. 제가 다리에 병이 나 빨리 걸을 수가 없습니다. 혹시라도 마마께서 옥체가 불편하시지나 않을까 걱정이 되어 뵙고자 했습니다."

태후가 말했다.

"나도 요즘은 가마에 의지해 거동하는 형편입니다."

촉룡이 물었다.

"식사량은 줄지 않으셨는지요?"

태후가 대답했다.

"죽만 겨우 먹지요."

촉룡이 말했다.

"저도 통 식욕이 없어서 억지로 하루 삼사 리를 걷습니다. 그렇게 해서 간신히 식욕을 돌려놓았더니 이제 몸이 좀 나은 것 같습니다."

태후가 말했다.

"난 그렇게는 못할 것 같소."

이런 일상적인 대화가 오고 가면서 태후의 마음이 조금씩 풀려 갔다. 이때를 놓치지 않고 촉룡이 다음 말을 꺼냈다

"제 아들놈이 어리고 버릇이 없습니다. 재주가 없으니 원컨대 궁중의 호위병으로나마 쓸 수 있다면 채용해 주십시오. 간청드리는 바입니다."

태후가 물었다.

"그야 어려울 것 없지요. 올해 몇 살인가요?"

촉룡이 대답했다.

"열아홉입니다. 부디 제가 죽기 전에 부탁드립니다."

태후가 말했다.

"아버지도 자식을 그리 사랑하는군요."

촉룡이 대답했다.

"아마 모성애보다 더하지 않겠습니까?"

태후가 말했다.

"그래도 모성애가 더하겠지요."

촉룡이 대답했다.

"제가 보기에 태후께서는 아들보다 딸을 더 사랑하는 것 같습니다."

태후가 대답했다.

"무슨 말을요? 그래도 아들을 더 아끼는 것만 하겠습니까?"

촉룡이 말했다.

"아닐 겁니다. 부모가 자식을 사랑하는 것은 그 자식의 먼 장래를 내다보고 계획을 세우는 데 달려 있다고 봅니다. 태후께서 타국으로 따님을 시집보내실 때 그 옷자락을 잡고 슬피 우셨습니다. 떠난 뒤에는 하루도 생각하지 않은 날이 없었고, 또 제발 잘못되어 돌아오는 일이 없도록 해

주십사 간절히 기도도 올렸습니다. 이야말로 장구한 계획을 기원하는 것이 아니겠습니까? 태후께서는 출가하신 따님의 자식이 그 나라의 왕위를 이어받길 원하시는 것이지요?"

태후가 대답했다.

"그야 당연하지요."

그러자 촉룡이 물었다.

"조나라 왕의 자손 중에 3대가 이어온 사람이 있습니까?"

태후가 대답했다.

"없지요."

촉룡이 말했다.

"어느 왕도 3대를 지켜 내려오지 못했습니다. 그건 왕의 자손이 다 나빠서 그런 것이 아닙니다. 지위는 높고 봉록은 넉넉하지만 나라에 공이 없기 때문입니다. 지금 태후께서는 막내아들 장안군의 직위를 높여 주고 많은 녹봉도 주셨습니다. 그러나 지금 나라를 위해 공을 세울 수 있는 기회는 허락하지 않으셨습니다. 이후에 태후께서 돌아가시면 장안군이 어떻게 자신을 보전할 수 있겠습니까? 자식이 귀엽거든 사서라도 고생을 시켜야 합니다. 그래서 제가 따님보다 아드님을 덜 사랑하신다 말씀드린 겁니다."

태후는 그 말을 듣자 마음이 움직였다.

"아, 그렇군요. 내가 생각이 부족했습니다. 그대가 시키는 대로 따르겠소."

그리하여 곧바로 장안군을 제나라에 인질로 보냈다. 이에 제나라는 구원병을 보내 주었다. 이는 사마천의 『사기세가(史記世家)』에 있는 일화이다.

상대를 설득하려면 막힌 것을 피하고 열린 곳을 파고들어야 한다. 먼

곳에서부터 천천히 접근하여 상대의 급소를 찌르는 것이 바로 우회 전략
이다. 이는 평소 침착하고 사람을 편하게 하는 훈련을 쌓아야 가능한 일
이다. 군대를 이끄는 일도 이와 다르지 않다.

매력이 경쟁력이다

할리 데이비슨(Harley-Davidson)은 미국의 모터사이클 제조업체이자 이
회사에서 만들어 낸 모터사이클의 총칭이다. 이 브랜드로 회사는 전 세
계 바이크 장르의 대표로 떠올랐다.

1903년 미국인 윌리엄 할리(William Harley)와 아서 데이비슨(Arthur Davidson)
두 사람이 각각 이름을 따서 회사를 설립하고 바이크를 제작하였다. 회
사는 1, 2차 세계대전 때 크게 확장되었다. 미군에 모터사이클을 공급하
는 군수업체로 선정되었던 것이다. 이후 할리 데이비슨이라는 배기량이
800cc에서 1,450cc인 대형 고급 모터사이클을 출시하였다. 이는 배기량
이 높고 엔진 소리가 우렁찬 이유로 '모터사이클의 황제'라 칭하기도 한
다. 흔히 히피 차림의 젊은이들이 거리를 질주하는 모터사이클이 바로
이 할리 데이비슨이다. 이 제품은 곧 전 세계 바이크의 대명사가 되었고,
강력한 미국을 상징하는 상표로 자리 잡았다.

1980년대 초 회사는 무리한 사업 확장으로 파산 위기에까지 몰렸으
나, 다시 중대형 모터사이클 시장에 주력하면서 빠른 속도로 성장하였다.
1985년 이후 20년간 연평균 17%의 순익증가율을 보여 세계 모터사이클
시장을 석권하던 일본의 혼다와 야마하를 젖히고 1위에 올랐다. 이는 철
저한 고객관리가 가져다 준 결과였다.

회사는 할리 데이비슨을 타는 사람들의 모임인 'HOG(Harley Owners Group)'를 조직해 다양한 행사를 통해 고객들의 욕구를 충족시켜 왔다. 2007년 현재 HOG 회원은 세계 130만 명으로 추정되며, 한국에만도 1,000여 명이 회원으로 가입해 있다. 1998년 미국 위스콘신 밀워키에서 열린 할리데이비슨 95주년 기념 랠리에 5만여 명이 참가하는 성황을 이루기도 했다.

할리 데이비슨은 대형 모터사이클이라 값이 매우 비싸다. 최저가 모델인 '스포스터 883'이 천만 원을 웃돌고, 1,450*cc*의 경우 삼천에서 삼천오백만 원에 달한다. 무엇보다 할리 데이비슨의 성장이라면 인간적인 매력에서 찾을 수 있다. 강렬한 엔진 소리는 심장을 두드리는 북소리로 표현한다. 독특한 엔진에서 나는 두둠, 두둠! 리듬감 넘치는 소리는 마치 살아 있는 존재로 느끼게 해 주기 때문이다. 회사는 100년 동안 V트윈 엔진을 바꾸지 않았다.

고객의 변화에 따라 아시아 시장과 여성들을 위해 본체 높이를 낮추고 조작법을 간단하게 바꾸었으며, 각국의 법적 제제에 따라 배기음도 조절했다. 또한 여성 라이더가 많아지자 형제애라는 표현을 형제자매로 바꾸기도 했다. 이 회사의 발전 기틀은 바로 이런 매력에다 변화에 신속히 대응한 덕분이었다.

11-3 결사항전

　무릇 '객지도(客之道)'라 하면 적진에 들어가 싸우는 방법을 말한다. 아군이 적국 깊숙이 들어가 싸울 때는 있는 힘을 다하여야 한다. 그래야 적이 막아낼 수 없다. 아군의 식량은 적의 풍요로운 들판에서 약탈하니 삼군이 충분히 먹을 수 있다. 따라서 적의 진영에서 싸우는 장수는 병사들을 잘 먹여 피로하지 않도록 하고, 전군의 사기를 하나로 모아 힘을 비축하고, 그래서 군대를 움직일 때는 작전과 전략이 있어야 하고, 이는 또한 적이 예측할 수 없어야 한다.

　병사들은 물러설 수 없는 곳에 던져 넣으면 죽어도 달아나지 않는다. 어쩔 수 없이 죽기를 각오하니 지휘관이나 병사나 힘을 다해 싸우게 된다. 병사들은 깊은 위험에 빠질수록 두려워하지 않고, 물러설 수 없는 곳에서는 굳건해진다. 적진 깊숙이 들어가면 갇힌 것과 마찬가지니 싸우지 아니할 수 없는 것이다. 그러므로 이런 병사들은 훈련받지 않아도 자신을 경계할 줄 알고, 장수가 요구하지 않아도 스스로 터득하며, 약속하지 않아도 동료들과 친밀하고, 명령하지 않아도 믿는다. 이런 곳에서는 길흉에 관한 미신을 금하고 유언비어 같은 의심을 제거하면, 병사들은 죽음에 이르러서도 물러서지 않는다.

凡爲客之道, 深入則專, 主人不克. 掠于饒野, 三軍足食. 謹養而勿勞, 倂氣
積力, 運兵計謀, 爲不可測. 投之無所往, 死且不北. 死焉不得, 士人盡力.
兵士甚陷則不懼, 無所往則固, 深入則拘, 不得已則鬪. 是故其兵不修而戒,
不求而得, 不約而親, 不令而信. 禁祥去疑, 至死無所之.

| 풀이 |

'객지도(客之道)'란 적의 지역에서 싸우는 방법이다. 심입즉전(深入則專)에
서 '전'은 오로지 전. 마음과 힘을 다하는 것이다. 병사들은 본래 나약하
기 마련이지만 도망갈 곳이 없는 적진 깊숙이 들어가면 어쩔 수 없이 투
지를 불러일으키게 된다는 뜻이다. '주인(主人)'은 아군이 적의 땅에 쳐들
어간 것이니 바로 적을 말한다. 약우요야(掠于饒野)에서 '약'은 약탈할 략,
풍요로울 요. 풍요로운 적의 들판에서 노략질을 해서 식량과 보급품을
보충한다는 뜻이다.

근양이물노(謹養而勿勞)에서 '근'은 삼갈 근. '양'은 기를 양. '노'는 고단할
로. 병사들을 잘 먹여 피로하지 않게 한다는 뜻이다. 병기(倂氣)에서 '병'
은 아우르다, 즉 힘을 합한다는 의미이다. 심입즉구(深入則拘)에서 '구(拘)'는
갇힐 구. 금상거의(禁祥去疑)에서 '상'은 길흉이 나타나는 전조인 미신이다.
'의'는 전쟁 중에 적의 첩자가 퍼뜨린 유언비어를 말한다. 지사무소지(至死
無所之)에서 '지(之)'는 도망가다의 의미다.

강태공의 『육도(六韜)』에는 출전하는 장군의 진영을 다음과 같이 기록하고 있다.

"장수의 진영에는 팔다리나 양 날개 같은 참모 72명을 두었다. 마음으로 통하는 심복인 복심 1명, 모사 5명, 천문 3명, 지리 3명, 병법 9명, 군량 보급 4명, 힘센 용사 4명, 돌격대 3명, 팔다리처럼 움직이는 부하 4명, 재주가 뛰어난 부하 3명, 권모술수에 능한 부하 3명, 정보를 수집하는 병사 7명, 용맹한 전후 호위병 5명, 좌우 호위병 4명, 유세에 뛰어난 병사 8명, 주술과 점을 치는 술사 2명, 방사 2명, 회계 담당 2명으로 구성된다."

이 당시 군대 진영의 특징이라면 반드시 술사(術士)와 방사(方士)가 포함되었다는 것이다. 술사는 음양(陰陽), 복서(卜筮), 점술(占術)을 이용하여 술책을 꾸미는 자이다. 주로 귀신에 의탁해서 아군의 사기를 돋우고, 적군을 미혹시켜 사기를 떨어뜨리는 사상 공작을 맡았다. 방사는 의약과 도술을 통해 다친 병사들의 상처를 치료하고, 전염병에 대비하는 업무가 주였다. 미신을 배제하라고 했지만 사실은 군대가 더욱 미신을 숭상하는 면이 있었다. 그것은 병사들의 사기와 깊은 관련이 있기 때문이었다.

송(宋)나라 때 민간 풍습을 기록한 『남풍잡기(南豊襍記)』에 다음과 같은 기록이 있다. 송나라의 장군 적청(狄靑)이 계림 남쪽의 도적 농지고(儂智高)를 정벌하기 위해 군대 출정을 명했다. 그런데 부하 장수가 황급히 들어와 마치 큰 걱정이라도 있는 것처럼 보고하였다.

"장군, 소집을 명령받은 병사들이 모두 나아가기를 주저하고 있습니다. 농지고가 잔인하고 무서워 감히 대적할 수 없다는 겁니다."

그러자 장군 적청이 잠시 생각에 잠겼다. 병사들의 사기를 돋우는 전략이 필요했던 것이다. 당시 남쪽 지방은 귀신을 믿는 풍습이 만연했다. 적청은 이를 이용하기로 하였다. 곧바로 군사들을 모아 놓고 비장한 각오로 말했다.

"이번 출정에 앞서 나는 신에게 맹세하고자 한다. 여기 동전 100냥이 있다. 이것을 모두 던져서 앞면이 모두 나오면 이는 신이 우리를 보우하신다는 증표이다. 만일 하나라도 뒷면이 나오면 이번 출정은 없는 걸로 하겠다."

그러자 좌우의 막료들이 적청을 말렸다. 공연한 일로 병사들의 사기가 떨어질까 염려해서였다. 하지만 적청은 이를 뿌리쳤다. 모든 병사들이 지켜보는 가운데 동전 100냥을 모두 던졌다. 그런데 신기하게도 동전은 모두 앞면이 나왔다. 그것을 눈으로 확인한 병사들은 모두 환호성을 질렀다. 부하 장수들 역시 매우 기뻐했다. 이어서 적청은 부하에게 못 100개를 가져오라 명했다. 동전이 떨어진 곳에 못을 박고 천으로 덮었다. 그리고 병사들에게 말했다.

"우리가 승리하고 돌아오면 신께 감사를 드리고 이 동전을 되찾겠다."

사기가 충천된 송나라 병사들은 농지고의 도적 떼를 결코 두려워하지 않았다. 용감히 나아가 모두 전멸시켰다. 이는 신이 자신들을 지켜 준다는 믿음 때문이었다. 이후 군대는 개선하여 돌아왔다. 그리고 약속대로 동전을 덮은 천을 열었다. 그때서야 병사들은 동전 양면이 모두 앞면이라는 사실을 알았다.

'단이감행귀신피지(斷而敢行鬼神避之)'란 단호하고 과감하게 행동하면 귀신도 어쩌지 못하고 피해 가니 일을 성취한다는 뜻이다. 이러한 눈속임 신앙 행위는 지금도 불교나 천주교나 기독교에서 또는 기타 이단 종교에서 암암리에 성행하고 있다. 장수가 미신에 빠지지 않기 위해서는 지혜로워야 한다. 우둔한 자가 공연히 바쁜 신을 붙잡고 한탄하는 법이다.

상호 공격 전략

　스포츠 용품 시장에서 아디다스와 나이키는 대표적 경쟁 관계이다. 독일 기업 아디다스(adidas)는 유럽 최고의 스포츠로 각광받고 있는 축구 분야에서 1위를 고수하고 있다. 축구용품에서 그 뒤를 독일 기업 푸마가 뒤쫓고 있는 상황이었다.

　그런데 어느 날부터 문제가 생겼다. 아디다스의 안방인 유럽 시장에 나이키(NIKE)가 진출한 것이었다. 유럽 축구 시장을 공략하기 위해 유명 축구 스타들을 전속 모델로 한 광고전을 펼치기 시작했다. 아디다스는 새로운 강자를 맞아 고민에 빠졌다.

　나이키의 과감한 유럽 진출로 아디다스의 입지가 흔들렸다. 이대로 가다가는 시장을 모두 내줄 수 있다는 위기감에 사로잡혔다. 그러나 안방까지 쳐들어온 나이키와 유럽 시장에서 한판 붙는다는 것은 결코 이득이 되지 않는다고 아디다스는 판단했다. 그래서 선택한 전략이 바로 미국 시장으로 진출해서 경쟁하는 것이었다.

　아디다스는 미국 스포츠 시장 2위 업체인 리복을 인수 합병하였다. 리복은 이전에 나이키와 치열한 경쟁을 벌여 온 사이였다. 이는 곧 미국 시장에서 나이키를 위협하는 강력한 무기를 구한 셈이었다. 미국 프로농구 스타들을 대거 내세워 광고를 강화하였다. 나이키는 자신의 안방인 미국 시장에서 새로운 강자를 맞게 되었다.

　결과적으로 유럽은 나이키가, 미국은 아디다스가 경쟁을 하게 된 셈이었다. 단순히 경쟁 업체에 대항하여 내수 시장을 지키기보다는 상대방의 주력 시장을 공략하여 경쟁에 대응하는 것이 보다 적극적인 공격법이다.

경영은 전략이다. 이는 전쟁과 다를 바가 없다. 클라우제비츠는 전쟁의 목적은 철저하게 적을 무찌르는 것이라 했다. 그러니 달아나는 적을 그냥 놓아준다면 승리한다고 하더라도 큰 후환을 남기는 것이니 추격하여 몰살해야 한다고 주장한다. 마오쩌둥(毛澤東) 역시 궁지에 몰린 적은 마땅히 남은 군사를 거느리고 추격하라고 했다. 기업 역시 경쟁 상대가 파산할 때까지는 공격의 고삐를 늦추지 말아야 한다.

11-4 상산(常山)의 뱀

아군 병사들이 군수물자를 넉넉히 챙기지 않는 것은 재물을 싫어해서가 아니며, 더 살고자 않는 것은 오래 사는 것이 싫어서가 아니다. 전쟁 명령이 내려지는 날이면 장병들은 주저앉아 눈물이 옷깃을 적시고, 쓰러져 누운 자도 눈물이 턱까지 흘러내릴 정도로 감정이 교차한다. 그 군사들을 물러설 곳이 없는 곳에 던져 놓으면 모두가 자객인 전제나 장군 조귀처럼 용맹해지는 것이다.

그러므로 용병을 잘하는 자는 비유하면 솔연과 같다. 솔연이란 상산에 사는 뱀이다. 그 머리를 공격하면 꼬리가 덤비고, 꼬리를 공격하면 머리가 덤빈다. 가운데 몸통을 공격하면 머리와 꼬리가 함께 덤빈다.

감히 묻건대 "군사들을 솔연처럼 부릴 수 있는가?"

대답하여 가로되 "가능하다. 무릇 오나라와 월나라는 서로 미워하지만 두 나라 사람이 같은 배를 타고 가다 풍랑을 만나면 서로 도와 구하려고 왼손 오른손처럼 할 것이다."

병사들은 말을 묶어 놓고 수레바퀴를 땅에 묻는다는 결의를 보여 줘도 믿지 않는다. 모든 병사를 똑같이 용맹하게 만드는 것은 장수가 바르게 다스리기 때문이다. 아군의 강한 병사와 약한 병사가 적과 싸워 모두 이기도록 하는 것은 지형의 이로움을 알기 때문이다. 그러므로 용병에 능한 장수는 군대를 이끄는 것이 마치 한 사람 부리는 것처럼 하는데 이는 그렇게 되도록 했기 때문이다.

吾士無餘財, 非惡貨也; 無餘命, 非惡壽也. 令發之日, 士卒坐者涕霑襟, 偃臥者淚交頤. 投之無所往者, 則諸, 劌之勇也.

故善用兵者, 譬如率然. 率然者, 常山之蛇也. 擊其首則尾至, 擊其尾則首至, 擊其中則首尾俱至. 敢問:「兵可使如率然乎?」曰:「可. 夫吳人與越人相惡也, 當其同舟而濟. 遇風, 其相救也, 如左右手.」是故方馬埋輪, 未足恃也; 齊勇如一, 政之道也; 剛柔皆得, 地之理也. 故善用兵者, 攜手若使一人, 不得已也.

| 풀이 |

'여재(餘財)'는 넉넉한 군수품을 말한다. '화(貨)'는 재물이다. '여명(餘命)'은 넉넉한 수명이니 더 살고자 하는 것이다. '발(發)'은 내려지다, 발효하다의 의미다. '좌(坐)'는 드디어 전쟁터로 떠날 날이 정해지니 놀라서 주저앉은 모습이다. '체점금(涕霑襟)'은 눈물 체, 적실 점, 옷깃 금. 눈물이 옷깃을 적신다는 의미이다. '언와(偃臥)'는 쓰러질 언, 누울 와. 말로만 들었던 전쟁터로 나간다는 말에 두렵고 슬퍼 쓰러져 웅크린 모습이다. 루교이(淚交頤)에서 '이'는 턱 이. 눈물이 턱까지 줄줄 흘러내린다는 의미이다. 제귀지용야(諸劌之勇也)에서 '제'는 전제(專諸), '귀'는 조귀(曺劌)를 가리킨다. '귀'는 상처

입을 귀. 이 두 사람은 고대의 유명한 자객이다. 사마천은 『사기열전』 「자객」 편에서 조말, 전제, 예양, 섭정, 형가, 이 다섯 명을 자객으로 기록하고 있다. 조귀는 바로 조말을 가리킨다. 군인들은 전쟁터에 나가면 누구나 용감해진다. 이는 바로 도망갈 곳이 없는 사지에 몰아넣었기 때문이다.

상산사세(常山蛇勢)란 솔연이라는 뱀과 같이 전후좌우에 상응하여 적이 쳐들어올 기회를 주지 않는 진법을 말한다. 방마매륜(方馬埋輪)에서 '방마'는 말을 나란히 묶어 두는 것이고 '매륜'은 수레바퀴를 땅에 묻는 것이다. 모 방, 묻을 매. 즉, 전쟁을 앞두고 병사들의 동요를 막기 위한 행위이다. 하지만 이런 계책은 올바른 군정과 지휘보다 못하다. 휴수약사일인(攜手若使一人)에서 '휴'는 이끌 휴, 병사들의 손을 이끄는 것이 마치 한 사람 손을 이끄는 듯이 한다는 의미이다. '부득이(不得已)'는 어쩔 수 없는, 그렇게 되도록 미리 조치한 것이다.

| 해설 |

사마천은 『사기열전』 「자객」 편에서 조말(曹沫)에 대해 다음과 같이 기록하고 있다.

조귀의 다른 이름은 조말이다. 그는 노(魯)나라 사람이다. 젊어서 힘이 세고 용맹하여 노나라 장공(莊公)에게 발탁되었다. 이후 장군이 되어 제(齊)나라와 싸웠는데 세 번이나 패해 도망하였다. 그로 인해 노나라는 존폐 위기를 느껴 군주인 장공은 수읍(遂邑) 땅을 제나라에 바치는 조건으로 화친을 요청했다.

그런 와중에도 장공은 조말을 신뢰했는지 다시 불러 장군의 직책에 앉혔다. 이때 조말은 자신이 면목 없음을 알고 반드시 공을 세워 군주의 신뢰에 보답하고자 굳게 다짐했다.

노나라 장공이 가(柯) 지역에서 제나라 환공과 만나 화친을 맺으려 할 때였다. 조말은 장공을 호위하기 위해 따라나섰다. 장공이 단상 위에 올라 환공에게 수읍 땅을 바친다는 맹약서를 쓰고 있었고, 환공은 물끄러미 그걸 바라보고만 있었다.

그때였다. 갑자기 호위장군 조말이 단상 위로 뛰어 올랐다. 한 손으로 환공의 멱살을 움켜쥐고 다른 한 손으로 비수를 들이대며 위협하는 것이었다. 눈 깜짝할 사이에 벌어진 일이라 좌우의 어느 누구도 감히 막을 수 없었다. 제나라 무사들이 칼을 뽑아 들자 조말이 단호하게 말했다.

"네놈들이 한 발짝이라도 다가오면 너희 군주는 살아 돌아가지 못할 것이다."

그러자 환공이 두려움에 떨며 말했다.

"내게 무엇을 요구하는 것이냐?"

조말이 말했다.

"제나라는 강하고 노나라는 약합니다. 그런데 노나라를 어찌 이토록 가혹하게 침범하는 것입니까? 대왕의 목숨은 이제 제 손에 달려 있습니다. 지금껏 빼앗은 노나라 땅을 모두 돌려주겠다고 맹약서를 써 주십시오. 그렇지 않으면 이 칼이 용서치 않을 겁니다."

환공이 벌벌 떨며 그 자리에서 즉시 빼앗은 노나라 땅을 모두 돌려주겠다고 써서 주었다. 그러자 그 맹약서를 받아 든 조말이 비수를 거두었다. 그리고 장공을 모시고 단상에서 천천히 내려와 신하의 자리에 앉았다. 조금도 안색의 변화가 없었다. 늠름하고 침착했다.

제나라로 돌아온 환공은 분을 참지 못했다. 이내 서약서는 무효라고 선언하고 다시 군사를 일으켜 노나라를 공격하도록 명령했다. 그러자 재상인 관중(管仲)이 나서서 말했다.

"아니 되옵니다! 대왕께서는 천하의 패권자이십니다. 천하의 강자라고 하면 신망이 있어야 합니다. 비록 서약이 협박으로 맺어졌다고 하더라도 약속이니 지켜야 합니다. 만약 약속을 어기시면 지금까지 대왕을 따르던 많은 제후들이 떠나갈 것이고, 약속을 지키시면 지금껏 대왕을 따르지 않았던 많은 제후들이 그 신망을 믿고 섬기고자 찾아올 것입니다. 이는 곧 주는 것이 얻는 것이라는 정치의 정석입니다."

그 말에 따라 결국 환공은 빼앗은 노나라 땅을 모두 돌려주고 더는 공격하지 않았다. 조말은 목숨을 걸고 뛰어든 자객 행위로 인해 이전에 세 번 싸워 잃었던 땅을 모두 돌려받은 셈이었다. 비로소 장공의 신뢰에 보답하게 되었던 것이다.

물러설 곳이 없으면 용맹해지는 법이다. 목숨이 어찌 두렵겠는가. 『오자(吳子)』 병법서의 저자 오기(吳起)는 용맹에 대해 다음과 같이 말했다.

"지금 죽음을 각오한 적군이 광야에 숨어 있다. 아군 천 명이 그를 추격하지만 모두가 올빼미처럼 흘겨보고 늑대처럼 돌아보며 조심할 뿐이다. 왜 그러겠는가? 이는 갑자기 적이 나타나 자신을 해칠까 두렵기 때문이다. 한 사람이 목숨을 버리고자 하면 이처럼 상대하는 천 명이 벌벌 떨기 마련이다."

문화 이해 전략

프랑스 파리 디즈니랜드는 세계에서 4번째 개장된 곳이다. 미국 캘리포

니아, 플로리다, 일본 도쿄에 이은 것이다. 앞선 세 곳은 시작부터 모두 성공적으로 운영되었다. 반면 파리 디즈니랜드는 개장 초 입장객 수가 예상을 훨씬 밑돌았다. 프랑스는 미국, 일본과 다른 문화적 특징이 있었던 것이다.

첫해는 적자였다. 다음 해에도 3분기까지 53억 프랑이 적자였다. 이때는 아주 중요한 시점이었다. 2분기보다 무려 두 배나 되는 적자를 냈기 때문이었다. 주가는 곤두박질쳤고 주식거래가 일시적으로 정지되기도 했다. 이대로 가다가는 파리 디즈니랜드 문을 닫을 수밖에 없는 절박한 상황이었다.

긴급 대책 회의가 열렸다. 원인 파악에서 가장 심도 있게 논의된 문제는 음주를 허용해야 한다는 것이었다. 본래 디즈니랜드에서는 술을 팔지 않는다. 그러니 입장해서는 술을 마실 수 없다. 이는 전통적인 원칙이었다. 그래서 파리에서도 그대로 채택했다. 하지만 프랑스 사람들은 점심시간에 와인 한 잔 곁들이는 것이 일상문화였다. 더구나 프랑스는 미국 문화에 대해 야만적이라 폄하하는 입장이었다. 그런 아메리칸 문화가 디즈니랜드를 앞세워 프랑스를 점령한다고 내심 심하게 반감을 가지고 있었다.

대책 회의의 결론은 어렵지 않았다. 프랑스 문화에 따르는 것으로 모두가 동의했다. 그중 음주 허용이 통과되자 파리 디즈니랜드 5곳의 고급 레스토랑에서 와인과 맥주와 샴페인을 팔기 시작했다. 단, 술만 따로 팔 수 없고 식사에 곁들여야 한다는 조건이었다. 또한 디즈니랜드 경영자를 프랑스 현지인으로 고용했다. 그리고 학생과 고령자 할인제도를 도입했다. 직접 입장권을 판매하지 않고 대리점을 통해 구매할 수 있게 했다. 대리점 수수료도 10%로 높였다. 기존 요금이 비싸다는 여론을 감안하여 요금도 20% 인하했다. 그러자 입장객 수가 늘어났다. 점점 늘어나 1년 만에 흑자로 돌아섰다.

자사 고유 브랜드의 전통을 고수하는 것도 중요하지만 현지의 문화 습관을 이해하는 것도 중요하다. 이는 갈등과 마찰을 줄이는 것이다. 그 나라에서 사업을 하려면 그 나라의 문화를 먼저 이해해야 한다. 이해한다는 것은 굴종이 아니라 소통이다. 편협한 민족주의를 주장하는 자들은 자기 문화가 세계 제일이라고 여겨 남의 것을 결코 받아들이지 않는다. 그래서 가난하게 사는 것이고 가난을 벗어나지 못하는 것이다.

11-5 필사의 각오

　장수가 군대를 거느릴 때에는 조용하고 생각이 깊어야 한다. 또 병사들을 바르게 다스려야 한다. 장수는 병사들의 눈과 귀를 가려 군사작전을 알지 못하게 해야 한다. 작전을 바꾸고 계책을 변경하면 병사들은 도무지 알 수 없다. 또 군대 주둔지를 바꾸고 행군하는 길을 우회하면 병사들은 그 어떤 것도 생각하지 못한다.

　장수가 병사들에게 결전의 날을 기약했으면 마치 높은 곳에 오른 후에 사다리를 치우는 것처럼 해야 한다. 장수가 병사들과 적진 깊숙이 들어가게 되면 큰 화살인 쇠뇌를 발사한 것처럼 신속하게 자신들이 타고 온 배를 불사르고 취사용 가마솥을 깨부수어 결사항전의 각오를 보여야 한다.

　장수는 병사들을 마치 양 떼를 몰듯이 하는데, 양 떼들은 자신들이 오가는 것을 알지 못한다. 그러므로 모든 병사들을 적의 위험한 곳으로 던져 넣는 것이 바로 장수가 군대를 거느리는 일이다. 그러니 장수는 아홉 가지 지형의 변화와 공격과 수비의 이로움과 적의 정황과 이치를 세밀히 살피지 않을 수 없다.

將軍之事, 靜以幽, 正以治. 能愚士卒之耳目, 使之無知; 易其事, 革其謀, 使人無識; 易其居, 迂其途, 使人不得慮. 帥與之期, 如登高而去其梯; 帥與之深入諸侯之地, 而發其機, 焚舟破釜, 若驅群羊. 驅而往, 驅而來, 莫知所之. 聚三軍之衆, 投之於險, 此謂將軍之事也. 九地之變, 屈伸之利, 人情之理, 不可不察也.

| 풀이 |

  정이유(靜以幽)에서 '정'은 고요할 정, '유'는 그윽할 유. '정'은 장수의 생각과 말과 행동이 조용하여 표정이 드러나지 않는 것이다. 작전의 비밀을 유지하기 위해서는 장수가 우선 침묵해야 한다. '유'는 멀고 깊어 병사들이 감히 장수의 의도를 알지 못한다는 뜻이다. 정이치(正以治)에서 '정'은 병사들을 공평하게 대하는 것이고 '치'는 질서정연한 일처리를 말한다. 우(愚)는 어리석게 만드는 것이니 눈귀를 가리는 것이다. 등고이거기제(登高而去其梯)는 높은 곳에 오르게 한 후에 사다리를 치운다. 즉, 결사항전뿐이라는 의미다. 이는 『삼십육계』에서 상옥추제(上屋抽梯)의 전법에 해당된다. 분주파부(焚舟破釜)는 타고 온 배를 불사르니 돌아갈 수 없고, 취사할 가마솥을 깨부수니 이젠 더 먹을 것도 없다. 즉, 죽기로 싸워 이겨야 살아날 수 있다는 의미이다. 굴신지리(屈伸之利)란 곧 굽히고 펴는 것의 이로움, 즉 수비와 공격을 말한다. 인정지리(人情之理)란 적의 정황을 아는 것이다.

| 해설 |

파부침주(破斧沈舟)의 교훈은 사마천의 『사기』에 다음과 같이 기록되어 있다. 초(楚)나라의 항우(項羽)가 진(秦)나라를 치기 위해 직접 군대를 이끌고 출병하였다. 강을 건너 거록 지역에 이르렀을 때 부하 장수들에게 명령했다.

"부장들은 들어라. 우리가 타고 온 배를 모두 침몰시키고, 솥과 시루를 모두 깨뜨려라. 그리고 병사들은 3일 분의 식량만을 챙기고 나머지는 모두 불태우도록 하라."

병사들은 이 터무니없는 명령에 모두 어안이 벙벙했지만 어쩔 수 없었다. 명령에 따라 실행했다. 이제 돌아갈 배도 없고, 밥을 지어 먹을 솥마저 없으니 죽기를 각오하고 싸우는 수밖에 달리 방법이 없었다. 드디어 항우의 명령이 떨어졌다.

"돌진!"

병사들은 무섭게 적진을 향해 달려갔다. 적을 물리치지 않으면 살아남을 수 없는 상황이니 죽기를 각오하고 싸웠다. 초나라 병사들의 용맹함에 진나라 군대는 상대가 되지 못했다. 아홉 번을 싸워 진나라를 크게 궤멸시켰다. 이를 계기로 항우는 천하의 맹주로 떠올랐다.

이러한 결사항전의 병법은 모든 장수들이 할 수 있는 것이 아니다. 오직 자신의 병사들을 일사불란하게 통솔하는 장군만이 쓸 수 있는 병법인 것이다. 따라서 통솔은 병사들의 신뢰로부터 나오는 것이다.

월(越)나라 왕 구천(句踐)은 오(吳)나라 부차(夫差)에게 당한 설욕을 갚고자 군대를 출정시켰다. 먼 거리를 행군하고 계곡에서 더위를 식히며 잠시 쉬는 시간이었다. 부장 중에 누군가 자신이 가진 귀한 술을 구천에게 바쳤다. 구천은 자신을 생각하는 그 성의는 고맙지만 차마 그 술을 혼자 마실 수가 없었다. 계곡에서 쉬고 있는 모든 병사에게 말했다.

"이 술을 여러분과 함께 나눠 마시겠다. 비록 양은 적지만 냇물 상류에 쏟아부으면 우리 다 함께 흐르는 물을 떠서 마시자."

술 한 병을 냇물에 쏟아 봐야 술맛이 얼마나 나겠는가? 하지만 병사들은 왕이 자기들과 함께 동고동락한다는 데 감격하고 흥분해서 기꺼이 결사항전을 다지게 된다. 이때 구천은 장수들에게 다음과 같이 말했다.

"진정한 장수란 병사들의 우물이 아직 준비되지 않았는데 목마르다고 해서는 안 된다. 병사들의 막사가 만들어지지도 않았는데 피로하다고 해서는 안 된다. 병사들이 취사용 솥에 불을 지피지도 않았는데 배고프다고 해서도 안 된다. 장수는 겨울에는 겉옷을 껴입지 않고, 여름에 부채를 잡지 않으며, 비가 온다고 덮개를 펴서 비를 피해서는 안 된다."

'동감공고(同甘共苦)'란 장수가 병사들과 기쁨과 괴로움을 함께 나눈다는 뜻이다. 월나라 군사들이 일격에 오나라를 무너뜨린 것은 너무도 당연한 결과였다. 큰일을 눈앞에 둔 지도자라면 천번 만번 새겨야 할 말이다.

경영자의 자세

세상의 모든 전략은 전쟁에서 비롯되었다. 적을 이기기 위한 인간의 부단한 노력이 체계화되어 전략으로 태어난 것이다. 현대에 이르러 전략의 대부분은 기업에서 활용되고 있다. 경쟁자를 이기기 위한 마케팅으로 전략보다 우수한 것이 없기 때문이다. 하지만 기업이 아무리 좋은 전략을 세웠다고 하더라도 그 성공 여부는 전적으로 경영자의 자세에 달려 있다.

　성공한 기업가의 대부분은 자신이 속한 업종에서 경쟁 기업의 전략을 누구보다 잘 알고 있다고 자부한다. 따라서 경쟁 기업을 이기는 비책은 특별한 전략 모델을 세우는 것이 아니라 기업가 자신의 경험과 직관으로 대처하면 충분하다고 여긴다. 자신의 경영 방식대로 하면 아무런 문제가 없다고 자부한다. 그러나 상품 경쟁은 늘 복병이 있기 마련이다. 야후, 제록스, 소니, 노키아의 경영자들이 경쟁자를 잘 파악하고 있다고 자부하는 바람에 오히려 상대 기업에 발목을 잡혔던 교훈을 잊어서는 안 된다.

　기업이 성장하면서 생산 제품이 다양해지면 기업가는 전략 모델을 세우는 것이 너무 복잡하고 일일이 상대를 분석하는 것이 불가능하다고 여긴다. 시대 변화와 관계없이 지금의 조직과 체계를 유지하기만 하면 아무런 문제가 없다고 여긴다. 대체로 전통을 고수하는 이들이다. 이들에게는 경쟁 원리나 기업 분석은 아무 의미가 없다. 그러나 지금은 무한 경쟁 시대라 한 기업이 시장을 독점하는 경우는 갈수록 불가능해지고 있다. 기회를 노리는 경쟁자들이 수없이 늘어나고 있기 때문이다. 이전에 명성을 떨쳤지만 지금은 사라진 기업들이 얼마나 많은가? 부자 삼대를 이어간다는 것이 그렇게 쉬운 일이 아닌 것이다.

　경쟁자를 이기는 전략이란 당장 눈앞의 이익보다는 조금 멀리 내다보는 혜안이 있으면 된다. 그것 하나만으로도 경쟁자와 차별성을 갖는 것이다.

11-6 적진에서 싸우는 방법

무릇 적지에 들어가 싸우는 '객지도(客之道)'란 다음과 같다. 적진 깊이 들어가면 군사들은 죽음을 각오하고 싸움에 전념하게 된다. 하지만 국경 가까운 곳에 들어가면 언제라도 돌아갈 수 있다는 생각에서 마음이 산만해진다. 적의 국경을 넘어 들어가 싸우는 곳이 '절지(絕地)'이다. 사방으로 도달할 수 있는 교통이 편리한 곳이 '구지(衢地)'이다. 적진 깊이 들어간 곳이 '중지(重地)'이다. 국경 가까이 들어간 곳이 '경지(輕地)'이다. 뒤는 견고한 산이고 앞은 좁은 곳이 '위지(圍地)'이다. 달아날 길이 없는 곳이 '사지(死地)'이다.

따라서 아군은 산지에서는 그 마음을 일치단결하고, 경지에서는 군대 행렬이 이어지도록 하고, 쟁지에서는 적의 후방을 치며, 교지에서는 수비를 신중하게 할 것이며, 구지에서는 외교 결속을 굳건히 할 것이며, 중지에서는 식량 보급이 끊어지지 않도록 하며, 비지에서는 행군하여 신속히 지나갈 것이며, 위지에서는 성의 탈출구를 막고, 사지에서는 결사항전의 각오를 보여 줘야 한다. 병사들의 심리는 포위당하면 방어하게 되고, 어쩔 수 없으면 싸우게 되고, 위험이 과해지면 지휘관에게 복종하게 된다.

凡爲客之道, 深則專, 淺則散. 去國越境而師者, 絶地也; 四達者, 衢地也; 入深者, 重地也; 入淺者, 輕地也; 背固前隘者, 圍地也; 無所往者, 死地也. 是故散地, 吾將一其志; 輕地, 吾將使之屬; 爭地, 吾將趨其後; 交地, 吾將 謹其守; 衢地, 吾將固其結; 重地, 吾將繼其食; 圮地, 吾將進其途; 圍地, 吾將塞其闕; 死地, 吾將示之以不活. 故兵之情: 圍則禦, 不得已則鬪, 過 則從.

| 풀이 |

'객지도(客之道)'는 적의 땅에 들어가 싸우는 방법을 말한다. '절(絶)'은 끊을 절. 적의 국경을 넘어갔으니 아군 진영과 단절되었다는 의미다. '배고(背固)'는 등 뒤에 험한 지형을 말한다. '전애(前隘)'는 앞에 나아갈 길이 마치 호로병처럼 좁은 곳이다. '산(散)'은 흩어질 산, '전(專)'은 집중할 전. 서로 반대말이다. 오장사지촉(吾將使之屬)에서 '촉'은 이을 촉. 부대와 부대 행렬을 잇게 한다는 뜻이다. '추(趨)'는 쫓는다는 의미지만 공격하다로 해석하는 것이 자연스럽다. '과(過)'는 지나치다, 심각한 위험 상황을 뜻한다. 위험에 깊이 빠지는 것이 바로 지나침이다.

| 해설 |

『진서(晉書)』에는 적의 나라를 쳐들어가는 것을 주인과 손님으로 표현하여 설명하고 있다.

"남의 나라에서 전쟁을 하는 손님의 입장에서는 속전속결로 끝내고 돌아가고 싶어 한다. 하지만 손님을 맞는 주인의 입장에서는 그들을 유인해 쉽게 돌아가지 못하게 한다. 이것이 주인 된 도리이고 손님을 대하는 예의이다."

춘추전국시대 최고의 장군은 진(秦)나라 백기(白起)이다. 그는 진(秦)나라 소왕(昭王) 무렵 재상인 위염((魏冉)의 추천으로 군 지휘관에 발탁되었다. 한(韓)나라의 5개의 성을 함락시키고 위나라의 크고 작은 성 61개를 빼앗았다. 백기 휘하의 병사들은 싸우면 무조건 이긴다는 자신감과 용기가 충만했다. 그 공로로 장군으로 승진하였다.

어느 해 초(楚)나라가 진나라를 치고자 은밀히 다른 나라와 합종을 추진하고 있었다. 이 정보를 입수한 재상 위염은 백기에게 초나라를 멸망시키도록 명했다. 백기는 즉각 병력을 이동시켜 하수를 건넜다. 하지만 하수를 지키는 초나라 병력은 백만에 가까웠고 백기의 병력은 수만에 불과했다.

이때 백기의 전술은 기발했다. 한수에서 물을 끌어들여 초나라 성안으로 쏟아붓는 것이었다. 거대한 성곽이 물바다가 되어 수장된 초나라 군사들이 수만 명에 이르렀다. 이어 수도로 향하는 백기의 군대는 파죽지세였다. 초나라 병사들은 백기의 군대를 보자마자 겁을 먹고 달아나기 일쑤였다. 초나라 경양왕 또한 겁에 질려 동쪽 진(陳)으로 도망쳤다. 이 공로로 백기는 무안군(武安君)에 봉해졌다. 이 전투에 대해 백기는 다음과 같이 말했다.

"초나라 왕은 나라가 큰 것만 믿고 국정을 게을리하였다. 신하들은 서로 시기하고 아첨하는 소인배들이 전권을 쥐고 있어 충신은 하나도 없었다. 그러니 민심 또한 떠난 상태였다. 더구나 성벽은 낡고 수리하지도 않왔다. 충신은 없고 수비하는 병사들이 없으니 내가 이끈 군대가 도착하자 모두들 도망가기 바빴다. 그때 나의 병사들은 오로지 공을 세우고자 사기가 충천한 반면에 초나라 군대는 그 어떤 투지도 없었다. 그렇기 때문에 내가 공을 세울 수 있었던 것이다."

이후 진나라는 최고위직에 대한 인사이동이 있었다. 범수라는 자가 왕의 신임을 얻어 재상에 등용되었다. 그러자 정책은 바로 바뀌었다. 먼 나라와는 친교를 맺고 가까운 나라를 치고자 했다. 백기는 범수에게 어명을 받아 출정했다. 한나라를 공격해서 경성을 함락시키고 적군 5만을 목 베었다. 이로 인해 한나라 왕은 상당(上黨) 지역을 진나라에 바쳐 화친을 청하였다. 하지만 상당군 백성들은 오래전부터 진나라에 대한 나쁜 감정이 있어 왕의 결정에 반대하였다. 이에 상당 군수(郡守) 풍정(馮亭)이 백성들과 상의하였다.

"이제 우리는 한나라 도성으로 가는 길이 끊어졌다. 한나라는 더는 우리를 보호할 수 없는 처지이다. 이런 상황에서 진(秦)나라 군대가 쳐들어오는 날이면 우리는 멸망하고 말 것이다. 그러니 그전에 우리 상당군 전체가 조나라에 귀순하는 것이 좋을 듯하다. 만약 조나라에서 우리를 받아들인다면, 진나라는 분노하여 분명히 조나라를 공격할 것이다. 그리고 조나라가 공격을 받게 되면 반드시 한나라가 응원군으로 오게 될 것이니 한, 조 두 나라가 하나로 뭉치면 진나라가 감히 당해 낼 수 없을 것이다."

풍정이 조나라 효성왕(趙孝成王)에게 사람을 보내 통지하였다. 조나라 왕이 이를 받아들이고 염파 장군으로 하여금 상당을 지키도록 하였다. 조나라가 상당을 차지한 사실을 알자 진나라 소왕은 격노했다. 왕홀 장군에게 조나라를 치도록 하였다. 하지만 조나라 염파 장군은 성을 견고히 지키기만 하였다. 아무리 싸움을 걸어도 성 밖으로 나오지 않았다. 전쟁은 장기전으로 돌입했다. 이에 진나라 범수가 적의 장수를 바꾸기 위해 조나라에 간첩을 보내 민심을 이간질시켰다.

"진나라가 두려워하는 것은 조괄(趙括)이 장수가 되는 것이다. 지금의 염파는 겁쟁이라 곧 항복할 것이다."

마침 조나라 왕은 염파가 성을 굳건히 지키기만 하는 것에 분노하던 차에 이 같은 소문이 들리자 별수 없었다. 염파를 교체하고 조괄을 발탁하였다. 그러자 상소가 올라왔다.

"대왕께서는 주변의 말만 듣고 조괄을 장군으로 발탁하신 것 같은데, 사실 그는 융통성이 전혀 없는 자입니다. 그의 부친 조사(趙奢)가 남긴 병법서를 읽기만 했지 그걸 응용하는 법을 전혀 모르는 자입니다."

이어 조괄의 모친이 상소를 올렸다.

"내 아들 괄을 절대 장군으로 삼아서는 아니 됩니다. 내 남편 조사가 살아 있을 때 음식을 나누는 자가 수십 명이었고 친구는 수백 명이었습니다. 왕의 선물과 귀족들에게서 받은 선물은 하나도 남김없이 병사들에게 나누어 주었습니다. 왕의 출전 명령을 받으면 조사는 그날부터 집을 떠났습니다. 그런데 내 아들 괄은 군대의 높은 자리에 올라도 군관들이 누구 하나 우러러 보지 않습니다. 게다가 괄은 왕이 하사하신 것들은 자신의 집에 쌓아 두고 집에 오면 매일 재산이 늘어난 것에 대해 신경을 씁니다. 아비와 아들이 이처럼 마음가짐이 다릅니다. 부디 괄을 전장에 내보내지 마십시오."

하지만 조나라 효성왕은 이를 모두 물리쳤다. 조괄이 부임하자 수비에서 공격으로 전환했다. 곧바로 45만 명의 대군을 출병시켜 10만 명뿐인 진나라 군대를 공격하도록 명했다. 그 사이 진나라는 백기를 상장군(上將軍)으로 삼았다. 백기는 이미 치밀한 작전을 세워 둔 상태였다. 적이 성 밖으로 나오자 맞서 싸우다가 거짓으로 패한 척하며 달아났다. 그러자 조괄의 군대가 계속 추격해 왔다. 진나라 성 가까이 이르자 복병 2만 5천 명이 일어나 조나라 군대의 후방을 차단했다. 또 진나라의 기병(騎兵)이 조나라의 군대를 양분하였다. 이어 남은 부대가 조나라 군대의 식량 보급로를 끊어 버렸다.

조나라는 전세가 불리해지자 진지를 쌓아 굳게 지키며 구원병을 기다렸다. 진나라는 15세 이상 되는 남자들을 전원 징발해 조나라의 구원병과 식량이 들어가지 못하게 막았다. 그렇게 한 달이 지나자 조나라 군사들은 굶주려 서로를 잡아먹는 지경에 이르렀다. 여러 차례 탈출을 시도했지만 성공하지 못했다. 마침내 조괄이 정예 병사들을 이끌고 나아가 싸웠지만 진나라 군사에 의해 사살되고 말았다. 조괄이 죽자 그의 병사 40만 명이 백기에게 투항하였다. 백기는 이 상황에 이르러서 심사숙고하며 말했다.

"예전에 진나라가 상당을 함락시켰을 때 그곳 사람들은 진나라 백성이 되는 것을 원하지 않고 조나라로 귀순했다. 지금의 조나라 병사들도 장차 마음이 바뀔 것이니 모두 죽이지 않으면 안 된다. 이들은 난을 일으킬 위험한 자들이다."

이에 백기가 포로들을 모두 구덩이에 매장해 죽이고, 단지 어린아이 240명만을 돌려보냈다. 이로써 전후(前後) 합쳐 참수된 사람이 무려 45만 명에 달하니 조나라 사람들은 모두 두려워 떨었다. 이는 『사기열전』「백기」편에 있는 이야기이다.

적진에서의 싸움 전략

상호 공격 전략이란 적이 아군의 진지를 공격해 오는 경우, 아군 또한 적의 진지를 공격하여 침략의 부당함을 깨우쳐 주는 것을 말한다. 이 전략은 상호 대등한 관계에서만 가능하다.

타이어 산업에서 굿이어(Goodyear)와 미쉐린(Michelin)은 오랜 경쟁자였다. 1970년대 초반 유럽에 기반을 둔 미쉐린 타이어가 북미 시장을 공략하였다. 북미 지역은 굿이어의 텃밭이었다. 미쉐린은 서둘러 거점을 확보하고자 아주 특징적인 전략을 구사했다.

우선 과감하게 타이어 가격을 인하하였다. 그러자 이에 대항하는 굿이어가 따라서 가격을 인하하였다. 곧이어 미쉐린이 광고를 시작하자 굿이어는 이전의 광고를 한층 강화하였다. 누가 보아도 이는 굿이어가 아주 적극적으로 방어를 잘하고 있다고 판단하였다. 그런데 굿이어의 이러한 대응이 내부적으로 뭔가 잘못되고 있다는 지적이 나타났다. 최고위층이 지금 심각한 오류를 범하고 있다는 문제가 제기된 것이다. 굿이어는 급히 전략회의를 열었다. 논의의 핵심은 바로 방어 전략이었다.

미쉐린의 경우는 자신의 주력 지역인 유럽은 그대로 둔 채로 새롭게 진출한 미국 시장에서만 타이어 가격을 인하하였다. 하지만 이에 대응하는 굿이어는 미국 시장이 자신의 내수시장임에도 대응전략 차원에서 그저 소극적으로 생각하여 전체 가격을 내렸던 것이다. 그로 인해 피해가 상당히 컸다. 이는 바로 미쉐린이 바라던 바였다. 전략이 적중한 것이었다. 이후 미쉐린은 조금씩 판매 거점을 확보하였다.

굿이어는 내수시장 방어만으로는 미쉐린의 공격을 저지할 수 없었다. 미쉐린의 근거지인 유럽으로 진출해서 맞불을 놓을 필요가 있었다. 즉,

상대방의 텃밭에 침투하여 커다란 손해를 입혀야만 남의 시장에 침투한 것이 득이 되지 않는다는 것을 깨닫게 되는 것이다. 그랬다면 미쉐린의 공격 전략은 실패하고 말았을 것이다.

미쉐린의 이 공격 전략은 한동안 다국적 기업들이 해외에 판매 거점을 확보하기 위한 것으로 많이 사용하기도 했다.

11-7 패왕의 군대

장수는 주변 나라의 책략을 알지 못하면 함부로 외교를 맺을 수 없다. 산림과 험난한 곳과 습한 지형을 알지 못하면 군대를 이동시킬 수 있다. 또 현지인을 안내인으로 쓰지 않으면 그 지역의 이로움을 얻지 못한다. 아홉 가지 지형 가운데 하나라도 알지 못한다면 천하제일인 패왕의 군대가 아니다. 무릇 패왕의 군대가 적을 공격할 때면 이미 적에게 조치를 취해 놓았기에 적은 병력 동원이 쉽지 않다. 또한 패왕이 적에게 위세를 더하면 적은 주변 나라와 아무리 해도 외교를 맺을 수 없다.

그러므로 패왕의 나라는 천하 여러 나라와 외교를 맺으려고 경쟁하지 않는다. 또한 다른 나라가 천하의 권력을 갖도록 내버려두지도 않는다. 패왕은 오로지 자신의 힘을 믿기에 적에게 그 위엄을 가하면 성을 빼앗고 그 나라마저 멸망시킬 수 있는 것이다.

장수는 병사들에게 법에 없는 상을 내리고, 규정에 없는 명령을 내린다. 이로써 전군을 마치 한 사람 다루듯 하는 것이다. 무릇 용병의 일은 말로써 하지 않는다. 용병의 이로움이란 결코 해로움을 알리지 않는 것이다. 병사들은 망할 땅에 던져진 후에야 생존하고, 죽을 땅에 빠진 뒤라야 살아남는다. 무릇 병사들은 위험한 곳에 빠진 뒤에야 승패를 가릴 수 있다.

是故不知諸侯之謀者, 不能豫交; 不知山林, 險阻, 沮澤之形者, 不能行軍; 不用鄕導者, 不能得地利. 四五者, 不知一, 非霸王之兵也. 夫霸王之兵, 伐大國, 則其衆不得聚; 威加於敵, 則其交不得合. 是故不爭天下之交, 不養天下之權, 信己之私, 威加於敵, 則其城可拔, 其國可隳. 施無法之賞, 懸無政之令. 犯三軍之衆, 若使一人. 犯之以事, 勿告以言; 犯之以利, 勿告以害. 投之亡地然後存, 陷之死地然後生. 夫衆陷於害, 然後能爲勝敗.

| 풀이 |

제후지모(諸侯之謀)에서 '제후'는 주변 나라, '모'는 정책과 책략이다. '예교(豫交)'는 예상할 수 있는 어느 정도의 외교 관계이다. '향도(鄕導)'는 현지에 거주하며 그 지역에 대해 누구보다 잘 알고 있는 자이다. 사오자(四五者)는 아홉 가지 지형을 말한다. 기중부득취(其衆不得聚)에서 '중'은 군대를 말하고 '부득취'는 병사들을 모을 수 없다는 의미다. 불양천하지권(不養天下之權)에서 '불양'은 적이 천하의 권력을 쥐도록 그냥 내버려두지 않는다는 의미다. '휴(隳)'는 무너뜨릴 휴. '무법지상(無法之賞)'은 관례를 뛰어넘는 포상을 말한다. '범(犯)'은 약속한다, 행한다는 뜻이다. 부중함어해(夫衆陷於害)에서 '중'은 아군의 군대를 말한다.

| 해설 |

    타인을 자신의 의도대로 움직이게 하는 방법은 세 가지이다. 첫째, 누군가를 움직이게 하려면 적절한 반대 급부가 있어야 한다. 이를 '이익'이라 한다. 사람은 적당한 이익이 주어지면 생각보다 빨리 움직인다. 둘째, 논리적으로 설득하여 사람을 움직이도록 하는 것이다. 이를 '명분'이라 한다. 왜 움직여야 하는지 차근차근 설명해 주어야 하고, 설득하기 위해서는 시간과 노력이 필요하다. 부작용이 생겨서 반항을 불러올 수도 있다. 셋째, 힘으로 사람을 움직이도록 하는 것이다. 이를 '위엄'이라고 한다. 주로 권력 있는 자들이 선호하는 방식이다. 명분처럼 반항할 경우 원천 봉쇄당하고 철저히 유린된다. 이 세 가지 중 가장 효과적인 방법이 '이익'이다.

    칭기즈칸이 아시아를 거쳐 유럽까지 진출할 수 있었던 바탕은 무엇일까? 매번 싸움에서 공을 세운 병사들에게 후한 상을 내려 사기를 북돋웠기 때문이다. 그러면 항우는 어떠했는가? 그가 왜 불우한 영웅이 되었던가? 항우는 싸움에 능하고 기량이 뛰어났다. 유방의 군대를 만나면 언제나 승리했다. 하지만 항우는 전쟁에서 공을 세운 장수들에게 상을 내릴 때면 주저하며 아까워했다. 그로 인해 항우를 보필하던 유능한 인재들이 모두 항우를 떠났다. 결국 유방의 군대에 패하고 자신 또한 비참하게 목숨을 잃고 말았다.

    병사들에게 물질적 보상은 그 무엇보다 중요하다. 그것은 사기를 위한 것이지만 감동을 주는 일이다. 장수에게 감동을 느낀 병사들은 그 누구보다 목숨을 걸고 싸우기 마련이다. 그렇게 해서 사기가 높아진 군대는 반드시 적을 이기는 법이다.

위(魏)나라가 조(趙)나라를 공격했을 때, 다급해진 조나라는 제나라에 구원을 요청했다. 이에 제나라 왕은 손빈(孫臏)을 장군으로 삼아 출정하도록 권유하였다. 그러나 손빈은 극구 사양했다.

"소신은 형벌을 받은 자라 감히 장군이 될 수 없습니다."

결국 제나라 왕은 전기를 장군으로 삼고, 손빈을 군사로 삼아 전략을 짜게 하였다. 손빈이 전기에게 전략을 이야기했다.

"어지럽게 엉켜 있는 실을 풀려면 손가락을 써야지 주먹으로 쳐서는 안 됩니다. 또 싸우는 사람을 말리려면 그 사이에 끼어들어 함부로 힘을 써서는 안 됩니다. 상대의 급소를 치고 빈틈을 찔러 형세를 불리하게 만들면 저절로 싸움을 그만두게 됩니다. 지금 위나라가 조나라를 공격하고 있습니다. 아마 위나라 군사들은 모두 날렵한 정예 병사들일 겁니다. 그 대신 위나라 안에는 노약자만 남아 있을 것이 뻔합니다. 그러니 장군께서는 병사들을 이끌고 속히 위나라의 수도 양(梁)으로 진격하십시오. 그러면 조나라와 싸우고 있는 위나라 군대는 자기 나라를 구하기 위해 서둘러 물러서고 말 것입니다. 이 계책이야말로 조나라를 위기에서 구하고 위나라를 피폐하게 할 수 있는 최고의 상책입니다."

전기는 손빈의 계책을 그대로 따랐다. 과연 위나라는 자신의 나라를 구하기 위해 조나라에서 물러나 급히 회군하였다. 위나라 군대가 계릉(桂陵)을 지날 무렵 매복하고 있던 전기 장군의 군대가 급습하여 크게 무찔렀다.

그로부터 13년 후, 이번에는 위나라와 조나라가 연합하여 한(韓)나라를 침공하기에 이르렀다. 한나라에서는 급히 제나라에 구원을 요청했다. 제나라는 이번에도 역시 전기를 장군으로 삼아 곧장 위나라로 진격하였다. 한나라를 침공 중인 위나라 장군 방연이 이 소식을 듣고 한나라에서 급히 철수하여 본국으로 향했다. 그러면서 제나라 군대를 추격하여 달려오는 길이었다. 이 소식을 듣고 손빈이 전기 장군에게 전략을 이야기했다.

"위나라 병사들은 원래 사납고 용맹스러워 제나라 군대를 겁쟁이라고 깔보는 편입니다. 그런데 전쟁을 잘하는 자는 주어진 형세를 잘 이용해 자기 쪽에 유리하게 만들 줄 알아야 합니다. 병법에 승리를 얻고자 백리 밖에서 급히 적을 추격해 오면 상장군(上將軍)을 잃게 되고, 50리를 급히 추격해 오면 군사 절반을 잃게 된다고 했습니다. 장군께서는 우리가 위나라 땅에 들어서면 군사들에게 바로 명령을 내려 주십시오. 첫날은 10만 개의 아궁이를 만들게 하고, 다음 날에는 5만 개의 아궁이를 만들게 하고, 또 그 다음 날에는 3만 개의 아궁이를 만들게 하십시오."

방연이 제나라 군사를 추격한 지 3일이 지나자, 나날이 아궁이가 줄어드는 걸 보고는 매우 기뻐하며 말했다.

"내가 진작부터 제나라 놈들은 겁쟁이인 줄 알고 있었다. 저 아궁이가 나날이 줄어드는 걸 보아라. 우리 땅을 침범한 지 3일 만에 도망친 병사들이 절반이 넘는데, 그러고서 무슨 군대라 할 수 있겠느냐?"

자신만만한 방연은 즉각 보병을 떼어놓고 단지 날쌘 정예부대만을 이끌고 이틀거리를 하루에 달려 제나라 군을 맹추격하였다. 방연이 뒤쫓아 오는 것을 어림잡아 헤아리고 있던 손빈이 전기 장군에게 말했다.

"저녁 무렵이면 방연이 이곳 마릉(馬陵)에 도착할 것입니다. 이곳은 길이 협소하고 양쪽으로 험한 산이 많아 병사들을 매복시키기에 아주 좋습니다."

이어 손빈은 산에 있는 큰 나무의 껍질을 벗겨 내고 거기에 글씨를 써 넣었다.

"오늘 방연은 이 나무 아래에서 죽을 것이다!"

그리고 제나라 군사 중에서 활 잘 쏘는 사람 만 명을 골라 길 양쪽에 매복시키며 단단히 일러두었다.

"밤에 불빛이 보이면 즉각 그곳을 향해 일제히 활을 쏘도록 하라."

과연 한밤중이 되자 방연이 마릉에 도착하였다. 그리고 껍질을 벗겨 낸 큰 나무 아래에 이르러 글씨를 발견하였다. 글씨를 읽으려 불을 밝히자, 미처 글을 읽기도 전에 무수한 화살이 날아들었다. 한순간 위나라 군사들은 어둠 속에서 혼비백산해 이리저리 흩어졌다. 그러자 매복한 전기의 군대가 크게 함성을 지르고 공격해 왔다. 방연은 정신을 차리기도 전에 자신의 부대가 모두 흩어진 것을 알고는 그 순간 자신이 싸움에 패했음을 짐작했다.

"아, 저 애송이 녀석이 기어코 천하에 명성을 떨치는구나!"

장군 방연은 죽고 병사들은 몰살당했다. 제나라 군대는 이 기세를 몰아 위나라로 쳐들어갔다. 태자(太子) 신(申)을 포로로 잡는 큰 성과를 거두었다. 이 싸움으로 인해 손빈의 명성이 천하에 알려지게 되었고 그의 병법이 널리 전해지게 되었다.

아이디어 육성 전략

아이디어 제안이란 회사의 미래를 대비하는 직원들의 창의성 활동 중 하나이다. 모발 패션기기 업체인 유닉스전자는 아이디어 제안 활동이 활발한 기업이다. 직원들은 사내 활동, 사내 비공식 활동, 각종 수상제도 등을 통해 여러 가지 아이디어를 제안한다. 회사는 이런 아이디어를 제품 개발이나 마케팅 등 각 분야에 적극적으로 반영하고 있다. 그 덕분에 많은 성과를 얻고 있다.

몇 가지 괜찮은 아이디어는 다음과 같다. 헤어드라이어에 탈모방지 기능을 추가하면 어떨까? 흑인들의 곱슬머리도 드라이어로 펼 수 있을까? 드라이어에 패션을 입히면 어떨까? 탈모 걱정 없는 드라이어를 만들 수 없을까? 이밖에도 많은 아이디어가 제안되었다.

그중 적극적으로 채택된 아이디어는 탈모방지 드라이어 개발이었다. 회사는 심혈을 기울여 음이온과 적외선을 방출해 탈모를 방지하는 드라이어를 상품화하였다. 시장의 반응은 대성공이었다. 불티나게 팔려 나갔다. 이를 계기로 마침내 헤어드라이어 판매량 국내 1위, 세계 3위 업체로 올라섰다.

11-8 교묘한 계책

그러므로 전쟁이란 적의 의도를 상세히 파악하는 데 달려 있다. 그로인해 적을 한 방향으로 몰아넣는다면 천리 밖의 적의 장수라도 죽일 수 있는 것이다. 이것을 일컬어 교묘한 계책으로 일을 성사했다고 하는 것이다. 조정에서 전쟁 개시일이 결정되면 국경 관문을 막고 통행을 허가하는 부절을 무효로 하고 사신의 통행을 금한다. 조정에서는 심도 깊게 전쟁을 논의하고 그 기밀을 누설한 자는 주살한다.

적이 성문을 열고 닫을 때 재빠르게 침입하여 적의 소중한 요충지를 먼저 빼앗고, 은밀히 적의 빈틈을 노려 뒤를 따라가 단숨에 승패를 결정한다. 이는 마치 아군은 처음에는 처녀처럼 조용하여 적이 문을 열도록 한 후에 적이 방심한 틈을 타서 달아나는 토끼처럼 움직이면 적이 저항할 겨를이 없게 된다.

故爲兵之事, 在於順詳敵之意, 併敵一向, 千里殺將, 是謂巧能成事者也. 是故政舉之日, 夷關折符, 無通其使; 厲於廊廟之上, 以誅其事. 敵人開闔, 必亟入之, 先其所愛, 微與之期, 踐墨隨敵, 以決戰事. 是故始如處女, 敵人開戶; 後如脫兔, 敵不及拒.

| 풀이 |

'병지사(兵之事)'는 군대의 일이니 전쟁을 말한다. '순상(順詳)'은 자세히 살핀다는 의미다. '병적일향(併敵一向)'은 적을 한 방향으로 몰아넣는 것이다. 정거(政舉)에서 '정'은 조정, '거'는 군대 출병을 뜻한다. 조정에서 전쟁 개시를 명한다는 의미다. 이관절부(夷關折符)에서 '이관'은 국경의 출입 성문을 말한다. '절부'는 통행증을 꺾어 버리는 것이니 무효화한다는 뜻이다. '무통기사(無通其使)'는 사신이 나가고 들어오는 것을 모두 금한다는 의미다. 오늘날에도 두 나라가 전쟁을 하면 먼저 대사관을 철수하고 교민을 분산시킨다. '낭묘(廊廟)'는 사랑채 낭, 사당 묘. 조정 또는 국사를 뜻한다. '려(厲)'는 삼갈 려. 조정에서 의견 결정을 깊이 논의한다는 의미다. 이주기사(以誅其事)에서 '사'는 조정에서 논의된 사항이니 곧 비밀에 속한다. '주'는 벨 주. 그 비밀이 새어나간 것에 대해 책임을 물어 참형에 처하는 형벌이다.

'적인개합(敵人開闔)'은 열 개, 닫을 합. 문을 열고 닫는 것이다. 선기소애(先其所愛)에서 '소애'는 적이 소중히 여기는 지역, '선'은 먼저 빼앗는 것이다. '미여지기(微與之期)'는 은밀할 미. 때 기. 몰래 적의 빈틈을 기다린다는 의미다. 천묵수적(踐墨隨敵)에서 '천묵'은 목수가 나무를 자를 때 먹줄을 그은 선이다. 정해진 대로 따른다는 말이다. '이결전사(以決戰事)'는 마지막에 적과 결전하는 것이다.

'시어처녀(始如處女)'는 처녀의 부끄러움과 두려움이다. '후여탈토(後如脫兔)'

는 재빨리 도망가는 토끼처럼 그 행동을 막으려고 해도 막을 수 없다는 말이다. 고요함은 은폐성이고 움직임은 돌발성이다. 사실 이 토끼는 사나운 표현으로 적절치 못하다. 아마도 시대가 흐르면서 원문의 표기가 달라졌을 것이라고 추정해 본다. '적불급거(敵不及拒)'는 막을 거. 적이 막을 수 없다는 의미다.

| 해설 |

 전쟁은 사전에 강하고 약한 것을 알게 되면 승부가 분명해진다. 약소국가는 자신들이 아무리 중무장을 해도 강대국을 이길 수 없다는 것을 알고 있다. 그 때문에 게릴라 유격전을 펼치거나 테러리스트로 대항하는 것이다. 전쟁은 정해진 규칙이 없다. 싸워서 이기는 것이 목적이다. 그래서 얼마든지 세계의 비난을 받더라도 적의 민간인을 희생양으로 삼아서 죽기 살기로 싸우는 것이다.

 기원전 769년 정(鄭)나라 환공이 회(鄶)나라를 공격하고자 계략을 세웠다. 침공에 앞서 회나라의 영웅호걸, 충신, 명장, 지혜로운 자, 용감한 자들의 명단을 작성했다. 그리고 환공은 대외에 천명했다.

 "이 명단에 들어 있는 자들은 우리가 회나라를 정복하면 반드시 많은 땅과 높은 벼슬을 받을 자들이다!"

 그런 다음 회나라 국경 인근에 제단을 차려놓고 제사를 올렸다. 작성한 명단을 땅에 묻은 뒤, 닭과 돼지의 피를 바쳐 하늘을 우러러 이 약속을 반드시 지키겠노라고 맹세했다. 환공은 그렇게 제사를 마치고 돌아갔다.

멀리서 이 광경을 줄곧 지켜보던 회나라 병사들이 다가와 남은 잔해를 뒤적였다. 그 가운데 뜻밖에도 명단이 적힌 문서가 발견됐다. 이 소식은 곧바로 왕에게 알려졌다. 회나라 왕은 크게 진노했다. 하지만 신하들은 정나라의 일방적인 모함이라고 아뢰었다. 왕은 듣지 않았다. 도무지 믿을 수가 없었다. 혹시라도 명단에 있는 자들이 반란을 일으키려 하지 않을까 걱정이 앞섰다. 당장에 명을 내렸다.

"이 명단에 들어 있는 자들을 모조리 잡아 죽여라!"

한순간 나라 안의 인재들이 모두 참수되자 회나라에는 성을 지킬 장수가 없었다. 정나라 환공이 이 틈을 놓치지 않고 공격을 개시했다. 싸움은 싱겁게 끝났다. 환공은 힘 안 들이고 회나라를 점령하였다.

'차풍사선(借風使船)'이란 바람을 빌려 배를 빨리 달리게 한다는 뜻이다. 주로 남의 힘을 빌려 제 이익을 꾀할 경우를 빗대어 말한다. 머리는 쓰면 쓸수록 좋아지고, 지혜는 쓰면 쓸수록 늘어난다. 소인은 내 손으로 모든 것을 다 해결하려는 자이다. 그래서 아무리 노력을 해도 구멍가게 수준을 벗어나지 못한다. 군자는 남의 손을 빌리고, 남의 머리를 빌릴 줄 아는 사람이다. 그래서 기업을 경영하고 나라를 다스리는 것이다.

큰 나라를 다스리는 것은 조그만 물고기를 불에 굽는 것과 같다. 작은 물고기를 익혀 보겠다고 자주 뒤집으면 바닥에 눌어붙어서 살이 다 떨어지고 먹을 것은 안 남는다. 인내심을 갖고 내버려두면 알아서 잘 익는다. 큰 뜻을 품어야 멀리 내다보는 법이다.

시나리오 분석 전략

유나이티드 디스틸러스(United Distillers)는 영국 주류회사인 기니스 (Guinness)의 자회사이다. 조니워커(Jonnie Walker), 딤플(Dimple), 듀워즈 (Dewars), 탱거레이 진(Tanqueray Gin) 등을 생산하는 기업이다. 이들 상품은 그룹 전체 매출의 약 60%를 차지한다. 이 회사의 해외 진출은 매우 특색 이 있다. 그중 1995년 인도 진출에 대한 시나리오 전략을 소개한다.

인도는 스카치위스키 수입이 금지된 나라이다. 그러나 디스틸러스는 장기간의 협상 끝에 인도에서 허가를 얻어냈다. 회사는 곧바로 공장과 영업망 구축을 위한 인도 투자에 나섰다. 하지만 회사는 얼마를 투자할 것인지 망설였다. 다만 판단을 위해 보고된 내용은 두 가지였다.

"하나는 인도는 인구도 많고 중산층이 성장하고 있어 잠재적 매력도가 높은 편이다. 다른 하나는 인도는 급변하는 정부 정책으로 인해 위험도 와 불확실성이 높은 곳이다."

여러분이라면 이런 상황에서 어떻게 전략을 짤 것인가? 디스틸러스는 먼저 여러 계층과 많은 인도인을 상대로 주류에 관한 인터뷰를 실시했 다. 그리고 인도인의 인식을 참고하여 네 가지 시나리오로 전략을 작성 하였다. 전략의 가장 큰 기반은 인도에서 양주 판매는 결국 인도 경제 성 장과 자유화라는 요인에 의해 결정된다는 전제였다.

첫째, 인도 정부는 경제 발전을 위해 해외 상품이나 자본에 대해 어느 정도 개방적이다. 이 말은 사업이 가능하다는 시나리오이다. 그런데 마지 막 문구에 경고를 적어 두었다. 하지만 인도 정부의 경제개발이 계획대 로 이루어지지 못하면 사업은 어렵다.

둘째, 인도 정부의 개방 정책에 따라 향후 급속히 자본화와 서구화될 것이다. 이런 상황이 오면 양주의 잠재 수요도 급격히 증가할 것이다. 그러니 인도에서 양주 판매는 공격적인 마케팅이 필요하다.

셋째, 인도는 현재 개방화 정책이 점점 위축되고 있고, 경제 발전도 기대에 못 미치는 상황이다. 이런 상황이라면 양주 판매는 거의 기대하기 어렵다. 만약에 공장과 플랜트를 짓기 위해 대규모 투자가 이루어진다면 상당한 손실을 감수해야만 한다.

넷째, 현재 인도는 개방화의 속도가 상당히 낮은 수준은 분명하다. 하지만 한국의 경우처럼 정부의 강력한 경제 드라이브 정책으로 급속히 경제개발이 이루어질 것이다. 이런 경우라면 양주 판매는 순조로울 것이다.

회사는 사업 시작 전에 이 네 가지를 면밀히 검토하여 예상되는 위험 요소를 최소화하는 전략을 채택했다. 이후 디스틸러스가 사업에 성공한 것은 물론이다.

이 분석은 이후 기업들이 해외 진출할 때 기초 자료로 삼아 큰 도움이 되었다. 디스틸러스는 남아프리카와 중동 시장 진출에 대해서도 이 자료를 발판으로 진행되었다.

제十二편

화공

火攻

화공이란 불을 사용하여 적을 무찌르는 공격 수단이다. 파괴력이 대단하여 많은 적을 무찌를 수 있지만 건조한 날씨와 바람의 도움이 반드시 필요한 것이 단점이다. 그래서 예부터 천지의 흐름을 알지 못하면 결코 쓸 수 없는 병법이었다.

인류는 약 2백만 년 전 구석기 시대에 처음 불을 사용하였다. 그것은 화산이나 산불로 인해 생긴 불을 얻어 쓰는 수준이었다. 이후 약 50만 년 전인 신석기 시대에 들어와서 불 피우는 법을 알게 되었다. 이때 불은 씨족 사회에 아주 유익한 도구였다. 하지만 씨족이 커지면서 연합부족이 형성되고 계급과 사유화가 시작되자 전쟁이 본격적으로 발발하였다. 이때 전쟁에서 불을 무기로 사용하였다. 그러자 아주 치명적이고 무서운 무기라는 것을 알게 되었다.

이후 인류는 불을 사용한 무기 제조에 심혈을 기울였다. 화약이 개발되고 폭탄이 제조되면서 불은 인류 재앙의 수준까지 올라갔다. 핵폭탄과 수소폭탄이 바로 그것이다. 결국 무기의 발달은 지구의 공멸을 재촉하는 인류의 어리석음과 다를 바 없다.

이 장에서 손무는 화공의 종류, 작용, 조건, 방법 등을 서술하고 전쟁의 신중론을 언급하였다.

"전쟁은 이익이 있을 때 하는 것이지 이익이 없을 때는 그쳐야 하는 것이다."

12-1 화공의 종류와 변화

　손자가 말했다. 화공에는 다섯 가지가 있다. 첫째는 화인(火人), 둘째는 화적(火積), 셋째는 화치(火輜), 넷째는 화고(火庫), 다섯째는 화대(火隊)이다. 화공을 실행할 때에는 반드시 조건이 갖추어져야 하고, 반드시 사전에 불붙이는 도구가 준비되어 있어야 한다. 불을 놓을 시기가 있고, 불이 일어나는 날이 있다. 시기는 날씨가 건조한 때이고, 날은 기, 벽, 익, 진, 별자리에 달이 지나는 날인데, 이때 네 별자리는 바람이 부는 날이다.

　화공은 반드시 다섯 가지 변화에 대응하여야 한다. 적의 내부에서 불이 나면 일찍감치 외부에서 공격하여야 한다. 불이 났는데도 적이 동요하지 않으면 공격하지 말고 기다려야 한다. 불길이 맹렬해지면 이에 대응하여 적을 공격하고 그렇지 않으면 공격을 중지한다. 적의 밖에서 불을 지를 수 있다면 내부의 대응을 기다리지 말고 적당한 때에 불을 지른다. 불은 바람이 적을 향해 불 때 지르고, 바람이 아군 쪽으로 향할 때는 해서는 안 된다. 낮에는 바람이 길고 밤에는 바람이 금방 그친다. 무릇 군대는 이 다섯 가지 화공의 변화를 알아야 하고 그것을 잘 헤아려 지켜야 한다.

孫子曰: 凡火攻有五. 一曰火人, 二曰火積, 三曰火輜, 四曰火庫, 五曰火隊. 行火必有因, 烟火必素具. 發火有時, 起火有日. 時者, 天之燥也. 日者, 月在箕, 壁, 翼, 軫也. 凡此四宿者, 風起之日也.

凡火攻, 必因五火之變而應之: 火發於內, 則早應之於外; 火發而其兵靜者, 待而勿攻, 極其火力, 可從而從之, 不可從則止. 火可發於外, 無待於內, 以時發之, 火發上風, 無攻下風. 晝風久, 夜風止. 凡軍必知有五火之變, 以數守之.

| 풀이 |

  '화인(火人)'은 불로 적을 태워 버리는 것이다. 적의 군인과 백성도 포함된다. '화적(火積)'은 적이 저장해 둔 양식과 건초를 불태워 버리는 것이다. 군대는 식량과 물자가 없으면 망하는 것이다. '화치(火輜)'는 상대의 보급품을 불태워 버리는 것이다. '치'의 본뜻은 군수물자를 운반하는 수레를 말한다. 군대가 이동할 때 운송하는 무기와 의복 식량 등을 모두 '치중(輜重)'이라고 한다. '화고(火庫)'는 적군의 무기 창고를 불태워 버리는 것이다. '고'는 무기와 수레를 넣어 두는 창고를 말한다. '화대(火隊)'는 적의 군대, 구체적으로는 적의 선봉대를 뜻한다. 선봉대는 가장 먼저 쳐들어오기 때문이다.

  '인(因)'은 불붙일 조건이다. '시(時)'는 계절이고, '일(日)'은 날이다. 중국에서 건조한 계절은 겨울과 봄으로 이때는 바람이 잦고 강하다. 연화필소구(烟火必素具)에서 '소'는 평소, '구'는 갖춘다는 뜻이다. '기(箕)'는 초봄 별자리이다. '벽(壁)'은 초겨울 별자리이다. '익(翼)'과 '진(軫)'은 초여름 별자리이다. 이날이 곧 바람이 부는 날이다. 극기화력(極其火力)에서 '극'은 불길이 가장 세게 타오르는 것을 말한다. '상풍(上風)'은 바람이 가는 방향이고 '하풍(下風)'은 바람을 맞는 방향이다. '수(數)'는 안팎의 관계, 아침 점심의 관계, 앞뒤에서 부는 바람의 관계, 밤낮의 따른 바람 세기의 차이 등 별자리 운행에 관한 변화의 수를 의미한다.

| 해설 |

바람을 연구하는 것을 '풍각(風角)'이라고 한다. 오늘날 기상학에 해당되는 말이다. 언제 바람이 부는지, 어디서 바람이 불어오는지, 얼마나 바람이 부는가를 연구하는 것이다. 고대에는 바람의 방향, 세기, 때를 관찰하여 길흉을 점쳤다. 길하지 않으면 결코 화공을 사용하지 않았다.

'사방(四方)'은 네 방향이다. 여기에 네 모퉁이인 '사우(四隅)'를 더한 것이 바로 '팔방'이다. 동, 서, 남, 북, 동북, 동남, 서북, 서남, 이 여덟 개의 방향을 통칭해서 각이라 부른다. 즉, 팔방의 바람으로 길흉을 점치는 것이 '풍각'이다.

고대 전쟁에서 바람은 매우 중요했다. 누가 바람의 방향을 점칠 수 있는지가 승패를 갈랐다. 전설에 의하면 황제(黃帝)가 치우(蚩尤)를 정벌하러 나서자, 치우가 비바람과 구름을 일으켜서 황제와 아홉 번 싸워 모두 이겼다. 황제는 마지막 싸움에서 풍후(風后)와 현녀(玄女)의 도움을 받고서야 간신히 치우를 이길 수 있었다. 풍후는 바람을 연구하는 자였다. 이때부터 풍각의 중요성이 대두되었던 것이다.

당(唐)나라 때 이전(李筌)이 지은 병법서인 『태백음경(太白陰經)』에는 풍각을 다음과 같이 기록하였다.

"무릇 바람이 일어날 때 처음에는 느리다가 나중에 빨라지면 멀리서 부는 것이며, 처음에는 빠르다가 나중에 느려지면 가까이서 부는 것이다. 바람이 잎을 흔드는 것은 십 리를 불어온 것이고, 가지를 흔드는 것은 백 리를 불어온 것이고, 가지를 울리는 것은 이백 리를 불어온 것이고, 잎을 떨어뜨리는 것은 삼백 리를 불어온 것이고, 작은 가지를 부러뜨린 것은 사백 리를 불어온 것이고, 큰 가지를 부러뜨리는 것은 오백 리를 불어온 것이다. 작은 돌이 날리는 것은 천 리를 불어온 것이고, 나무가 뽑히는 것은 오천 리를 불어온 것이다. 사흘 밤낮으로 불면 천하를 한 바퀴 돌 수 있고, 이틀 밤낮으로 불면 천하를 반 바퀴 돌 수 있고, 하루 밤낮으로 불면 천 리를 갈 수 있고, 반나절을 불면 오백 리를 갈 수 있다."

화공을 사용한 전투는『삼국지』에서 많은 사례를 찾을 수 있다. 그중 단연코 유명한 일화는 주유(周瑜)가 적벽에서 조조의 군함을 불태워 버린 '적벽대전(赤壁大戰)'이다.

208년, 오나라 손권과 촉나라 유비가 연합하여 위나라 조조의 군대에 대항하였다. 손권이 수군대장 주유를 불러 조조를 교란시킬 대책을 상의했다. 그러자 주유가 대답했다.

"조조가 비록 북방을 통일하기는 했으나 후방의 정세는 여전히 불안합니다. 조조의 뒤에 마초와 한수가 양주에서 저항하고 있기 때문입니다. 또한 조조가 남방을 점령하기 위해 그 우월한 기마부대를 버리고 수군으로 대적하려는 것은 자신의 강점을 버리고 약점을 취한 형세입니다. 이제 곧 겨울이 오면 조조군은 군마에게 먹일 사료가 부족할 것이고, 먼 길을 떠나왔으니 병사들은 남방 풍토에 적응하지 못하고 병에 걸리고 말 것입니다. 이는 용병을 하는 자라면 마땅히 금기시하는 일입니다. 그런데 조조가 승리감에 도취하여 상황 판단을 못 하니 분명 이번 전투는 우리가 유리합니다. 조조는 참패를 면치 못할 것입니다."

그해 10월, 주유는 수군을 이끌고 적벽에서 조조와 대치하였다. 그런데 이때 조조군은 풍토병이 돌아 많은 병사들이 사기가 저하되었다. 이는 북방 군사들이라 남방의 습한 기후와 풍토가 맞지 않은 까닭이었다. 게다가 익숙하지도 않은 배를 타다 보니 뱃멀미가 심해서 의욕이 상실된 것도 주원인이었다. 상황이 위급해지자 조조는 부장들을 불러 해결책을 논의했다. 그러자 누군가 '연환계(連環計)'를 제안하였다.

"우리 수군의 크고 작은 배를 십여 척씩 쇠사슬로 연결하여 묶은 다음, 배 위에 넓은 판자를 깔아 놓으면 병사들이 마음대로 걸어 다닐 수 있을 겁니다. 그러면 멀미도 하지 않을 것이고 심지어 말들도 뛰어다닐 수 있지 않겠습니까?"

조조가 듣고 보니 반가운 전략이었다. 곧바로 명령을 내렸다.

"모든 배들을 한데 묶도록 하라!"

병사들이 그대로 따라 했더니 아무리 뛰어다녀도 배가 흔들리지 않아 마치 평지를 달리는 듯했다. 조조는 참으로 묘한 착상이라며 무척 흡족해했다.

이때 조조가 연환계로 배들을 한데 얽어매고 있다는 보고를 받은 주유는 화공(火攻)을 생각해 냈다. 그런데 문제는 어떻게 조조의 군함에 불을 붙이는가 하는 것이었다. 부하들과 아무리 의논해도 기발한 방법이 떠오르지 않았다. 그런데 부장인 황개(黃蓋)가 의견을 내놓았다.

"제가 조조에게 투항하러 가는 척하면서 배를 몰고 가서 불을 놓겠습니다."

주유가 신중히 생각한 후에 이 의견을 받아들였다. 이어 화공에 필요한 구체적인 사항들을 논의했다.

다음 날 황개는 비밀리에 조조에게 서신을 보냈다. 편지에는 투항하겠다는 의지와 구체적인 날이 적혀 있었다. 조조는 전혀 의심하지 않았다. 수십만 대군이 남하했으니 불리함을 느낀 적의 장수라면 당연한 일이라고 생각했다. 이제 주유의 진영은 쉽게 무너질 것이라고 기쁜 미소를 지었다.

한편 주유는 화공에 필요한 만반의 준비를 해 놓은 다음에 동남풍이 불기만을 기다렸다. 황개가 약속한 동짓날, 밤이 되자 동남풍이 서서히 불기 시작했다. 시간이 갈수록 점점 거세졌다. 황개는 어둠을 틈타 군량을 실은 배 수십 척을 몰고 조조 진영으로 투항하러 나섰다. 배에는 기름을 바른 마른 갈대와 볏짚을 가득 싣고 그 위에 기름천을 덮었다. 그리고 각각의 배마다 뒤에 작고 빠른 배들을 세 척씩 달고, 거기에 노련한 궁수들을 매복시켰다. 드디어 돛을 올리자 배들은 바람을 타고 쏜살같이 조조 진영으로 달렸다.

그 순간 조조의 병사들은 적장 황개가 투항해 온다는 말에 모두 배 위에서 구경하고 있었다. 투항하러 가는 배들이 조조의 진영 가까이 이르렀을 때였다. 황개가 큰 칼을 들어 신호를 알렸다. 그러자 이십여 척의 배에서 일제히 불길이 치솟았다. 화염에 휩싸인 배들은 동남풍을 타고 마치 불화살처럼 날아가 조조의 군함과 세차게 충돌하였다. 하지만 조조의 군함은 모두 연결된 탓으로 떼어놓을 수도, 달아날 수도 없는 상황이었다. 꼼짝 못하고 삽시간에 불이 옮겨 붙었다. 마침 바람이 세차게 불어 불길은 무섭게 타올랐다. 불길에 휩싸인 조조의 병사들은 크게 놀라 허둥대다가 불에 타 죽거나 강물에 빠져 죽은 자가 많았다. 이어 매복해 있던 궁수들이 조조의 군영에다 불붙은 화살을 쏘아대기 시작했다. 그러자 기슭에 있는 조조의 군영도 불바다가 되었다. 일순간 장강 수면과 강북 기슭은 하늘로 치솟는 불길로 인해 대낮처럼 환했다.

이때 장강 남쪽 기슭에 자리 잡고 있던 유비와 손권의 연합군이 조조군을 공격했다. 조조군은 저항 한 번 해 보지 못하고 크게 몰살당했다. 조조는 가까스로 패잔병들을 이끌고 북방으로 달아났다.

이처럼 화공은 하늘의 기상을 자세히 알아야 가능한 병법이다. 그러니 고대의 장수들은 우리가 선입감으로 알고 있는 그저 힘만 센 것이 아니었다. 천시와 지리를 알고 있었고 이를 활용할 줄 아는 참으로 지혜로운 자들이었다.

윔블던(Wimbledon) 효과

적을 유인하기 위해서는 미끼를 던져야 한다. 하지만 그저 그런 수준의 미끼라면 적은 조금도 동요하지 않는다. 제법 만족스러운 정도가 되어야 한다. 그래서 적이 그 미끼를 물게 되면 싸움은 끝난 것이다. 적은 함정에 빠져 도무지 살아날 수 없고 이로 인해 아군은 미끼로 사용한 것보다 몇십 배의 이익을 적으로부터 챙길 수 있는 것이다.

영국의 윔블던 테니스 대회는 1877년에 시작된 세계 최고(最古)의 테니스 대회이다. 두 번의 세계대전으로 인한 10년간의 공백을 제외하고 오늘날까지 매년 윔블던에서 개최되고 있다. 이 대회는 상금 규모가 1,200만 달러로 세계 최고의 테니스 대회이다. 각국의 테니스 선수들은 윔블던에 한 번 서는 것이 꿈일 정도이다. 이 대회의 특징이라면 124회나 개최되었지만 주최국인 영국이 우승한 경우는 단 2회뿐이라는 점이다. 나머지는 모두 외국 선수가 우승하였다.

영국의 입장에서 가만히 따져 보면 대회가 개최될 때마다 막대한 상금을 외국 선수가 가져가니 맘이 편할 수는 없을 것이다. 무엇인가 손해를 단단히 보고 있다고 생각하게 된다. 하지만 여기에는 숨겨진 이익이 있다. 영국은 이 대회를 통해 우수한 테니스 기술과 노하우를 배울 수 있다. 자국의 한계를 극복할 수 있는 좋은 계기인 셈이다. 또한 이 대회를 개최함으로 세계적인 명성을 얻게 되었고 그 부수입으로 이 대회를 관람하기 위해 전 세계의 마니아들이 몰려들었다. 즉, 관광객을 유치하여 얻는 수입이 엄청나다는 것이다.

우승은 객이 차지하고 부수입은 주인이 차지하는 이러한 경제 상황을 '윔블던(Wimbledon) 효과'라 한다. 영국은 일찍부터 금융 산업을 개방하여 외국 여러 나라가 영국의 금융사를 소유할 수 있게 하였다. 이에 대해 영국 시민들은 국부 유출이 아니냐고 비난과 항의를 제기하였다. 하지만 이는 자세히 따져보면 도리어 영국 금융이 더욱 경쟁력을 갖춰 나가는 계기였다. 세계 금융업의 선진 기술과 경영 노하우를 획득해 자국의 다른 금융 업종의 경쟁력을 확보할 수 있기 때문이었다.

예를 들면, 영국은 일찌감치 금융기관이 이자놀이만 해서 돈을 벌려는 그런 고약한 습관을 폐지하였다. 예금자와 대출자가 모두 성공하고 그로 인해 금융권도 이익을 창출하는 금융상품 개발에 심혈을 쏟았다. 그로 인해 세계 어느 나라보다 금융권이 안정되게 되었다.

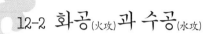

12-2 화공(火攻)과 수공(水攻)

그러므로 화공으로 공격을 도우면 승리가 분명해지고, 물로써 공격을 도우면 아군이 더욱 강해진다. 하지만 물로는 적을 차단할 수는 있으나 적의 군수물자를 빼앗을 수는 없다.

故以火佐攻者明, 以水佐攻者強. 水可以絕, 不可以奪.

|풀이|

화좌공자명(火佐攻者明)에서 '좌'는 돕는다는 뜻이고 명은 승리가 분명해짐을 말한다. '절(絕)'은 적의 부대 앞뒤를 끊는다는 뜻이다. '탈(奪)'은 적의 군수품을 빼앗는 것이다.

| 해설 |

유비(劉備)는 삼고초려의 예를 갖추어 제갈공명(諸葛孔明)을 군사(軍師)로 맞이하였다. 하지만 형주에 머물고 있던 유비의 진영은 초라하기 그지없었다. 병사라고 해야 겨우 수천 명에 불과했다. 그 무렵 위나라 조조는 하북과 중원을 평정하고 남쪽 형주를 넘보던 참이었다. 형주는 남방의 교두보였다. 형주를 점령하면 남방 지역 전체를 얻는 것과 마찬가지였다. 조조는 10만 대군을 출정시켜 형주의 최전선인 신야로 진군했다. 진군하는 병사들의 대열이 끝이 보이지 않을 정도였다.

조조의 군대가 쳐들어온다는 소식에 유비는 황급히 제갈공명을 불렀다.

"조조의 10만 대군이 쳐들어온다고 합니다. 수천에 지나지 않는 우리 군이 어떻게 맞서야 하겠소?"

제갈공명이 대답했다.

"염려하실 것 없습니다. 제게 비책이 있습니다."

제갈공명은 곧이어 관우, 장비, 조자룡 등 장수들을 불러 자신의 비책을 설명했다. 그리고 각 부대에게 출전을 명하였다. 그런데 막사를 나오면서 장비는 무척 불안한 목소리로 조자룡에게 말했다.

"수적으로 열세인 우리가 어떻게 그런 비책으로 조조군을 이길 수 있겠소?"

조조군의 선두는 하후돈이 지휘하고 있었다. 신야에 가까울수록 길은 점점 좁아졌다. 가파른 언덕에 오르자 시야가 탁 트였다. 저 너머에 조자룡 군대의 깃발이 휘날리고 있었다. 하후돈이 군마를 멈추고 옆의 부장들에게 말했다.

"적군이라고 해 봐야 수천 명에 지나지 않는다. 개미새끼를 밟아 없애는 것보다 쉬울 것이다."

이윽고 하후돈이 돌진하자 조자룡 역시 출전하였다. 양쪽 병사들의 함성과 말발굽 소리가 천지를 뒤흔들었다. 하후돈이 이끄는 병사들은 거침이 없었다. 조자룡은 기세가 꺾인 듯했다. 가까스로 하우돈의 공격을 받아 낸 조자룡은 말고삐를 돌려 급히 달아나기 시작했다. 그와 동시에 하후돈과 그의 병사들이 추격에 나섰다. 기세등등한 하후돈이 맹추격하며 자신의 병사들에게 크게 소리쳤다.

"저, 겁쟁이 녀석들에게 뜨거운 맛을 확실히 보여 주어라!"

하지만 하후돈은 전속력으로 조자룡을 쫓다가 그만 대열에서 벗어나고 말았다. 박망파(博望坡)라고 불리는 좁고 험한 길에 들어서게 되었다. 왼쪽은 산이 솟아 있고 오른쪽에는 숲이 우거져 있었다. 나무가 흔들릴 정도로 바람이 거세게 불었다. 이때 부하인 우금이 앞으로 나와 말했다.

"장군! 추격을 멈춰야 합니다. 수풀이 무성한 지역이라 적이 화공으로 덤비면 위험합니다."

그 말에 하후돈은 아차 싶었다. 황급히 말머리를 돌리려는 순간, 숲에서 불붙는 소리가 들려오더니 한순간 불길이 치솟았다. 주변 일대가 불바다로 변했고 불길은 강풍을 타고 하후돈의 부대를 삼킬 듯 날름거렸다. 하후돈이 위를 쳐다보니 관우의 아들 관평이 지휘하는 부대가 함성을 지르며 나무 묶음에 불을 붙여 내던지고 있었다. 하후돈을 따르던 병사들과 말들이 놀라 달아나자 부대는 이내 아수라장으로 변했다.

그때 후방에 있던 조조가 하후돈이 함정에 빠진 것을 알고는 급히 구원하러 내달렸다. 그런데 좁은 길에 들어서자 갑자기 장비의 매복병이 일제히 일어나 조조를 공격했다. 조조는 감히 나서지 못하고, 부장 하후란이 나서서 장비와 겨루었다. 하지만 하후란은 창도 제대로 휘둘러보지 못하고 장비의 공격에 낙마하여 그 자리에서 즉사하였다.

이어 조조의 후방 부대가 역시 하후돈을 구원하려고 지원에 나섰다. 그러나 그 길에는 관우의 부대가 숨어 있었다. 몰래 후방 부대에 접근해 식량과 물자에 불을 놓았다. 부대는 일순간 혼란에 빠졌다. 유비의 군대는 그 틈을 이용해 무섭게 적을 공격했다. 전투는 순식간에 끝났다. 박망파 일대는 조조군의 시체로 가득 찼다. 이 싸움에서 조조는 3만 명의 병사를 잃었다. 이는 모두 제갈공명이 지시한 화공책 덕분이었다.

손자는 수공(水攻)을 언급했지만 자세한 기록은 없다. 수공에 관해서는 송나라 때 병서인 『무경총요(武經總要)』에 다음과 같은 기록이 남아 있다.

"수공이란 적의 길을 물로써 끊고, 적의 성을 물에 잠기게 하고, 적의 막사를 물에 떠내려 보내고, 적이 모아 둔 것을 물로 무너뜨리고, 백만의 무리를 물고기처럼 물에 잠기게 하는 것이다."

수공과 화공의 기술 중에 어느 것이 더 낫거나 유리하다고 말하기는 쉽지 않다. 단지, 공격 수단의 결정은 전쟁에 임하는 장수의 지혜로운 선택에 달려 있다. 근대사에 이르러 화공이라면 아마도 조총을 예로 들 수 있다. 임진왜란 후 조선은 무기의 중요성을 깨달아 뒤늦게 조총 개발에 심혈을 기울였다. 이 무렵 청나라는 러시아의 남하를 막기 위해 애를 썼으나, 신식 총을 가진 러시아군을 당해 낼 수 없었다. 그런 가운데 조선에서 개발한 조총 성능이 우수하다는 소문을 듣고 청나라는 러시아군을 격퇴시키기 위해 급히 조선에 군사와 무기를 요청했다.

이에 조선은 변급(邊岌)을 대장으로 삼아 조총수 150명을 청나라에 파견하였다. 이들은 우수한 총포 화력을 바탕으로 송화강과 흑룡강 일대에서 러시아군을 격퇴시켰다. 이 사건을 '1차 나선정벌(羅禪征伐)'이라 부른다.

4년 뒤에 청나라는 다시 조선에 파병을 요청하였다. 이때는 신류(申瀏)를 대장으로 삼아 260명의 조총수를 파견하였다. 또다시 송화강과 흑룡강 일대에서 러시아 함대와 격전을 벌였다. 조선군 조총수들은 일방적으로 공격하여 러시아군을 궤멸시켰다. 신류는 자신의 일기인 『북정록(北征錄)』에 다음과 같이 기록하였다.

"러시아 함대 11척이 흑룡강 한가운데 닻을 내리고 있는 것을 보고 아군이 즉각 공격을 감행했다. 숨 돌릴 겨를 없이 총탄과 화살이 빗발치자 배 위에서 총을 쏘던 러시아군은 견디지 못하고, 모두 숨거나 배를 버리고 강가의 풀숲으로 도망쳤다."

이 싸움에서 러시아는 11척의 함대 중에 10척이 불타고 겨우 1척만 달아났다. 이때 참전한 러시아군인 페트릴로프스키는 다음과 같이 기록하였다.

"이 전투에서 러시아 대장 및 병사 270명이 전사했다. 러시아 국왕에게 바칠 담비가죽 3천 장, 대포 6문, 화약, 납, 군기 식량 등을 실은 배가 모두 침몰했다. 도망친 1척의 배에 95명이나 올라타 간신히 탈출하였다."

이것이 '2차 나선정벌'이다. 이때 러시아 함대를 궤멸시킨 무기가 바로 조선의 화전(火箭)이다. 최신 무기를 소유한 러시아군이 조선의 총포 앞에 무기력하게 패하고 만 것은 그만큼 조선의 총포술이 뛰어났음을 의미한다.

하지만 조선의 총포 개발은 어느 날부터 중단되고 말았다. 나라를 지키기 위해서는 반드시 강한 군대가 있어야 했다. 하지만 조선의 원로대신과 신진 신하들은 당파 싸움을 위해 왕권을 약화시켜야 했다. 그래서 다같이 군대 축소를 주장하고 총포 개발을 반대하였다. 그러니 이후 조선의 군대는 급격히 쇠약해져 강한 일본군의 침략에 무기력하게 무너지고 말았다.

역사에는 만약이라는 서술이 있을 수 없다. 하지만 그래도 만약에 그 무렵 조총 개발이 계속 이어졌다면 19세기 말 일본은 감히 조선을 넘볼 수 없었을 것이다. 도리어 조선이 강한 군대와 강한 무기로 일본을 비롯한 대륙으로 영토를 확장했을 것이다.

상상력을 판매하는 회사

경영 전략이란 기업의 목표를 달성하기 위한 여러 가지 계획이나 정책을 말한다. 여기에는 목표 달성을 위한 수단과, 경쟁 업체를 이기는 우위 전략과, 지속적인 발전을 위한 미래 설계가 포함된다.

우리가 흔히 볼 수 있는 평범한 물건이 특별해지는 것은 거기에 상상력이 더해졌기 때문이다. 레고(LEGO)는 바로 이 상상력을 조립 장난감으로 만들어 전 세계 어린이들을 열광시킨 회사이다.

1932년 올레 키르크 크리스티얀센(Ole Kirk Christiansen)은 덴마크의 한 도시에서 나무로 장난감을 만들어 팔기 시작했다. 아이들의 열화와 같은 호응에 장사가 아주 잘 됐다. 하지만 얼마 후 뜻하지 않은 화재로 공장이 전소되자 크리스티얀센은 새로운 길을 모색해야 했다. 장난감 재료를 나무에서 플라스틱으로 바꾼 것이었다. 그뿐 아니었다. 영국에서 자동 잠김 브릭(Self-Locking Bricks)을 도입하여 레고 장난감이 탄생하게 되었다. 레고는 덴마크어인 '레그 고트(leg godt)'에서 유래된 말로 '재미있게 잘 논다'는 뜻이다.

레고의 브릭 부품들은 0.001mm 오차 범위 내에서 생산되는데, 여기에는 특별한 규칙이 있다. 바로 디자인과 상품명이 다르더라도 1958년 이후 제작된 레고 브릭은 모두 자유롭게 호환이 가능하다는 점이다.

생산된 레고 제품은 일 년에 평균 2억 박스가 팔려 나간다. 그렇게 70년을 이어 왔으니 대단한 기록이 아닐 수 없다. 지금까지 4,000억 개의 레고 블록이 생산되었고, 지금도 1초에 1,140개씩 생산된다. 레고 완제품 박스는 1초에 7개, 1분에 420개, 1시간에 2만 5,000개가 팔려 나간다.

더욱 흥미로운 일은 레고의 장난감 자동차 블록에 쓰이는 미니 타이어는 일 년에 4억 개 생산된다. 이는 세계 타이어 생산 1위의 기록이다. 레고 브릭으로 만들 수 있는 형태는 915,103,765가지이다. 이는 모두 상상력을 장난감으로 만든 레고의 노력 덕분이다. 현재 레고는 전 세계에서 가장 인지도가 높은 장난감 회사 1위이다.

무릇 전쟁에서 승리하여 적의 영토를 빼앗았지만, 장수가 그 공적을 잘 다스리지 못하면 도리어 화를 당한다. 이를 가리켜 헛되이 군사력을 낭비했다는 뜻의 '비류(費留)'라 한다. 그러므로 현명한 군주는 장수의 공적을 잘 고려하고, 유능한 장수는 전쟁의 공적을 잘 처리한다. 군대는 이득이 없으면 움직이지 않고, 이득이 없으면 군대를 쓰지 않으며, 위급하지 않으면 싸우지 않는다.

군주는 자신의 분노 때문에 군대를 일으켜서는 안 되며, 장수는 화가 났다고 전쟁을 해서는 안 된다. 전쟁이란 이익에 부합하면 움직이고 이익에 부합되지 않으면 그만두는 것이다. 군주는 분노했다가도 다시 기뻐할 수 있고, 장수는 화가 났다가도 다시 즐거울 수 있지만, 전쟁으로 망한 나라는 다시 존재할 수 없고, 전쟁으로 죽은 자는 다시 살아날 수 없는 것이다. 그러므로 현명한 군주는 전쟁을 삼가고, 유능한 장수는 전쟁을 경계하니 이것이 나라를 편안하게 하고 군대를 온전하게 하는 길이다.

夫戰勝攻取, 而不修其功者凶, 命曰「費留」. 故曰: 明主慮之, 良將修之,非利不動, 非得不用, 非危不戰. 主不可以怒而興師, 將不可以慍而致戰. 合於利而動, 不合於利而止. 怒可以復喜, 慍可以復悅, 亡國不可以復存, 死者不可以復生. 故明主愼之, 良將警之, 此安國全軍之道也.

| 풀이 |

'취(取)'는 적을 공격해서 얻는 것이니 영토와 전리품을 취하는 것이다. 불수(不修)에서 '수'는 일을 잘 처리한다, 다스린다는 의미다. '흉(凶)'은 재앙을 말한다. '비류(費留)'는 무모하거나 제멋대로 일을 처리한 것을 뜻한다. '비'는 돈을 낭비하는 것이고, '류'는 시간을 낭비하는 것이다. '전군(全軍)'은 군대가 다치거나 상하지 않은 온전한 상태를 말한다.

| 해설 |

전쟁을 망치는 원인은 '분노'와 '화'다. 손자는 「모공」 편에서 장수가 분노를 이기지 못하고 화가 나서 급하게 되면 수모를 당한다고 경고했다. 또다시 여기서 화에 대해 경고한 것은 아무리 강조해도 부족함이 없다는 의미이다.

군주와 장수가 분노한 상태에서 전쟁에 돌입하면 비이성적인 상태에서 결정을 내리기 때문에 심각한 결과를 초래할 수 있다. 보통 성격이 조급하고 쉽사리 분노하는 사람은 그 잠깐의 폭발로 인해 일을 그르칠 때가 많다. 심한 경우 폭행을 넘어 살인에 이르기도 한다. 공자는 '분노'에 대해 이렇게 말했다.

"작은 일을 참지 못하면 큰 계책을 어지럽힌다.(小不忍, 則亂大謀.)"

큰일을 하는 사람이라면, 또는 미래를 위해 큰 꿈을 꾸는 자들이라면 마땅히 새겨들을 말이다.

초(楚)나라 항우와 한(漢)나라 유방이 성고에서 서로 대치하였다. 이때 한나라 장수 팽월(彭越)이 여기저기 나타나 초나라 후방 보급로를 차단하고 군수품을 빼앗아 갔다. 항우가 이 소식을 듣고 마음이 편치 못했다. 우선 팽월부터 없애야겠다고 결심했다. 이어 항우는 부하인 조구에게 성고성을 부탁하고 자신은 팽월을 공격하러 떠났다. 떠나기 전에 조구에게 신신당부했다.

"꼭 명심해라. 한나라 군대가 성 앞까지 와서 싸움을 걸더라도 내가 돌아올 때까지는 결코 나가 싸워서는 안 된다. 성문을 꼭 닫아걸고 굳게 지키기만 하라."

항우가 떠났다는 소식에 유방은 조구의 약점을 이용하기로 했다. 조구는 본래 남의 평판과 이목을 중요시하는 자였다. 유방의 병사들이 매일 성을 에워싸고 조구에게 욕설을 퍼부었다.

"조구, 이놈아! 항우의 집이나 지키는 못난 똥개 버러지 같은 놈아! 네놈이 과연 용기 있는 장수라면 나와 싸워라!"

매일같이 조구의 심사를 뒤틀리게 하는 굴욕적인 언사가 끊이지 않았다. 결국 참다못한 조구가 그만 부아가 치밀어 병사를 이끌고 성문을 열고 한나라 군대를 뒤쫓았다. 급한 마음에 그만 사수까지 건너고 말았다. 그러나 이미 때는 늦었다. 매복하고 있던 한나라 군대가 뒤에서 기습 공격을 가했다. 조구는 칼 한 번 휘둘러보지 못하고, 따라나선 부하들 역시 제대로 싸워 보지도 못하고 허무하게 무너졌다. 이에 조구는 치욕을 떨칠 수가 없어 스스로 목숨을 끊었다. 항우가 그토록 신신당부했던 성고성은 마침내 한나라 군대에 의해 점령당하고 말았다.

분노하기 잘하는 자는 남의 속임수에 걸려들기 쉽다. 쉽게 성을 내는 자는 남의 속임수에 빠지기 쉽다. 그러니 군대를 이끄는 장수는 자신의 감정을 절제할 줄 알아야 한다. 장수가 무너지면 나라가 무너지는 것이다.

전통을 파는 호텔

유럽에는 100년 이상 된 기업이 무수히 많다. 스위스의 콘스탄틴, 피아제 같은 시계 회사는 300년의 전통을 자랑한다. 네덜란드의 하이네캔 맥주는 1340년에 시작했다. 이탈리아에는 1040년에 시작한 주물로 종을 만드는 가게가 지금도 영업 중이다. 독일의 바이헨스테판 맥주는 1000년 전에 영업을 시작해 지금까지 이어지고 있다.

전 세계에서 가장 오래된 호텔은 1239년에 창업한 인터라켄(Interlaken) 호텔이다. 현재 스위스 반호프 스트라세 43번지에서 영업 중이다. 인터라켄 호숫가에 세워진 6층짜리 작은 호텔이지만 싱글 1박당 50만 원이 넘는 고가 호텔이다. 호텔비가 비싼 이유는 관록과 전통이 있기 때문이다. 이 호텔은 접근성, 서비스, 가격, 청결도, 객실 분위기 등에서 해마다 최우수 판정을 받았다. 전통만큼 관리가 철저하다는 의미이다.

싱가포르의 래플즈(Raffles) 호텔은 1887년에 지어졌다. 고작 2층밖에 되지 않지만 최고의 호텔이다. 침구는 물론 비누, 재떨이, 모든 집기가 초호화 명품으로 구성되어 있다. 호텔이라기보다는 예술품에 가깝다. 미국 뉴욕의 월돌프 아스토리아 호텔이나 독일의 캠핀스키 호텔, 홍콩의 페닌술라 호텔, 상하이의 서교빈관(西郊賓館) 등도 규모는 작으나 유서가 깊은 세계적인 명성을 지닌 호텔들이다.

특히, 스위스에는 이런 유서 깊은 호텔들이 많다. 1418년에 개업한 크로네 호텔, 1482년에 개업한 조네윈터허 호텔, 1515년에 개업한 우리와 호텔, 1526년에 개업한 베렌트완 호텔. 지금도 영업 중인 역사가 100년 된 호텔은 모두 100여 개에 달한다. 이들 호텔 모두가 세계인이 주로 찾는 곳이란 점에 주목해야 한다. 전통은 최고의 마케팅 전략인 것이다.

제十三편

용간

用間

용간(用間)은 간첩을 활용하는 정보전을 말한다. 간첩(間諜)이란 국가 또는 기업을 위해 적 또는 경쟁 상대의 비밀을 알아내어 자기편에 통보하는 사람, 또는 적이나 경쟁 상대에게 허위 정보를 퍼뜨려 자기편을 유리하게 만드는 사람이다. 보다 적극적인 의미로는 적지에 파견되어 파업, 전복, 요인 암살 활동을 하는 사람을 말하기도 한다. 이들의 특징은 항상 비밀스러운 수단과 은밀한 방법으로 활동이 이루어진다는 것이다. 명칭으로는 간인(間人), 간자(間者), 세작(細作), 오열(五列), 첩자(諜者) 등 여러 가지가 있다.

손무는 간첩의 중요성을 다음과 같이 말한다.

"적의 능력과 의도를 미리 알고 있으면 백 번 싸워도 위태롭지 않다. 현명한 군주와 유능한 장수가 항상 전쟁에서 승리하는 이유는 먼저 적의 정보를 알기 때문이다. 적의 정보를 아는 것은 귀신에게서 얻을 수 없고, 다른 사례에서 유추할 수 없고, 하늘과 땅의 조화에서 경험할 수도 없다. 반드시 적의 정황을 아는 간첩에게서 얻는 것이다."

첩보전에서 이기는 자가 전쟁에서 이기는 법이다. 여기서는 간첩 활용의 중요성, 간첩의 이용 방법, 기밀 보존의 규율, 간첩의 임무 등에 대해 논한다.

13-1 정보의 중요성

　손자가 말했다. 무릇 십만 병력의 군대를 일으켜 천리 출정길에 나서면 백성들의 세금과 국고 비용으로 하루 천금이 소비된다. 군대가 출정하면 나라 안팎으로 소동이 일어나고, 길에는 군수품 수송으로 농사를 짓지 못하고 지쳐 쓰러져 있는 백성이 칠십만 가구나 된다. 전쟁은 양측이 수년간 대치하다가도 싸우면 하루 만에 승패가 결정된다. 그럼에도 벼슬과 녹봉으로 주는 금 백 냥이 아까워 적의 정보를 알지 못한다면 참으로 어리석은 짓이다. 이는 백성들의 장수가 아니고, 군주를 보필하는 자가 아니며, 승리를 주도하는 자가 아니다.

孫子曰: 凡興師十萬, 出征千里, 百姓之費, 公家之奉, 日費千金, 內外騷動, 怠于道路, 不得操事者, 七十萬家. 相守數年, 以爭一日之勝, 而愛爵祿百金, 不知敵之情者, 不仁之至也, 非人之將也, 非主之佐也, 非勝之主也.

'백성지비(百姓之費)'는 백성들이 내는 세금이다. 공가지봉(公家之奉)에서 '공가'는 국가를 뜻하고, '봉'은 공공 업무에 지불하는 비용 또는 관리에게 주는 월급이니 봉록을 의미한다. 태어도로(怠于道路)에서 '태'는 피곤할 태. 군수품 수송으로 백성들이 지쳐 길거리에 주저앉아 있는 모습이다. 부득조사(不得操事)에서 '부득'은 하지 못한다는 의미이고, '조사'는 직업 또는 종사하는 일을 말한다. 즉, 백성들이 자신의 농사를 짓지 못한다는 뜻이다.

고대의 정전제(井田制)에는 9가구가 기본이었다. 8가구가 각각의 정전을 맡아 일했고, 가운데 정전은 나라에 바치는 세금이라 함께 일하는 공전이었다. 그리고 한 가구가 군대를 가면 7가구가 그 집을 봉양하였다. 따라서 군대 십만이면 농사짓는 집이 70만 가구임을 말한다. '상수(相守)'는 아군과 적군이 서로 대치하고 있는 상황이다. '애(愛)'는 아낀다는 의미다. 불인지지야(不仁之至也)에서 '불인'은 어리석음, '지(至)'는 최악 또는 최상의 상태에 이르다. 즉, 참으로 어리석다는 뜻이다.

| 해설 |

고대의 전쟁은 한 번 시작하면 언제 끝날지 막연했다. 수년 동안 서로 대치하여 병사들을 고향에 못 가게 잡아 두는 것이 일반적이었다. 전쟁에 출정한 군대는 하루에 천금을 쓰니 일 년이면 365만금, 3년이면 백만금이 넘는다. 그러니 나라의 창고는 텅텅 비고 70만 백성 또한 10만의 군

대에 군수품을 조달하느라 지치고 굶주릴 수밖에 없었다.

그러나 간첩을 활용하면 상황이 달랐다. 간첩은 위험을 무릅쓰고 적의 정황을 정확히 알아 오니 무작정 대치 상태를 벗어날 수 있었다. 적의 불리한 곳을 알아 공격을 하니 전쟁은 하루아침에 끝나고 마는 것이다. 이처럼 간첩을 활용하면 국비 백 냥의 금이면 충분했다. 이는 나라의 손실을 줄이고 백성을 굶주림에서 구제하니 참으로 경제적이었다. 그래서 고대로부터 현대까지 간첩을 다른 어떤 직위보다 귀하게 여기는 것이다.

1941년 6월 나치 독일이 돌연 소련을 침공하였다. 탱크와 장갑차로 편제된 독일 기갑부대가 소련 깊숙이 쳐들어가 레닌그라드, 우크라이나, 코카서스를 정복했다. 이와 때를 같이 하여 독일 정예부대가 모스크바로 진격하였다. 소련의 방어선은 빠르게 붕괴되었다.

그 무렵 소련은 사실 모스크바를 방어할 병력이 부족했다. 사용 가능한 몇 개의 사단이 있기는 했지만 이들 부대는 극동아시아 지역에 배치되어 일본 침략에 대비하고 있었다. 소련은 일본 침략이 두려워 감히 부대를 모스크바로 돌리지 못했던 것이다.

그러나 만약 일본이 당분간 소련을 공격할 의사가 없다면 극동아시아 부대를 모스크바 방어전에 투입할 수 있는 상황이었다. 이때 소련은 일본군의 동향을 파악하기 위해 역사상 최고의 스파이이자 이중간첩인 리하르트 조르게(Richard Sorge)를 은밀히 일본으로 파견하였다. 조르게가 충분히 정확한 정보를 얻을 수 있도록 막대한 활동비도 지급하였다.

조르게는 일본에서 재벌 행세를 하며 돈을 물 쓰듯 썼다. 일본 최고위층과 친교를 맺으며 비밀리에 일본의 특1급 정보를 알아냈다. 그건 아주 짧은 내용이었다.

"일본은 당분간 소련을 침공할 의사가 전혀 없다."

소련 고위층은 이 정보를 손에 쥐자 안도의 한숨을 내쉬었다. 즉각 극동아시아 사단을 모스크바로 이동시켜 독일의 침략에 대항하였다. 이로 인해 독일의 진격이 갑자기 저지되었다. 소련은 시간을 다투는 긴박감 속에서 정보 하나로 가까스로 모스크바를 지켰다.

비록 조르게가 재벌 행세를 할 정도로 돈을 물 쓰듯 썼지만 어찌 그 돈이 아까울 수 있겠는가? 조르게의 활동으로 결국 나라를 구하지 않았던가. 간첩의 활약은 이처럼 대단하고도 엄청나다. 그러니 오늘날에도 모든 나라가 간첩을 정보의 최전선에 활용하는 것이다.

산업스파이

오늘날 기업 경쟁은 기술개발이 주도하고 있다. 이는 무형의 정보이기 때문에 누군가 몰래 가져갈 수 있다. 이런 기술개발을 훔치는 이들을 산업스파이라고 부른다. 기술개발이 유출되면 해당 기업은 막대한 피해를 입게 된다. 이는 단순히 사회 문제가 아니라 커다란 국제 분쟁으로 이어지기도 한다.

현재 알려진 산업스파이 활동은 세 가지로 요약할 수 있다. 첫째, 기술개발 중인 회사의 공식 보도 자료와 보고서 등을 통해 기밀을 수집하는 방법이다. 이는 합법적인 활동이라 제지할 수가 없다. 산업스파이들이 가장 많이 사용하는 방법이다. 둘째, 기술개발 중인 기업의 인적자원 활용 방법이다. 해당 회사의 기술개발 관련 직원을 스카우트하거나 스파이로 삼는 것이다. 경쟁 회사 직원을 스카우트하는 것은 불법이 아니다. 하지만 경쟁 회사의 정보를 활용해 이익을 추구하는 경우 불법이다. 아직까지는 현실적으로 그 구분이 모호할 경우가 많은 것이 문제이다. 셋째, 기술개발 회사에 잠입하여 불법적으로 기밀을 훔쳐 오는 경우이다. 이는 주로 매수나 협박, 절취나 복사를 통해 이루어진다.

2005년 중국 상하이자동차 그룹이 한국의 쌍용자동차를 인수하였다. 그 무렵 쌍용자동차는 국가로부터 56억 원을 연구개발비로 지원받아 '디젤 하이브리드 자동차의 중앙 통제장치 기술'을 개발 중이었다. 이 기술은 국가 핵심기술이었다. 하지만 상하이자동차에 유출되고 말았다. 나중에 경찰 조사로 쌍용자동차 종합기술연구소 소장을 비롯한 관련 기술개발 직원 7명이 불구속 기소되었다.

이 사건은 상하이자동차가 대주주의 지위를 이용해 기술 유출을 지시했으며 쌍용차 연구원들이 이를 거절하지 못하고 따랐던 것이다. 정보 유출의 모든 과정은 전자 우편으로 진행되었다. 대한민국의 핵심 기술이 빠져나가는데도 연구원들은 아무런 양심의 가책도 느끼지 못했다고 한다. 그건 더 나은 대우를 약속받았기 때문이었다. 간첩의 활동 또한 이와 다르지 않다. 좋은 대우만 약속해 주면 죽음을 무릅쓰고 원하는 정보를 얻어 오기 때문이다.

13-2 먼저 적의 정보를 아는 자

현명한 군주와 유능한 장수가 군대를 출동하면 적을 이기고, 공을 이루는 것이 남들보다 뛰어난 것은 먼저 적의 정보를 알기 때문이다. 먼저 적의 정보를 아는 것은 귀신에게서 얻을 수 없고, 다른 사례에서 추측할 수 없고, 점을 쳐서 알아낼 수도 없다. 반드시 적의 정황을 아는 자에게서 얻는 것이다.

故明君賢將, 所以動而勝人, 成功出於衆者, 先知也. 先知者, 不可取於鬼神, 不可象於事, 不可驗於度, 必取於人, 知敵之情者也.

| 풀이 |

불가상어사(不可象於事)에서 '상'은 이전의 비슷한 사례에 비추어 추측하는 것이다. 불가험어도(不可驗於度)에서 '도'는 법도 도. 자연의 현상이나 별자리의 흐름, 날씨의 상태와 천지의 움직임 등을 말한다. '험'은 자연의 상

태를 보고 길흉화복을 점치는 행위이다.

적을 이기는 승리와 일을 이루는 성공은 먼저 정보를 얻는 것에 달려 있다. 그 정보는 아무에게나 얻을 수 있는 것이 아니다. 바로 간첩에게서 나온다. 그리고 간첩에게서 정확한 정보를 얻기 위해서는 그에 상응하는 성실한 비용을 들여야 한다. 돈이 아까워 적의 정황을 파악하지 못한다면 전쟁에서 지는 것이 당연한 일이다. 이런 자는 통수권자가 될 수 없고 장수도 될 수 없다.

| 해설 |

그러면 간첩은 어떻게 양성하는가? 히로세 다카시의 저서 『왜 인간은 전쟁을 하는가?』에는 KGB 요원 양성에 대한 사례를 다음과 같이 기록하였다.

옛 소련의 마르크스 엥겔스 학교에 입학한 젊은이들은 특별허가가 없이는 졸업할 때까지 밖을 나갈 수 없었다. 교육은 엄하고 까다로웠다. 아침 7시에 일어나서 저녁 10시 30분 잠들 때까지 15분의 휴식이 단 두 번 있을 뿐이었다. 그것마저도 다음 수업을 준비해야 하는 시간이었다.

이들은 졸업하면 전원 레닌 기술학교로 보내진다. 학생들은 이 학교의 소재지를 누구에게도 말해서는 안 된다. 학교 이름조차 말할 수 없었다. 이곳에서는 육체 단련에 중점을 둔 특별한 교육을 받는다. 벽 기어오르기, 뛰어내리기, 늪지를 걷거나 지붕 위를 달리기, 장거리 행군, 호신술, 권투, 레슬링, 그리고 권총, 라이플 총, 기관총 등의 사격 연습을 한다. 이어 다이너마이트, TNT 화약 폭발 방법을 배우고 수제폭탄 제조법과 시한폭

탄 설치법을 배운다.

고난도의 교육은 그 다음부터다. 소리 없이 자물쇠를 폭파하는 방법, 금고를 여는 법, 화약 및 고성능 마이크 은닉과 다루는 법, 녹음테이프 수정하는 기술, 은닉 카메라의 촬영법, 적외선 카메라 사용법, 암호와 통신 기밀문서 촬영법. 모두가 목적이 분명한 실용기술을 몸에 익히는 학습들이다.

교과가 끝나면 암호문 해독을 실습한다. 이 학교의 모든 과목 채점은 100점이거나 0점이다. 99점은 낙제다. 학교를 졸업하면 코카서스 산중의 온천에서 한 달간 휴식이 주어진다. 이때도 소련 첩보국에서는 학생들을 관찰한다. 해마다 1천 명이 졸업하며 그중 700명이 해외 근무, 300명이 국내에 근무한다. 취직하는 곳은 국가의 사활이 걸린, 그리고 본인의 생명에도 극도로 위험한 직장들이다. 해외는 특수임무를 담당하고 국내는 비밀경찰 임무를 담당한다.

KGB는 지령을 내리는 제1위원회와 납치, 암살 등의 실제 작전을 실행하는 제2위원회, 그리고 군사기밀을 수집하는 제3위원회로 이루어졌다. 부서에 배치되면 2년 정도 훈련을 더 받는다.

언젠가 후보생 중 하나가 서방의 스파이로 밝혀져 체포되었다. 모두가 그 최후를 쉽게 예상하였다. KGB본부로 보내진 그는 본달렌코 후보생이었다. 얼굴이 창백하게 변했고 온몸을 떨고 있었다. 첩보국 심문관은 조용하지만 울림이 있는 목소리로 말했다.

"두 손을 올리고 목 뒤에서 깍지를 끼어. 좋아, 그대로 벽을 향해 서. 자백할 때까지 몇 시간이든 그렇게 서 있는 거야. 움직이지 마!"

하지만 본달렌코는 몇 시간 동안 서 있으면서도 결코 자백하지 않았다. 그러자 마침내 고문 담당자가 들어왔다. 본달렌코를 책상 앞에 앉혔다. 얼굴 앞에 강렬한 빛을 비추었다. 본달렌코는 눈을 감았다. 하지만 눈을 감아도 견딜 수 없을 정도의 강한 빛이었다. 격렬하게 고개를 흔들며 제발 라이트를 꺼 달라고 애원했다. 그러자 고문관이 말했다.

"좋아. 이제 자백하는 건가?"

하고는 라이트를 껐다. 본달렌코가 말했다.

"누명입니다!"

그러자 고문관이 격앙되게 말했다.

"시치미 떼지 마! 타냐 말코브를 알고 있겠지? 네 여자니까 모른다고 하지는 않겠지. 이것을 한 번 봐. 그 여자는 모두 자백하고 여기에 서명을 했어. 네 이름이 여기 있는 게 보이지? 블라디미르 본달렌코라고 말이야."

본달렌코는 도저히 믿을 수가 없었다. 입술을 꽉 깨물었다. 고문관이 이어 말했다.

"아마 너는 총살을 면하기 어려울 거야. 모든 것을 말하고 천국에 가는 게 좋을 걸. 더 수고를 끼치면 네 가족도 안전하지 못해."

본달렌코는 이미 죽음을 각오했는지 완고하게 입을 다물었다. 그는 이후로 가해진 혹독한 고문을 계속 견뎌 냈다. 마침내 고문관은 자백받기를 포기하고 사살을 명했다. 본달렌코는 지금껏 마르크스 엥겔스 학교와 레닌 기술학교에서 혹독한 교과 과정을 마치고 마침내 임무를 맡으려는 때에 이렇게 죽게 된 것이 더 견디기 힘들었다. 결국 한 줄기 눈물이 뺨을 따라 흘러내렸다.

이윽고 처형장으로 갈 시간이 되었을 때, 담당관이 나타났다.

"잘했어, 블라디미르 본달렌코. 합격이야!"

라며 부드러운 미소를 지으며 말했다. 본달렌코는 이 말이 무슨 의미인지 이해하기 어려웠다. 어리둥절했다.

담당관이 이어 말했다.

"고문 테스트는 끝났네. 만약 서방에 체포되면 이 정도의 고문을 받게 되는 걸 잊어서는 안 되네. 자네의 충성심은 정말 훌륭해. 이 훈련을 동료들에게 말하지 않겠다고 서명해 주게. 이 테스트는 훈련원 전원이 받아야 하니까 발설하면 곤란하거든."

말이 끝나기 무섭게 본달렌코는 주체할 수 없는 감동에 몸을 떨었다. 이후 본달렌코는 자신의 근무지인 서방으로 떠났다.

『한비자』「내저설(內儲說)」 하편에는 간첩의 사례를 다음과 같이 기록하고 있다.

공자(孔子)가 노(魯)나라 애공(哀公)에게 신임을 얻어 나라를 다스리게 되었다. 그러자 얼마 후 나라가 부강해졌고 풍속이 바르게 시행되었다. 백성들은 길에 떨어진 물건이라도 함부로 줍지 않았고, 상인들은 자신의 저울을 속이지 않았다.

그 무렵 제(齊)나라 경공(景公)은 이전부터 호시탐탐 노나라 정벌을 엿보고 있었다. 그런데 노나라가 갈수록 번성하자 기회를 얻지 못했다. 이는 모두 공자의 등장으로 인한 것이었다. 그래서 공자를 제거하려고 모의하였다. 이에 제나라 대신 여차(黎且)가 꾀를 내어 경공에게 아뢰었다.

"공자를 제거하기란 쉬운 일이 아닙니다. 그러나 음악과 가무에 능한 미녀를 노나라 애공(哀公)에게 바쳐 교만과 허영을 부추기면 가능합니다. 분명 애공은 정사를 게을리할 것이고 그러면 공자는 틀림없이 애공에게 충언을 고할 것입니다. 애공은 말할 것도 없이 쓰디 쓴 충언을 듣기 싫어할 것입니다. 군주가 신하의 충언을 받아들이지 않으니 노나라는 곧 파탄에 이를 것이고, 그러면 공자는 두말 않고 노나라를 떠날 것입니다."

제나라 경공이 이 말에 따라 여차를 노나라 사신으로 보내면서 음악과 가무에 능한 16명의 미녀를 애공에게 선물로 주었다. 과연 애공은 그 후로 정사를 돌보지 않았다. 16명의 미녀들에게 빠져 방탕한 세월을 보냈다. 공자가 수차례 충언을 올렸으나 듣지 않았다. 결국 공자는 노나라를 떠나 초나라로 가 버렸다. 이후 노나라는 멸망하고 말았다.

16명의 미녀들은 단순히 음악과 가무만을 행하는 연예인이 아니었다. 그들은 철저히 교육받고 훈련받은 제나라의 간첩이었던 것이다. 국가는 전쟁에서 패해 망하기도 하지만 이처럼 간첩의 활약으로 망하기도 하는 것이다.

짝퉁에서 혁신의 주체가 된 기업

샤오미(小米)는 중국에 본사를 둔 통신기기 및 소프트웨어 업체이다. 2010년 레이쥔(雷軍)과 8명의 동업자가 창업하였다. 그 무렵 벤처 창업자들의 나이는 20대에서 30대 초반이 대부분이었다. 하지만 샤오미의 창업자들은 평균 연령이 45세였다. 샤오미(小米)는 중국어로 좁쌀이라는 뜻이다. 초창기에 동업자들이 좁쌀로 죽을 끓여 먹으며 어렵게 회사를 세웠다는 의미가 함축되어 있다.

2011년 8월 샤오미 스마트폰을 발표하였다. 이때 샤오미는 제품은 물론이고 포스터 디자인, 매장 인테리어 등 모든 것을 애플 그대로 흉내 냈다. 그래서 소비자들은 '짝퉁 애플'이라고 불렀다. 하지만 이 해의 매출은 6억 위안, 판매 대수는 1,870만 대로 시장을 놀라게 하였다. 이후 2014년에는 스마트폰 점유율 세계 3위를 기록하였다. 이 해의 매출은 743억 위안이었다. 우리 돈으로 13조 원이 넘는다.

처음 샤오미가 등장할 때 누구도 중국 시장을 석권할 것이라 예상한 사람은 없었다. 모두가 짝퉁이라며 조소를 퍼부었을 뿐이다. 그런데 샤오미는 두 가지 특징적인 전략이 있었다. 첫째는 독특한 판매 전략이다. 자사 제품은 자사 사이트에서 온라인으로만 판매한다. 이는 단말기를 원가에 가까운 가격에 판매하기 위한 것으로 대신 유통 및 홍보에 전혀 투자를 하지 않는다. 회사는 서비스, 애플리케이션, 액세서리 등의 판매로 이익을 창출한다. 이후 샤오미는 TV, 공기청정기 등을 만들었으나 이 역시 원가에 가까운 판매를 하고 있다.

두 번째 전략은 고객을 친구처럼 대하는 것이다. 고객은 회사의 친구가 되어 비즈니스 프로세스 전반을 도와주는 역할을 한다. 그래서 연구개발, 서비스, 경영 판단까지 모두 고객에게 맡긴다. 실제로 샤오미 스마트폰의 운영체제는 매주 새롭게 업데이트된다. 그런데 샤오미의 개발팀 직원은 겨우 100명에 불과하다. 이 적은 인원으로 어떻게 가능한 것일까? 바로 10만 명의 열성 고객 덕분이다. 이들은 업데이트 작업에 참여해 문제점을 발굴하고 개선하는 데 조언을 아끼지 않는다. 그리고 그렇게 개발된 제품은 고객들이 인터넷과 SNS를 통해 소문을 내준다. 지금껏 어떤 혁신 기업도 이렇게 거대한 고객 집단의 자발적 참여를 이끌어 내지 못했다. 고객층이 충성스럽기도 유명한 애플도 이런 생각을 하지 못했다. 샤오미는 그야말로 지구상에 새로운 비즈니스를 개척한 것이다.

2015년 미국 MIT가 세계에서 가장 스마트한 50대 기업 가운데 2위에 샤오미를 올렸다. 손안의 세상으로 스마트폰 시대를 선도한 애플은 16위, 우리나라 기업은 아예 하나도 들지 못했다. 그것은 샤오미가 창출해 낸 고객 참여 개발 시스템을 높이 평가했기 때문이다.

이제는 기술력만으로 세계를 제패하지 못한다. 기존의 패러다임을 바

꾸는 능력이 있어야 가능하다. 혁신이란 아무도 생각하지 못하는 것을
생각해 내는 것이다.

13-3 신기(神紀)

　간첩을 쓰는 데는 다섯 가지 유형이 있다. 향간(鄕間), 내간(內間), 반간(反間), 사간(死間), 생간(生間)이 있다. 이 5가지를 함께 활용하되 적이 그 정체를 알아채지 못하게 해야 한다. 이를 '신기(神紀)'라 하는데, 신묘하여 적이 헤아릴 수 없다는 뜻이다. 그러므로 간첩은 군주의 보물인 것이다.

　'향간'은 적의 마을 사람을 간첩으로 쓰는 것이다. '내간'은 적의 관리를 포섭하여 간첩으로 쓰는 것이다. '반간'은 적의 간첩을 포섭하여 이중간첩으로 쓰는 것이다. '사간'은 밖으로 거짓 정보를 흘려 아군 간첩이 이를 알아 적의 간첩에게 전하는 것이다. '생간'은 적진에서 적의 정보를 정탐하여 돌아와 보고하는 자이다.

　그러므로 군대의 정황에 대하여는 간첩보다 더 잘 아는 이가 없다. 따라서 간첩에게 주는 상보다 후한 것이 없고, 간첩이 하는 일보다 은밀한 것이 없다. 지혜가 뛰어난 자가 아니면 간첩을 쓸 수 없고, 어질고 의롭지 않으면 간첩을 부릴 수 없다. 또 세밀하고 교묘하지 않으면 간첩의 정보를 얻을 수 없다. 미묘하고, 미묘하도다! 간첩을 쓰지 않는 곳이 없도다. 그래서 간첩의 임무가 아직 시행되지도 않았는데 이를 미리 발설하면 간첩과 발설한 자를 모두 죽이는 것이다.

故用間有五: 有鄕間, 有內間, 有反間, 有死間, 有生間. 五間俱起, 莫知其
道, 是謂「神紀」, 人君之寶也. 鄕間者, 因其鄕人而用之; 內間者, 因其官人
而用之; 反間者, 因其敵間而用之; 死間者, 爲誑事於外, 令吾間知之, 而傳
於敵間也; 生間者, 反報也. 故三軍之事, 莫親於間, 賞莫厚於間, 事莫密
於間, 非聖智不能用間, 非仁義不能使間, 非微妙不能得間之實. 微哉! 微
哉! 無所不用間也. 間事未發而先聞者, 間與所告者皆死.

| 풀이 |

구기(俱起)에서 '구'는 함께 구. 함께 활용한다는 의미다. 막지기도(莫知其
道)에서 '도'는 간첩의 정체, 규율, 임무를 말한다. 인군지보(人君之寶)에서
'인군'은 임금을 뜻한다. '보'는 재능, 자질, 능력을 갖춘 인물을 의미한다.
인기향인이용지(因其鄕人而用之)에서 '인'은 때문에로 해석한다. 즉, 적의 마
을 사람을 간첩으로 활용하기 때문에 향간이라 한다. 위광사어외(爲誑事於
外)에서 '광사'는 유언비어 또는 거짓된 정보이다. 반보(反報)의 '반'은 돌아
올 반. 막친어간(莫親於間)에서 '친'은 잘 안다. '성지(聖智)'는 성현의 지혜이
니 지혜가 뛰어나다는 의미다. 비미묘불능득간지실(非微妙不能得間之實)에서
'미묘'는 세밀하고 오묘하다는 뜻이고, '실'은 실적을 말하니 적의 정보이
다. 개사(皆死)에서 '개'는 모두 개, 겸(兼)으로 쓰기도 한다.

| 해설 |

간(間)이란 적의 정황을 엿보는 행위이다. 한밤중에 달빛을 빌려 문틈으로 남을 들여다보는 사람을 뜻한다. 남을 엿보는 자는 특정한 목적을 품은 자이다. 이것이 나중에 정보를 탐지하고 기밀을 정탐하는 간첩으로 변한 것이다.

'향간(鄕間)'은 적의 고을에 사는 일반 주민을 간첩으로 활용하여 정보를 얻는 것이다. 흔히 고정간첩이라 한다. 정보의 범위가 작은 대신에 유언비어를 유포하기가 쉽다. 내간(內間)은 적의 관리를 간첩으로 삼는 것이다. 이는 정확성이 높은 고급 정보를 얻을 수 있다. 당(唐)나라 때 시인 두목(杜牧)은 내간에 대해 다음과 같이 정의했다.

"적의 관리 중에서 현명하지만 실직한 자, 죄를 범해 형벌을 받은 자, 재물을 탐하는 자, 굴욕을 이기며 낮은 자리에 있는 자, 배운 바는 있으나 애를 써도 진급을 못하는 자, 처지는 궁핍하지만 재능을 펼쳐 보이려는 자, 이익에 따라 행동하는 자 등, 이런 관리들은 은밀히 접촉해 돈으로 매수하면 간첩으로 쓸 수 있다."

이는 고대의 이야기이지만 현대라고 크게 다르지 않다. 세상에는 항상 불평불만 세력이 있기 마련이다. '반간(反間)'은 적의 간첩을 매수해 반대로 아군의 간첩으로 활용하는 것이다. 두목은 이에 대해 다음과 같이 말했다.

"적의 간첩을 알게 되면 뇌물로 유혹하여 우리 편으로 활용하고, 또는 모르는 척하면서 거짓 정보를 흘려주는 것이 적의 간첩을 활용하는 것이다."

『송사(宋史)』「악비전(岳飛傳)」에 다음과 같은 기록이 있다.

남송(南宋)의 군사통수권자인 장군 악비가 황제로부터 명을 받아 그 무렵 도적 떼의 우두머리인 조성(曹成)을 정벌하러 나섰다. 관군이 하주에 진입하여 마침 조성이 파견한 간첩 하나를 사로잡았다. 간첩은 꽁꽁 묶인 채 악비의 막사까지 끌려왔다. 마침 악비가 막사 안에서 나오면서 대기하고 있던 참모에게 물었다.

"지금 아군의 군량미 상황은 어떠한가?"

그러자 참모가 대답했다.

"군량은 이미 바닥났습니다. 이를 어찌해야 할지 모르겠습니다."

그러자 악비가 잡혀 온 간첩이 들을 수 있게 일부러 큰소리로 말했다.

"할 수 없다. 도적들이 모르게 다릉(茶陵)으로 철수하도록 한다."

말을 마친 악비는 그제야 잡혀 온 간첩을 발견한 듯 당혹스러운 표정을 지었다. 마치 군기를 누설해 큰 실수를 했다는 표정으로 황급히 막사 안으로 다시 들어갔다. 그리고 은밀히 부하를 시켜 잡은 간첩을 도망가게 했다. 간첩은 경계가 소홀한 틈을 타서 악비의 군영을 탈출하였다. 그리고 조성에게 달려가 들은 바 그대로 보고했다.

"악비의 진영은 지금 식량이 떨어져 다릉으로 철수할 것이라 합니다."

조성이 그 말을 듣고는 크게 기뻐하였다. 그리고 곧바로 도적 무리들에게 명하여 악비의 군대를 추격하도록 했다. 그러나 이때 악비는 선두에 선 정예부대를 교묘히 샛길로 돌렸다. 그리고 곧장 조성이 주둔하고 있는 태평장(太平場)으로 진격했다. 적이 허술한 틈을 타 물밀 듯 쳐들어가 단숨에 격파하였다. 이처럼 '반간'은 교묘한 편법으로 적에게 거짓 정보를 흘려 유리한 상황을 만드는 것이다.

'사간(死間)'은 자국의 거짓된 정보를 적지에 들어가 적의 간첩에게 그대로 전하는 간첩이다. 거짓 정보를 전하는 일이니 발각되면 목숨을 잃기 쉽다. 그래서 사간이라 한다. '생간(生間)'은 적의 진짜 정보를 가지고 본국으로 돌아와 보고하는 아군의 간첩이다. 반드시 정보를 정확하고 안전하게 가지고 와야 하는데 당연히 살아 돌아와야 하므로 생간이라 부른다. 이들 중에 반간이 가장 정보가 많고 중요하기 때문에 대접이 후했다.

고대 간첩의 선발 기준은 의외로 독특했다. 첫째, 지혜롭고 능력이 있는 자. 둘째, 평소에 겉은 우둔하나 속은 영리한 자 또는 겉은 못났지만 속은 대담한 자. 셋째, 그 가운데서 걸음이 날래고 용맹한 자. 넷째, 배고픔, 추위, 더러움, 수치 등을 잘 견디는 인내심이 강한 자였다. 지적 수준과 체력의 강도와 내면의 깊이까지 관찰해서 선발되었으니 아무나 쉽게 할 수 있는 일이 아니었다.

현대에 와서 간첩의 신분은 다양해졌다. 전문기술자이거나 여행객이거나 무역상이거나 종교인일 수가 있다. 더구나 오늘날의 간첩은 대부분 이중간첩이거나 다중간첩이다. 적 안에 우리 편이 있고, 우리 안에 적이 있는 것이다.

전국(戰國)시대 말기, 위(魏)나라 신릉군(信陵君)은 왕에 버금가는 실력자였다. 군대를 소유하지는 못했지만 자신의 집에 찾아오는 식객이 3천 명을 넘을 정도로 명성과 위세가 대단했다. 또한 용맹과 수완이 뛰어나 위나라 왕의 부름을 자주 받았다. 그런데 언제부터인지 왕은 그런 신릉군을 경계하게 되었다. 그러자 신릉군은 자신의 목숨이 위태롭다고 느껴 나라를 떠났다. 그리고 조(趙)나라에서 10년 동안 머물러 있었다.

어느 날 진(秦)나라에서 군대를 일으켜 위나라 공격에 나섰다. 위나라 안리왕(安釐王)은 이 소식에 나라가 망할까 두려워 급히 신릉군에게 귀국을 요청했다. 신릉군은 잠시 주저했다. 하지만 그래도 나라를 구하는 일이라 왕의 요청을 받아들였다. 신릉군이 귀국하자 왕은 기뻐 눈물을 흘리며 상장군으로 임명했다.

상장군 신릉군은 우선 이웃한 다섯 나라에 구원병을 요청하였다. 그렇게 연합군을 이끌고 황하(黃河) 이남에서 진나라 군사와 맞붙어 크게 이겼다. 승세를 몰아 진나라 도읍에 이르는 함곡관(函谷關)까지 진격하니 진나라 군사들이 감히 나오지 못했다. 이 일로 신릉군의 위세가 천하에 알려졌다.

신릉군의 등장으로 수세에 몰린 진나라는 특단의 비책을 세워야 했다. 평소 신릉군에게 원한을 갖은 자들을 은밀히 찾아 황금으로 매수하였다. 그리고 다음과 같이 신릉군을 비방하도록 했다.

"지금 위나라의 모든 신하들은 신릉군의 말만 따른다. 왕은 우스운 존재가 되었다. 이제 곧 신릉군이 왕의 자리에 오를 것이다."

이어 진나라는 다시 여러 첩자를 위나라 곳곳으로 보내 모사를 꾸몄다. 이들은 위나라에서 사람들을 만나면 다음과 같이 말했다.

"아니, 신릉군이 드디어 왕위에 올랐다고요? 그건 정말 축하할 일입니다."

있지도 않은 일들이 바람처럼 퍼져 갔다. 위나라 안리왕은 처음 이 보고를 받았을 때는 전혀 믿지 않았다. 그러나 매일 이 소문을 듣게 되자 돌연 마음이 바뀌었다. 당장 신릉군을 상장군에서 해임하고 다른 이를 임명했다. 행여 소문이 사실대로 될까 두려웠던 것이다.

자리에서 물러난 신릉군은 병을 핑계로 고향으로 내려갔다. 매일 술을 마시며 방탕하게 지냈다. 이는 왕의 경계를 피하기 위해서였다. 4년 후 신릉군이 죽었다. 이 소식을 접한 진나라가 당장에 군대를 이끌고 위나라로 쳐들어왔다. 파죽지세로 20여 개 성을 빼앗고 안리왕을 사로잡았다. 이로써 위나라는 멸망하고 말았다.

'유언비어(流言蜚語)'란 사실이 아닌 일이 사실처럼 널리 퍼진 소문을 말한다. 적의 유력한 인물을 칼에 피 한 방울 묻히지 않고 제거하는 계략 중에 하나이다. 진나라가 위나라에 간첩을 보내 이간질을 성공할 수 있었던 것은 우선 위나라 내부의 모순을 이용한 것이지만, 무엇보다 남의 말을 쉽게 믿는 위나라 왕의 성격을 특징적으로 활용했기 때문이다. 이처럼 간첩이란 군대가 하지 못하는 일을 손쉽게 이루어 내니 대단한 술책이라 아니할 수 없다.

대중의 욕구를 파악한 기업전략

국가는 민심을 파악하는 것이 우선이지만, 기업은 소비자의 욕구를 파악하는 것이 우선이다. 빅토리아 시크릿(Victoria Secret)은 미국 최대의 란제리 회사이다. 이 회사가 세계적으로 유명해진 계기는 1995년부터 시작된 '빅토리아 시크릿 속옷 패션쇼'이다. 멋진 속옷 모델들의 판타지를 보여주어 일반 여성들도 란제리를 통해 자신의 섹시미를 마음껏 표출할 수 있다는 자신감을 심어 주기 위한 행사였다.

특히, '엔젤'이라는 이름의 뛰어난 미모의 모델들이 입은 란제리는 다른 속옷 회사가 넘보지 못하는 고급스럽고 감성적 가치가 풍부한 독특한 패션이었다. 남성은 속옷차림으로 무대를 누비는 모델들을 보면서 저런 여성을 만나고 싶다는 생각을 갖게 하고, 여성들은 나도 저런 여자가 되고 싶다는 환상을 갖게 했다. 속옷을 통해 남성과 여성의 환상을 실현시킬 수 있다는 독특한 전략으로 미국인들의 란제리에 대한 개념을 완전히 바꾸어 놓았다. 이 행사로 인해 매년 속옷 쇼핑이 증가했고 빅토리아

시크릿은 미국 내 1등 브랜드로 자리 잡았다.

이 회사는 1999년 패션쇼 사상 최초로 온라인 중계를 시도했다. 그 무렵 생중계를 지켜본 사람들이 무려 150만 명이 넘었다. 2000년 온라인 생중계 때에는 시청자가 200만 명을 넘어섰다. 이 자료를 바탕으로 회사는 패션쇼 예산을 늘렸다. 첫해 패션쇼 예산은 12만 달러에 불과했었지만 2011년도에는 1,200만 달러로 증가했다. 이는 단순히 시청자에게 볼거리를 제공하는 수준이 아니었다. 한 번 패션 행사를 마치고 나면 미국 전역 수천 개의 매장과 인터넷을 통한 판매가 연간 4억 건에 달했다. 2012년 판매량 610억 달러, 영업수익은 100억 달러를 기록했다.

빅토리아 시크릿이 미주 최대의 란제리 회사로 성장할 수 있었던 것은 대중들이 곤란해하고 금기시했던 속옷 문화를 대중문화로 바꾸어 놓았기 때문이다. 이처럼 기업은 먼저 대중의 기호를 파악해야 시장에서 살아남을 수 있는 것이다.

13-4 간첩의 역할과 이용

　무릇 적의 군대를 공격하고, 적의 성을 공격하고, 적의 중요인물을 살해하고자 할 때는 반드시 먼저 적의 장수, 좌우의 부관, 비서인 알자(謁者), 수문장인 문자(門者), 막료인 사인(舍人)의 신상에 대하여 알아야 한다. 이는 적국에 잠입한 아군 첩자가 반드시 탐색하여 알아내야 하는 것이다. 만약 적의 간첩이 아군 지역으로 들어왔다면 반드시 찾아내야 한다. 그에게 이익으로써 유인하고 대가를 주어 회유해야 한다. 그래서 이중간첩인 반간으로 이용할 수 있어야 한다.

　반간으로 인하여 적의 상황을 알게 되면 향간이나 내간을 활용할 수 있다. 또 반간으로 인하여 적의 상황을 알게 되면, 사간으로 하여금 거짓정보를 적에게 흘릴 수 있다. 반간으로 인하여 적의 상황을 알게 되면, 생간으로 하여금 예정된 기간 내에 돌아와 보고하도록 할 수 있다. 이 다섯 가지 간첩의 일은 군주가 반드시 알아야 하는데, 이를 확실히 알 수 있는 것은 반간에게 달렸다. 그래서 반간은 후하게 대접하지 않으면 안 되는 것이다.

　옛날 은나라가 흥한 것은 하나라에 이지(伊摯)가 있었기 때문이고, 주

(周)나라가 흥한 것은 은나라에 여아(呂牙)가 있었기 때문이다. 현명한 군주와 유능한 장수가 지략이 뛰어난 인재를 간첩으로 활용하는 것은 반드시 큰 공을 세우기 때문이다. 간첩을 쓰는 용간은 병법의 핵심이며 군대는 간첩의 정보를 믿고 움직이는 것이다.

凡軍之所欲擊, 城之所欲攻, 人之所欲殺, 必先知其守將, 左右, 謁者, 門者, 舍人之姓名, 令吾間必索知之. 必索敵人之間來間我者, 因而利之, 導而舍之, 故反間可得而用也; 因是而知之, 故鄕間, 內間可得而使也; 因是而知之, 故死間爲誑事, 可使告敵; 因是而知之, 故生間可使如期. 五間之事, 主必知之, 知之必在於反間, 故反間不可不厚也. 昔殷之興也, 伊摯在夏; 周之興也, 呂牙在殷. 故明君賢將, 能以上智爲間者, 必成大功. 此兵之要, 三軍之所恃而動也.

| 풀이 |

'수장(守將)'은 군대 최고 책임자인 장군을 말한다. '좌우(左右)'는 부관이다. '알자(謁者)'는 비서다. '문자(門者)'는 군영의 문을 지키는 수문장이다. '사인(舍人)'은 장군을 호위하는 전략가 또는 막료들이다. '성명(姓名)'은 단순히 성과 이름이 아니라 상대의 신상에 관한 모든 것이다. '색지(索知)'는 찾아서 알아 오게 하는 것이니 정탐한다는 뜻이다. 인이리지(因而利之)에서 '리'는 재물이나 벼슬을 의미한다. 도이사지(導而舍之)에서 '도'는 인도할 도, '사'는 베풀 사. 일정 대가를 주고 회유하는 것이다. '기(期)'는 적국에 잠입한 간첩이 본국에 돌아와 보고할 정해진 기일이다. '요(要)'는 핵심을 의미한다.

| 해설 |

이지(伊摯)는 고대의 간첩으로 고서에는 이윤(伊尹)이라 기록되어 있다. 은(殷)나라 탕왕이 이윤을 하(夏)나라에 간첩으로 보낼 때 도망가는 죄인처럼 보이도록 일부러 쫓아가 화살을 쏘았다. 이로 인해 이윤은 의심받지 않고 무사히 하나라에 잠입할 수 있었다.

하나라 걸왕은 여자를 밝혀 새 여자를 좋아하고 옛 여자를 싫어했다. 어느 날 민산(岷山)씨의 두 딸을 사랑하게 되자 본처인 매희(妹喜)씨를 거들떠보지도 않았다. 그로 인해 매희는 민산씨의 두 딸 완(琬)과 염(琰)을 질투하게 되었다. 이때 이윤은 매희에게 반간계를 써서 많은 정보를 얻었다. 그리고 그 정보를 탕왕에게 보고하였다. 탕왕은 마침내 기회가 오자 군대를 동원해 단숨에 하나라 걸왕을 몰아냈다.

여아(呂牙)는 강태공을 말한다. 강태공의 본성명은 강상(姜尙)이다. 그의 선조가 여(呂)나라 제후였기에 여상(呂尙)이라고도 불렀다. 주(周)나라 문왕(文王)의 스승으로 정치에 입문하였고, 그 아들 무왕(武王)을 도와 은나라를 멸망시켜 천하를 평정하였다. 그 공으로 제(齊)나라의 시조가 되었다.

강태공은 본래 동해(東海) 지역의 가난한 자였다. 출세도 하지 못하고 돈 버는 재주도 없어 견디다 못한 그의 아내가 집을 나갈 정도였다. 하루는 위수(渭水)에서 미끼도 없이 낚시를 하고 있는데, 인재를 찾아다니던 주나라 문왕 서백을 만났다. 서백은 강태공의 인물됨을 알아보고 그 자리에서 스승으로 섬기고 주나라 재상으로 등용하였다. 이때부터 태공망

(太公望)이라고 불렀는데, 이는 주나라에서 찾던 인물이라는 뜻이다. 경제적 수완과 병법에 뛰어나 『육도(六韜)』를 저술했다고 전해진다. 강태공이 간첩이 된 자세한 내용은 알 수 없다. 아마도 나이가 연로했으니 첩자를 활용했을 것이라 추측한다.

간첩의 일이란 목적은 고상하나 수단은 비열하다. 큰일은 결코 작은 일이 모여져서 이루어지는 것이 아니다. 작은 일은 작은 일일 뿐이다. 큰일은 음모가 아니면 이룰 수 없는 것이다.

김부식이 편찬한 『삼국사기』에도 간첩에 대한 기록이 있다. 고구려 장수왕이 백제를 치기 위하여 간첩을 은밀히 구하였다. 이때 승려 도림(道琳)이라는 자가 모집에 응하여 말하였다.

"소승이 원래 도는 알지 못하지만 나라의 은혜에 보답하고자 합니다. 청컨대 제게 그 일을 맡겨 주신다면 나라를 욕되게 하지 않겠습니다."

이에 장수왕이 기뻐하여 도림을 백제로 보냈다. 그가 떠날 때 마치 죄를 지어 도망하는 것처럼 군사를 추격하여 쫓기도 하였다. 백제에 당도한 도림은 근개루왕이 바둑을 좋아한다는 소문을 듣고 궁궐 문에 이르러 말하였다.

"제가 일찍이 바둑을 배워 묘수를 알고 있으니 이를 왕께 알려드리고자 합니다."

근개루왕이 그를 불러들여 대국을 하고 보니 과연 고수였다. 이에 도림을 지위가 높은 손님인 상객(上客)으로 모시고 극진히 대우하며 친하게 지냈다. 얼마 후 도림이 근개루왕에게 조용히 아뢰었다.

"저는 타국 사람인데도 왕께서 두터운 은혜를 베풀어 주셨습니다. 저는 다만 바둑으로 보답했을 뿐 아직 조그만 이익도 드리지 못하였습니다. 이에 한 가지 조언을 올리고자 합니다."

근개루왕이 말하였다.

"말해 보라. 나라에 이로운 일이라면 즉시 행할 것이다."

도림이 말하였다.

"대왕의 나라는 사방이 산과 언덕과 강과 바다이니 이는 하늘이 내려 준 요새입니다. 그러니 이웃 나라들이 받들어 섬기고 감히 쳐들어올 생각을 할 수 없습니다. 그런데 대왕의 숭고한 업적에 비해 궁궐이 너무도 낡았습니다. 궁궐을 새로 짓는 것이 대왕의 명성을 위해서 좋지 않을까 생각합니다."

근개루왕이 말하였다.

"알겠다! 그렇게 하겠다."

이에 조정에서 백성들을 징발하여 흙을 구워 성을 쌓고, 궁실과 누각과 대사(臺榭)를 지었는데, 웅장하고 화려하기가 그지없었다. 이 때문에 나라 창고가 텅 비고 백성들이 곤궁해졌다. 나라가 위태롭기가 계란을 쌓아 놓은 것보다 심하였다.

그런데 얼마 후 도림이 사라졌다. 밤을 틈타 고구려로 도망친 것이었다. 귀국하여 장수왕에게 그동안의 일들을 상세히 보고하였다. 장수왕이 기뻐하며 이윽고 군대 출정을 명했다. 고구려 군대가 쳐들어온다는 소식에 근개루왕이 탄식하며 말하였다.

"내가 어리석어 간사한 자의 말을 믿었다가 이 지경에 이르렀다. 지금 백성들은 쇠잔하고 병사들은 약하니, 위태로운 이때에 누가 나가 싸우겠는가?"

말을 마치자 근개루왕은 휘하 부하들을 이끌고 황급히 남쪽으로 달아났다. 고구려 군대는 출전 7일 만에 백제성을 함락시켰다. 이어 고구려 장수 걸루가 이끄는 부대가 근개루왕을 뒤쫓아 사로잡았다. 장수 걸루가 근개루왕의 얼굴에 세 번 침을 뱉고, 죄를 물은 다음에 아차성(阿且城) 아래서 칼로 목을 베었다.

간첩은 상대가 좋아하는 일에 은밀히 따라붙는다. 근개루왕이 바둑을 좋아한다는 걸 알고 도림은 바둑으로 접근하였다. 신임을 얻어 상객으로 대우를 받았으니 그 행실이 어찌 기묘하다고 하지 않겠는가?

명나라 역사를 기록한 『명사(明史)』에는 간첩술을 사용하여 적의 장수를 제거한 사례가 기록되어 있다. 원숭환(袁崇煥)은 명(明)나라 말기에 문관으로 벼슬에 오른 자이다. 평소 성격이 대담하고 지략이 많아 군사 전략에 관심이 많았다. 1622년 후금(後金)이 요동 지역에 쳐들어와 만주에 대한 지배권을 빼앗았다. 후금은 여세를 몰아 북경의 관문인 산해관(山海關)을 넘보게 되었다. 이에 명나라 조정은 누가 후금에 대항할 수 있겠느냐며 위기감에 휩싸였다. 이때 산해관의 형세를 연구한 원숭환(袁崇煥)이 병부상서에게 말했다.

"제가 요동 수비를 맡겠습니다!"

명나라 조정은 즉시 원숭환을 병비검사(兵備檢事)로 임명하여 산해관을 지키도록 하였다. 원숭환은 산해관 북쪽 영원성(寧遠城)을 새로이 축조하여 높이를 10미터나 높였다. 그리고 포르투갈 상인에게 구입한 최신식 홍이포(紅夷砲)를 배치하였다.

1626년 누르하치가 13만 대군을 이끌고 영원성을 공격해 왔다. 후금군은 앞줄이 쓰러지면 곧바로 뒤에서 그 줄을 메우며 파도처럼 밀려왔다. 영원성이 위태로워지자 원숭환은 포격을 명했다. 포탄이 떨어지자 후금군은 놀라 도망가기 바빴다. 결국 우월한 화력을 당해 내지 못하고 후금은 패하여 후퇴하였다. 이때 누르하치는 포탄에 중상을 입고 며칠 후 사망하였다.

이 전투는 명나라가 후금에게 처음으로 승리를 거둔 전쟁이었다. 그 공로로 원숭환은 병부시랑(兵部侍郞)으로 승진하였다. 1627년 누르하치의 아들인 홍타이지가 재차 공격해 왔다. 원숭환은 이번에도 최신식 대포를 앞세워 후금을 물리쳤다.

이 무렵 명나라는 환관과 관료들 간의 당쟁이 치열했다. 원숭환은 뜻하지 않게 모함을 받아 관직에서 물러나게 되었다. 하지만 새로운 황제 사종(思宗)이 즉위하자 병부상서(兵部尙書)로 기용되었다. 이때 원숭환은 5년 안에 요동 땅을 회복하겠다는 원대한 계획을 내세웠고, 사종은 그에게 신임의 표시로 상방보검(尙方寶劍)을 하사하기도 했다.

황제로부터 전권을 위임받은 원숭환은 우선 가도(椵島)를 요동 수복의 전진 기지로 삼았다. 이어 가도의 책임자인 모문룡을 군법을 어긴 책임을 물어 처형하였다. 이는 모문룡이 후금과의 전투를 피하고 독자적으로 세력을 구축하려는 음모를 꾸몄기 때문이었다. 하지만 모문룡을 지지하는 황실의 환관들이 이 일로 원숭환을 모함하기에 이르렀다. 이는 황제의 재가 없이 사형을 집행했다는 이유였다.

1629년 10월 후금(後金)의 홍타이지가 몽골 지역으로 우회하여 장성 동북쪽을 거쳐 북경을 공격해 왔다. 하지만 원숭환은 이 공격에도 신속히 병사들을 이끌고 대포를 앞세워 후금을 물리쳤다. 후금은 계속되는 패배로 고민스러웠다. 새로운 전략을 짜야 했다. 이때 원숭환을 제거하기 위한 방책으로 간첩을 명나라에 집중적으로 파견하였다. 그리고 명나라 환관들을 금으로 매수했다. 그러자 원숭환에 대한 유언비어가 조정에 나돌기 시작했다.

"원숭환은 사리사욕을 위해 명나라를 배신하고 후금과 몰래 내통하고 있다."

이어서 후금은 적극적인 음모를 꾸몄다. 마침 후금에 잡혀 온 명나라 환관을 방에 가두고 후금의 병사가 심문하는 척하면서 잠시 자리를 비웠다. 그때 환관이 옆방에서 들려오는 소리를 듣고는 그만 치를 떨었다.

"원숭환이 보내온 서신에 의하면 이달 보름에 함께 명나라를 총공격하기로 했소. 그러니 장군들은 날을 맞추어 군대를 출정하도록 하시오. 이것은 비밀이니 당일까지 굳게 지키도록 하시오."

그리고 그날 밤 경비를 허술하게 하여 환관이 몰래 도망가도록 하였다. 구사일생 끝에 도망친 환관은 자신이 들은 바를 그대로 황제에게 전했다. 황제는 이 보고를 확인해 보지도 않고 크게 분노하여 명했다.

"당장에 원숭환을 잡아들여라!"

1629년 12월 원숭환은 모반 혐의로 체포되어 옥에 갇혔다. 이때 관료들이 주축이 된 동림당(東林黨)이 적이 눈앞에 있는 상황에서 장수를 죽여서는 안 된다고 탄원했지만 받아들여지지 않았다. 환관들이 주축이 된 엄당(閹黨)이 강력히 처형을 요구하였기 때문이었다. 결국 원숭환은 다음 해 9월 북경 서시(西市) 거리에서 능지형(凌遲刑)에 처해져 온몸이 갈기갈기 찢겨 죽었다. 이때 원숭환을 따르던 전쟁의 경험이 많은 다른 부장들도 같이 참수당했다. 또한 원숭환 휘하의 뛰어난 관료들도 같이 공모했다는 이유로 멀리 추방되었다.

이후 명나라는 후금과 대항할 수 있는 장수와 용사가 더는 없었다. 후금의 공격에 저항 한번 해 보지 못하고 무참히 무너졌다. 간첩을 이용한 후금의 전략이 크게 성공한 까닭이었다.

산업스파이와 기밀 보호

　최근 전 세계적으로 기업의 기밀 보호가 강조되고 있다. 우리나라 역시 해마다 산업스파이에 의한 피해액이 늘어나자 기밀 보호에 만전을 기하고 있다. 기밀 보호의 대표적인 사례로 코카콜라를 꼽을 수 있다.

　1886년 미국에서 탄생한 코카콜라는 무려 130년 동안 '원액의 배합 방식에 대한 기술'을 기밀로 유지해 오고 있다. 전 세계의 코카콜라 생산 공장은 본사에서 보내는 농축된 원액을 받아 물, 탄산, 설탕 등의 첨가물을 배합하여 병 또는 캔에 넣어 판매한다. 하지만 지금까지 그 기술만큼은 절대 공개하지 않고 있다.

　역대 코카콜라사의 경영자들은 모두 이 음료 제조의 비방을 준수하는 것을 첫 번째 임무로 여겼다. 코카콜라의 발명자 존 펨버튼(John Pemberton)이 친필로 쓴 음료 제조의 비방은 은행 안전금고에 보관되어 있다. 누군가 이 비방을 조회하려면 반드시 먼저 신청서를 제출하고, 신탁회사 이사회의 비준을 거쳐야 하며, 인준을 받은 후에는 경찰의 입회 아래 지정된 시간 안에서만 열람할 수 있게 했다. 아직까지 이 비방을 열람한 사람은 공개되지 않았다.

　코카콜라는 세 가지 성분으로 이루어져 있다. 이 세 가지 성분을 회사 간부 셋이 각각 하나씩 나누어 관리하고 있다. 그리고 이 세 사람의 신분은 아무도 알 수 없도록 철저히 비밀에 붙였다. 동시에 이들은 절대로 기밀을 누설하지 않겠다는 합의서에 서명하고, 그들조차도 다른 두 가지 성분이 무엇인지 알 수 없다. 또 세 사람은 같은 교통수단을 이용해서 함께 외출하는 것도 금지되어 있다. 항공기 추락사고 같은 것에 대비하기 위해서이다.

현재 그 비방을 아는 사람은 열 명 정도라고 한다. 하지만 그들이 누구인지 알려진 바가 없다. 이처럼 코카콜라가 철저한 기밀 보안을 하는 이유는 경쟁 상대가 자사의 유능한 인재를 스카우트해 가는 사태를 미리 방지하기 위한 조치인 것이다.

맺는 말

누가 이스터(Easter) 섬의 마지막 야자나무를 베었을까? 1772년 네덜란드의 탐험가 J. 로게벤(Roggeveen) 선장은 남태평양을 항해하던 도중 이상한 섬을 하나 발견했다. 상륙하고 보니 섬 어디에도 나무 한 그루 보이지 않았다. 그저 풀만 무성했다. 그런데 더 이상한 것은 섬 곳곳에 거대한 석상(石像)들이 널려 있었다. 큰 석상은 높이가 20m, 무게가 270t이나 되었다. 어느 지역에는 40개가 넘는 큰 석상들이 줄지어 서 있기도 했다. 조그만 섬 전체에 무려 887개의 석상들이 흩어져 있었다.

도대체 나무 하나 없고 밧줄 하나 만들 재료가 없는 곳에서 어떻게 이런 대형 석상들을 세울 수 있었을까?

본래 이 섬에는 폴리네시아 사람들이 정착하고 있었다. 그 무렵에는 숲이 울창했고 동식물들도 많았다. 인구도 오천 명이나 되는 제법 큰 섬이었다. 그런데 약 800년 전부터 부족 간의 치열한 경쟁이 시작됐다. 그것은 누가 무슨 이유로 시작했는지 알 수는 없으나 바로 석상(石像)을 세우는 경쟁이었다. 처음에는 작은 석상에서 시작되었다. 하지만 경쟁이 치열해질수록 점점 석상이 커져 갔다. 이는 큰 석상을 세우는 부족이 강한 부족으로 인정받아 섬을 지배했기 때문이다.

큰 석상을 세우기 위해서는 많은 자원과 인력을 동원해야만 했다. 하지만 부족마다 경쟁적으로 석상을 세우게 되자 섬에 서식하는 야자나무들이 차츰 사라지기 시작했다. 석상을 나르기 위해서 너무도 무분별하게 남벌한 까닭이었다. 부족들은 상황이 심각해지는 것도 모르고 석상 경쟁을 계속했다. 결국 마지막 남은 야자나무가 베어지고서야 석상 경쟁은 중단되었다.

야자나무는 이 섬에서 가장 풍부한 자원이었다. 부족들은 이 나무를 이용해 석상을 옮기거나 큰 배인 카누를 만드는 데 사용하였다. 또 야자나무 열매는 사람과 동물의 주요 식량이었다. 그런데 야자나무가 사라지자 많은 동물과 새들이 멸종하고 말았다. 그리고 결국에 가서는 식량이 없는 관계로 섬사람들 사이에 식인 행위까지 일어나게 되었다. 이후 섬에 남은 사람은 아무도 없었다.

이런 비극의 원인은 무엇인가? 바로 경쟁, 아니 전쟁 때문이었다. 다른 부족들을 이기고 패권을 쥐어야 한다는 욕심이 결국 섬 전체가 공멸하고 만 것이다. 또 주목할 만한 것은 미완성된 석상들이 부족마다 여럿 있었다는 점이다. 공멸을 눈앞에 두고도 그들은 마지막까지 석상 경쟁을 했던 것이다.

이 이야기는 지구상의 어느 작은 섬의 사례에 불과하다. 하지만 그 바탕을 확대해서 보면 오늘날 인류의 행태와 크게 다를 바 없다. 세계는 매년 3회가 넘는 전쟁이 발발하고 수백만 명이 전쟁으로 인해 목숨을 잃는다. 모두가 무모한 싸움이라는 것을 알지만 인류는 자신의 이익을 위해 여전히 서슴지 않고 전쟁을 일삼고 있다. 전쟁의 당사자인 피해자와 가해자는 참혹하지만 그 틈에 외국 무기판매상들은 불황을 모르고 큰 자본을 거머쥐며 크게 웃고 있다. 아이러니한 세상이다. 어차피 전쟁은 인류의 힘으로 막을 수는 없다. 단지 인류가 할 수 있는 노력은 평화로운 시기를 가능하면 오래 끌고 가는 것이다.

옛날에 전쟁은 적을 제거하는 것이었다. 적의 지역과 소유를 철저히 파괴하는 것이 일반적이었다. 그래야만 전쟁 같았다. 하지만 『손자병법』이 나타나자 전쟁의 양상은 바뀌었다. 전쟁은 신중해야 했다. 자신을 알고 적을 알아야 하고 이왕이면 싸우지 않고 이기는 것이 더 좋은 것임을 알았다.

이 책이 그저 전쟁의 기술서인 줄만 알았는데 그 내용을 곱씹고 보니 인생의 지략과 처세에 관한 황금률을 가르쳐 주고 있음을 발견하게 되었다. 그래서 이 책을 번역하고 편찬하고 집필하면서 내내 가슴이 뛰었다. 우리가 고전을 읽으면 이처럼 가슴이 뛰고 피가 끓는 이유는 단순한 지적 호기심 때문이 아니다. 인생에 대한 자신의 실수와 어리석음을 통렬히 발견하기 때문이다.

나는 이 책을 처음 읽었을 때 길도 모르는 끝없는 천산산맥(天山山脈)을 무작정 걷는 기분이었다. 중간에 제대로 된 길을 찾지 못하여 몇 번이고 그냥 돌아가고 싶은 마음이었다. 그래서 책을 덮으려 했다. 그러다가 그래도 떠나온 길이니 날이 어두워지기 전에 티베트 라사(拉薩)에 도착해야 하지 않을까 하며 내 자신을 여러 번 달랬다. 비록 시일은 오래 걸렸지만 그래도 무사히 라사에 도착하여 이 책을 출판하게 되니 그 기쁨이 이루 말할 수 없다.

이 책이 여러분의 인생에 작은 불꽃이 되기를 저자로서 진심으로 바라는 바이다.

2016년 12월, 관악산 연주대에서
김치영 쓰다.

| 참고도서 |

강희제 평전, 장자오청 지음, 민음사, 2010.

경영의 道 :모든 길은 전략으로 통한다, 리우이난 저, 다상, 2013.

군주론, 니콜로 마키아벨리 지음, 신복룡 역주, 을유문화사, 2006

글로벌 시대의 기업경쟁 전략, 주인기 외 5인 공저, 연세대학교출판부, 2008.

기문둔갑장신술(奇門遁甲藏身術), 兪憙善 編著. 이가출판사, 1992.

기효신서(紀效新書), 척계광 著, 商務印書館, 1938.

깨진 유리창 법칙, Levine, Michel 공저, 흐름출판, 2006.

논어, 김학주 번역, 서울대학교출판부, 2009.

당신은 전략가입니까, 몽고메리, 신시아 A 공저, 리더스북, 2014.

대한민국 국가경쟁력 리포트, 국가경쟁력강화위원회 실무단, 매일경제, 2012.

대한민국 국가미래전략 2016: 카이스트가 말하는 30년 후의 한국, 그리고 그 미래를
    위한 전략, 카이스트 미래전략대학원, 이콘, 2015.

동국병감(東國兵鑑), 김종권 譯, 교육관, 1982.

따뜻한 경쟁: 패자 부활의 나라 스위스 특파원보고서, 맹찬형, 서해문집, 2012.

마케팅 종말, Zyman Sergio, 청림, 2003년.

무장독립운동비사, 이강훈 저, 서문당, 1975.

백전기략, 劉基 著, 姜昶求 번역, 문화문고, 1994.

사람이 경쟁력이다, 제프리 페퍼 지음, 포스코경영연구소 옮김, 21세기북스, 2009.

사마법, 사마양저 저, 임동석 역, 동서문화사, 2009.

사기열전(상, 하), 사마천 지음, 김치영 평역, 마인드북스, 2015.

삼국유사, 일연 지음, 이상호 역, 까치, 1999년.

삼국사기, 김부식 지음, 고전연구실 번역, 신서원, 2000년.

삼국지 1-10, 나관중 원작, 박종화 옮김, 달궁, 2009.

삼략, 황석공 편저, 임동석 옮김, 동서문화사, 2009.

삼십육계, 정명용 편역, 문학세계사, 1994.

36계 병법, 임종대 편역, 미래문화사, 2013.

손빈병법(孫臏兵法), 金忠烈 옮김, 고려대학교 아세아문제연구소, 1977.

손자병법: 지혜로운 강자만이 살아남는 영웅들의 병법과 전략, 장개충 편저; 주훈 그림, 너도밤나무, 범한, 2014.

손자병법 교양강의, 마쥔, 돌베개, 2009.

손자병법의 탄생: 은작산 손자병법, 웨난, 일빛, 2011.

손자병법 해설, 민병주 편저, 양서각, 2016.

십팔사략, 증선지 지음; 김정석 편역, 미래의창, 2003.

오륜서(五輪書), 미야모토 무사시 지음, 미래의창, 2002.

오자병법, 채지충 글그림, 황병국 역, 대현출판사, 1996.

욤기푸르 1973, Simon Dunstan, 플레닛 미디어, 2007년.

육도, 여망(呂望) 저, 임동석 옮김, 동서문화사, 2009.

왜 인간은 전쟁을 하는가, 히로세 다카시 지음, 프로메테우스, 2011.

위풍당당 처세 18기술, 추이원량 저, 무한, 2007.

이기는 기업에는 경쟁우위가 있다: 싸우지 않고 이기는 전략, 경쟁우위를 창조하는 법, 스미스, 제이니 L, 웅진씽크빅, 2007.

이기적 본능: 인생보다 더 재미있는 동물행동학, 오바라 요시아키, 휘닉스, 2010.

이야기 중국사 1-3, 김희영, 청아, 2007.

이위공문대, 李靖 撰, 林東錫 譯註, 동서문화사, 2009.

전국책(戰國策), 劉向 編, 李相玉 譯, 河西出版社, 1972.

전략의 본질, 노나카 이쿠지로 외 지음, 임해성 옮김, 한국물가정보, 2011.

전략의 역사, 프리드먼, 로렌스 지음, 비즈니스북스, 2014.

전략전술의 한국사: 국가전략에서 도하전까지, 이상훈, 푸른역사, 2014.

전쟁론, 클라우제비츠 지음, 허문순 옮김, 동서문화사, 2009.

전쟁은 왜 되풀이될까, 이시야마 히사오 저, 초록개구리, 2010.

전쟁의 기술, 로버트 그린 지음, 안진환·이수경 옮김, 웅진씽크빅, 2007.

전쟁중독: 9·11테러 이후 미국의 선제공격 전략, 서스킨드, 론, 알마, 2015.

전쟁 천재들의 전술, 나카자토 유키 지음, 이규원 옮김, 들녘, 2004.

제갈량심서(諸葛亮心書), 諸葛亮 作, 姜舞鶴 譯解, 家庭文庫社, 1977.

진순신 이야기 중국사 1-7, 진순신 지음, 살림출판사, 2011.

조선상고사, 신채호, 일신서적출판공사, 1988년.

착한 경쟁: 경쟁의 관점을 바꾸는 현명한 지혜, 전옥표, 비즈니스북스, 2015.

창의는 전략이다, 조쉬 링크너 저, 이미정 역, 베가북스, 2011.

창조적 전환, 한국경제특별취재팀, 삼성경제연구소, 2008년.

춘추전국의 전략가들: 천하를 제패한 명재상들의 경세지략, 장박원, 행간, 2014.

칭기즈 칸과 몽골제국, 장폴 루 저, 김소라 역, 시공사, 2008.

패권경쟁: 중국과 미국 누가 아시아를 지배할까, 프리드버그, 까치글방, 2012.

패튼의 리더십, 앨런 액슬러드, 자유문학사, 2000년.

한국사 전쟁의 기술, 한정주 지음, 다산초당, 2010.

한국전쟁사, 국방부 전사편찬위원회, 1967.

한국전쟁사, 김양명 저, 정음문화사, 1982.

한류 글로벌 시대의 문화경쟁력, 박재복, 삼성경제연구소, 2005.

한비자 1- 5, 韓非, 林東錫 譯註, 동서문화, 2013.

항일의병장열전, 김의환 지음, 정음사, 1975.

혁신 역량 극대화 전략, 조지 S. 데이, 매일경제, 2014년.

현대 전략론, 이종학 저, 박영사, 1972.

협상의 전략: 세계를 바꾼 협상의 힘, 김연철, 휴머니스트, 2016.

회남자 1-2, 유안 지음, 이석명 옮김, 소명출판, 2010.

무경십서 시리즈 ①

경쟁에서 이기는 비책

김치영의 **손자병법 강해**

2017년 2월 20일 1판 1쇄 인쇄
2017년 2월 24일 1판 1쇄 발행

지은이_김치영 / 펴낸이_정영석 / 펴낸곳_**마인드북스**
주 소_서울시 동작구 양녕로25길 27, 403호
전 화_02-6414-5995 / 팩 스_02-6280-9390
홈페이지_http://www.mindbooks.co.kr
출판등록_제25100-2016-000064호
ⓒ 김치영, 2017

ISBN 978-89-97508-39-6 04390
ISBN 978-89-97508-38-9 세트